中国石油科技进展丛书（2006—2015年）

油 气 储 运

主　编：黄维和　王立昕

副主编：张对红　税碧垣

石油工業出版社

内 容 提 要

本书系统介绍了2006—2015年中国石油油气储运技术进展，特别是"十二五"以来取得的重大技术进步，系统总结了油气储运技术在保障能源输送安全中发挥的重要作用。主要内容包括管道工程建设技术、管道运行与维护技术、油气管道重大装备国产化、储气库建设运行技术及液化天然气技术等。本书可供油气储运管理及科研人员参考使用。

本书适合从事油气储运的工程技术人员和管理人员阅读，也可作为高校相关专业师生的参考书。

图书在版编目（CIP）数据

油气储运 / 黄维和，王立昕主编 . —北京 : 石油工业出版社，2019.1

（中国石油科技进展丛书 . 2006—2015 年）

ISBN 978-7-5183-3009-6

Ⅰ . ①油… Ⅱ . ①黄… ②王… Ⅲ . ①石油与天然气储运 - 研究 Ⅳ . ① TE8

中国版本图书馆 CIP 数据核字（2018）第 263488 号

出版发行：石油工业出版社

（北京安定门外安华里 2 区 1 号　100011）

网　址：www. petropub. com

编辑部：（010）64523583　图书营销中心：（010）64523633

经　　销：全国新华书店

印　　刷：北京中石油彩色印刷有限责任公司

2019 年 1 月第 1 版　2019 年 1 月第 1 次印刷

787 × 1092 毫米　开本：1/16　印张：23

字数：560 千字

定价：180.00 元

（如出现印装质量问题，我社图书营销中心负责调换）

《中国石油科技进展丛书（2006—2015年）》
编　委　会

专　家　组

《油气储运》编写组

主　　编： 黄维和　王立昕

副 主 编： 张对红　税碧垣

编写人员：

李　莉　张　斌　王乐乐　张玉志　孙云峰　金　硕
王　力　马文华　李　岩　方正旗　李炎华　吉玲康
李　鹤　陈宏远　刘迎来　池　强　张文伟　李　苗
董平省　张振永　吉小赟　裴　娜　孙立刚　刘建锋
张　锋　楚　萧　王长江　樊继欣　丁英利　吴益泉
王　乐　刘艳辉　苗　青　柳建军　李　博　邱姝娟
闫　峰　曲伯达　刁洪涛　许玉磊　刘增哲　王　婷
程万洲　杨宝龙　李明菲　王富祥　贾海东　王洪超
孙　巍　马云宾　白路遥　陈振华　康叶伟　毕武喜
赵　君　刘　猛　张　丰　李荣光　夏国发　姜修才
李　刚　刘国豪　田　望　李秋扬　杨喜良　李柏松
张　兴　任小龙　王　磊　杨晓峥　杜华东　吕开钧
邱　惠　高晞光　田　灿　黄　河　郭　刚　吕文娥
郑雅丽　赵艳杰　赵福祥　王洪焱　武志德　王　云
刘科慧　齐德珍　罗金恒　王建军　白政玲　刘　佳
赵月峰　贾韶辉　郭　磊　姚登樽　张冬娜　戚东涛
高　睿　朱言顺　冯学书

序

习近平总书记指出，创新是引领发展的第一动力，是建设现代化经济体系的战略支撑，要瞄准世界科技前沿，拓展实施国家重大科技项目，突出关键共性技术、前沿引领技术、现代工程技术、颠覆性技术创新，建立以企业为主体、市场为导向、产学研深度融合的技术创新体系，加快建设创新型国家。

中国石油认真学习贯彻习近平总书记关于科技创新的一系列重要论述，把创新作为高质量发展的第一驱动力，围绕建设世界一流综合性国际能源公司的战略目标，坚持国家“自主创新、重点跨越、支撑发展、引领未来”的科技工作指导方针，贯彻公司“业务主导、自主创新、强化激励、开放共享”的科技发展理念，全力实施“优势领域持续保持领先、赶超领域跨越式提升、储备领域占领技术制高点”的科技创新三大工程。

“十一五”以来，尤其是“十二五”期间，中国石油坚持“主营业务战略驱动、发展目标导向、顶层设计”的科技工作思路，以国家科技重大专项为龙头、公司重大科技专项为抓手，取得一大批标志性成果，一批新技术实现规模化应用，一批超前储备技术获重要进展，创新能力大幅提升。为了全面系统总结这一时期中国石油在国家和公司层面形成的重大科研创新成果，强化成果的传承、宣传和推广，我们组织编写了《中国石油科技进展丛书（2006—2015年）》（以下简称《丛书》）。

《丛书》是中国石油重大科技成果的集中展示。近些年来，世界能源市场特别是油气市场供需格局发生了深刻变革，企业间围绕资源、市场、技术的竞争日趋激烈。油气资源勘探开发领域不断向低渗透、深层、海洋、非常规扩展，炼油加工资源劣质化、多元化趋势明显，化工新材料、新产品需求持续增长。国际社会更加关注气候变化，各国对生态环境保护、节能减排等方面的监管日益严格，对能源生产和消费的绿色清洁要求不断提高。面对新形势新挑战，能源企业必须将科技创新作为发展战略支点，持续提升自主创新能力，加快构筑竞争新优势。“十一五”以来，中国石油突破了一批制约主营业务发展的关键技术，多项重要技术与产品填补空白，多项重大装备与软件满足国内外生产急需。截至 2015 年底，共获得国家科技奖励 30 项、获得授权专利 17813 项。《丛书》全面系统地梳理了中国石油“十一五”“十二五”期间各专业领域基础研究、技术开发、技术应用中取得的主要创新性成果，总结了中国石油科技创新的成功经验。

《丛书》是中国石油科技发展辉煌历史的高度凝练。中国石油的发展史，就是一部创业创新的历史。建国初期，我国石油工业基础十分薄弱，20 世纪 50 年代以来，随着陆相生油理论和勘探技术的突破，成功发现和开发建设了大庆油田，使我国一举甩掉贫油的帽子；此后随着海相碳酸盐岩、岩性地层理论的创新发展和开发技术的进步，又陆续发现和建成了一批大中型油气田。在炼油化工方面，“五朵金花”炼化技术的开发成功打破了国外技术封锁，相继建成了一个又一个炼化企业，实现了炼化业务的不断发展壮大。重组改制后特别是“十二五”以来，我们将“创新”纳入公司总体发展战略，着力强化创新引领，这是中国石油在深入贯彻落实中央精神、系统总结“十二五”发展经验基础上、根据形势变化和公司发展需要作出的重要战略决策，意义重大而深远。《丛书》从石油地质、物探、测井、钻完井、采油、油气藏工程、提高采收率、地面工程、井下作业、油气储运、石油炼制、石油化工、安全环保、海外油气勘探开发和非常规油气勘探开发等 15 个方面，记述了中国石油艰难曲折的理论创新、科技进步、推广应用的历史。它的出版真实反映了一个时期中国石油科技工作者百折不挠、顽强拼搏、敢于创新的科学精神，弘扬了中国石油科技人员秉承“我为祖国献石油”的核心价值观和“三老四严”的工作作风。

《丛书》是广大科技工作者的交流平台。创新驱动的实质是人才驱动，人才是创新的第一资源。中国石油拥有 21 名院士、3 万多名科研人员和 1.6 万名信息技术人员，星光璀璨，人文荟萃、成果斐然。这是我们宝贵的人才资源。我们始终致力于抓好人才培养、引进、使用三个关键环节，打造一支数量充足、结构合理、素质优良的创新型人才队伍。《丛书》的出版搭建了一个展示交流的有形化平台，丰富了中国石油科技知识共享体系，对于科技管理人员系统掌握科技发展情况，做出科学规划和决策具有重要参考价值。同时，便于科研工作者全面把握本领域技术进展现状，准确了解学科前沿技术，明确学科发展方向，更好地指导生产与科研工作，对于提高中国石油科技创新的整体水平，加强科技成果宣传和推广，也具有十分重要的意义。

掩卷沉思，深感创新艰难、良作难得。《丛书》的编写出版是一项规模宏大的科技创新历史编纂工程，参与编写的单位有 60 多家，参加编写的科技人员有 1000 多人，参加审稿的专家学者有 200 多人次。自编写工作启动以来，中国石油党组对这项浩大的出版工程始终非常重视和关注。我高兴地看到，两年来，在各编写单位的精心组织下，在广大科研人员的辛勤付出下，《丛书》得以高质量出版。在此，我真诚地感谢所有参与《丛书》组织、研究、编写、出版工作的广大科技工作者和参编人员，真切地希望这套《丛书》能成为广大科技管理人员和科研工作者的案头必备图书，为中国石油整体科技创新水平的提升发挥应有的作用。我们要以习近平新时代中国特色社会主义思想为指引，认真贯彻落实党中央、国务院的决策部署，坚定信心、改革攻坚，以奋发有为的精神状态、卓有成效的创新成果，不断开创中国石油稳健发展新局面，高质量建设世界一流综合性国际能源公司，为国家推动能源革命和全面建成小康社会作出新贡献。

王宜林

2018 年 12 月

丛书前言

石油工业的发展史，就是一部科技创新史。“十一五”以来尤其是“十二五”期间，中国石油进一步加大理论创新和各类新技术、新材料的研发与应用，科技贡献率进一步提高，引领和推动了可持续跨越发展。

十余年来，中国石油以国家科技发展规划为统领，坚持国家“自主创新、重点跨越、支撑发展、引领未来”的科技工作指导方针，贯彻公司“主营业务战略驱动、发展目标导向、顶层设计”的科技工作思路，实施“优势领域持续保持领先、赶超领域跨越式提升、储备领域占领技术制高点”科技创新三大工程；以国家重大专项为龙头，以公司重大科技专项为核心，以重大现场试验为抓手，按照“超前储备、技术攻关、试验配套与推广”三个层次，紧紧围绕建设世界一流综合性国际能源公司目标，组织开展了50个重大科技项目，取得一批重大成果和重要突破。

形成40项标志性成果。（1）勘探开发领域：创新发展了深层古老碳酸盐岩、冲断带深层天然气、高原咸化湖盆等地质理论与勘探配套技术，特高含水油田提高采收率技术，低渗透/特低渗透油气田勘探开发理论与配套技术，稠油/超稠油蒸汽驱开采等核心技术，全球资源评价、被动裂谷盆地石油地质理论及勘探、大型碳酸盐岩油气田开发等核心技术。（2）炼油化工领域：创新发展了清洁汽柴油生产、劣质重油加工和环烷基稠油深加工、炼化主体系列催化剂、高附加值聚烯烃和橡胶新产品等技术，千万吨级炼厂、百万吨级乙烯、大氮肥等成套技术。（3）油气储运领域：研发了高钢级大口径天然气管道建设和管网集中调控运行技术、大功率电驱和燃驱压缩机组等16大类国产化管道装备，大型天然气液化工艺和20万立方米低温储罐建设技术。（4）工程技术与装备领域：研发了G3i大型地震仪等核心装备，“两宽一高”地震勘探技术，快速与成像测井装备、大型复杂储层测井处理解释一体化软件等，8000米超深井钻机及9000米四单根立柱钻机等重大装备。（5）安全环保与节能节水领域：

研发了 CO_2 驱油与埋存、钻井液不落地、炼化能量系统优化、烟气脱硫脱硝、挥发性有机物综合管控等核心技术。（6）非常规油气与新能源领域：创新发展了致密油气成藏地质理论，致密气田规模效益开发模式，中低煤阶煤层气勘探理论和开采技术，页岩气勘探开发关键工艺与工具等。

取得 15 项重要进展。（1）上游领域：连续型油气聚集理论和含油气盆地全过程模拟技术创新发展，非常规资源评价与有效动用配套技术初步成型，纳米智能驱油二氧化硅载体制备方法研发形成，稠油火驱技术攻关和试验获得重大突破，井下油水分离同井注采技术系统可靠性、稳定性进一步提高；（2）下游领域：自主研发的新一代炼化催化材料及绿色制备技术、苯甲醇烷基化和甲醇制烯烃芳烃等碳一化工新技术等。

这些创新成果，有力支撑了中国石油的生产经营和各项业务快速发展。为了全面系统反映中国石油 2006—2015 年科技发展和创新成果，总结成功经验，提高整体水平，加强科技成果宣传推广、传承和传播，中国石油决定组织编写《中国石油科技进展丛书（2006—2015 年）》（以下简称《丛书》）。

《丛书》编写工作在编委会统一组织下实施。中国石油集团董事长王宜林担任编委会主任。参与编写的单位有 60 多家，参加编写的科技人员 1000 多人，参加审稿的专家学者 200 多人次。《丛书》各分册编写由相关行政单位牵头，集合学术带头人、知名专家和有学术影响的技术人员组成编写团队。《丛书》编写始终坚持：一是突出站位高度，从石油工业战略发展出发，体现中国石油的最新成果；二是突出组织领导，各单位高度重视，每个分册成立编写组，确保组织架构落实有效；三是突出编写水平，集中一大批高水平专家，基本代表各个专业领域的最高水平；四是突出《丛书》质量，各分册完成初稿后，由编写单位和科技管理部共同推荐审稿专家对稿件审查把关，确保书稿质量。

《丛书》全面系统反映中国石油 2006—2015 年取得的标志性重大科技创新成果，重点突出“十二五”，兼顾“十一五”，以科技计划为基础，以重大研究项目和攻关项目为重点内容。丛书各分册既有重点成果，又形成相对完整的知识体系，具有以下显著特点：一是继承性。《丛书》是《中国石油“十五”科技进展丛书》的延续和发展，凸显中国石油一以贯之的科技发展脉络。二是完整性。《丛书》涵盖中国石油所有科技领域进展，全面反映科技创新成果。三是标志性。《丛书》在综合记述各领域科技发展成果基础上，突出中国石油领先、高端、前沿的标志性重大科技成果，是核心竞争力的集中展示。四是创新性。《丛书》全面梳理中国石油自主创新科技成果，总结成功经验，有助于提高科技创新整体水平。五是前瞻性。《丛书》设置专门章节对世界石油科技中长期发展做出基本预测，有助于石油工业管理者和科技工作者全面了解产业前沿、把握发展机遇。

《丛书》将中国石油技术体系按 15 个领域进行成果梳理、凝练提升、系统总结，以领域进展和重点专著两个层次的组合模式组织出版，形成专有技术集成和知识共享体系。其中，领域进展图书，综述各领域的科技进展与展望，对技术领域进行全覆盖，包括石油地质、物探、测井、钻完井、采油、油气藏工程、提高采收率、地面工程、井下作业、油气储运、石油炼制、石油化工、安全环保节能、海外油气勘探开发和非常规油气勘探开发等 15 个领域。31 部重点专著图书反映了各领域的重大标志性成果，突出专业深度和学术水平。

《丛书》的组织编写和出版工作任务量浩大，自 2016 年启动以来，得到了中国石油天然气集团公司党组的高度重视。王宜林董事长对《丛书》出版做了重要批示。在两年多的时间里，编委会组织各分册编写人员，在科研和生产任务十分紧张的情况下，高质量高标准完成了《丛书》的编写工作。在集团公司科技管理部的统一安排下，各分册编写组在完成分册稿件的编写后，进行了多轮次的内部和外部专家审稿，最终达到出版要求。石油工业出版社组织一流的编辑出版力量，将《丛书》打造成精品图书。值此《丛书》出版之际，对所有参与这项工作的院士、专家、科研人员、科技管理人员及出版工作者的辛勤工作表示衷心感谢。

人类总是在不断地创新、总结和进步。这套丛书是对中国石油 2006—2015 年主要科技创新活动的集中总结和凝练。也由于时间、人力和能力等方面原因，还有许多进展和成果不可能充分全面地吸收到《丛书》中来。我们期盼有更多的科技创新成果不断地出版发行，期望《丛书》对石油行业的同行们起到借鉴学习作用，希望广大科技工作者多提宝贵意见，使中国石油今后的科技创新工作得到更好的总结提升。

2018 年 12 月

前言

2006 年以来，随着我国能源需求大幅度增长，油气储运迎来了快速发展的黄金期。截至 2015 年底，我国陆上油气管道总里程超过 12×10^4km，已建成储气库 11 个库群，液化天然气（LNG）接收站 12 座。基本形成了“三纵四横、连通海外、覆盖全国”的大型油气管网，覆盖全国 32 个省区市，年输石油 3×10^8t、天然气 $1200\times10^8m^3$。2006—2015 年，中国石油先后建成西气东输二线 / 西气东输三线西段 / 中亚 C 线天然气管道、中缅油气管道、苏桥 / 相国寺等储气库、大连 / 江苏 / 唐山 LNG 接收站等一批重点油气储运设施。截至 2015 年底，中国石油油气管道总里程达到 7.8×10^4km，约占全国油气管道总里程的 65%，其中天然气管道 4.9×10^4km，原油管道 1.9×10^4km，成品油管道 1.0×10^4km。中国石油已建成储气库（群）10 座，储气库工作气量达到 $52\times10^8m^3$。中国石油已建成江苏、大连、京唐等 3 座 LNG 接收站，LNG 接收能力 1300×10^4t/a。基本建成了西北、东北、西南、海上四大油气战略通道，初步形成了调度灵活、运行稳定的全国性油气储运网络。

《油气储运》全面系统地介绍了中国石油 2006—2015 年，尤其是“十二五”期间油气储运方面取得的重大科技创新成果和科技创新的成功经验。主要内容包括：油气输送管材、管道勘察与设计、管道施工及管道非开挖等技术新进展；油气管网集中调控、储运工艺、管道完整性管理、管道监测与检测、管道腐蚀与防护、管道维抢修、压缩机维检及管道节能与环保等技术新进展；压缩机组、SCADA 系统、输油泵机组、关键阀门、执行机构、流量计等关键设备国产化研发及应用情况；储气库地质评价与方案设计、储气库钻完井工程、储气库注采工程、储气库地面工艺及储气库井筒完整性评价等技术新进展；天然气液化、液化天然气接收储存及再气化、大型液化天然气储罐设计及建造、LNG 关键材料及装备国产化、液化天然气装置运行管理等技术进展；智慧管网、非金属及复合材料管材、海底管道及浮式 LNG 等技术发展现状及趋势。

本书由中石油管道有限责任公司统筹组织，参与编写的单位包括中国石油管道公司（以下简称“管道公司”）、中国石油天然气管道局（以下简称“管道局”）、石油管工程技术研究院（以下简称“管研院”）、勘探院廊坊分院、寰球工程公司、北京油气调控中心及西部管道公司。

本书共七章。具体编写分工如下：第一章由张斌、王乐乐、张玉志、孙云峰、金硕、王力、马文华编写；第二章由李炎华、吉玲康、李鹤、陈宏远、刘迎来、池强、张文伟、李苗、董平省、张振永、吉小赟、裴娜、孙立刚、刘建锋、张锋、楚萧、王长江、樊继欣、丁英利、吴益泉、王乐、刘艳辉负责编写，李岩、方正旗统稿；第三章由苗青、柳建军、李博、邱姝娟、闫峰、曲伯达、刁洪涛、许玉磊、刘增哲、王婷、程万洲、杨宝龙、李明菲、王富祥、贾海东、王洪超、孙巍、马云宾、白路遥、陈振华、康叶伟、毕武喜、赵君、刘猛、张丰、李荣光、夏国发、姜修才、李刚、刘国豪、田望、李秋扬负责编写，李莉统稿；第四章由杨喜良、李柏松、张兴、任小龙、王磊、杨晓峥、闫峰、杜华东、吕开钧、邱惠、高晞光、田灿、黄河、郭刚、吕文娥编写，杨喜良统稿；第五章由郑雅丽、赵艳杰、赵福祥、王洪焱、武志德、王云、刘科慧、齐德珍、罗金恒、王建军负责编写，郑雅丽、赵艳杰统稿；第六章由白改玲、刘佳、赵月峰负责编写并统稿；第七章由贾韶辉、郭磊、姚登樽、张冬娜、戚东涛、高睿、朱言顺、冯学书、刘佳负责编写，张斌统稿。全书由税碧垣、李莉、张斌统稿，最后由张文伟、陈向新、湛贵宁和罗凯审查定稿。

本书编写组系统梳理了中国石油油气储运专业在“十一五”“十二五”期间取得的重大科技奖励，调研分析了技术发展现状及发展趋势。编写过程中得到了许多油气储运业内专家的帮助和支持，在此表示衷心的感谢!

由于本书专业技术性强、涉及面广，编者水平有限，书中难免存在疏漏和错误之处，敬请广大读者批评指正。

目 录

第一章 绪 论

2006—2015年，中国石油油气储运业务的蓬勃发展，带动了油气储运科技的不断进步，中国石油形成了较为完善的油气储运科技创新体系，在管道工程建设技术、管道运行与维护技术、油气管道重大装备国产化、储气库建设运行技术及液化天然气技术等领域取得了多项突破。

2006—2015年，油气储运专业共计获得省部级以上科技奖励160余项，其中获得国家级科技奖励6项，“西气东输工程技术及应用”“我国油气战略通道建设与运行关键技术”2项成果分别荣获2010年和2014年度国家科技进步一等奖，“原油管道泄漏检测与定位技术”“深部盐矿采卤溶腔大型地下储气库建设关键技术及应用”分别获得2006年和2011年国家科技进步二等奖，“输油管道α-烯烃系列减阻剂开发及其制备工艺”“基于光纤振动传感的油气管道安全预警技术与应用”分别获得2008年和2011年国家技术发明二等奖；获得国际奖2项，螺旋焊缝缺陷检测与评价技术在完整性管理中的应用、含蜡原油纳米降凝剂制备与配套工艺应用技术研究2项成果获得ASME（American Society of Mechanical Engineers）全球管道奖。这些重大科技成果有力地支撑了重大工程建设项目的实施，保障了在役油气储运设施的安全运行，促进了油气储运工程建设及运行管理技术的升级，部分关键技术引领了世界油气储运科技水平的进步，为油气管道业务发展提供了有力的技术保障与支撑。

第一节 油气储运重要技术进展概述

一、管道工程建设技术

在管材管件方面，中国石油大口径、高压力、高钢级管线钢管开发与应用技术实现跨越式发展，攻克了X80高钢级管道断裂控制、大口径厚壁焊管制造等重大工艺技术，建立了大口径X80管道断裂控制方案，修正了止裂预测模型参数，确定了止裂韧性指标，制定了板材、钢管、弯管及管件系列技术标准，实现X80钢管及管件国产化，已成功应用于西气东输二线和西气东输三线等管道工程建设。针对中俄东线管道工程建设需求，研制成功ϕ1422mm X80钢管。2015年，自主建成我国首座管道断裂控制试验场，国际首次完成X80、12MPa、ϕ1422mm管道天然气爆破试验，为中俄天然气管道东线建设提供了技术储备。国内首次开展了大应变钢管全尺寸弯曲试验，形成了国产大应变钢管变形行为预测、生产制造、性能控制等系列应用技术，X70和X80大应变钢管实现规模应用。与此同时，中国石油开展了X90和X100高钢级管线钢开发与应用技术储备研究，确定了X90/X100钢管关键技术指标，制订了X90/X100管材系列技术条件，实施了X90钢管小批量产品试制。

油气管道设计施工方面，为进一步提升油气管道的安全可靠性，中国石油研究并攻克了一批关键设计施工技术难题，实现管道设计理论方法创新，形成了天然气管道的数字化设计、基于应变的管道设计、油气管道并行输送安全设计等技术。中国石油研究形成了高钢级大口径管道建设机械化流水作业成套装备及技术，研制了CPP900系列自动焊成套装备，技术指标达到世界先进水平，日最高焊接60道口，国内首次实现管道焊缝自动跟踪，跟踪精度达到0.1mm；完成液态聚氨酯和热收缩带机械化防腐补口成套装备及配套补口材料研发，在西气东输三线完成500km的工程应用；建立了以水平定向钻、盾构、顶管为核心的非开挖穿越技术体系，定向钻穿越长度2次刷新世界纪录（3300m和3500m）。

2006—2015年，通过大口径高钢级管道建设技术攻关，中国石油天然气管道建设技术成为世界的领跑者，引领了世界高钢级、大口径、高压力天然气管道技术的进步，取得的油气管道工程建设技术成果，有力保障了中国石油西气东输二线、中缅管道、中俄东线等重大管道工程建设。

二、管道运行与维护技术

在油气管网调控运行方面，中国石油创建了超大型复杂油气管网集中调控技术，首创了双控制中心独立运行模式，实现了中国石油所辖油气管网的优化输配，管网负荷路由优化率达到95%。特别是在天然气管网集中调控方面，技术水平显著提高，实现了对站场和阀室的统一集中监控、调度和管理，形成了一系列独有的天然气管网调控集成技术。针对含蜡原油输送难题，中国石油成功研制了纳米降凝剂，对大庆原油降黏率达91%，降凝幅度达16℃，在中朝线、铁秦线等管道实现了工业应用。为解决多油品复杂工况同管输送的国际性难题，中国石油首次创建了多油品不同温度交替输送技术，攻克了大落差多油品顺序输送技术，建立了以复杂油品停输再启动为核心的间歇输送技术，并在西部原油管道实现成功应用。

在油气管道安全维护方面，中国石油创建了基于风险预控的管道完整性技术体系，在中国石油所属油气管网全面应用，完整性管理的支持技术不断加强，解决了管道数据收集、高后果区识别、风险评价、完整性评价、抢维修以及效能评价等关键技术问题。持续完善了基于负压波的油品管道泄漏监测技术，已在中国石油9000多千米管道实现推广应用；开发了基于声波的天然气管道泄漏监测技术，解决了国内长输天然气管道无成熟可靠泄漏监测手段的问题。基于相干瑞利的光纤预警技术取得突破，已经在津华线和西气东输等管线实现工业应用。研制了一系列高清漏磁检测器，解决了螺旋焊缝缺陷检测评价难题；形成了以超声导波检测技术、阴极保护数值仿真技术为代表的系列检测维护技术，保障了在役管网的安全运行。围绕大型天然气管网系统可靠性管理开展技术攻关，研究建立了可靠性指标体系，考虑资源和市场等因素，首次提出了天然气管网系统可靠性计算方法。以各项技术成果为依托，中国石油牵头制定了《油气输送管道完整性管理规范》国家标准，填补了国家层面完整性管理标准空白；牵头承担《陆上管道全生命周期完整性管理》等5项ISO和NACE国际标准的制定，大幅度提升了中国石油油气储运专业在国际上的话语权。

随着油气管道工程建设的快速发展，中国石油油气管网规模逐渐增大，途经地区环境日益复杂，调控运行及安全维护难度不断加大。中国石油针对油气管网调控运行及安全维护组织开展技术攻关，研究形成了系列油气管道运行维护技术，保障了油气管网安全高效运行。

2006—2015 年，中国石油围绕油气管道安全高效运行开展技术攻关，取得一系列重大技术成果，保障了在役油气储运设施的平稳运行，含蜡原油输送、管道完整性管理等部分关键技术引领了世界油气储运科技水平的进步。

三、油气管道重大装备国产化

中国石油联合国内管道装备生产厂家，采用“1+*N*”协同创新的模式组织开展了油气管道装备国产化，取得了重大突破，核心装备国产化率达到了 90% 以上，部分国产化装备应用率达到 75% 以上，打破了国外垄断，同时支撑了民族工业的发展。

“十一五”以来，中国石油通过联合攻关，实现了输气管道用 20MW 级电动机驱动压缩机组、30MW 燃驱压缩机组及高压大口径全焊接球阀三大项关键设备国产化，20MW 级电动机驱动压缩机组和 40～48in 大口径全焊接球阀在西气东输二线和三线建设中大规模应用，30MW 燃驱压缩机组已在西气东输三线开展试验应用。2500kW 级输油泵 14 类油气管道国产化装备 75 台（套）样机通过出厂鉴定，性能指标达到国外同类产品水平，大功率输油泵等国产化设备已应用于庆铁四线等工程中。SCADA（Supervisory Control And Data Acquisition，数据采集与监视控制）系统国产化取得重要进展，研制成功 PCS（Pipeline Control System）V1.0 软件，实现中控级大规模数据管理的国产化油气管道 SCADA 系统软件“零”的突破，满足油气管道调控需求，技术性能达到国外 SCADA 系统软件水平，支持跨平台应用。

四、储气库建设运行技术

随着天然气消费需求的日益增长，天然气调峰面临着巨大压力，储气库作为天然气调峰的重要手段，中国石油组织开展了地下储气库重大专项攻关，在气藏型和盐穴型储气库建设和运行技术上取得了长足进步。

通过技术攻关，中国石油创新形成了储气库建库地质评价与方案设计，钻完井、注采工艺、地面工艺及安全保障等方面基础理论和配套技术体系，缩小了与国外的技术差距，为气藏型和盐穴型两大类储气库的科学建设和安全运行提供了技术支撑。中国石油研发了气藏型储气库盖层动态密封性与储气库建设及运行物理模拟实验装置，建立了盖层动态密封性评价实验方法，形成了气藏型储气库方案设计技术，创建了盐穴型储气库多夹层含盐地层造腔控制与稳定评价方法，已在储气库的方案设计中得到应用。针对气藏型储气库埋藏深、压力系数低、老井井况多且复杂等难题攻关研究，中国石油研究形成了深层复杂碳酸盐岩储气库钻完井配套技术，有力支撑了苏桥储气库和相国寺储气库等的建设，在世界范围内首次实现了 4km 以上储气库钻完井工程建设。中国石油研发了气藏型储气库注采工艺优化设计技术及注采井套管优化技术，建立了气藏型和盐穴型储气库地面工艺技术体系，实现了高效精确注采、装置大型化、流程标准化、技术系列化，形成了储气库管柱完整性评价等关键技术，完善了储气库完整性技术体系，为保障储气库安全运行提供了技术支撑。

五、液化天然气技术

中国石油液化天然气（LNG）技术经历了引进、消化、吸收到自主创新的过程，在天然气液化与 LNG 接收再气化技术、工程设计与建造技术、低温材料及关键装备制造技术等方面取得了重要突破。

中国石油创新了 LNG 全产业链工艺流程，实现了天然气液化工艺，LNG 接收及再气化工艺已实现规模化工程应用。在天然气液化方面，中国石油开发了双循环混合冷剂和多循环单组分天然气液化工艺技术，成功应用于安塞和泰安 50×10^4～60×10^4t/a、黄冈 120×10^4t/a 天然气液化装置，节约投资 20 亿元。在液化天然气接收储存及再气化方面，中国石油通过科技攻关，掌握了 LNG 储存及再气化工艺技术，并实现了中国石油 LNG 接收站的自主设计、施工和安全经济运行，该技术成功应用于江苏如东 650×10^4t/a、辽宁大连 600×10^4t/a、河北唐山 650×10^4t/a 三座 LNG 接收站建设。通过自主开发、参与引进和国际合作，中国石油创新了大型 LNG 储罐设计建造技术，取得了一系列重大技术突破，采用自主技术设计和施工了全容 LNG 储罐，总体达到国际先进水平。在 LNG 核心装备和材料国产化方面，中国石油与国内制造厂合作，研制了 LNG 储罐超低温 06Ni9 钢材、混合冷剂压缩机、低温 BOG 压缩机、板翅式冷箱、开架式气化器、海水泵等，实现了 LNG 工程低温材料和核心设备国产化。

第二节　油气储运技术展望

随着经济结构和能源消费模式的调整，预计未来全球油气管道将保持稳步发展，新建管道中天然气管道将保持主要份额。国内管道运行向着区域化管理方向发展，预计未来将逐步实施国家集中统一管理模式，对外开放运输服务。根据国家发展和改革委员会、国家能源局发布的《中长期油气管网规划》，到 2025 年国内油气管道总里程将达到 24×10^4km，管道建设正迎来新一轮的发展高潮。

在“十三五”期间，中国石油将继续建设中俄东线、中俄原油管道二线、陕京四线等管道，油气储运设施在国家能源战略中的位置更加重要，国家和中国石油天然气集团有限公司更加关注油气储运的科技进步，对油气储运专业科技的支持力度进一步增加。另外，油气储运科技创新已经具备了较好的基础，形成了一个专业齐全、实力较为雄厚的研究团队，陆续建成了一批国家和集团公司级试验平台，为科技创新提供了有力支撑。

展望未来，油气管道将向大口径、高压力、高钢级、网络化、智能化方向发展，储气库主要向延长地下储气库使用寿命、减少地下储气库对环境的影响和增强地下储气库运行的灵活性方向发展，天然气液化工厂、LNG 储罐向着大型化发展，LNG 接收终端将逐渐从陆上向海上发展。未来油气储运领域应重点关注以下几个方面的技术应用，在应用中实现技术水平的提升和技术体系的完善：（1）智慧管网。中国石油正在开展智慧管网顶层设计，并以中俄东线管道工程为试点开展智能管道建设，实现油气管网“全数字化移交、全智能化运营、全生命周期管理”，最终达到管道高质量建设、高安全可靠、高效优化运行。（2）非金属管材既具备钢制输送管材的强度，又具备较强的抗腐蚀性能，如果投入应用，将对目前的管道运行管理技术体系带来重大变革，中国石油已将其作为颠覆性技术进行储备研究，未来将进一步完善，以实现复合材料增强管线钢管在天然气高压长距离输送领域的应用。（3）世界海洋油气勘探开发已从浅水走向深水和超深水，针对海底管道设计、施工和安全保障技术的研究越来越受到关注。（4）浮式天然气生产液化储卸装置（FLNG）以其投资相对较低、建设周期短、便于迁移等优点越来越受重视和关注，未来随着全球海洋石油天然气开采不断朝深水发展，FLNG 设计及建造技术发展的步伐将进一步加快。

第二章 管道工程建设技术

2006年以来，随着我国能源需求大幅度增长，油气管道业务快速发展，管道工程建设投资大幅增长，建设了举世瞩目的西气东输二线并完成了中亚、中缅、中俄等大型油气管道工程项目，初步形成了覆盖全国主要地区的油气供应网络，使我国向世界油气管道大国、强国迈进。在此期间，管道工程建设围绕业务发展存在的重大瓶颈问题开展科技攻关，取得了多项技术突破，有力地支撑了重大管道工程建设项目的实施投产，保障了在役管网的安全运行，促进了油气管道工程建设及运行管理技术的升级，管线钢开发、管道设计施工等技术研究，取得了丰硕的技术成果，部分关键技术引领了世界管道科技水平的进步，为业务发展目标的顺利实现提供了有力的技术保障与支撑。

第一节 油气输送管材

2006—2015年期间，中国石油在高强度、高韧性管线钢开发应用方面进行了大量系统的研究工作，同时，积累了高强度管线钢管研究应用方面的丰富经验和大量数据及成果，系统地提出了高钢级管线钢管的关键技术指标、评价方法和质量控制手段。中国石油攻克了X80高钢级管道断裂控制、大口径厚壁焊管制造等重大关键技术，建立了大口径X80管道断裂控制方案，修正了止裂预测模型参数，确定了止裂韧性指标，制定了板材、钢管、弯管及管件系列技术标准，实现了X80钢管及管件国产化，相关成果应用于西气东输二线和西气东输三线等管道建设。针对中俄东线管道工程建设需求，研制成功ϕ1422mm X80钢管。2015年，自主建成我国首座管道断裂控制试验场，国际上首次完成X80、12MPa、ϕ1422mm管道天然气爆破试验，为中俄天然气管道东线建设提供了技术储备。国内首次开展了大应变钢管全尺寸弯曲试验，形成了国产大应变钢管变形行为预测、生产制造、性能控制等系列应用技术，X70和X80大应变钢管实现规模应用。与此同时，开展了X90和X100高钢级管线钢开发与应用技术储备研究，取得了丰硕的技术成果。

一、X80高钢级管道断裂控制技术

天然气输送管道开裂时，由于天然气的可压缩性，裂纹尖端的压力不会快速衰减。当减压波速低于裂纹扩展速度时，容易导致输气管道延性裂纹长程扩展，往往造成灾难性的后果，因此以延性动态裂纹止裂为代表的断裂控制技术成为输气管道建设和安全运行的关键，也是世界管道研究领域的热点。随着管线钢管强度和韧性的提高和管道外径、压力不断增加，这一问题显得更加突出。国际上对天然气管道断裂控制问题进行了大量的研究，针对采用传统工艺生产的X70及以下级别的管线钢材料，建立了以BTC模型为代表的天然气管道止裂韧性预测模型和方法。随着冶金技术水平的提高和现代热机械控制工艺（TMCP）的广泛采用，管线钢强度和韧性水平迅速提高，对于X80高压大口径输气管道而言，原有的止裂预测模型已不再适用。同时，我国天然气管道建设往往大量使用螺旋缝埋弧焊管（SSAW），而国际上大多使用直缝埋弧焊管（LSAW）。在我国开展X80螺旋缝

埋弧焊管全尺寸爆破试验之前，国际上从未开展过 X80 螺旋缝埋弧焊管全尺寸爆破试验，这些客观因素给西气东输二线等 X80 管道的断裂控制带来极大的挑战。为了确保西气东输二线、中俄东线等重大管道工程建设顺利实施并安全运行，迫切需要研究建立系统的高钢级高压大口径输气管道断裂控制技术，进而提出适合于我国天然气管道特点的合理的管材韧性和断裂控制方案，推动国内 X80 管材开发，确保管道的运行安全。近年来，围绕 X80 高钢级管道断裂控制技术，国外主要是基于全尺寸爆破试验结果，在 BTC 模型基础上发展了系列修正方法，以 Leis 修正和线性修正为代表。而国内主要在以下几个方面进行了研究并取得了显著进展。

1. 断裂控制方法

1）TGRC1 模型

基于高钢级管线钢能量释放率 G_c 及流变应力的修正，在 BTC 模型的基础上发展了 TGRC1 模型。

随着管线钢化学成分的不断改进，材料的流变行为改变，性能也发生较大的变化。原 NG-18 公式[1]中 G_c 与夏比冲击上平台能为 1∶1 的线性关系不再适用于现有的管线钢材料。

中国石油相关研究人员通过进行大量的曲线拟合，并利用全尺寸试验数据进行校准，发现下边关系可以较好地描述高韧性管线钢 CVN（夏比 V 形冲击功）与 J_c 的关系：

$$J_c = 0.782\frac{C_v}{A_c} \tag{2-1}$$

J_c 是断裂失效时 J 积分的临界状态。J_c 通常可由标准试样的三点弯曲或紧凑拉伸试验绘制的 J—R 阻力曲线求得。

当 J 积分满足式（2-1）时，可以较好地描述高韧性管线钢 CVN 与 J_c 的关系。此外，对于高钢级管线钢下述流变应力表达式更为确切：

$$\sigma_f = (\sigma_y + \sigma_T)/2 \tag{2-2}$$

式中　σ_y——屈服强度；

　　σ_T——抗拉强度。

通过修改 CVN 与 J_c 的关系以及流变应力的表达式，发展了 TGRC1 方法。

2）基于落锤撕裂能量的 BTC 修正模型——TGRC2

CVN 试验存在一定的局限性，主要问题包括：（1）夏比冲击韧性本质上是一个衡量材料抗冲击能力的指标，它不能全面反映材料的真实韧性；（2）它的取样受到限制；（3）夏比冲击试验的试样都是在一次冲击下完成的，加载速度很小，往往与实际结构的加载速度相去甚远。夏比冲击试验的韧性值，不能直接与结构或构件的设计应力联系起来，无法指导设计，不能用于进行结构的安全性分析。CVN 试验测试管线钢断裂韧性，在一定范围内结果比较准确。但是，由于受试验机器过剩容量、断口分离情况、起裂功的比例不同、尺寸效应和锤击速度差异等因素的直接影响，试验结果与全尺寸试验结果不可避免地存在差异。19 世纪 60 年代，Battelle 认为落锤撕裂（DWTT）试样在确定不同服役条件下韧脆转变温度和研究断裂扩展模型具有一定的优势。与 CVN 试样相比，DWTT 试样更大

[1] Eiber RJ, Bubenik TA and Maxey WA. Final report on fracture control technology for natural gas pipelines[R]. Pipeline Research Council International, Project PR-3-9113, NG-18 Report No. 208.

且为全壁厚试样，与全尺寸试验更为接近。随后，DWTT 试验规范被 API 所采用。DWTT 试验可以较好地用于断裂评估的模型中，可以用来表述管线钢的断裂阻力。

19 世纪 70 年代，Wilkowski 发现 DWTT 能量密度与 CVN 能量密度存在线性关系：

$$\left(\frac{E}{A}\right)_{\text{DWTT}}=3\left(\frac{E}{A}\right)_{\text{CVN}}+63.0\left(\text{J/cm}^2\right) \quad (2\text{-}3)$$

式中 E——断裂总功；

A——断裂剪切面积；

$\frac{E}{A}$——能量密度。

由 BTCM 可确定的最低止裂 CVN 能量，而根据式（2-3）可确定最低的 DWTT 止裂能量。

中国石油相关研究人员在总结大量爆破试验数据的基础上总结了不同钢级管线钢爆破试验落锤撕裂能量密度与夏比冲击能量密度间的关系。基于这些研究发现，在较高钢级（X90，X100）时，DWTT 能量密度与夏比冲击能量密度满足：

$$\left(\frac{E}{A}\right)_{\text{DWTT}}=1.91\left(\frac{E}{A}\right)_{\text{CVN}}+63.04\left(\text{J/cm}^2\right)$$

由于 DWTT 数据不便于分析使用，可利用高韧性下 DWTT 能量密度与 CVN 能量密度的关系，将 DWTT 能量换算为高韧性下的 CVN 能量：

$$R_{\text{CVN（X80）}}=（R_{\text{DWTT}}-6.02）/1.76 \quad (2\text{-}4)$$

$$R_{\text{CVN（X90，X100）}}=（R_{\text{DWTT}}-63.04）/1.91 \quad (2\text{-}5)$$

通过将 CVN 与 DWTT 能量的关系引入 BTC 模型从而发展了 TGRC2 方法。

利用 TGRC-1 模型和 TGRC-2 模型对 X80 和 X100 管线进行止裂预测，并利用爆破试验数据对与预测结果进行分析，如图 2-1 所示。

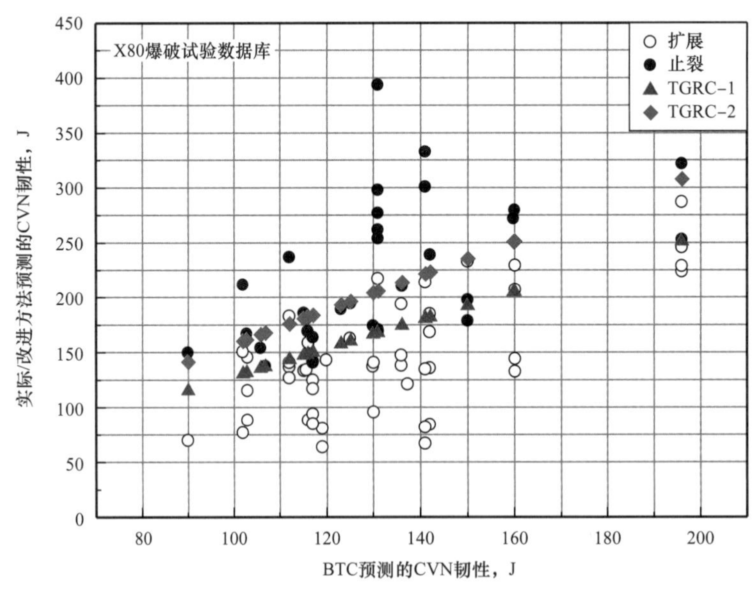

图 2-1 利用 TGRC 修正方法预测 X80 管线的止裂韧性

使用TGRC-1、TGRC-2方法可以较为准确的预测X80管道的止裂韧性。预测结果大多位于爆破试验钢管裂纹扩展管与止裂管的CVN能量之间，预测结果较为可靠。两种预测方法相比，利用TGRC-2预测的CVN较为保守。

2. 西气东输二线的钢管止裂韧性

西气东输二线建于2008年，管道年输量$300\times10^8m^3$，东段和西段压力分别为10MPa和12MPa，选用X80钢级焊管，管径均为1219mm，一级地区东西段分别为壁厚15.3mm和18.4mm螺旋缝埋弧焊管（SSAW），二级、三级和四级地区采用壁厚18.4mm螺旋缝埋弧焊管（SSAW）及22mm，26.2mm和27.5mm直缝埋弧焊管（LSAW）。西气东输二线的焊管规格见表2-1。

表2-1　西气东输二线的焊管规格

位置	输送压力 MPa	焊管壁厚，mm			
		Ⅰ级地区	Ⅱ级地区	Ⅲ级地区	Ⅳ级地区
西段	12	18.4（SSAW）	22.0（LSAW）	26.4（LSAW）	—
东段	10	15.3（SSAW）	18.4（SSAW）	22.0（LSAW）	27.5（LSAW）

西气东输二线建设时，其管线的安全可靠性是国家重点关注问题，来自中亚地区土库曼斯坦的天然气甲烷含量约为92%，接近于富气，其输送条件较西气东输一线更为苛刻。

管线的止裂韧性是保证管线安全可靠的重要指标和基本要求之一，其确定的基本思路是：首先用BTCM双曲线模型并采用Leis修正方法进行计算分析，同时基于CSM的全尺寸爆破试验数据库所获得的修正系数（1.43）进行修正，并对以上两种结果进行比较分析，初步确定止裂韧性要求；另外，由于在国际上已有的X80钢管全尺寸爆破试验数据库中没有螺旋管的爆破试验结果，而且已有螺旋管的爆破试验多是在20世纪70年代进行的，21世纪的X80钢管材料制造技术已发生了很大变化，因而必须用全尺寸天然气爆破试验对所预测的止裂韧性进行验证。

用BTCM双曲线模型进行西气东输二线止裂韧性计算时采用了模拟气源组分G3气体，运行温度采用15℃，全尺寸爆破试验数据库修正系数采用1.43。计算结果见表2-2。可以看出，用BTCM加修正系数更为保守和安全，因而采用该方法来进行止裂韧性的确定。图2-2为西气东输二线不同等级地区的止裂韧性预测结果。

表2-2　西气东输二线止裂韧性预测结果（Ⅰ级地区）

计算方法	气体	CVN，J	
		12MPa压力	10MPa压力
BTC方法	塔里木气	126	119
	G3气	150	142
BTCM加Leis修正	塔里木气	145	133
	G3气	182	169
BTCM加修正系数1.43	塔里木气	180	170
	G3气	215	203

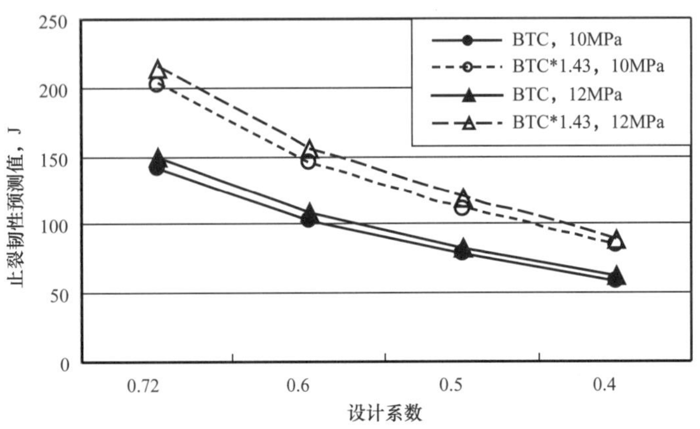

图 2-2　西气东输二线四类地区止裂韧性预测结果

最后，西气东输二线管材的止裂韧性按照区段和等级给出了不同的要求，其中二级及以上地区等级均按照二级地区进行要求：对于 12MPa 工况（西段），一级地区韧性要求值（平均值 / 最小值）为 220J/170J；对于 10MPa 的工况（东段），一级地区韧性要求值（平均值 / 最小值）为 200J/150J。由于在已有的爆破试验数据库中没有 140J 以下可以止裂的数据，因而全线二级及以上地区止裂韧性要求（平均值 / 最小值）均确定为 180J/140J。

为验证西气东输二线的止裂韧性预测结果以及预测方法的准确性，进行了全尺寸气体爆破试验。试验用 X80 钢管规格为直径 1219mm，壁厚 18.4mm，试验压力 12MPa（设计系数 0.72）。在启裂管两侧分别以韧性递增序列布置直缝焊管和螺旋缝焊管。图 2-3 所示为钢管爆破后形貌。预测止裂韧性为 215J，实验结果螺旋管在 198J 处止裂，直缝管裂纹穿过 179J 钢管，在第二根钢管 233J 处止裂，预测结果偏于安全。图 2-4 为 X80 爆破试验数据库及本次试验的预测结果与实际结果对比情况。

图 2-3　X80 全尺寸天然气爆破试验及钢管形貌

3. 中俄东线 ϕ1422mm X80 管道止裂韧性

中俄东线天然气组分见表 2-3，一级地区设计参数见表 2-4。

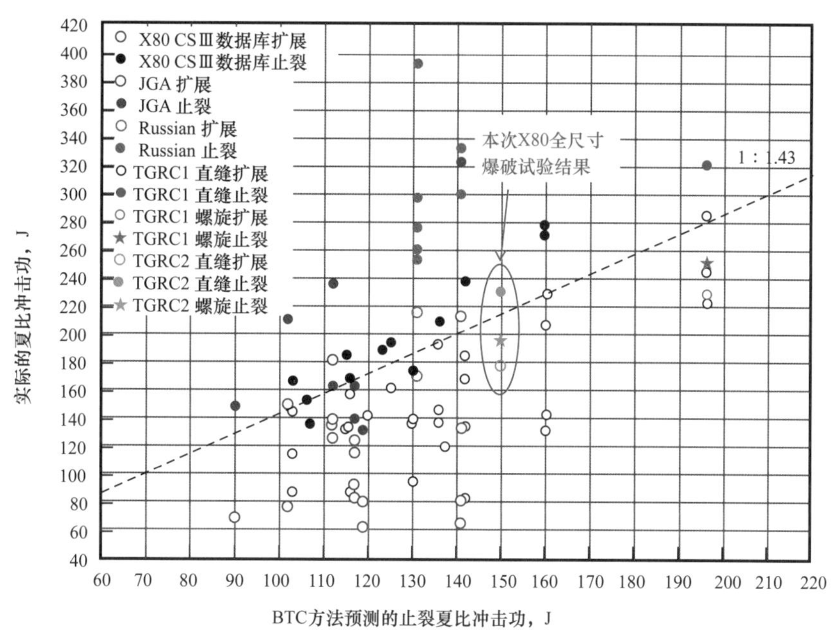

图 2-4　X80 止裂韧性预测结果与实际结果对比

表 2-3　中俄东线天然气组分

组分	C_1	C_2	C_3	C_4	C_5	N_2	CO_2	He	H_2
摩尔分数，%	91.41	4.93	0.96	0.41	0.24	1.63	0.06	0.29	0.07

注：表中为脱 He 之前组分数据。

表 2-4　中俄东线管道一级地区设计参数

钢级	管径，mm	压力，MPa	壁厚，mm	设计系数
X80	1422	12MPa	21.4	0.72

中俄东线的设计压力为 12MPa，但是只有在压气站的出气口处压力才会达到 12MPa，而在下一个压气站的进气口处压力会显著降低。中俄东线最低冻土层温度为 -1.5℃，在正常输送的情况下，压气站出气口的温度会显著高于 -1.5℃，而下一个压气站进气口处的温度也会在 -1.5℃以上。只有在最恶劣的情况下（管道埋于冻土层内及长时间停输），管道内的气体温度才会降至地温，但此时管道内压力也会下降（约 1MPa）。综合考虑，在进行止裂韧性计算时选取 12MPa，0℃作为计算参数。

图 2-5 为中俄东线 BTC 计算结果，计算中采用 BWRS 状态方程进行减压波计算，可见中俄东线气质组分存在明显的减压波平台，CVN 止裂韧性计算值为 167.97J，由于 BTC 止裂韧性计算值超过 100J，因此必须进行修正。表 2-5 为经不同方法修正后得到的止裂韧性，其中 Leis2 修正、Eiber 修正和 1.46 倍修正的结果基本一致。考虑到 1.46 倍修正可以较好地将全尺寸爆破试验数据库中的裂纹扩展点和止裂点分开，如图 2-6 所示，从而最终将止裂韧性指标确定为 245J（三个试样最小平均值）。

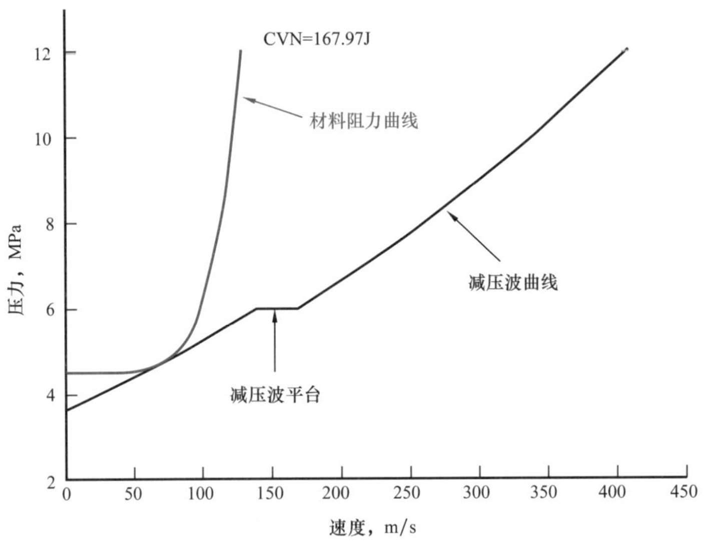

图 2-5　中俄东线 BTC 计算结果

表 2-5　中俄东线一级地区止裂韧性预测结果　　单位：J

预测方法	BTC 预测值	1.46 倍修正	Leis2 修正	Eiber 修正	Wilkowski 修正
预测值	167.97	245	250	251	286

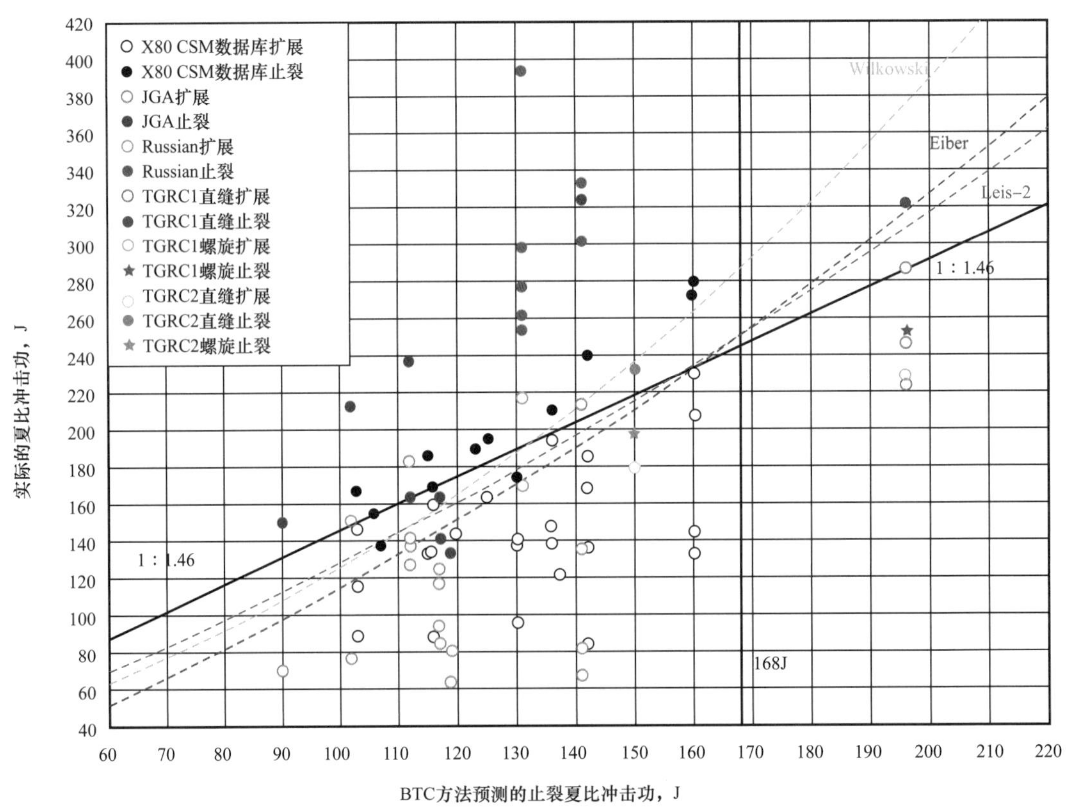

图 2-6　X80 全尺寸气体爆破试验数据库

图 2–7 为单炉试制钢管 DWTT 断口形貌，可见试样不存在严重的断口分离。最近在国内全尺寸爆破试验场开展的 ϕ1422mm X80 全尺寸爆破试验同样表明，国内生产的 ϕ1422mm X80 钢管爆破断口形貌为 45° 剪切断口，可以依靠自身韧性进行止裂。

图 2–7　中俄东线单炉试制钢管 DWTT 断口形貌

4. 管道断裂控制试验场

中国石油于 2015 年建成亚洲首个断裂控制试验场，试验场位于新疆哈密南湖戈壁，占地约 221ha。如图 2–8 所示，试验场分为生活辅助区和试验区，其中试验区包含 ϕ1422mm 和 ϕ1219mm 两条试验管列，每条试验管列由 130m 长试验管和两端 150m 长的储气库组成，储气库可为试验提供充足的气源。管道断裂控制试验场通过模拟真实输气管道运行条件，采用天然气等介质开展高压输气管道全尺寸断裂行为研究以及管道爆炸对环境造成的危害评估。试验最大管径 1422mm，最高压力 20MPa，可实时监测管道的裂纹扩展速度、压力变化、温度变化、管道变形及应力变化等，满足了高钢级管道（X80，X90，X100）断裂控制研究的需要。该试验场作为我国油气管道及储运设施模拟工况的试验基地，将为我国油气管道建设和安全运行提供试验数据和技术依据。

2015 年 12 月 30 日，在断裂控制试验场进行了我国首次 ϕ1422mm X80 直缝焊管、12MPa 天然气介质的全尺寸管道实物爆破试验。试验数据获取正常，取得圆满成功，标志着我国的爆破试验技术整体水平达到了世界先进水平。

ϕ1422mm × 21.4mm X80 直缝埋弧焊管、12MPa 天然气全尺寸爆破试验参数见表 2–6。试验用气来自西气东输二线，主要由甲烷构成，含量达到 95.24%，属于贫气范畴。减压波曲线如图 2–9 所示，无减压波平台，在 12.05MPa 压力下，减压波波头的传播速率为 429m/s。

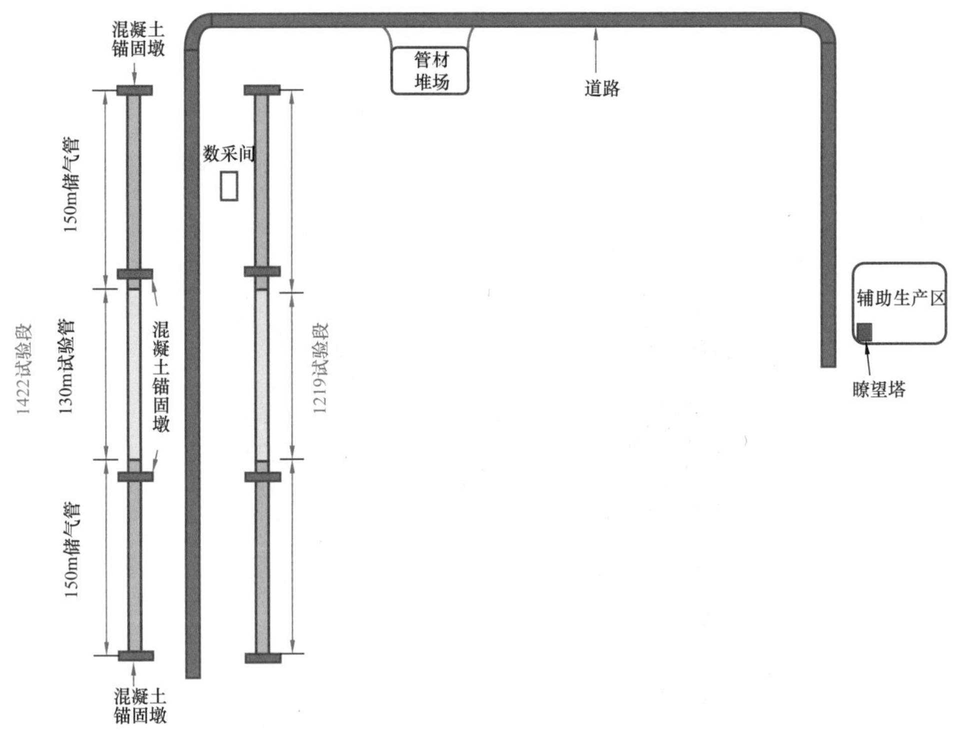

图 2-8　断裂控制试验场示意图

表 2-6　试验参数

试验钢管规格	ϕ1422mm × 21.4mm X80 直缝埋弧焊管
试验压力，MPa	12.05（设计系数 72%）
气体组分	西气东输二线天然气
钢管内气体温度，℃	13.8
钢管表面温度，℃	13.1
回填土深度	距离钢管顶部 1.2m

试验管段包括 11 根钢管，总长度 110m，其中起裂管长 9.71m，南 1 管长 9.35m，北 1 管长 10.34m。在起裂管中心的上母线位置安装线性聚能切割器，通过线性聚能切割器在起裂管引入 500mm 长的初始裂纹，初始裂纹在内压的驱动下向试验管段两端失稳扩展。爆破过程中的裂纹扩展速度如图 2-10 所示，爆破后的试验段如图 2-11 所示。起爆后在起裂管南北两侧，裂纹都呈现加速扩展趋势。在南侧，裂纹扩展速度在起裂管末端达到峰值（超过 300m/s）。裂纹进入南 1 管后在 2.5m 距离内扩展速度迅速由超过 300m/s 下降至 150m/s，其后下降速度明显变缓，扩展约 5m 后断裂速度下降到 100m/s 以下并迅速止裂，裂纹在整个南 1 管扩展 9.1m。在北侧，裂纹扩展速度在起裂管末端达到峰值（接近 300m/s）。裂纹进入北 1 管后在 1.5m 距离内扩展速度迅速由接近 300m/s 下降至 120m/s 左右，然后以平均速度 110m/s 稳态扩展约 4m 后，断裂速度下降至 100m/s 并迅速止裂，裂纹在整个北 1 管扩展 8.15m。

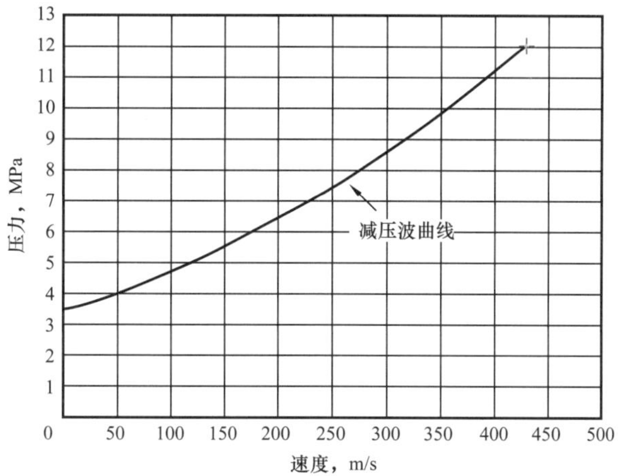

图 2-9 试验气体减压波曲线

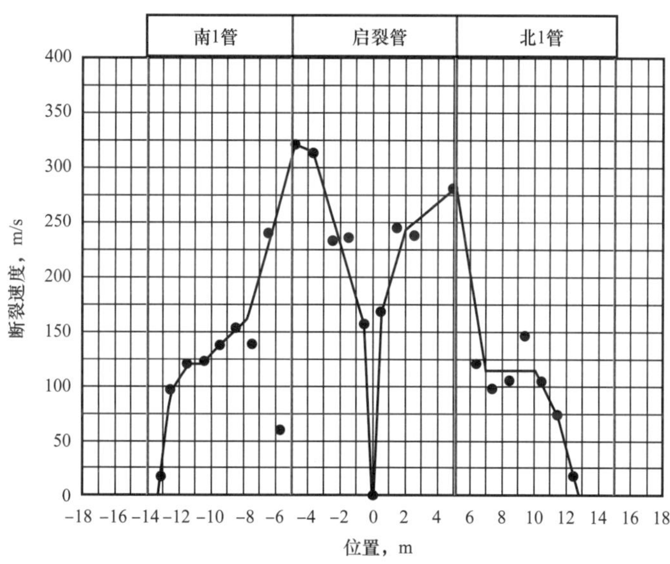

图 2-10 裂纹扩展速度图

起裂管的冲击功为 229J，南 1 管的冲击功为 253J。因此，由全尺寸爆破试验确定的止裂韧性值处于 229～253J。

图 2-11 12MPa ϕ1422mm X80 全尺寸爆破试验

二、X80 管材关键技术指标及钢管开发

我国油气输送管材生产和应用技术的快速发展是从 20 世纪 90 年代的沙漠管线 X52 钢管开始的，随后陕京管线使用的 X60 钢管、西气东输管线使用的 X70 钢管等使得我国的管线钢及管线管的生产和应用技术不断更新，并逐渐接近和赶超国际上油气输送管道建设技术的先进水平。

由中国石油天然气集团公司承建的西气东输二线是我国能源战略的又一条生命线，涉及国家的能源安全、社会安全和经济发展。西气东输二线全线总长 9102km，总投资近 2500

亿元，其中干线近 5000km，全部采用管径 1219mm X80 钢级管线钢管进行敷设，壁厚为 15.3mm/18.4mm/22mm/26.4mm/27.5mm。该管线无论从输气量、长度、压力，还是从钢管钢级、直径、壁厚方面在中国都是首次，在整个世界范围内也是一大创举，各项技术指标在全球史无前例。在此之前，X80 钢管制造技术掌握于少数发达国家，全球建成的 X80 管线总长不到 2000km，工作压力最高为 10MPa。

为保证西气东输二线安全可靠，尽可能地降低管线的建设成本，开展了两方面的工作。

一方面，针对西气东输二线的具体特点，对管材关键技术指标和质量评价方法进行了一系列科学研究，并在此基础上提出 19 项兼顾安全性与经济性的西气东输二线用系列管材技术标准，大规模用于西气东输二线管道工程板材和管材的生产、采购、质量控制等多个环节，主要的研究内容和创新成果如下：

（1）基于国际上全尺寸钢管气体爆破实验数据库以及 GASDECOM 软件和 Battelle 双曲线模型，根据西气东输二线的具体服役环境、压力等级、管材规格、运行温度、不同天然气组分等参数，提出了西气东输二线止裂控制方案。进行了我国首次全尺寸气体爆破试验，同时也是世界上首次 X80 螺旋钢管爆破试验。

（2）通过不同型式拉伸试样的应力应变行为研究，确定了 X80 钢管屈服强度的测试方法及相关要求。

（3）通过厚壁钢板和钢管 DWTT 韧脆转变行为研究，明确了板材和管材的 DWTT 试验温度差异，确定了厚壁钢板和钢管 DWTT 控制指标。

（4）研究了 X80 钢管应变时效后强韧性的变化规律，为质量控制提供了依据。

（5）通过对弯管和管件成分、组织、性能、工艺相关性的系统研究，提出了热煨弯管和管件的化学成分及强韧性控制指标。

（6）研究建立了韧性试验断口分离的表征和评判方法，并提出了 DWTT 断口三角区的评判方法，如图 2-12 所示。

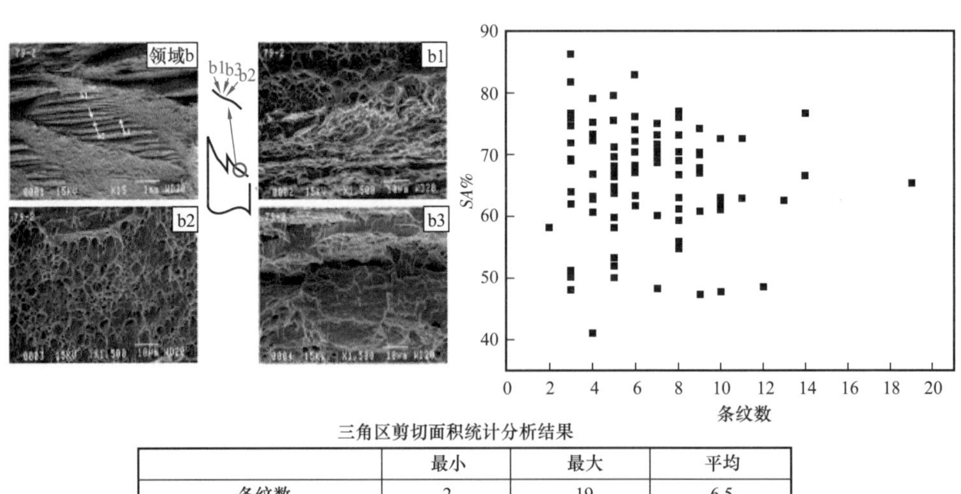

三角区剪切面积统计分析结果

	最小	最大	平均
条纹数	2	19	6.5
SA%	40.9	86.3	65.8
三角区数量	95		

图 2-12　三角区剪切面积的统计分析

（7）明确了X80管线钢的组织结构类型及典型组织形态特征，同时提出了西气东输二线工程X80管线钢晶粒度等级和带状组织级别的评判方法。

（8）确定了冲击韧性试验焊接热影响区缺口位置，并明确规定了取样位置。

（9）研究了管材性能数据的统计分析方法，建立了西气东输二线用管材性能数据库。

（10）开发了高压输气管道气体减压波预测分析软件及输气钢管的止裂韧性预测软件。

（11）制订了《西气东输二线试制X80管材质量评价程序》，明确了评价方法（包括样品、位置、类型、方法等）和程序，规范各板材、钢管生产厂的三个阶段（单炉试制、小批量试制、大批量生产）的产品质量评价工作。

另一方面，围绕X80板材和钢管产品的制造技术开展技术攻关，联合国内大型钢铁生产企业，应用先进的TMCP控轧控冷生产技术，开发了15.3mm/18.4mm/22mm/26.4mm/27.5mm等多种壁厚的管线钢热轧板卷和热轧钢板，并同时研制成功管径1219mm X80高强度埋弧焊管，数百万吨产品X80钢管批量应用于西气东输二线工程建设，为确保西气东输二线管道的本质安全、经济效益和社会效益奠定基础。

X80管线钢的开发工作包括冶炼、连铸、加热、控制轧制与控制冷却过程中的关键技术，其中要点主要包括：

（1）纯净钢冶炼（高效铁水预处理，复合炉外精炼）；

（2）夹杂物形态控制（Ca处理等）；

（3）降低板坯中心偏析（连铸过程电磁搅拌及轻压下技术）；

（4）HAZ显微组织控制（TiO处理）；

（5）板坯加热温度控制；

（6）控制轧制；

（7）织构控制（消除断口分离）；

（8）加速冷却技术。

X80母材组织照片如图2–13所示。

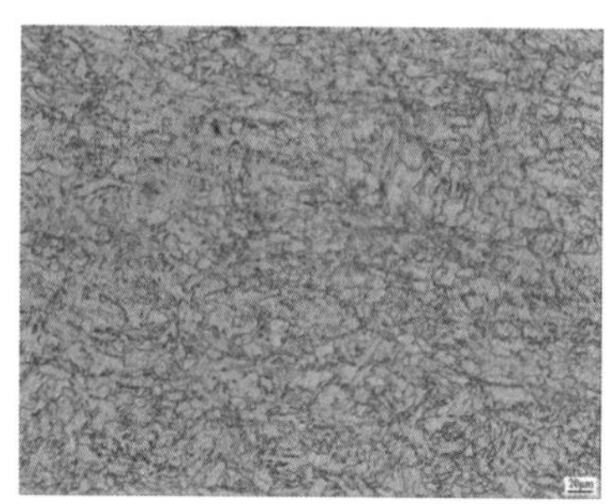

(a) X80母材光学组织照片

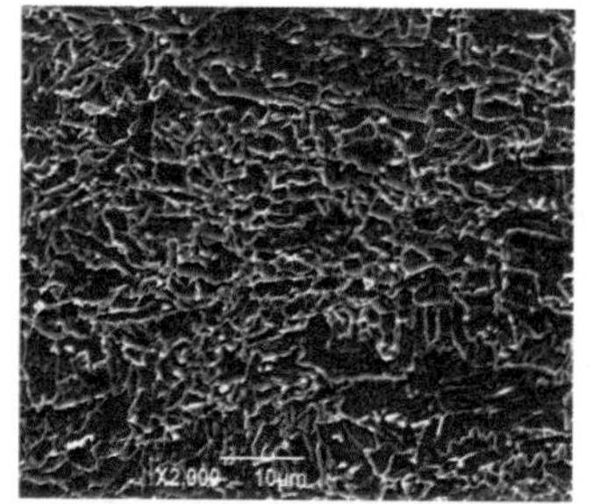

(b) X80母材SEM照片

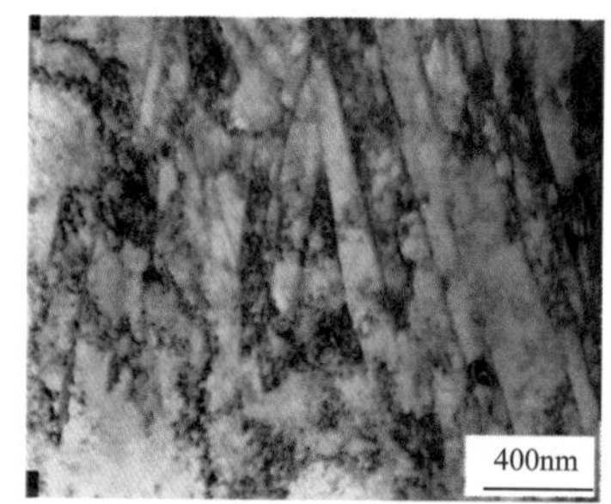

(c) X80母材TEM照片

图2–13　X80母材组织照片

X80高强度埋弧焊管制造技术主要包括：

（1）采用热模拟技术，对X80管线钢及焊缝经受热循环及二次热循环后的性能变化规律及组织特征进行研究，掌握了X80高强度管线钢焊接过程热影响区组织与性能；

（2）研究分析了X80板材在制管过程中的加工硬化和包申格效应，得到了X80板材在制管前后性能变化规律；

（3）开发了钢管低应力成型技术；

（4）研究开发了适用于 X80 厚壁高速焊接的高强度、高韧性新型埋弧焊用焊丝、焊剂新材料（焊接速度达到 1.75m/min）；

（5）形成了完整的 X80 钢管埋弧焊接工艺；

（6）设计制造了 X80 埋弧焊管工艺装备，并建成了具有国际先进水平的 JCOE 直缝埋弧焊管生产线；

（7）成功开发管径 1219mm X80 高强度螺旋缝埋弧焊管及直缝埋弧焊管。

图 2-14 所示为管线钢焊缝金属强韧性配比示意图。

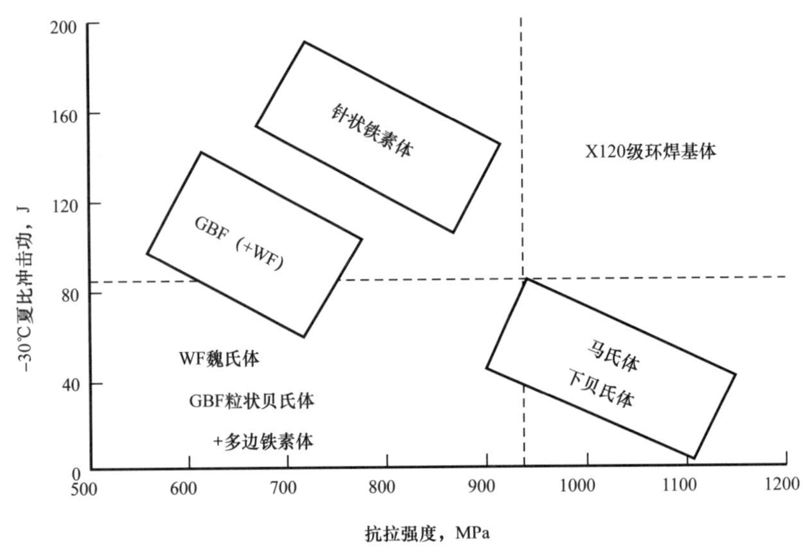

图 2-14　管线钢焊缝金属强韧性配比示意图

围绕西气东输二线工程开展的一系列技术研究和产品开发工作，使我国突破国际上螺旋缝埋弧焊管的使用禁区，确立了具有中国特色的“大口径高压输送主干线螺旋缝埋弧焊管与直缝埋弧焊管联合使用”的技术路线，是我国管线钢建设方面的重大技术进步；同时，西气东输二线 19 项管材系列技术标准大规模应用于西二线工程板材和管材的生产、采购、质量控制等多个环节，研究的 X80 ϕ1219mm × 18.4mm/22mm 钢管填补了国内 X80 管线钢管制造和工程应用的空白，实现了西二线工程所需 X80 钢管和焊材的国产化，推动了我国冶金工业和石油管道领域的技术进步，标志着我国高钢级管线钢管制造技术达到国际领先水平，实现了从追赶者到引领者的跨越。

近年来，随着我国国民经济发展和能源战略的调整，天然气需求与日俱增。以大输量输送为特点的第三代大输量天然气管道建设技术已经成为我国天然气管线发展的重要方向。正在建设中的中俄东线设计输送能力达 $380 \times 10^8 m^3/a$，管径达到 1422mm，管材壁厚最高为 33mm。围绕该管线开发的安全可靠性评估、断裂控制、管材技术标准、制管技术及螺旋管和直缝管产品、现场焊接材料及技术以及装备、完整性管理技术等一整套技术已经完成开发并应用于该管线工程的建设。

迄今，我国已经先后建设了西气东输二线、西气东输三线、陕京四线等 X80 天然气管线，X80 钢级逐渐成为现代长距离输气干线管道的首选钢级。

三、变形控制技术及 X70 和 X80 大变形钢管

管线设计预期承受大于 0.5% 应变（管道的名义屈服强度）的方法，称为基于应变的设计方法。在基于应变的管线设计方法中，管道承受的载荷及其大小一般由受到的位移大小控制。为了确保管道在承受位移控制载荷下的完整性和安全性，需要开发具有较高抵抗塑性变形和结构失效能力的，同时能保证普通钢管塑韧性和强度的管线钢材料。为了保证管线具有较大的承受塑性变形的能力，高应变管线钢材料至少具有如下性能：

（1）形变强化能力尽可能大，也就是说具有较高的形变强化指数或者流变应力比；

（2）具有连续屈服特征的拉伸应力应变曲线（Round-House 型应力应变曲线）；

（3）具有较高的均匀延伸率（$UEL>10\%$）；

（4）为了确保较高的结构拉伸应变极限，材料强度与管道环焊缝材料应有合理的匹配关系。

我国是世界上地质灾害较多发的国家之一，管道通过的区域和沿线条件也日趋复杂，将不可避免经过一些特殊地区，如强震区、活动断裂带、冻土区以及矿山采空区。管道的设计和管道用材料的性能都面临着全新的挑战。适当性能的高应变管线钢材料，可以有效地增强管线承受变形的能力，而且于达到特定性能而付出的生产成本，远远低于获得的安全性收益和施工成本的降低。

1. 管线变形控制技术

在基于应变的管线设计中，一般使用极限状态的方法来校核不同的服役条件。例如 DNV2000 就使用了四类结构不满足要求的极限状态：正常使用极限状态、承载能力极限状态、疲劳极限状态、偶发极限状态。

其中每一类都包含很多种失效模式。例如，极端失效模式就包括管壁开裂引起的爆炸、破裂、堵塞管道截面的局部屈曲、管道在长度方向的整体屈曲以及其他。正常使用极限状态包括部分阻流或者阻碍清管器运行，例如局部的椭圆化。疲劳极限状态是独立的，因为对一个循环可以接受的载荷可能对很多次循环是不能接受的。因为发生可能性的差别，偶发极限状态是和其他类别分离的。有的局部屈曲低于正常使用极限状态，有的局部屈曲在正常使用极限状态和极端极限状态之间，而一部分情况可以达到极端极限状态。

管线的应变容量包括压缩应变容量和拉伸应变容量，压缩应变容量一般由管线服役时弯曲或压缩变形时发生的屈曲行为来确定，主要受管材性能、规格及工作内压的影响。拉伸应变容量一般是指管线服役时环焊缝能承受的最大应变，可通过启裂或失稳扩展行为来确定，主要受管材、环焊缝性能、最大缺陷尺寸、管体规格及内压的影响。为了获得准确的应变容量预测，通常使用的研究手段有全尺寸弯曲 / 压缩 / 拉伸试验、宽板拉伸试验、小尺寸拉伸 / 韧性测试试验以及数值仿真等。

1）拉伸应变容量

目前，在管线基于应变设计的研究领域，还没有一个能被广泛接受的可以进行环焊缝拉伸应变容量预测的通用标准。国内的相关标准规定对于环焊缝接头拉伸试验，要求确保断裂位置不发生在焊缝及热影响区上[1]，但由于含缺陷环焊缝的拉伸应变极限对材料性能和几何缺陷具有很高的敏感性，仅仅规定拉伸试验的断裂位置，还不能完全满足焊接接头拉伸应变容量定量分析的要求。国外是通过延性断裂行为表征的失稳扩展作为拉伸应

变容量的预测基础，并且在 SINTEF 和 ExxonMobil 的工作中，大量讨论了在基于应变设计中将裂纹驱动力法作为失效准则的研究[2-4]。中国石油相关研究人员针对基于应变设计的 X70 管线环焊接头拉伸试验断裂发生在近焊缝区的情况（图 2-15），对环焊接头的相关区域性能进行研究，并完成了一定缺陷水平下的拉伸应变容量的研究。从而建立了基于断裂力学的拉伸应变容量预测方法，改进了现行标准存在的不足。

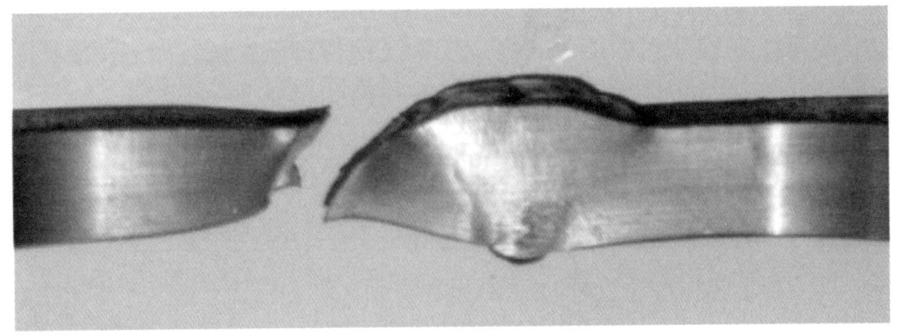

图 2-15　发生环焊缝附近断裂现象的拉伸试样

对裂纹型缺陷位于焊缝金属和热影响区的情况都进行了单边缺口拉伸测试。单边缺口拉伸试验获得的断裂阻力曲线，能较好地表征全尺寸管线拉伸试验的断裂行为[5]，并可保证结果具有一定的保守度。此外，当 SENT 试验中的初始缺陷率 a_0/W 比管线实际缺陷情况大 0.1，两者获得的断裂阻力曲线结果非常接近[6]。图 2-16 和图 2-17 分别为 SENT 试样及其获得的阻力曲线。

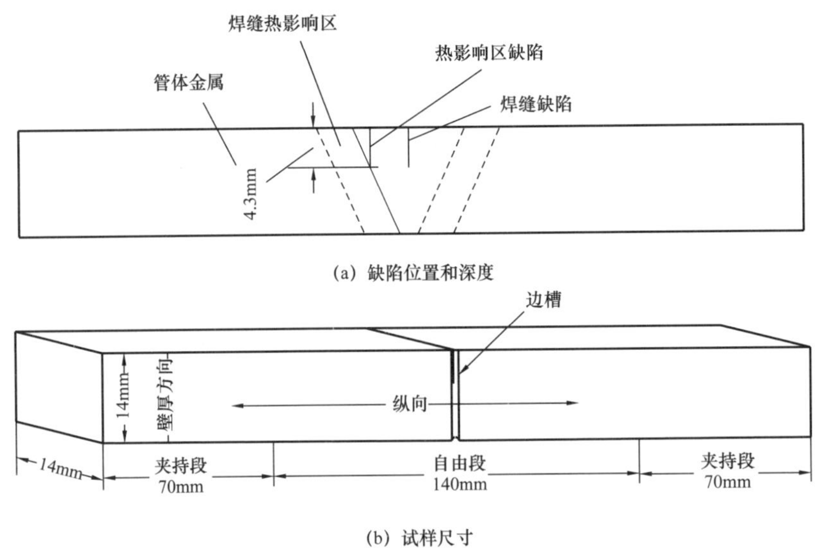

图 2-16　SENT 试样示意图

拉伸应变预测由裂纹驱动力和极限状态两个要素构成。裂纹驱动力可表达为一定尺寸和材料参数条件下的远端应变的函数。使用含缺陷环焊缝整管拉伸变形的有限元模型计算裂纹驱动力对不同缺陷深度的模型进行有限元分析，获得对应不同裂纹扩展量下的裂纹驱动力。使用不同裂纹深度的管体—环焊缝缺陷的有限元模型进行仿真计算，可以计算 CTOD 与远端应变的关系。这样，通过静态断裂模型就可以获得裂纹驱动力曲线。而驱动力和应变曲线可以转化为驱动力和裂纹生长量曲线，从而通过与断裂阻力曲线进行对比获得如图 2-18 所示切点，对应的应变水平即为失稳扩展作为判据的拉伸应变容量。如图 2-19 所示，3.8% 与 5.4% 即为预制缺陷分别位于焊缝金属和热影响区时拉伸应变的临界值。此外，进行宽板拉伸试验的结果，也可以验证切线法预测 3.8% 和 5.4% 的应变极限的合理性。

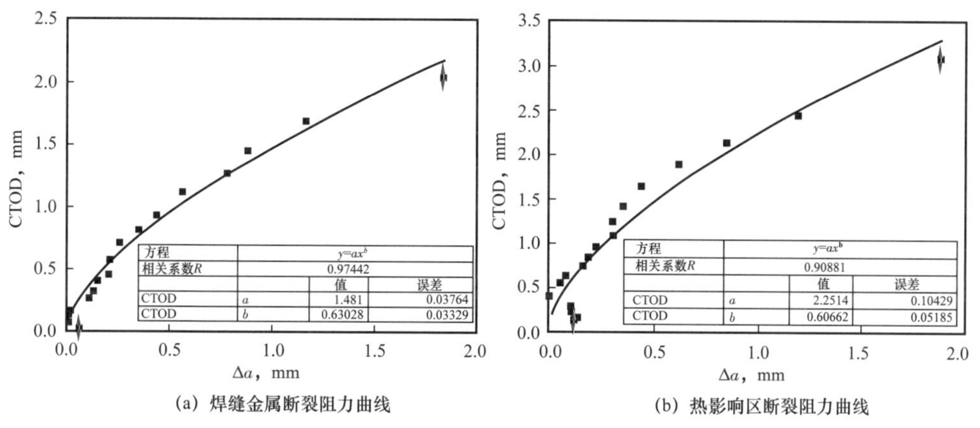

(a) 焊缝金属断裂阻力曲线　　(b) 热影响区断裂阻力曲线

图 2-17　SENT 试样获得的焊缝和热影响区阻力曲线

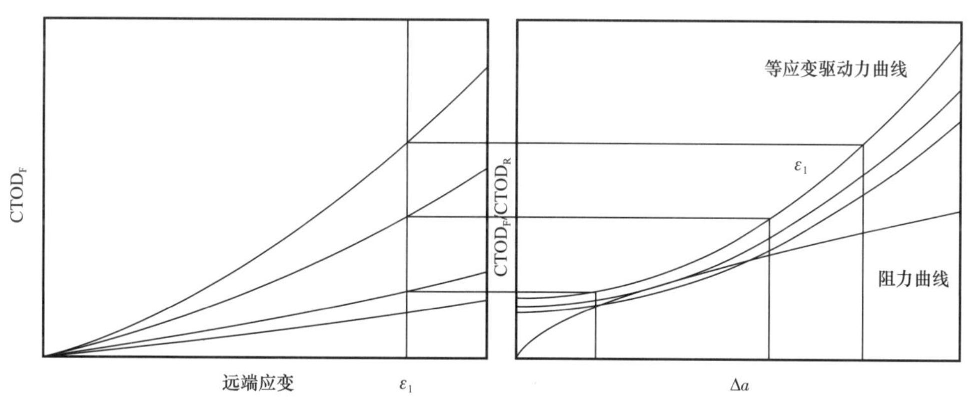

图 2-18　建立驱动力等应变曲线

CTODF—裂纹驱动力；CTODR—裂纹阻力

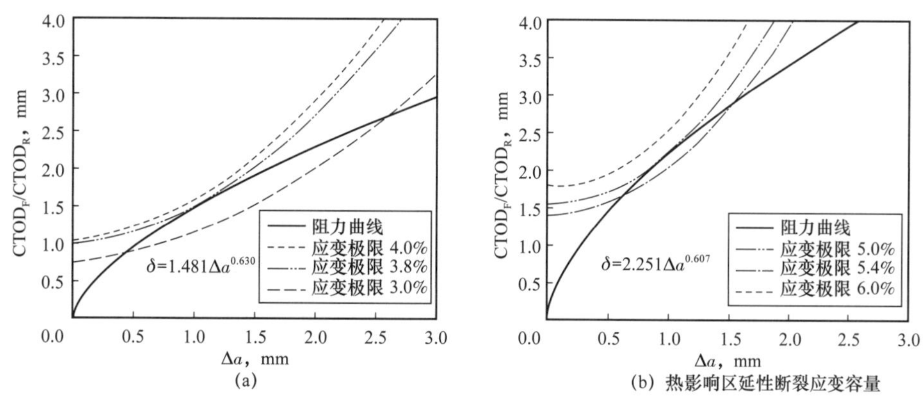

(a)　　(b) 热影响区延性断裂应变容量

图 2-19　驱动力等应变曲线和裂纹生长量的关系

2）压缩应变容量

根据挪威船级社标准 DNV-OS-F101《海底管线系统》的规定[7]，对于受到纯弯曲变形的带内压管线的临界压缩应变，其预测公式由基于有限元计算的数据结果通过回归得出。这个结果适用于钢级最高至 API X80（规定最小屈服强度为 555MPa），径厚比 D/t 大于 45 的管道。这个公式得到的临界压缩应变为屈曲时管道外表面达到的最大轴向应变。

$$\varepsilon_{cr}=0.78\left(\frac{t}{D}-1\right)^{2}\left(1-5\frac{\sigma_{h}}{f_{y}}\right)\left(\frac{\alpha_{gw}}{\alpha_{h}^{1.5}}\right) \tag{2-6}$$

式中 σ_h——内压引起的环向应力；

f_y——规定最小屈服强度；

α_{gw}——考虑环焊缝的系数；

α_h——屈强比。

对于更高钢级管线钢管的屈曲变形容量预测见式（2-7）[8]。该公式也被 DNV-OS-F101 所采纳。该公式的数据基础来自基于限元分析的参数研究和全尺寸的试验数据。

$$\varepsilon_{cr}=0.16\left[\left(\frac{t}{D}\right)^{0.65}-0.02\right]a_{h}^{1.5} \tag{2-7}$$

中国石油相关研究人员对钢级范围 X70—X100（规定最小屈服强度为 485～690MPa），D/t 范围 66～46 的管线钢管，考虑其径厚比 $\frac{D}{t}$、工作压力 p、屈服强度 σ_y，真实流变应力比 $\frac{\varepsilon_{5.0}}{\varepsilon_{1.0}}$ 作为主要参数，使用量纲法进行分析，最终获得较大适用条件下的临界屈曲应变的预测公式：

$$\varepsilon_{cr}=0.0547\left(\frac{D}{t}\right)^{-0.84508}\left(\frac{p}{p_{y}}\right)^{-0.0223329}\left(\frac{\sigma_{y}}{E}\right)^{0.138764}\left(\frac{\varepsilon_{5.0}}{\varepsilon_{1.0}}\right)^{6.15051} \tag{2-8}$$

2. 高强度高应变管线钢管

1）高应变管线钢的性能要求

（1）拉伸应力—应变曲线：典型的管线钢应力—应变关系曲线有 Luders 型及 Round House 型两种，如图 2-20 所示。研究表明，Round House 型管线钢的变形能力优于 Luders Elongation 型[9]管线钢，其屈曲应变远高于 Luders Elongation 型管线钢。屈服平台的出现使得管材在变形过程中更易出现应变集中，使得变形对几何和材料的缺陷更为敏感。

（2）应力比：传统意义上，经常使用材料的形变强化指数 n 来表达材料产生变形后的强化能力，但是大量实验数据表明，管线钢材料的实际拉伸曲线往往不是严格的遵循 Hollomon 公式，同时在工厂中使用 n 作为技术指标，也有一定的难度和随意性。近年来大量的研究表明，使用应力比作为技术指标，可以很好地代替 n 的物理意义。同时，选择适当的应力比指标，可以与钢管的变形能力有很好的对应[10]。图 2-20 和图 2-21 分别表示了对特定规格油气管线，$R_{t5.0}/R_{t1.0}$ 和 $R_{t2.0}/R_{t1.0}$ 和钢管变形能力的关系。

（3）应变时效行为：钢管制造、尤其是涂覆过程中的应变时效现象使得管材的变形能力降低。一般情况下，应变时效对管线钢的影响方式为：屈服强度上升，应力比下降，均匀延伸率和屈强比等指标下降。上述影响都很容易使管线钢管的变形能力下降。因此，用作高应变管线钢的材料，需要具有一定应变时效抗力，一般使用人工时效后的试验数据来进行控制。

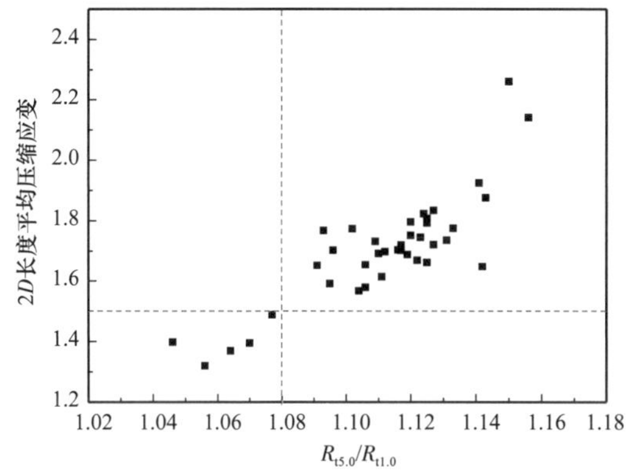

图 2-20 2D 平均压缩应变与 $R_{t5.0}/R_{t1.0}$ 关系

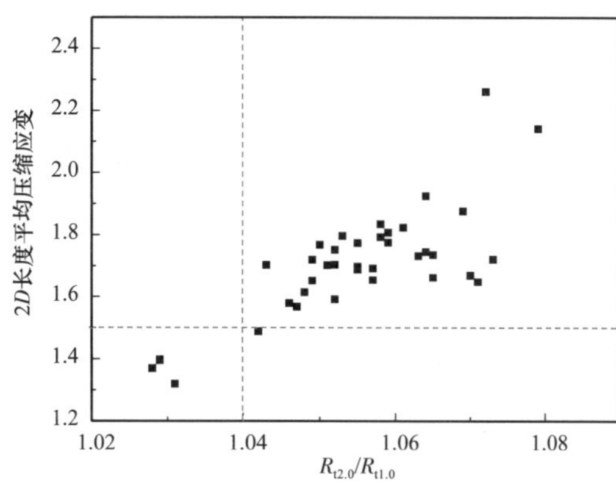

图 2-21 2D 平均压缩应变与 $R_{t2.0}/R_{t1.0}$ 关系

（4）其他力学性能指标：除了上述主要指标外，高应变管线钢管还需要对屈服强度和抗拉强度进行控制，以保证钢管在发生塑性变形后环焊缝仍能保持强匹配，确保其拉伸应变能力。也需要较高的均匀延伸率，保证管线的拉伸应变能力。

（5）显微组织：抗大变形管线钢既要有足够的强度，又必须有足够的变形能力，其组织状态一般为双相组织或多相组织，硬相为管线钢提供必要的强度，软相保证足够的塑性。如组织状态为铁素体 + 珠光体（X70 以下级别）、铁素体 + 贝氏体（X80 以上级别）、铁素体 +MA/ 板条马氏体（X80 以上级别）。

2）大应变管线钢材料的研究开发现状

高应变管线钢能承受较大的结构变形和塑性变形，在显微组织上都有一些特点。目前，普遍的做法是采用双相钢的技术路线，保证管线钢的强度和塑性的良好配合。采用双相钢的高应变管线钢，最早由日本 NKK 钢铁株式会社提出，并在 NKK 福山工厂试制成功 X65。目前国外已公开的大应变管线钢有日本 JFE 钢铁株式会社（前 NKK 钢铁株式会社与川崎制铁合并）开发的 HIPER[11, 12] 和新日本制铁株式会社的 TOUGH-ACE[13]。欧洲钢管公司也宣称其开发了 X100 级别的大变形管线钢管，并用于 North Central Corridor 管线[14]。在国内，2011 年启动的中缅油气管道（国内段）项目中，中国石油组织国内多家钢厂和钢管制造商，投入 8000t 试制份额，进行 X70 强度级别的高应变管线钢管试制。最终试制取得了良好的效果，参与试制的钢厂和管厂批量生产出了合格的高应变钢管，并保证了可观的合格率。

（1）大应变管线钢显微组织变形机理研究。

由于基于应变设计的需求，近年来材料制造企业为开发高应变能力管线钢进行了大量的研究。钢管的应变容量可通过提高形变强化性能获得。由于金属材料的应变硬化性能受到显微组织的强烈影响，由硬相和软相组成的双相显微组织是目前获得较高的形变强化性能的主要技术手段，因此，对具有双相组织的管线钢材料进行微观组织研究及细观力学分析是非常有必要的。

中国石油相关研究人员使用聚焦离子束（FIB）切割，加工微小圆柱，结合原位扫描电镜纳米力学测试，对双相组织中的单相性能进行了测试，测试对象包括贝氏体、块状铁素体、马奥组元（MA）等，获得各相的真实性能数据。图 2-22、图 2-23 分别为 FIB 切割示意图和某高应变 X70 管线钢中的贝氏体应力应变曲线。

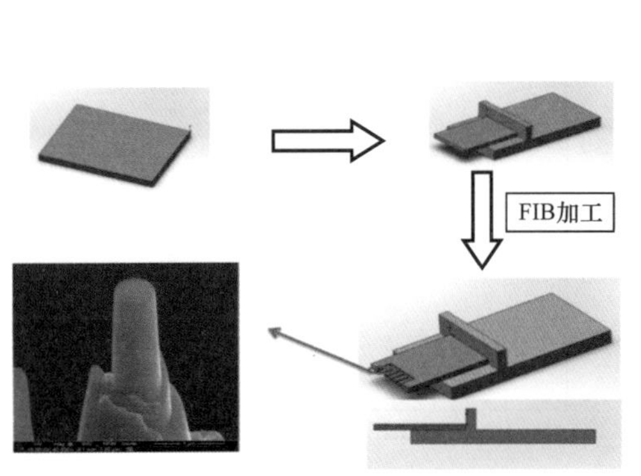

图 2-22　单相性能测试 FIB 加工示意图

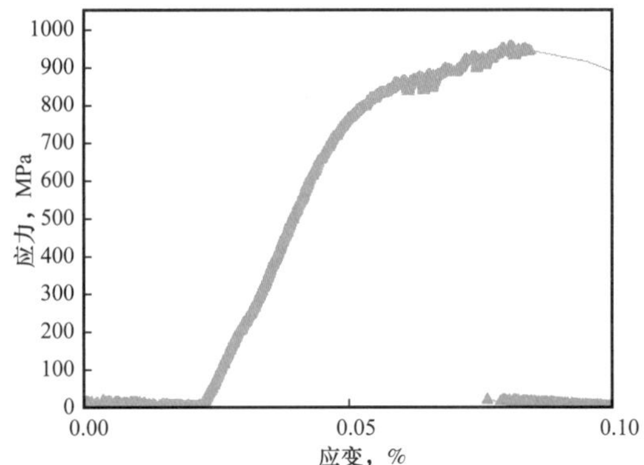

图 2-23　X70 管线钢中贝氏体的应力—应变测试

在获得了 X70 管线钢块状铁素体和粒状贝氏体的本构关系基础之上，建立三维的 Voronoi 多晶体的有限元模型来模拟管线钢内部组织。通过调整块状铁素体和粒状贝氏体的相含量的组成，来深入研究管线钢微观尺度下的力学性能。图 2-24 和图 2-25 分别为建立的多晶体有限元模型和不同相组成的宏观应力应变行为。

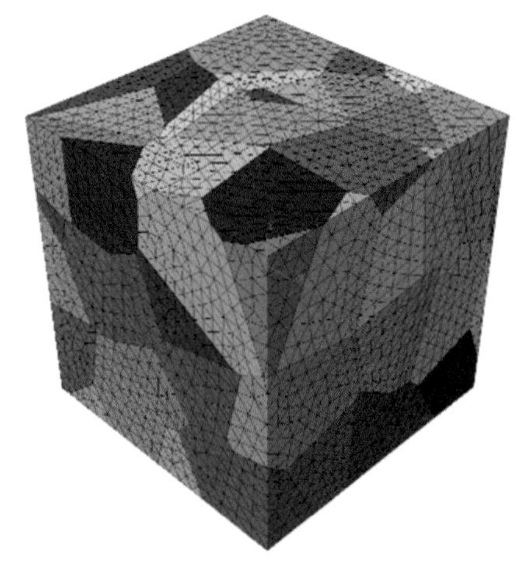

图 2-24　多晶体有限元模型

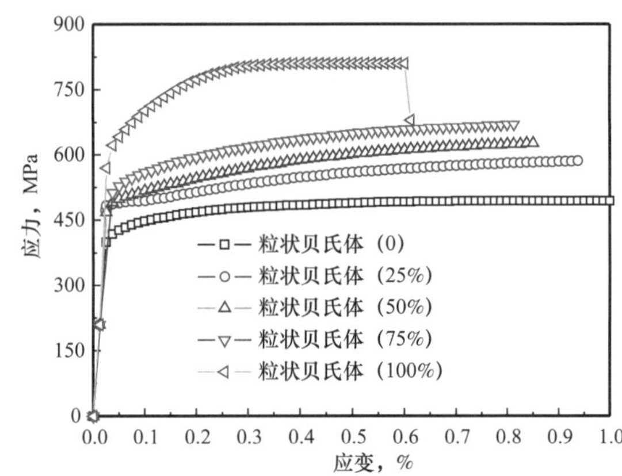

图 2-25　不同贝氏体含量的宏观性能

（2）大应变管线钢的生产工艺研究进展。

对于高强度管线钢来说，具有细密多边形铁素体和贝氏体的双相组织对于改善变形和裂纹扩展特性都是非常有用的。对基于应变设计的高强度管线钢，高变形和高韧性都是非常有必要的，但由于双相组织的带状组织容易产生断口分离，因此对韧性有负面作用。报告显示，如果与轧制平面平行的 {100} 面带状组织很明显，并且多边形铁素体和硬相（如马氏体）的界面也在轧制平面上发展，那么断口分离就会比较严重，原因就在于沿着界面发生断裂。因此，在贝氏体组织中弥散化精细的多边形铁素体，对于降低断口分离非常重要。

为了同时满足塑性和韧性的要求，国内制造企业优化了加速冷却方法。图 2-26 是几种热轧后加速冷却方法的图解。间断直接淬火（IDQ，Interrupted Direct Quench）工艺一般用于获得贝氏体组织，也是传统的获得高强度UOE制管用钢板的方法。此外，延迟淬火（DLQ，Delayed Quench）工艺的目标是获得铁素体—马氏体双相组织，但是会引起强烈的带状组织趋势。因此，DLQ工艺不能直接用于生产同时满足塑性和韧性的管线钢。为了生产满足要求的高应变管线钢，可以将中温加速冷却（MAC，Mild Accelerated Cooling）作为一种新的冷却条件，通过持续的中温冷却产生相对离散的多边形铁素体。目前国内较多的制造企业使用弛豫手段控制冷却过程，并将此工艺用于高应变管线钢的生产。

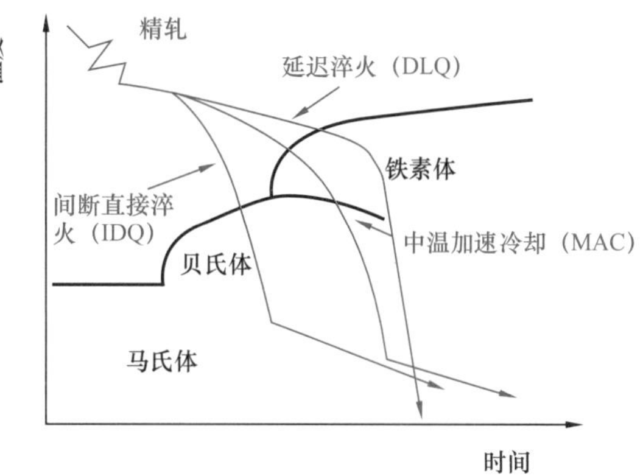

图2-26　几种典型的热轧后加速冷却工艺

由于油气输送管道向永久冻土或地震区等恶劣环境延伸，对高应变管线钢管的需求进一步增加。除了低强度的铁素体—珠光体外，铁素体—贝氏体等高强度的高应变钢管也开始投入使用。目前，除日本几家钢厂外，国内各厂家也陆续完成了高应变管线钢的开发。目前高应变管线钢管的强度最高已达X80的级别。在基于应变的管线设计中，应用高应变管线钢，已经成为一种必然的选择。

四、X80感应加热弯管及管件开发

依托西气东输二线等国家重点工程，在中国石油天然气集团有限公司重大专项的支持下，通过中国石油研究人员和相关弯管、管件公司的联合攻关，形成了成套的X80弯管、管件成分设计和热加工技术，开发出了适用于–20℃工况感应加热弯管及–30℃工况三通等管件产品，伴随着批量新产品在西气东输二线以及中缅、中亚等多项工程建设项目中的应用，也将我国X80弯管、管件生产技术水平提升到了国际前列。目前，适用于–45℃极寒地区服役工况的站场X80弯管、管件新产品的研发工作已正式启动。满足现场恶劣工况焊接施工、抗脆性起裂、专用板材选材及制造技术将是新的挑战。

1. 感应加热弯管、管件的成分设计及其热加工技术

对于大口径高强度感应加热弯管、管件，其材料的淬透性和焊接性控制是一对十分难解决的矛盾，从热处理角度讲，要获得高强度则需要求钢中必须有足够的强淬透性合金元素，以满足野外焊接需要，材料的碳当量又必须进行限定，其合金元素的含量不能太高。另外，高强度感应加热弯管、管件需加热到奥氏体温度以上，通过热成型的方式进行加工，不良的工艺可能会使其强韧性失配或性能恶化。因此，基于试验室条件下多种典型组分材料热模拟试验研究成果，开展了大口径高强度感应加热弯管、管件专用板材的成分设计及其热加工成套技术研究，获得了材料中Nb，Mo和V等强碳化物以及氮化物形成元素对TMCP控轧钢二次热加工后组织、强韧性的影响规律。同时，以管线钢为基材，调整材料中合金元素的种类和含量，借助感应加热弯管、管件新产品工艺可行性和工艺可靠性途径，在工业化条件下，实现了X80感应加热弯管和管件的淬透性、焊接性、强韧性等关

键技术指标的有效控制。

X80感应加热弯管和管件化学成分均为低碳微合金体系，与干线管用X80钢管化学成分相近，关键微合金元素却有区别，使其既具有良好的野外施工焊接性，又因不同种类适量微合金元素的添加，兼有良好的热加工稳定特性，原材料通过TMCP控轧获得的优良组织特性在二次热加工后能够遗传给感应加热弯管和管件。图2-27为X80感应加热弯管强度、淬透性及碳当量之间关系曲线，从理论和产品中试两方面实现了专用板材成分设计和热成型技术的突破。

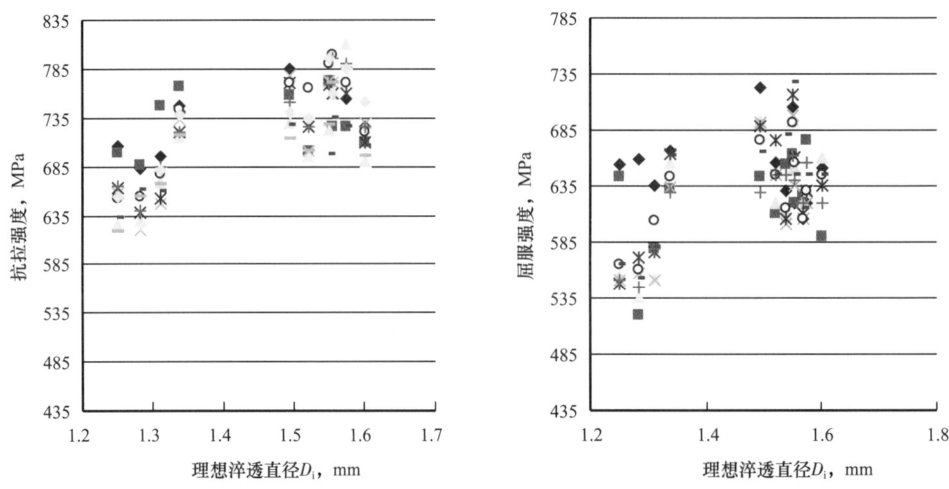

(a) 抗拉强度及屈服强度与材料理想淬透直径D_i变化关系

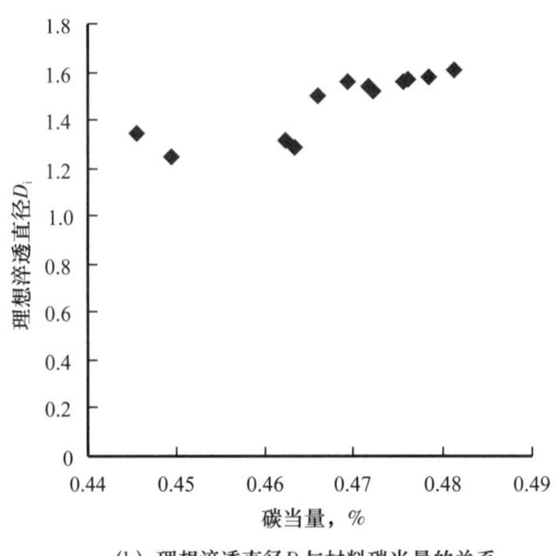

(b) 理想淬透直径D_i与材料碳当量的关系

图2-27 X80感应加热弯管强度、淬透性及碳当量之间关系

2.X80感应加热弯管、管件的强韧性分布

相对于普通管线钢管，感应加热弯管和管件的承载情况更加复杂，是管系中较为薄弱的部位，不仅承受内压，往往还会受到弯矩、扭矩、轴向力的作用，服役过程中更容易发生泄漏开裂等事故。因此，基于大口径高强度感应加热弯管、管件专用板材的成分设计及其热加工成套技术研究，开发出的X80感应加热弯管、管件继承了TMCP控轧钢的许多优

良特性。图 2–28、图 2–29 是按照 X80 感应加热弯管、三通技术条件要求，对于弯管，在弯管的直管段、起弯区、终弯区、弯曲段管体及焊接接头处分别取样，并进行的拉伸性能测试和冲击韧性试验结果。感应加热弯管管体的抗拉强度为 670～850MPa，且集中分布于 670～710MPa。管体具有良好的冲击韧性，虽然弯管的焊缝和热影响区冲击功值较管体母材偏低，且数值离散性较大，但均满足工程设计要求。

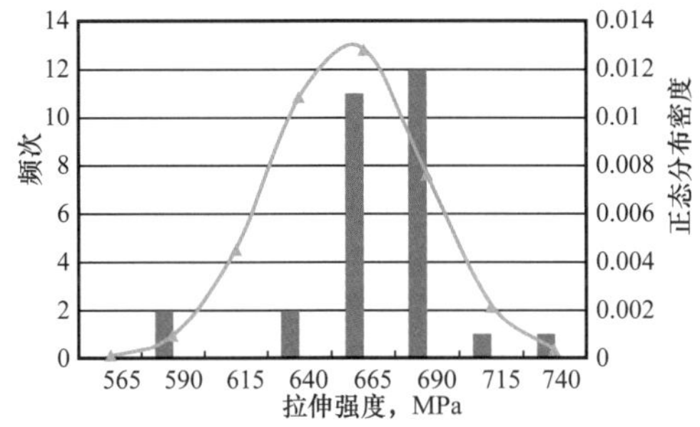

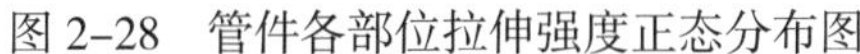
图 2–28 管件各部位拉伸强度正态分布图

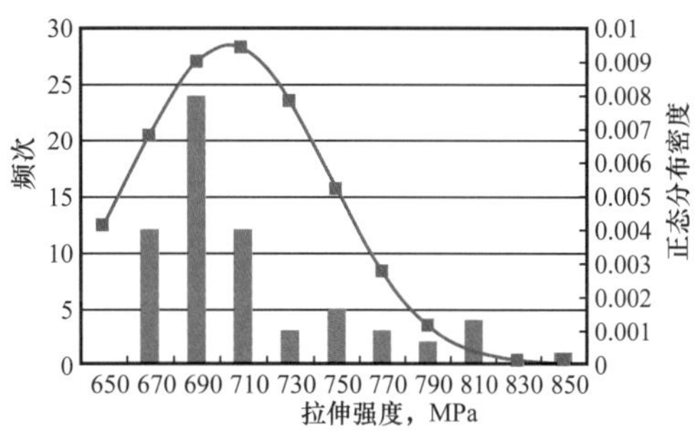

图 2–29 弯管各部位拉伸强度正态分布图

X80 管件的管体各部位抗拉强度主要集中在 640～720MPa 范围。屈强比主要分布在 0.90 以内。管体、焊缝和热影响区部位冲击功值分布特点与感应加热弯管相同。

3．X80 感应加热弯管、管件的低温韧性

我国西气东输管道高寒地区站场环境温度一般达到 –40～–30℃，西气东输二线西段、中俄东线等管道工程还面临多年冻土等特殊地区及 –45℃以下的严苛气候条件。目前，我国 X80 感应加热弯管、管件只能满足 –30℃以上的使用工况。图 2–30 为现有 X80 专用板材的低温韧性分布情况及冲击韧性值随温度变化分布情况。图中 X80 材料的夏比冲击韧性随温度变化分布在一个带状区域内，且随着试验温度的变化，带状区域的上限和下限数值逐渐进入平台区；可根据工程建设的需要，在带状图下合理地选择相应服役温度下感应加热弯管、管件需满足的夏比冲击功和断口剪切面积值，其中，M_1 点坐标表示 –20℃下材料夏比冲击功为 90J，该冲击值为标准要求的平均值下限；M_2 坐标表示 –30℃下材料夏比冲击功为 60J，该冲击值为标准要求的最小值下限；而 M_3 点坐标表示 –45℃条件下材料夏比冲击功为 40J，该冲击值低于标准要求，存在脆断风险。因此，西气东输二线工程建设中，针对服役环境温度低于 –30℃时乌鲁木齐市以西和天山以北管线穿越区的弯管、管件，分别采取了保温伴热措施。但更多长输管道存在极端低温工况的站场阀室多位于交通不便、无人看守的高海拔地区，而伴热保温方法需要较高频次的人工日常维护，且可靠性较差。

在设计温度低于 –30℃、管件设计壁厚大于 40mm 的工况下，现有管线钢材料在低温下的夏比冲击断口多为脆性，其低温使用过程存在较大风险。而现阶段有两种防止低应力脆断的技术路线可选：（1）开发低温性能优异的弯管 / 管件产品；（2）优化伴热保温工艺，加强维护管理，提高可靠性。可结合这两种技术路线进行研究。

4．X80 三通设计方法

高压大口径高强度三通的制造一直是公认的问题，主要受现场施工焊接性、设计方法、材料淬透性和热加工技术能力等几个方面制约，改进设计方法是行之有效的途径。目前，国内外管件标准规定的三通设计方法有两种，即面积补强计算方法和试验验证设计方法。第一种为公式计算法，按照此方法设计的结果十分保守，如在 ϕ1219mm X80

输气管道的四级地区，站场用 DN1000mm X70 10MPa 等径三通的计算最小壁厚 62mm，DN1200mm X80 等径三通计算壁厚 78mm，在现在工艺技术条件下，几乎不具备生产的可能性。另一种设计方法为验证试验方法，即要求连接到管道系统的三通，其承压能力不小于与所连接钢管的承压能力，但由于三通受力较管线管复杂，此方法是基于大量试验研究成果和管线设计专业技术人员共识支持的基础之上，国内这方面成果积累十分匮乏。基于中国石油天然气集团公司重大专项研究成果，按照验证试验所确定的 DN1200mm X80 系列三通（支管直径分别为 DN900mm，DN1000mm，DN1200mm；壁厚分别为 40mm，44mm 及 52mm），其极限承载能力不小于管道设计工作压力的 3.5 倍，具有很高的风险控制裕量。使用该方法设计的三通已被成功应用于西气东输三线管道工程等多个项目中，为确保管道高效安全运营提供了保障，其他大口径系列的三通的设计验证研究任有待进一步开展。

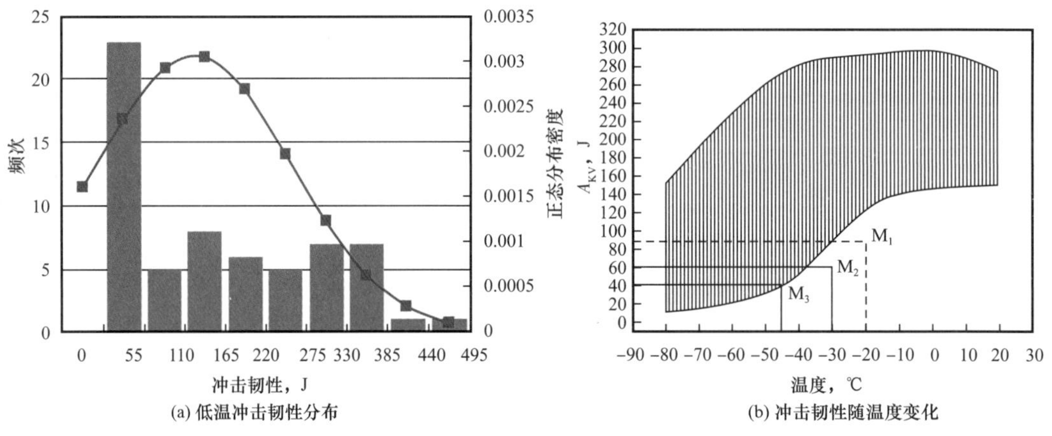

图 2-30　X80 管件的低温冲击韧性分布及冲击韧性随温度变化分布图

五、X90/X100 钢管关键技术

高压大流量长距离是我国天然气管道输送的发展方向，而提高管道材料的强度是增加管道输量的有效方式。以 $500 \times 10^8 m^3/a$ 输量为例，通过计算（表 2-7）可以看出，X90/X100 与 X80 相比，可以有效减小壁厚，从而降低钢管制造难度，这不仅可以更好地保证产品的质量，而且可以节省用钢量，节约钢管采购成本。据测算，在管线的口径和压力确定后，钢级每提高一个等级，可以减少用钢量 8%～12%。因此，X90/X100 管线钢的应用是输气管道向更高压力、更大口径发展最为有效和经济的途径。

表 2-7　$500 \times 10^8 m^3/a$ 输量设计方案对比

材质 \ 壁厚，mm \ 管径和压力	ϕ1422mm，12.5MPa	ϕ1219mm，18MPa
X80	22.3/26.7/32.1	27.5/33/39.6
X90	19.8/23.8/28.5	24.4/29.3/35.2
X100	17.9/21.5/25.8	22.1/26.6/31.9

国外已于几十年前开始了 X100 管线钢管的研究，但对 X90 管线钢的研究尚属空白。我国在“十一五”期间才正式立项开展 X100 管线钢前期先导技术研究，取得了一些成果，但是 X100 开发和应用过程中需要解决的诸多关键技术问题尚未涉及。2012 年，中国石油以实现 X90/X100 工程应用为目标，围绕 X90/X100 管材成分设计、工艺控制、组织状态、性能特征、断裂控制、焊接工艺及现场施工技术等方面开展了大量的研究工作；同时，主要管材生产企业也开展了 X90/X100 管材的试制工作，从而为 X90/X100 管道工程建设提供技术支撑和保障，并在 X90/X100 管道应用关键技术方面取得了主要突破。

在 X90/X100 管材的关键技术指标研究方面，开展了 X90/X100 化学成分的分析，提出了 X90/X100 的化学成分要求；利用光学显微镜和 SEM 完成了 X90/X100 的组织类型的定量分析和对力学性能的影响；编撰了 X90/X100 显微组织图谱；完成了 X90/X100 钢管的时效性能研究，分析了应变时效对 X90/X100 管线钢管应力应变行为的影响，完成了 X90/X100 失效评估曲线；完成了 X90/X100 的 CTOD 试验和起裂判据研究。

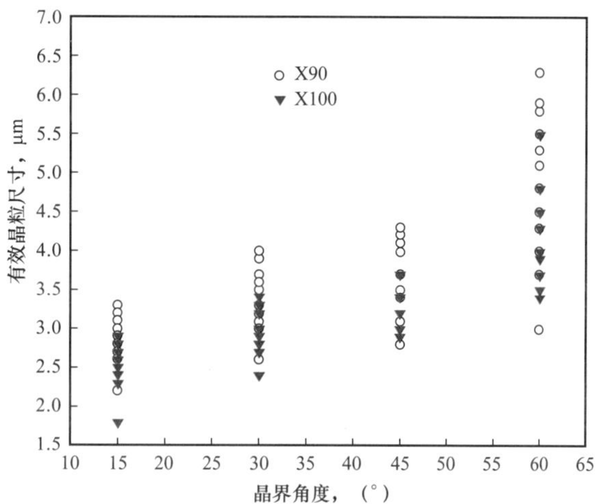

图 2-31　X90 与 X100 有效晶粒尺寸对比分析

基于国际上全尺寸钢管气体爆破实验数据库，运用 Battelle 双曲线方法，结合服役环境、压力等级、管材规格、运行温度、不同天然气组分等参数，确定了 X90/X100 管材止裂韧性，提出了 X90/X100 管线断裂控制方案。同时，在国际上首次开展了 X90 全尺寸气体爆破试验，对 X90 直缝焊管和螺旋焊管的止裂能力进行了验证，填补了国际 X90 管道全尺寸爆破试验数据空白，为世界管道事业的发展做出了贡献，爆破试验及爆破后的 X90 试验管段如图 2-32 所示。

作为高钢级管线钢新产品，在 X90/X100 管材技术条件的制订过程中，需要着重研究强度、韧性和塑性等几个关键技术问题的平衡统一。X90 钢管的主要技术指标见表 2-8 和 2-9。

表 2-8　钢管的拉伸性能要求

管体								焊接接头	
屈服强度 $R_{p0.2}$ MPa		抗拉强度 R_m MPa		屈强比 $R_{p0.2}/R_m$	均匀延伸率 %	伸长率 A %	曲线形状	抗拉强度 R_m MPa	断裂位置
最小	最大	最小	最大	最大	最小	最小		最小	
625	775	695	915	0.95	4.5	14.2	不允许出现尖峰和明显的屈服平台	695	报告

表 2–9　夏比冲击韧性要求（10mm × 10mm × 55mm 试样）

试验温度，℃	位置	夏比冲击剪切面积 *SA* %		夏比冲击功 A_{KV} J		
		单个试样最小值	三个试样最小平均值	单个试样最小值	三个试样最小平均值	炉最小平均值①
–10	管体横向	70	85	200	265	305
	焊缝及热影响区	30	40	60	80	—

①作为信息报告。

图 2–32　爆破试验及爆破后的 X90 试验管段

另外，还开展了 X90 和 X100 管线配套弯管、管件的化学成分和热处理工艺，确定了成分设计方案，并进行了试生产验证工作；完成了 X90 和 X100 管线配套弯管、管件的强韧性匹配研究，确定了相关性能的技术要求；完成了 X90/X100 管线配套弯管、管件的韧脆转变行为、低温韧性指标以及断裂行为研究，确定了产品的使用范围和条件。

在对 X90/X100 钢级的关键技术指标研究的基础上，提出了有关强度、韧性、塑性、夹杂物、金相组织、质量控制以及成分设计等方面的建议，并完成了 11 个 X90 和 X100 管材单炉试制版技术条件的编制；同时，修订和发布 X90 钢管和板材小批量试制版技术条件，并指导了相关试制工作。这些技术条件的范围基本涵盖了 X90 管道试验段工程所需的所有管材种类。

开发了 X90/X100 管材用焊接材料及工艺，实施了 X90/X100 产品试制在 X90/X100 板材、管材试制，试制的主要规格见表 2–10。形成了 X90/X100 板材、管材试制程序，确定了 X90/X100 板材、管材评价方案；完成了 X90 板材和钢管单炉和小批量试制评价；完成了第一阶段 X100 板材和钢管单炉试制评价。目前，共有 8 个国内的管材试制厂家组合完成了 X90 管材的小批量试制，产品性能基本达到标准要求并通过了产品鉴定，为 X90/X100 管材未来在天然气管道的应用做好了管材方面的准备。

并根据不同的服役条件和需求，成功开发出多种规格 Te625 三通和 IB625 感应加热弯管，以及配套的 X80 和 X70 管件和感应加热弯管产品，为 X90 管道的敷设提供了多种设计选择。

表 2-10　X90/X100 管道用管材试制产品规格（管径 1219mm、设计压力 12MPa）

管型 壁厚，mm 材质	直缝埋弧焊管		螺旋埋弧焊管
X90	一级地区	16.3	一级地区，16.3
	二级地区	19.6	
X100	一级地区	14.8	一级地区，14.8
	二级地区	17.8	

X90/X100 高钢级管线钢特别是 X90 钢级管材的应用技术研究工作已经取得了较大的进展。完成了相关的应用基础研究工作和先导性技术的开发工作；形成了一系列管材和施工的技术条件，已经做好 X90 管材（包括板材、焊管、弯管、管件等）的生产工艺和批量生产的技术储备工作；同时，中国石油已初步掌握了 X90 管道的设计施工关键技术。目前，已基本具备开展 X90 管道试验段工程的条件。

第二节　管道勘察与设计技术

我国在“十一五”“十二五”期间建设的干线油气管道覆盖地域广阔、地貌复杂多样，涵盖了西北的戈壁荒漠、北部的黄土高原和秦巴山区、中东部的长江中下游水网地带和东南沿海的闽粤中低山丘陵及西南部的云贵高原等诸多地貌。管道途经了强震区、活动断裂带、滑坡、采空区、岩溶、多年冻土等大范围的地质灾害地段。为了保障管道的顺利建设和安全、高效运行，设计者采取了提高钢级、管径、设计系数等一系列手段以进一步提升输气管道的输送效率。同时，积极开展了基于应变管道设计、天然气管道并行输送安全设计、基于可靠性管道设计和评价、管道线路三维数字化协同设计等关键技术以及一系列设计优化技术研究，形成了一批核心技术，解决了工程建设中存在的重大技术难题，提高了国内油气管道的勘察设计技术水平。

一、多专业协同数字化设计

随着信息时代来临，数字化管道已由以往的试点实施向规模化应用发展，基于数字化的储运设施建设、运营管理成为行业热点。中国石油各设计企业快速推进数字化设计体系建设和应用，实现了内部多专业数字化协同，数字化协同发挥了数据的准确、快速、可视等特点，对提升整体设计效率和质量起到明显作用。同时，数字化设计基本覆盖管道工程主要设计内容，贯穿设计多个阶段，基本达到数据驱动业务、业务过程产生数据的良性循环，从根本上保证了管道全生命周期管理所需基础数据的完整性和准确性。

1. 管道设计综合信息数据库的建设和积累

针对管道设计所面临的地理数据与专业数据的模型不统一和数据孤岛问题，基于空间数据管理技术，借鉴 PODS 和 APDM 等国际管道数据模型，结合国内管道设计、施工、运营的实际数据应用情况，建立了管道设计的基础地理数据模型与专业数据模型，搭建了管道空间数据库，对管道数据实现了高效管理。

2. ArcGIS 空间分析技术的应用

空间分析是基于地理对象位置和形态的空间数据分析技术，其目的在于提取和传输空间信息。数字化协同设计集成系统利用空间分析技术，对综合信息库中的地理数据、管道设计数据结合设计规则进行空间分析，包括空间位置分析，通常借助空间坐标，反映出管道的准确位置；空间分布分析，管道地区等级、地形地貌等对象的定位、分布、趋势、对比内容；空间形态分析，管道的曲线几何形态；空间距离分析，管道与周边地理对象的接近关系，能描述管道与周边对象的连通性、邻近性和区域性等。一些常用的具体分析方法包括叠加分析、缓冲分析、三维分析等。

通过空间技术，在设计管道线路的过程中，能及时得到管道线路长度，管道拐点坐标、管道任意点里程三维坐标信息；通过对周边人居环境进行缓冲分析，能自动划分管道地区等级；通过与铁路、公路、河流等对象的关系分析，能迅速得到管道穿越河流的定量、定位、定性统计；一旦管道距敏感区域过近或直接交叉，系统将自动进行空间分析，判断并给出提示警告信息；在管道通过山区时，能解析得到高程里程，又能通过一定算法，判断管道沿线地形地貌。

空间分析技术对管道设计的作用是多方面的，通过赋予一定的规则、算法，能帮助设计人员很好地掌握管道与周边环境的关系，通过计算的结果进行定量评价，能帮助管道专家判断管道线路设计的优劣，以便推荐最优方案开展详细设计，用于现场施工。

3. 标准化设计

基于基础地理数据库的数字化协同设计集成系统通过利用设计标准的相关规定形成的规则、算法，将设计标准和地理信息、数据属性数据项融合，该设计手段能帮助管道设计人员判断管道线路设计的优劣，以便推荐最优方案开展详细设计。

面向设计过程的导航流程，根据固化在系统内部的标准设计流程，自动将工程参数、所需的专业设计工具和设计参数推送给设计人员，利用设备材料库自动进行工程量和材料的统计，最后利用标准设计模板自动生成设计文件和图纸，在整个设计流程形成智能化的设计作业管理模式，有效地提高设计质量和效率。

标准化设计的一个优势是提高设计效率。规范的设计流程和固化的设计方法减少了设计人员查询工程参数、查找参数指标、选择设计工具以及手工统计等一系列工作。标准化设计保证了人为不同对设计成果的影响，提高了设计的标准化并且同时大大加快了设计速度。

另一个优势是提高设计质量，规范的设计流程和固化的设计方法不仅提高了设计核心基础知识的积累水平，也从本质上保证了设计质量。

4. 工艺流程的多维度设计

天然气管道数字化设计中工艺及仪表采用智能的 P&ID 设计及仪表逻辑相结合，将原有的 P&ID 的 CAD 图纸真正“活化”，将 CAD 上的线条及图例真正地定义为管道和设备数据模型，不仅具有管线的上下游逻辑关系，同时具有管线上的各类数据模型的物资属性（图 2-33 和图 2-34）。可多维度地向仪表逻辑、数据单及三维布置设计的数据衔接，多专业的协同设计（图 2-35）。

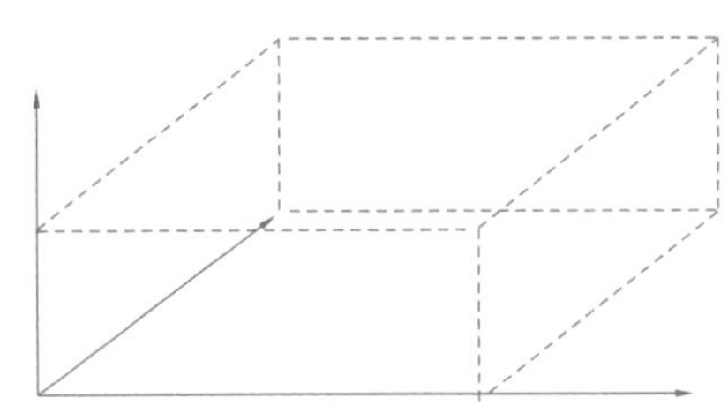

图 2-33　智能 P&ID 设计的维度延伸

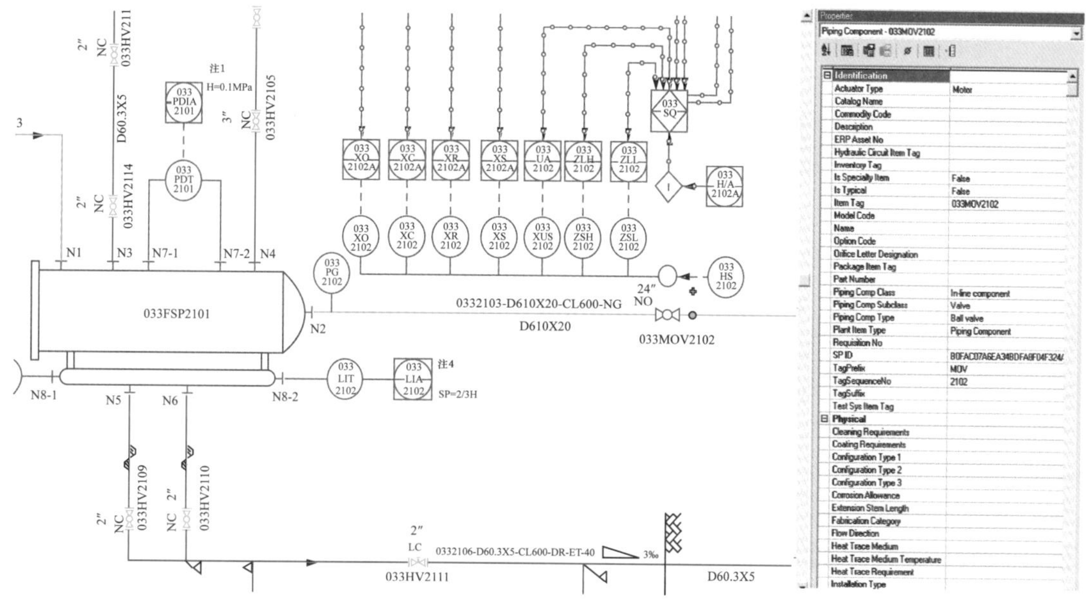

图 2–34　智能 P&ID 设计中的物资属性展示图

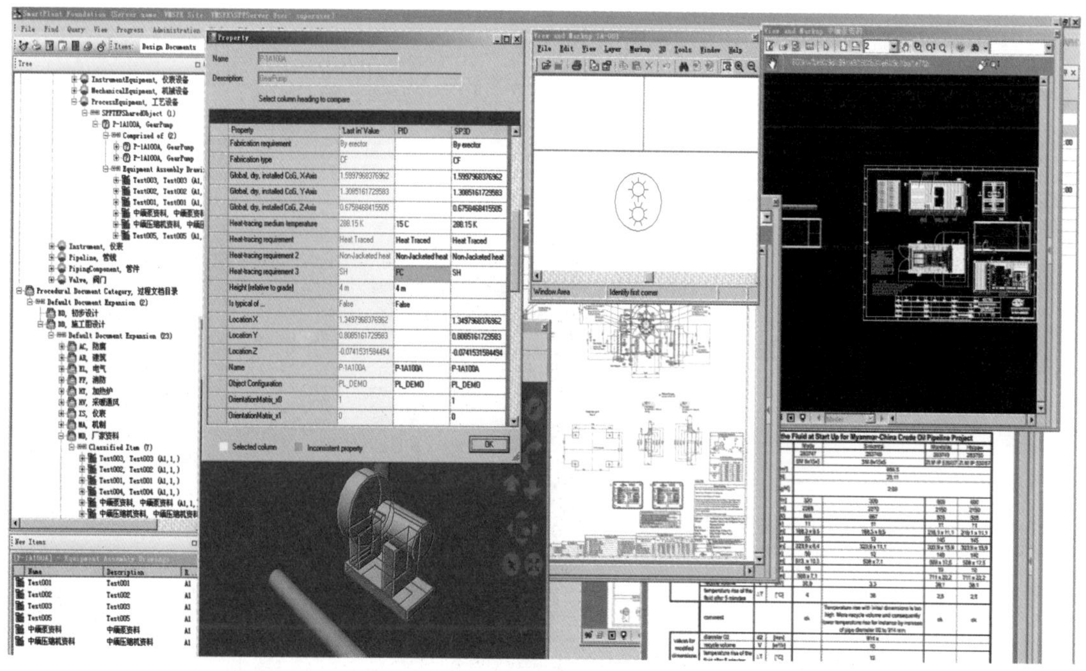

图 2–35　智能 P&ID 与三维、数据单及仪表逻辑控制的数据共享

智能的 P&ID 设计带来了传统的“图纸”设计的改变，将传统的 P&ID、数据单及专业提资均整合在智能的 P&ID 中，通过一个工作程序来满足仪表、采购及三维布置的共同需求。但同时也提高了设计人员的能力，具备智能 P&ID 设计的设计人兼备物资选择、操作控制、工艺流程及管线及设备布置等多方面技能。

5. 三维的协同数字化设计

三维的数字化设计是在原有的二维数字化设计基础发展而来，带有明显的真实世界的模拟化，能够所见即所得地看到天然气管道建成后的效果。三维模型的设计，支持可持续设计、冲突检测、施工规划和建造；同时，能够让设计人员与承包商及业主之间更好地沟通协作。设计过程中的所有变更都会在相关设计与文档中自动更新，实现更加协调一致的流程，获得更加可靠的设计文档。

通过三维可视化模型，施工单位可以更直观地获取建设项目的准确信息，为项目的标准化建设提供保障。能够在施工的过程中，对数据模型进一步调整、补充录入数据。业主将最终得到一个完整的项目建设信息文件。相比以往的设计、施工，数据将更有效地传递，更能承载项目建设过程的数据。

二维图纸仅作为后期的设计成果之一，均来源于协同设计的三维数据模型，并且在设计初期，各专业将完成本专业设备与管线的方案布置，通过碰撞检查工作，有效避免设计交叉中，多专业之间的设计误差。与传统三维平面设计比较，三维数字化设计是三维可视化的，并且所有的设计均是直观呈现。在三维数字化设计过程中，所有专业均在同一个设计平台下，进行三维协同设计，设计更为顺畅，更有利于设计人员从整体上考虑本专业与其他专业的设计关系，是与实际更为接近的一种设计形式。在设计模型数据完成后，二维图纸根据最终的成果模型抽取出来的，保证了二维图纸的准确性，提高了设计质量。

在三维的线路设计中，特殊地段的各类土石方由原来的标准定额公式去进行计算，改为真实区域横坡劈方的实际工程量计算，计算成果更加准确（图 2-36）。

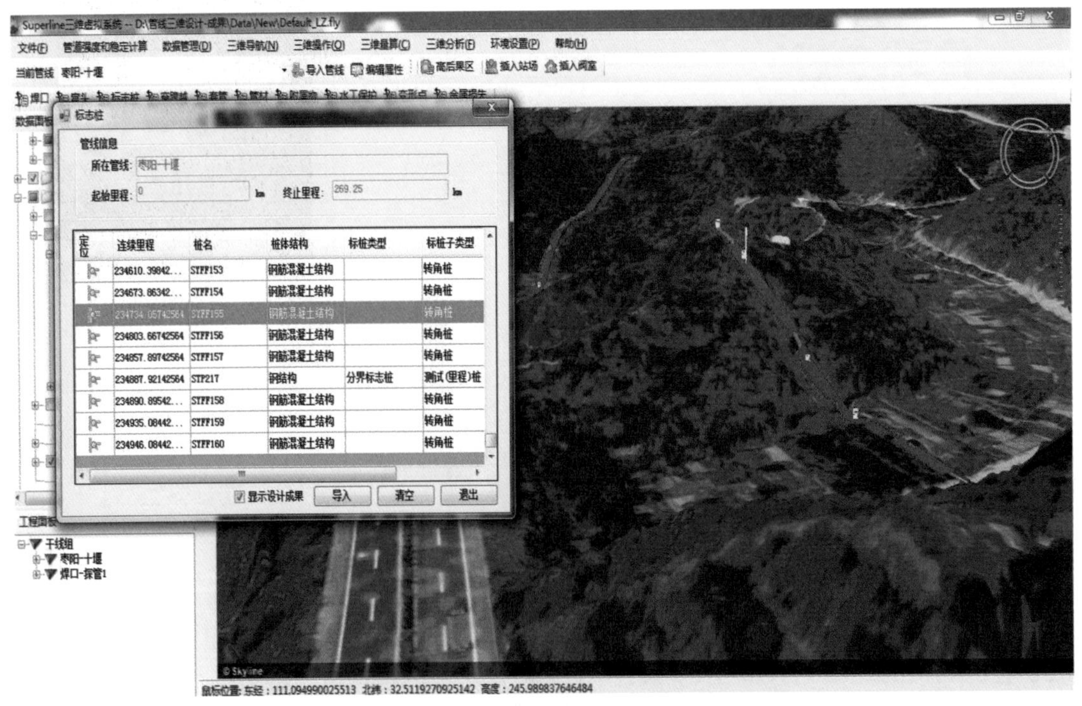

图 2-36　三维状态下的山区地段管线敷设

6. 数字化设计下的经济概算及数据分析

数字化设计通过计算机的数据库，将各类原有分散在个人计算机的项目数据集中进行存储，数据的集中存放利用计算机的分析功能，使得数字化设计较以往的设计方式有了更加清晰的数据对比能力。同时，通过数字化的计算分析，将工程的经济概算等更加精细化，对于数字化设计的工程经济进度有了很好的掌控。图 2–37 所示为数字化设计中的经济概算及数据分析示例。

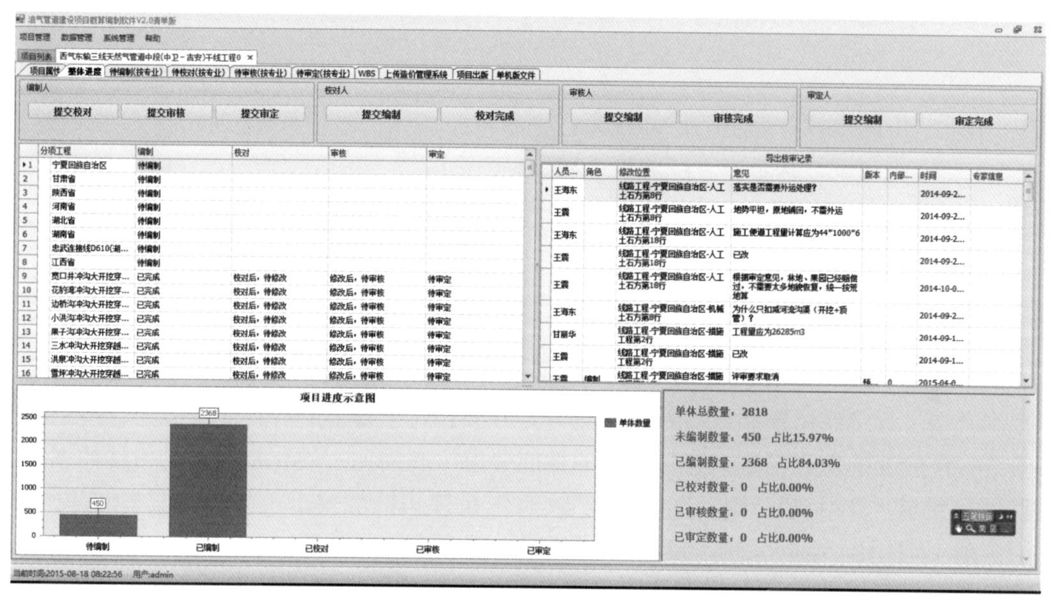

图 2–37 数字化设计中的经济概算及数据分析示例

随着管道全生命周期管理的开展，管道行业对于数据的价值认识逐步深刻，加之近年来互联网 +、大数据、云计算等新理念、新技术的广泛应用，极大地推进管道行业数字化进程，并持续向智慧管道发展。未来，拓展管道数据范围、创新应用大数据将成为研究重点。

二、基于应变的管道设计技术

通过建立地震波、活动断层、矿山采空区、冻土等不同形式的位移作用下的管道应变计算模型，确定了管道的设计应变，采用国际上先进的管道弯曲和拉伸容许应变计算模型进行了全尺寸管道的整管弯曲、宽板拉伸等验证试验，提出不同工况下的管道容许应变，保证了管道发生一定程度的塑性变形时仍能安全可靠，从而达到适应地面位移和充分利用管材变形能力的目的。采用管道应变设计技术，成功解决了受地面位移荷载作用下的管道设计难题。该技术已获得“中国石油和化工勘察设计协会”专有技术认定，并制定了中国石油企业标准《油气管道线路工程基于应变设计规范》。

1. 应变设计的原理及构成

应变设计是在位移控制为主或部分以位移控制为主的状态下，为保证管道在塑性变形下（应变大于 0.5%）能够满足特定目标而进行的设计。这里的目标主要指管道要正常的运行和提供服务。为了保证管道正常运行和提供服务，就必须保证管道在拉伸状态下实际应变不能超出管道本身的抗拉伸能力；同样，对于压缩状态，管道也要满足类似的要求；对于截面塑性变形，由荷载引起的椭圆度不能影响管道清管等。所以，应变设计内容主要包括：

（1）在不同状态下，管道设计应变的确定；

（2）在相应状态下，管道极限应变能力的确定；

（3）安全系数的确定。

应变设计准则，可以按式（2-9）来表达：

$$\varepsilon_d \leqslant \varepsilon_a = \varepsilon_{cr}/F \tag{2-9}$$

式中　ε_d——不同设计状态下的设计应变；

ε_a——不同设计状态下管段的容许应变；

ε_{cr}——不同设计状态下管段的极限应变，如极限压缩应变、极限拉伸应变等；

F——安全系数，≥1。

当管道设计应变大于容许的应变能力时，失效；管道实际应变小于容许的应变能力时，安全。

对于管道的设计应变，要选择合理的管道应变计算模型题，涉及不同环境下地层变形预测模型，管土作用模型，材料强化能力等方面；对于管道的容许应变能力，要解决的是管道容许应变的保证问题，包括材料的性能要求（屈强比、硬化指数、均匀延伸率等），几何尺寸要求（D/t、椭圆度、壁厚公差等），焊接接头性能要求（高强匹配），焊缝容许缺陷大小（CTOD、宽板拉伸试验等），应变时效等方面的要求等。

应变设计技术的构成包括设计应变和容许应变的确定，材料、防腐、施工技术要求，以及配套的试验验证。

基于应变设计方法的流程如图 2-38 所示。

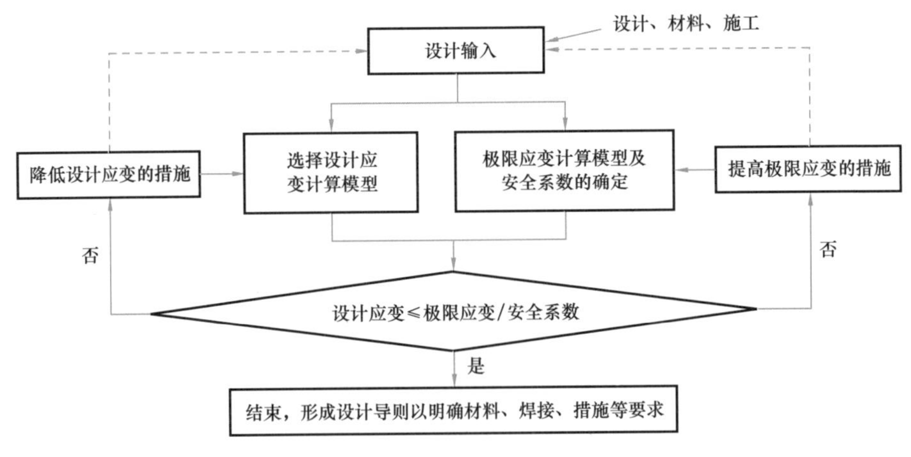

图 2-38　应变设计方法的流程图

2. 应变需求和容许应变确定

目前在应变需求和容许应变确定方面国内外采用的计算模型和方法基本类似。

1）设计应变

设计应变的确定需要开发地面位移预测模型、管土作用模型和管道应变计算模型。

（1）地面位移预测模型。

① 地震动。通过发震构造调查，确定浅源方案，然后根据概率积分法，进行管道沿线的地震动区划，明确地震动参数。这个工作一般都由专业的地震评价单位完成。在国内要根据地震安全评价报告的结论进行设防。

② 活动断裂带。活动断裂带一般指的是全新世活动过的断层。根据 GB 50470—2017《油气管道线路工程抗震设计规范》的规定，只针对通过活动断裂带地段的管道进行设防。断层的产状和活动参数要通过现场调查，估计重现期，并采用类比法来获取未来 100 年预测值。这个工作一般都由专业的地震评价单位完成。在国内要根据地震安全评价报告的结论进行设防。

③ 冻土地区的冻胀和融沉。当管道输送的温度低于周围温度，而且小于 0℃，管道周围的土体中的水分将发生冻结，形成冻胀包，随着水分不断补给，冻胀包扩大，管道将被抬升；冻胀量的估计一般采用 Konrad 和 Morgenstern 提出的分凝势理论来计算。当管道输送温度高于周围温度，或者气温变暖、改变冻土地貌等，管道下方的冻土地基融化，在重力或其他下拽力的作用下，管道将发生下沉。冻胀和融沉量受管道输送温度、气温、土壤类型等因素影响，需要进行冻土分布勘察、温度场计算等过程。预测的位移量一般需要采用有限元计算模型来进行计算，如 SSD 公司开发的 PIPLIN；中国石油天然气管道局与国内高校合作开发的配套计算程序等。

④ 矿山采空区。地下矿体被开采后，其顶板受到自重和上部岩层的作用，向下弯曲，当弯曲造成的拉应力大于岩体的极限强度时，顶板就会出现裂纹；裂纹在上部荷载的作用下会继续扩展，直至断裂、破碎、冒落。当地下空间足够大时，这种断裂、冒落、变形就会逐层向地面扩展，最终引起地表塌陷、错台等。地表变形情况与矿体大小、埋藏深度、开采方式、上部覆盖地层等因素有关，其变形类型可以分为连续型和非连续型。预测方法有概率积分法、负指数函数法、典型曲线法、积分格网法、威布尔分布法、样条函数法、双曲函数法、皮尔森函数法、山区地表移动变形预计法、三维层状介质理论预计法和基于托板理论的条带开采预计法等，应根据具体情况选用。中国石油天然气管道局与国内高校合作开发的程序可以较好地预测采空区的地表位移情况。

（2）管土作用模型。

管土作用的模型相关标准规范包括早期的 ASCE 1998 的《油气管道抗震设计指南》，以及后来的 ALA 2001 的《埋地钢制管道设计指南》，Honegger 2004 的《油气管道抗震设计及评价指南》，C-Core 2009 的《滑坡及沉陷地段油气管道建设指南》，还有 GB 50470—2008《油气管道线路工程抗震设计规范》。这些模型都把土壤约束视为三向的土弹簧，并通过大量的试验确定了土弹簧的参数。尽管有些参数还在修订中，但是这种模型经过大量的验证，能满足工程的计算要求。但是对于冻土地段，其竖向弹簧参数需要经过试验修正后，才能使用。

（3）应变计算模型。

管道的应变一般采用有限元来计算。在选择单元时需要考虑管道结构的局部屈曲或截面椭圆化，优先选用壳单元或实体单元来模拟管道。模型的边界可以采用固定、梁单元、等效土弹簧等来模拟。管材的性能上要考虑材料的非线形，并采用实际的应力—应变曲线。在加载时应考虑内压的影响。

2）容许应变

容许应变一般考虑拉伸和压缩两种极限状态，包括极限应变和安全系数的确定模型。

（1）极限应变的确定。

① 拉伸极限应变。近年来开发的拉伸容许应变评价模型主要有 5 种：DNV-RP-F108，ExxonMobil，CRES，University of Ghent 和 Sintef。这些模型的整体思路是一致的，但是考虑的因素不完全一致，其中最主要的是 ExxonMobil 和 CRES 的模型。ExxonMobil 通过大量的研究和试验验证，提出了基于裂纹驱动力和 CTOD R- 阻力曲线 3 个层次的计算模型，该成果发布时间基本在 2011—2012 年，还没有形成规范；CRES 先后提出了两代模型，第一代模型基于断裂力学和宽板拉伸试验结果，并为 CSA Z662-07 所采纳，并在其附录 C 中列出；第二代模型考虑了更多的因素，并进行了全尺寸的试验验证，形成了 4 个层次的计算模型，但目前还未形成规范。在 2014 年的国际管道会议上，ExxonMobil 发布了最新的模型，该模型基于 40 多个全尺寸试验结果，适用范围更加广泛。尽管这些模型都能涵盖拉伸极限应变的主要因素，但是仍然需要更多的试验来验证和完善。

② 压缩极限应变。管道的压缩极限应变应根据有效的分析方法或物理测试确定，或二者同时采用。需要考虑的因素有 D/t、内压、管体、焊缝的初始几何缺陷、轴向力、应变硬化指数等。常用的预测方程有：Murphey-Langner 方程（API 1111 和 BS 8010）、Gresnigt 方程、CSA 方程、C-FER 方程、DNV 方程、Dorey 方程等。在 2014 年的国际管道会议上，CRES 提出了由 US DOT 资助的项目成果，即通过收集和分析已有的全尺寸试验数据，建立了新的压缩极限应变模型，这些方程都是建立在特定试验的基础上的经验公式，考虑的因素各有侧重，不能完全涵盖影响压缩极限应变的因素，而且都有相应的适用范围，在使用中应具体对待。

（2）安全系数。

容许应变为极限应变除以安全系数。关于安全系数目前只有在 CSA Z662-07 中给出了推荐值，但是其分析基础不明确。从理论上分析，安全系数的确定需要考虑材料和荷载的不确定性，以及失效的风险接受程度等因素，应采用基于可靠性的设计方法来确定。目前，国内外有多家研究机构都在研究，但是还没有明确的成果。

3. 应变设计对管材、防腐和焊接的特殊要求

应变设计涉及管材、防腐和焊接等方面的内容，需要根据设计项目的具体情况提出相应的要求。

1）材料要求

应变设计地段宜采用直缝埋弧焊钢管，并具有足够强度和变形能力，即常说的大应变钢管。在大应变直缝埋弧焊管用热轧钢板、钢管补充技术条件中，至少应该增加以下要求：

（1）对钢板和钢管的纵向拉伸性能的要求，除了常规指标外，还需要明确的指标有应力—应变全曲线形状、均匀延伸率、不同的应力比等。

（2）对钢管时效后力学性能的要求。

（3）对钢管的尺寸偏差要求。

（4）对钢管外防腐层的涂装温度要求等。当开发或采用新产品时应进行全尺寸试验验证。目前 X70 和 X80 大应变钢管已实现了国产化。

2）防腐要求

应变设计地段防腐层的补充要求主要是两个方面：

（1）表面光滑度，以便降低管土作用，减少设计应变。

（2）防腐层的涂敷温度，涂敷温度超过 200℃就会影响应变管材的应变能力。

3）焊接要求

在制订环焊缝焊接工艺中应进行焊缝金属的拉伸试验，并提供拉伸全曲线。焊缝金属拉伸曲线宜高于母材的拉伸曲线（焊缝金属的抗拉强度应为母材抗拉强度的 1.05～1.15 倍），否则应采用补强覆盖等方式，保证环焊缝的“高强匹配”；应进行焊缝金属 /HZA 硬度试验，控制软化带宽度和软化程度；应进行焊缝金属 /HZA 断口的韧性试验，例如适当情况下的夏比 V 形缺口冲击、CTOD（裂纹尖端张开位移）、SENB（单边缺口弯曲试验）、SENT（单边缺口拉伸试验）、宽板和全尺寸试验；应规定焊缝错边量以及焊缝缺陷验收标准。

4）施工要求

为了保证施工质量，干线焊接的两条环焊缝之间的间隔应不小于 3*D*，弯管的过渡焊接焊缝的间距不小于 1*D*；必须量化施工前和施工期间的管道椭圆度、不圆度、管壁厚度、环焊缝错边等参数；必须控制管道曲率或弯曲半径、地面上的管道吊起高度、总的过渡段长度、挠度和挠度间隔以限制施工期间的纵向应变；必须严格执行百口磨合期的破坏性试验，当允许返修时，也需要进行破坏性试验等。

4. 应变设计在国内天然气管道中的应用

国内的工程应用主要在地震区、活动断裂带、矿山采空区等区段，详见表 2–11。

表 2–11　国内应变设计方法应用的案例

工程名称	业主 / 运行方	工程描述
西气东输二线工程	中国石油	用在峰值加速度大于等于 0.2*g* 地段以及活动断裂带
西气东输三线工程	中国石油	同西气东输二线工程
中缅油气管道工程	中国石油	峰值加速度大于等于 0.2*g*，甚至大于 0.4*g* 地段，以及活动断裂带；煤矿采空区

1）西气东输二线工程

应变设计的首次应用为国家西北能源通道上的西气东输二线工程。该工程是国内首次大规模应用 X80 的工程。管道途径 300km 的强震区和 11 条活动断裂带。为了解决高钢级管道通过上述地表位移地段的设计难题，采用了国际上先进的应变设计方法和 X80 大应变钢管，保证了工程的顺利实施，节约工程投资 1000 万元以上，推动了 X80 大应变钢管制造的国产化进程。

2）中缅油气管道工程

中缅油气管道工程是国家能源西南通道，途径横断山脉和云贵高原，地震活跃、地灾频繁，矿区密布，是世界上建设难度最大的管道工程之一。应变设计不仅成功地指导了此工程的长约 484km 的强震区、5 条活动断裂带的设计，还将此技术延伸到煤矿采空区，解决了 13 处煤矿采空区的设计难题，节约工程投资 1200 万元以上。首次应用了国产的 X70

大应变钢管，带动了国内炼钢制管技术的发展。

三、设计优化技术

“十二五”以来，随着又一大批能源通道工程的建设，特别是西气东输二线、西气东输三线、中缅油气管道、漠大二线等国家重点工程的建设，在工程具体实践中，开发出了一系列的工艺优化设计技术，特别是在节能和管网安全方面，已形成天然气长输管道压气站节能设计技术、大落差输油管道分段试压设计技术、输油管道不同水力系统整合技术、基于可靠性的天然气管道备用机组设置技术等专有技术，大幅提升了我国油气管道的设计水平，为油气管道的建设和运营节约了大量投资。

1. 压缩机组等负荷率布站技术

天然气管道压气站布站方案是管道在完成任务输量的前提下，实现节能降耗、经济运行的关键。通过西气东输一线、涩宁兰输气管道增压工程、西气东输二线等管道等工程的设计实践，积累了大量国内外压缩机组的性能资料，对各厂商管道用压缩机组的工作范围、性能及机械特点有了全面的认识，这些经验资料是实现压气站布站及压缩机组合理配置的设计基础。

西气东输一线管道在设计中采用了国内外常用的等压比布站方案，各站压缩机压比保持一致，简化了设计过程，同时也可保持全线压缩机组型号基本统一。基于对压缩机组的深入了解，在工程设计中不断总结经验，并不断优化创新，提出了按等负荷率布站的工艺设计方法。

压缩机组驱动机的实际输出功率、效率等和环境条件有着密切的关系，燃气轮机的输出功率会随环境温度的升高而减小，随大气压的降低而减小。对于驱动电动机，在海拔达到一定高度后，其有效输出功率也会随气压下降而减小。以常用的GE公司生产的PGT25+机组为例，其主要性能参数随环境温度的变化如图2-29所示，在一定温度范围内，温度每升高10℃，机组输出功率下降约10%。

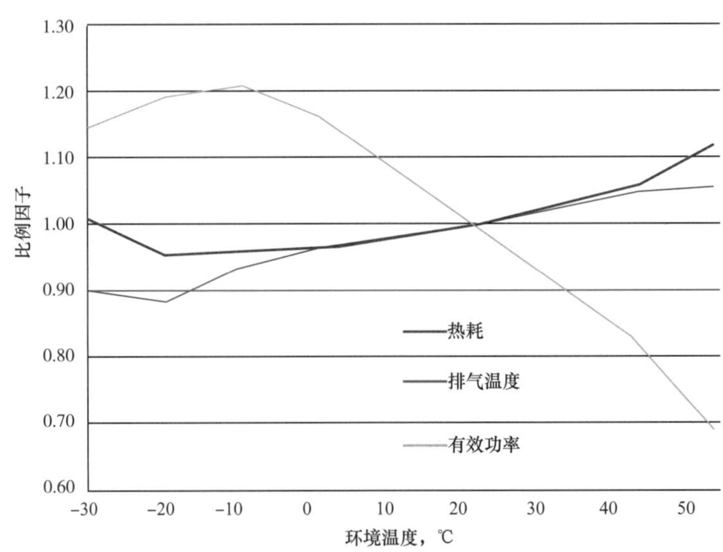

图2-39　燃气轮机主要性能参数与环境温度关系示意图

所谓等负荷率布站，是指工艺布站过程中，结合站场的实际高程和环境温度，考虑机组的实际性能，按相同的机组负荷率设置压气站。

在等压比的基础上，结合站场环境条件，适当调整其位置，使得设计输量条件下，各站场的负荷率尽量均匀一致，可最大限度消减管道输气能力瓶颈，有利于统一各站的机组配置，并降低管道能耗。

采用等负荷率布站，各站机组的富裕能力相近，在输量出现变化或发生波动的情况下，管道不会出现大的瓶颈。为今后天然气长输管道，特别是跨区域大落差管道设计提供了模型和样板，具有重要的工程设计指导意义。

2. 压缩机组驱动方案比选技术

压缩机组是输气管道的心脏，为天然气输送提供动力。压缩机组的驱动方式是影响压气站投资以及输送成本的主要因素之一。目前，对于输气管道压缩机组的驱动方案比选，已形成了一套完整的技术。

离心压缩机常用驱动方案主要有两种方式：燃气轮机驱动和电动机驱动，其中电动机驱动包括高速电动机驱动和普通电动机驱动两种方式。燃气轮机驱动和电动机驱动均可以满足工程需要，但各有优缺点，且在国际上，人们对两种驱动形式也有着不同的理解和不同的使用习惯。在美国，绝大部分机组采用燃气轮机驱动；而在欧洲，除燃气轮机外，电驱机组也有较多的应用。无论采用何种驱动方式，都需对两种驱动方案进行详尽的技术经济比较确定。

工程设计中，通过收集积累全国各地电网的大量数据和资料，对各地电网供电可靠性、电网配置和电价等进行了分析，为驱动方案比选提供了重要的数据基础。同时，通过大量工程实践，对各种燃气轮机和电动机形式、不同的配套辅助设备及相关供货厂商情况都有深入了解。

驱动方案比选的关键是压缩机组燃气消耗量和电力消耗损失的计算是否准确。虽然目前不同的计算软件均提供了压缩机组功率和燃气消耗量计算的功能，但计算中需给定多个参数，这些参数的准确与否直接决定了计算精度和结果的准确性。某些情况下，按计算软件给定的默认参数，计算误差可高达10%以上。集团公司在开展压缩机组计算参数选取专题研究的基础上，结合大量工程实践，掌握了基础参数的选取方法，积累了驱动比选的丰富经验和方法。

通过对管道逐年输量台阶进行工艺系统分析，并考虑逐年高月、低月、年均运行工况的影响，细化工艺计算作为经济比较基础。并充分考虑管道沿线地区电价、气价波动情况，对驱动方案比选的影响程度，分析得出各压气站临界电价、气价，为驱动方式决策提供重要依据。

此外，考虑不同驱动方式下压缩机组配置，采用可用率分析方法，结合工艺系统失效降量分析，得出全线各站采用不同驱动方案下的损失对比，作为对驱动方式比选的支持。

在上述经济分析基础上，结合站场外电情况、地方环保要求以及运行单位对运行维护性要求，最终综合确定管道沿线各站的驱动方式。未来，根据节能的要求和热能综合利用技术的进步，将把余热利用也作为驱动比选的一个因素。

3. 基于可用率分析方法的备用压缩机组定量分析技术

压缩机组备机设置方案是天然气管道系统经济、平稳运行的关键，合理设置备用机组有利于提高管道的安全可靠性、节省工程建设投资、减少运行维护费用等。

西气东输二线东段初步设计，在总结以往多个长输管道工程设计经验的基础上，在中国石油系统内首次引入系统可用率的概念，形成了一套分析压缩机组配置合理性的定量分析方法。采用可用率分析方法，并结合工艺系统失效分析，定量确定各压气站及全线压缩机组备机设置方案。西气东输三线设计阶段，又将可用率分析方法进行了细化及改进，对沿线 14 座压气站的备用压缩机组配置进行了定量分析，优化配置，提高了管道系统的经济性及安全可靠性。

系统可用率分析方法是一套系统的计算方法，包括管道系统的失效降量分析，机组和系统可用率计算和经济评价三方面内容。该方法在西二线和西三线设计中已进行初步试用，并取得了良好的效果。

可用率是结合机组性能和工程实际情况的综合可靠性指标，压缩机组可用率的计算公式如下：

$$\text{可用率}=\frac{\text{考核期总时间}-\text{计划停机时间}-\text{故障停机时间}}{\text{考核期总时间}}\times 100\% \tag{2-10}$$

也可表达为：

$$A=1-\frac{SD+USD}{H} \tag{2-11}$$

式中 A——机组可用率，%；

SD——计划停机时间，h；

USD——故障停机时间，h；

H——考核期总时间，h。

可用率可采用经典概率法、蒙特卡洛方法进行计算。经典概率法即采用可用率定义的计算公式，由压缩机组可用率计算，推广应用至压气站可用率、全线系统可用率。蒙特卡洛（Monte-Carlo）方法又称随机模拟法或统计试验法，它是以概率统计理论与方法为基础，以计算机为模拟手段的一种数值计算方法。该方法人为地构造出一种数学概率模型，使它的某些数字特征恰好重合于所需模拟的随机变量，通过对有关随机变量的抽样试验进行随机模拟，用统计方法求出它们的估计值，将这些估计值作为工程技术问题的近似解。该技术已编制形成了站场及管道系统的可用率计算软件。如图 2-40 所示为可用率分析技术路线图。

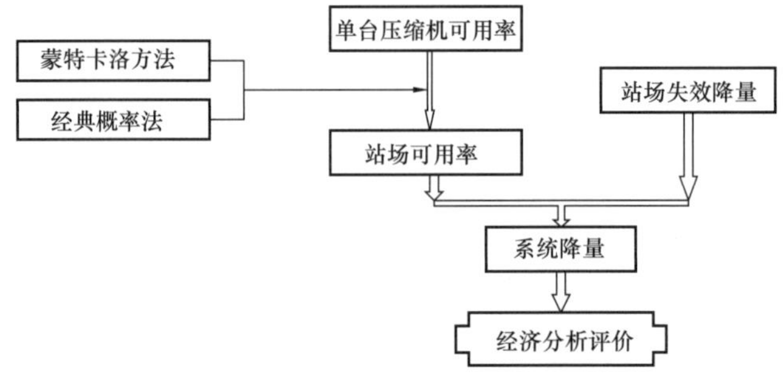

图 2-40　可用率分析技术路线图

该技术实现了天然气长输管道压缩机组备机设置由“定性”到“定量”设计的转变，更加合理地确定管道系统压气站机组备用方案，从而实现天然气管道压缩机组配置的优化设计。为西二线与西三线西段并行管道运行提供了指导，保障了运行的可靠性，节省了大量建设投资。

4. 天然气管廊优化设计技术

随着管道的高速建设，已初步构成天然气管廊带，形成了一整套以并行管道输送、合建压气站场不同压缩机组负荷分配控制、合建站场跨接联络管线设计、枢纽站场 ESD 设计、并行管线跨接联络阀室设计为核心的天然气管廊带工艺设计技术，应用于西气东输二线、西气东输三线、中亚输气管道等工程中，节约了大量投资、提高了设计安全水平、降低了运行能耗，经济效益明显，提高了国内天然气长输管道管廊带的综合设计水平。

1）并行管道输送技术

在西三线西段初步设计中，首次提出了西二线西段与西三线西段联合运行输送方案，根据输量台阶，对西二线、西三线 2 条管线各自独立运行与联合运行进行能耗对比分析，根据对比结果显示在低输量工况下，并行管道联合运行方案能耗指标明显低于每条管道各自独立运行方案。在 2 条管道达到设计输量后，能耗基本相等。此外，通过对西二线独立运行、西三线独立运行和两条管道联合运行 3 种方案每座站场的失效降量比例对比分析，联合运行方案失效降量比例低于独立运行方案（图 2-41，表 2-12）。

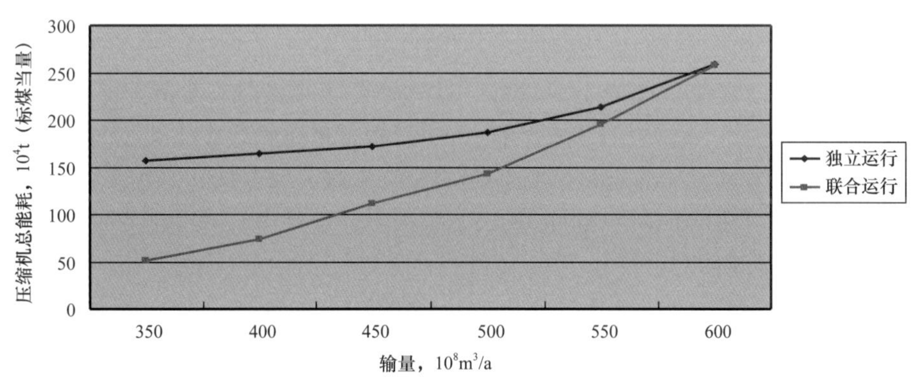

图 2-41　西二线、西三线西段联合运行与各自独立运行能耗对比图

表 2-12　站场失效降量比例

单位：%

失效站场	西二线独立运行			西三线独立运行			西三线、西二线联合运行		
	工况 1	工况 2	工况 3	工况 1	工况 2	工况 3	工况 1	工况 2	工况 3
典型电驱站	1.3	15	17.1	5.0	16.2	7.7	0.4	4.0	3.5
典型燃驱站	14.6	14.6	14.6	15.7	15.7	15.7	2.7	15.1	2.7
电燃混合站	12.2	12.2	12.2	3.5	14.4	7.5	1.3	13.2	2.1

注：工况 1—1 座站场发生 1 台运行机组失效（其他站场均可用）。工况 2—1 座站场同时 2 台运行机组失效（其他站场均可用）。工况 3—2 座站场同时 1 台运行机组失效（其他站场均可用）。

联合运行方案是在每条管道独立运行的基础上推出的又一种新的运行方式，各条管道既可独立运行又可联合运行，该方案充分发挥了管道的潜在能力，节约了运行成本，降低了失效降量比例，同时也避免了因某条管道站场未完成施工，而整条管线无法运行的影响。

在西三线中段管道初步设计中，针对不同设计压力的并行管道，采用类似分析方法，通过大量分析，在低输量条件下，联合运行方案优于独立运行方案；而在较高输量时，由于联合运行限制了并行管道中较高设计压力的那条管道能力的发挥，其能耗反而高于并行管道独立运行方案，结合能耗水平和失效分析，提出了联络运行的输气方案，即管道系统在首站和联络站场根据分析结果人为调配各管道的输量，保证管网系统输送能耗最低。

2）合建站场跨接联络管线设计技术

合建压气站压缩机进出口汇管连接时，首次采用站内环网设计理念，即西三线压缩机进口汇管末端与西二线压缩机进口汇管末端相连，西三线压缩机出口汇管末端与西二线压缩机出口汇管末端相连，使西二线、西三线的压缩机入口和出口处分别形成2个独立环路，气体能够在西二线、西三线压缩机进出口自由匹配，避免了偏流造成的压缩机、空冷器负荷过重或过剩的问题。且西三线西段站场压缩机进出口汇管、进出站处均已为西四线合建站场预留跨接联络阀门，为将来的3管联合运行奠定了基础。

3）枢纽站场ESD设计技术

大型枢纽站场中卫联络压气站紧急停车系统（Emergency Shutdown Device，简称ESD）首次提出4级设置方案，分别为单台压缩机组ESD、压缩机厂房ESD、各条管线站场ESD、合建站场ESD。与此同时，跨接联络阀门设置ESD功能，当某条管线站场发生ESD后，跨接联络阀门联锁执行ESD关断功能，这样避免了单条管线事故对其余管线正常输气的影响，保证了系统平稳供气。站场运行人员可根据单条管线事故大小而决定是否触发合建站场ESD系统。同时，为避免站场各区域ESD误报，ESD按钮采用3选2表决机制，按钮输出3组触点，当按钮按下后同时输出3组信号，ESD PLC只有接收到至少2组信号时才能触发下一步联锁程序。

大型枢纽站场ESD设置原则的确定，为后续枢纽站场合理规划站场区域，提高现场ESD系统的稳定性，具有重要的指导意义。

4）并行管线跨接联络阀室设计技术

随着西气东输二线、涩宁兰复线、陕京三线等大型输气管道的建设，多管并行的带状输气管网陆续形成。单管发生事故时，跨接设计可降低管道事故对系统输量的影响，提高管道系统的供气可靠性。但管网设置跨接，需增加工程投资，也增加了管道系统的漏点。

目前，国内有关并行管道的设计规范几乎是空白；国际上，有关并行管道跨接设计的规范也不多，各国的实际做法也各不相同。根据工程需要，对跨接设置进行了深入研究，形成了系统的分析方法，可以指导国内并行管道的设计，并为并行输气管道设计规范的制定提供参考。

以西气东输系统为研究对象，假定后续还有并行建设多条管道，对于不同数量的并行管道，在不同跨接设置的条件下，降量结果如图2-42所示。

根据失效降量分析可知：

（1）增设跨接能有效降低单管事故后的降量，提高供气可靠性；

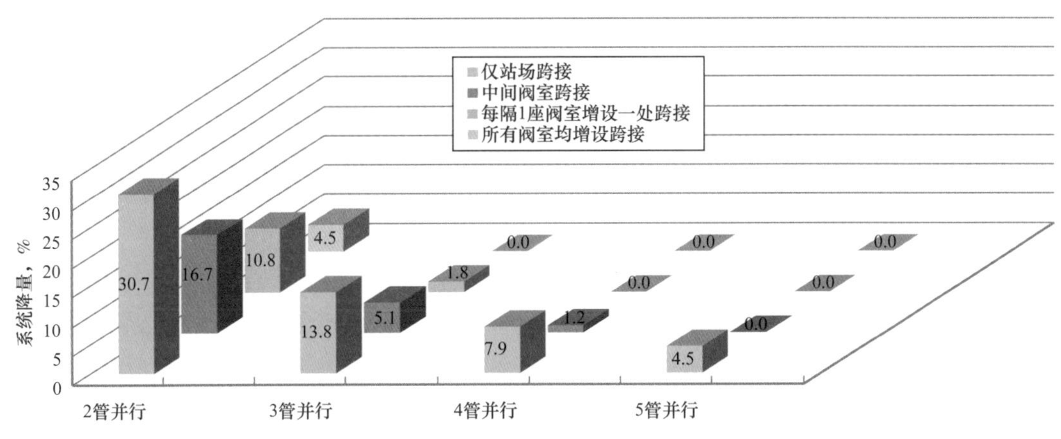

图 2-42　不同数量并行管道不同跨接设置方案系统降量对比图

（2）随着联合运行管道数量的增加，单管事故引起的降量影响下降；

（3）站场跨接对减少系统降量最为明显，其次是在 2 座站场中间再设 1 处阀室跨接；

（4）5 条及以上并行管道联合运行时，仅站场跨接可以保证单管事故系统不降量。

增加跨接，在减少事故输量损失的同时，新增管线、阀门等增加了投资，额外增加了跨接处可能的泄漏导致的输量损失。

根据失效降量计算和失效频率分析，可得出不同跨接设置方案挽回的输量损失；对于不同的跨接设置，可分析出额外增加的输量损失以及增加的投资。

针对西气东输不同数量的并行管道，不同跨接设置方案的事故降量和增加投资对比如图 2-43 所示。

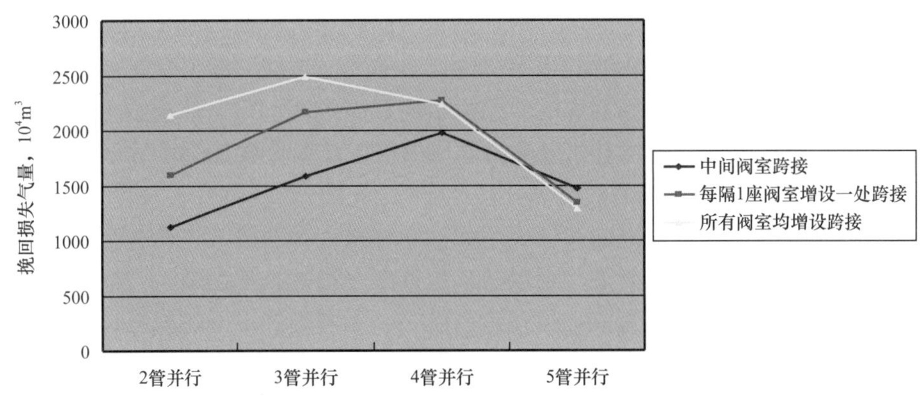

图 2-43　不同跨接阀室设置方案经济性对比分析

在西三线初步设计中，结合研究成果和国外工程案例，提出了西三线跨接阀室设置方案，即 2 座压气站中间设置 1 座跨接阀室是增加投资较少，通过单位增加投资可挽回降量最多的方案。该方法的形成和在西三线工程中的应用，可为后续并行管道的跨接设计提供指导。

5）压缩机组负荷分配控制技术

当并行管道联合运行时，合建压气站场压缩机组联合运行，不同管线的压缩机组功率大小、驱动形式、机组供货商都有可能不同。以西二线与西三线合建压气站场为例，西二线西段有 6 座 30MW 燃驱压气站场与西三线 6 座 18MW 电驱压气站场合建，如何保证各管线压缩机组不偏流是 2 条管线联合运行方案顺利实施的重要保障。为了实现机组的联合运行控制，避免发生压缩机偏流和过载等现象，提出了西二线和西三线站场压缩机组进行统一负荷分配技术。

机组负荷分配由机组控制系统（UCP）进行控制，机组 UCP 由西三线压缩机厂家供货，并将负责同一站场多台压缩机组的负荷分配。

（1）负荷分配目标。

压缩机负荷分配控制系统负责管理和优化多台压缩机组的负荷分配，达到下列目标：确保压缩机安全操作，每台压缩机距喘振区有足够的余量；使压缩机的回流量减到最小，从而最大限度地提高效率；使所有压缩机的操作点与喘振控制线的距离相同；根据出口汇管压力设定值，调节各台压缩机负荷百分比相同，同时保证压缩机进口压力不低于设定值；喘振控制与负荷分配控制共同作用，避免机组运行时动态不稳定性，保证压缩机组在改变工艺条件时的稳定运行；实现多机组运行情况下的全自动最佳负荷分配控制。

（2）负荷分配控制方案原理。

各压缩机组厂家对压缩机负荷分配控制的基本原理大同小异，即实现各台机组负荷的百分比相同，压缩机负荷百分比由控制机组的工作点与喘振控制线的距离（DEV 值）来表示，得出 DEV 值的计算公式中，主要涉及的压缩机组参数包括：压缩机进口压力、压缩机出口压力、压缩机进口温度、压缩机出口温度、压缩机进口流量、压缩机转速反馈、防喘振阀阀位反馈。

负荷分配控制器根据计算结果，通过对压缩机转速和防喘振阀的开度控制该 DEV 值，完成负荷分配功能的实现。

在西三线与西二线合建的各站场，单独设置一面压缩机负荷分配控制系统盘，控制不同管线的压缩机转速，使两条管线的压缩机运行点偏离喘振线，既避免了西二线、西三线压缩机组的偏流，也保证了各条管线的压缩机组均在高效区运行。该项技术对未来合建站场或有不同压缩机组的站场，均有指导意义。压缩机组负荷分配控制系统如图 2–44 所示。

5. 并行液体管道工艺系统优化技术

我国原油、成品油管道建设陆续形成了如锦郑、漠大等双管或多管并行敷设的管道系统。针对并行液体管道，也形成了一套包括系统模拟方法的技术创新、合建站串联泵机组的相互切换和利用、以输油泵为核心的多运行模式、不同模式下的逻辑自动切换、联合运行下的水击保护等为核心的并行液体管道工艺系统优化技术。

1）系统模拟方法的技术创新

在以往的工程设计中，对并行液体管道中的每条管道各搭建一个模型，单独进行计算，需要的设计人员多，耗费时间较长，对两条管线之间的关联无法很好地体现和模拟，可视性差，无法对两条管线的互相影响进行模拟。在并行液体管道水力系统模拟中，两条或多条管线搭建统一的水力模型同时进行模拟计算，同时将两条或多条管线的模型展示在同一屏幕上，解决了以上的问题。此技术点适合多条原油、成品油等并行液体管道以及管网，也可以应用到输气管线的模拟分析中。

以中俄原油管道为例。在中俄原油管道二线工程设计中，结合已有的漠大线水力模拟的成果，把中俄原油管道二线工程和漠大线组成完整的水力系统，搭建统一水力模型，根据两线不同的输油主泵运行方式开展多工况的稳态计算和瞬态分析计算，保证俄油输送整体工艺系统的一致性和准确性。两线联合水力模型完全与实际的运行状态相一致，并能够做到同时或单独对两线进行模拟和监视，同时进行水击等各种工况的分析（图 2–45）。

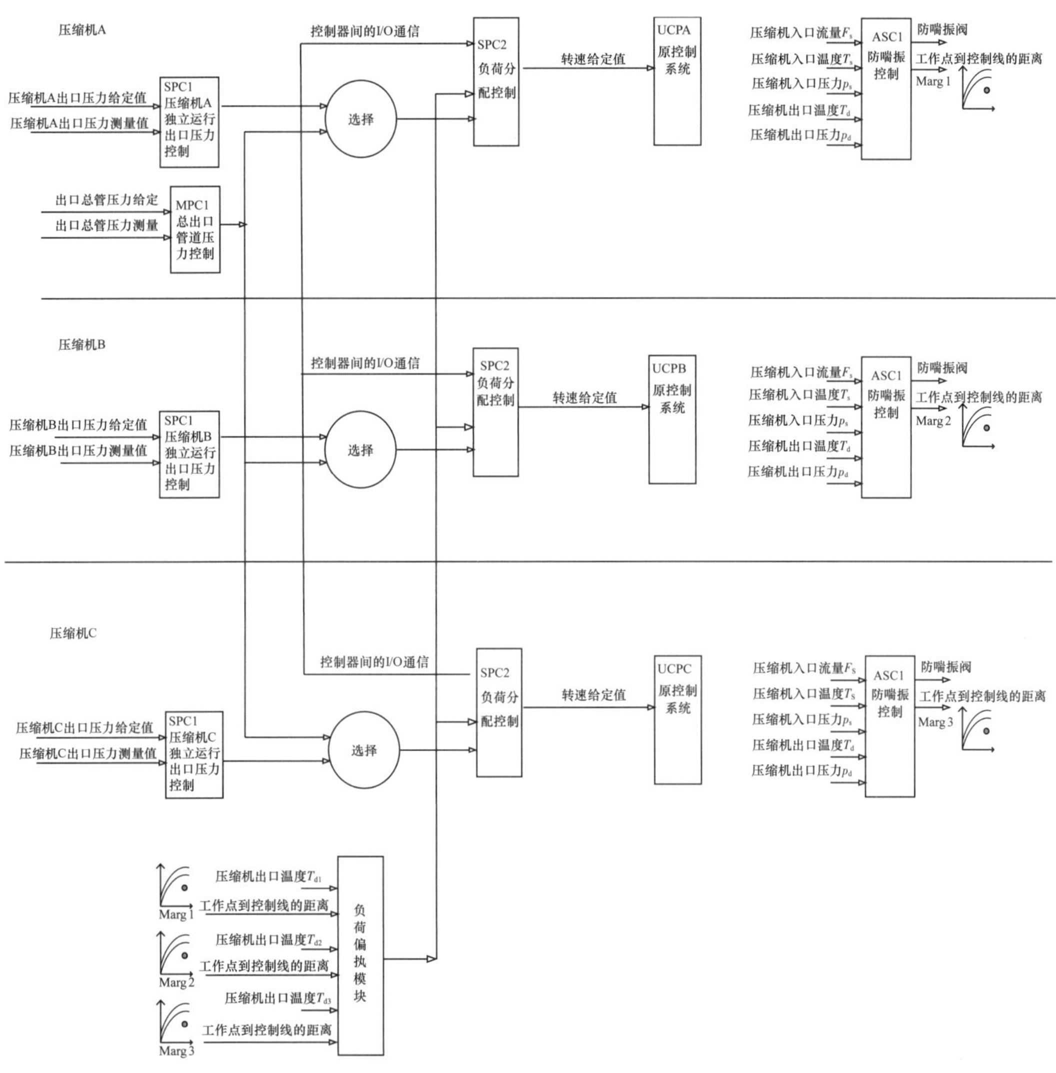

图 2–44　压缩机组负荷分配控制系统

2）合建站串联泵机组的相互切换和利用

对于并行液体管道合建泵站，根据工程的需求，可设置不同输量的两套输油泵机组，通过泵机组的切换，满足两条管线不同输量的需求；也可设置一套泵机组，在两条管线切换。在两条管线连接处增加联锁保护防止误操作。节省了泵、调节系统的设置，为管道运行提供更多的选择方案，共用输油泵、调节系统、水击保护系统，节约了工程投资，减少了设备的过多设置。合建站泵机组的设置提高了单条线输量运行范围，操作灵活，有利于从节能、安全风险性角度优化两线的运行方式。此技术点适用于并行液体管道的干线站场及长距离多管分输支线的分输、注入站场。

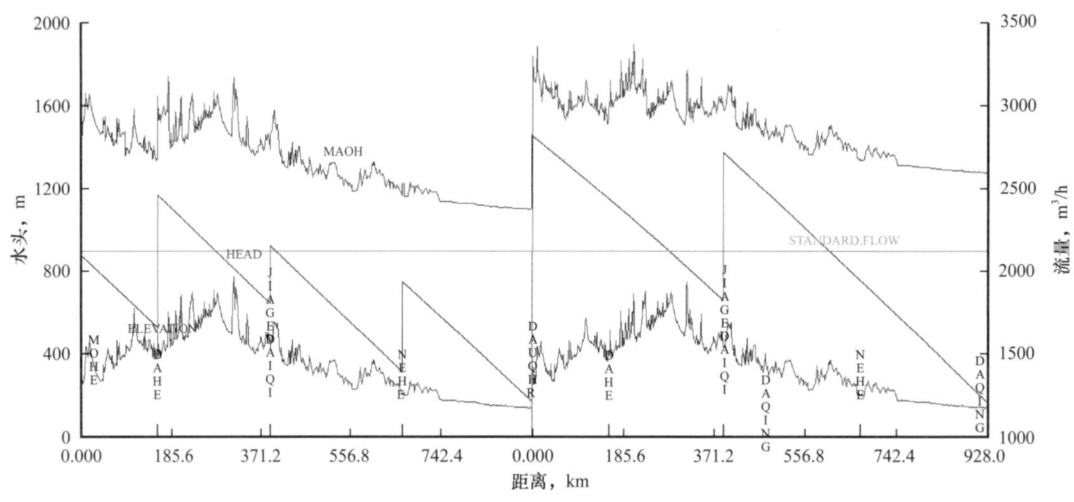

图 2-45　中俄原油管道两线同时显示的水力坡降线图

3）以输油泵为核心的多种运行模式

在以往的管道运行中，运行的设备及输送通道是相对固定的，并行液体管道合建泵站后，两座泵站间有多种联合运行控制方式，通过综合比较，提出了以输油泵为核心的运行模式。运行模式在启输前确定，模式一旦确定，相应的站场工艺控制逻辑自动切换至相应的程序。

4）不同模式下的逻辑自动切换

在以往的工程中，调节阀、变频泵的调节输入参数是固定不变的，并行液体管道的运行过程中，根据输送的需要，对调节阀、变频泵的调节输入参数进行切换，保证了管道的安全运行，同时又节省了投资。

5）联合运行下的水击保护技术

在并行液体管道设置一套水击保护系统，负责两条线水击事故情况下的处理，对合建站场的站场停泵、站场关闭、站场 ESD 阀关闭工况进行判断、处理。

并行液体管道系统优化技术在锦郑线双管、三管分输，漠大线增输工程以及中俄原油管道二线工程的设计中得到应用，优化了控制运行，节省了投资，降低了运行能耗，给管线的运行提供了更多的控制和运行方案。该技术不仅适合于多条原油、成品油等并行液体管道的干线、分输支线的应用，也适合于多条管道由开式变为密闭的输送设计及液体管网的设计，该技术将在今后液体管道设计中进行推广。

6. 大落差输油管道分段试压优化设计技术

近年来，我国陆续建成了高差起伏巨大的系列输油管道，其中中缅原油管道、云南成品油管道最有代表性。在多条大落差输油管道设计过程中，逐步积累实践经验，通过技术创新、设计总结提高形成了大落差输油管道分段试压的优化设计技术。

（1）该技术采用基于系统试压的理念，将管道的运行压力、设计压力和试压压力紧密结合起来，通过计算不同工况下沿线各高程点运行压力，并以此作为试压分段基础压力进行段落划分，而不再按管材选择时的分段设计压力进行计算。将管道试压与实际运行状态相结合，对管道建设更具有实际意义。

（2）分段试压优化设计技术不再要求必须按不同壁厚分别进行分段试压，而是考虑将不同壁厚管道作为整体考虑，极大地减少了试压分段数量。

（3）与以往工程相比，在理论试压分段划分结束后，更重视结合现场条件、资源等实际情况进行细化优化，使最终确定的试压分段现场一般不需调整，可直接应用，对现场施工更具有适用性和实际意义，便于工程试压规划和资源、费用、工期控制。

（4）该试压分段技术具有操作灵活性，如果管道有增输规划，在确定设计压头线时可将增输情况纳入模拟考虑。

本试压分段技术在分段原理上进行创新，通过管道运行工况进行试压压力确定和段落划分；同时，与现场实际紧密结合，使得管道试压目的更加明确、试压难度明显降低。该技术完整地给出了试压分段的原则、方法、步骤及有关公式和图表，形成了切实可行的试压分段划分技术，填补了国内空白，且经实践证明可靠有效，具有较高的推广意义。中缅原油管道（国内段）一期工程采用此分段试压优化设计技术后，其试压分段由原来的 325 段优化为现在的 23 段，为中缅原油管道试压工程节省约 1000 多万元，并大幅缩短了工期。

7. 成品油管网工艺系统设计技术

成品油管网工艺系统优化设计技术是在广泛调研国内外成品油管道输送技术的基础上，通过大量的理论和实验研究形成的。

（1）形成了成品油管网系统设计新的理念，密闭输送对于单种油品来说可以节省能耗，但是对于复杂成品油管网，要顺序输送多种油品，选择合适的节点更适合设计过程中方案的优化以及以后管网的安全运行。在注入量大和分输量达到管道正常输量的 1/3 时或者在管道输送的油品中，柴汽比与注入或分输的柴汽比差异达到 2 倍时，在此分输点和注入点对成品油管网的水力系统进行分段，各水力系统相互独立、互不影响，提高水力系统的安全性。

（2）形成了多点分输和多点注入控制原则。对于注入，推荐采用连续注入的方式。对于分输，如果分输量相对于管道干线输量较大时推荐采用连续分输；如果分输量相对于管道干线输量较小时（分输的小时输量小于管道干线的 30% 时），推荐采用集中分输的控制方式。

（3）优化了注入站与分输站油库库容计算方法。改变成品油管网上的储罐计算，按照单个的功能进行计算，忽略各站储罐之间可以相互补充的特点。针对不同功能的站场库容功能，选择不同的库容计算方法并对多功能站场的库容提出了校核方法，由该技术方法计算的库容结果，更加符合成品油管网的运行管理，而且还降低了管网系统的投资。

技术成果填补了国内成品油管网工艺系统设计的技术空白，提出各项关键技术在兰郑长、锦郑成品油管道工程以及其支线工程中进行了应用，在建设工期、成本以及成果的准确性方面取得了不错的效果。

8. 油气站场安全生命周期设计及评价技术

为保证功能安全和结构安全，通过与国外知名公司合作，经过 10 余年的技术积累，中国石油全面形成了油气站场安全生命周期设计及评价技术，主要包括危险与可操作性分析和安全完整性等级评估技术。

危险与可操作性分析，通常简称为 HAZOP 分析。HAZOP 是一种通过使用“引导词”分析工艺过程中偏离正常工况的各种情形，从而发现危害源和操作问题的一种系统性方法，该方法的本质就是通过系列的会议对工艺图纸和操作规程进行分析（表 2–13）。在这个过程中，由各专业人员组成的分析组按规定的方式系统地研究每一个单元（即分析节点），分析偏离设计工艺条件的偏差所导致的危险和可操作性问题。通过对工艺和仪表系统设计和操作可能遇到的危险进行提前分析和预判，在对工艺流程、仪表系统进行全面系统的安全检查基础上，进一步优化了工艺流程设计。

表 2–13　HAZOP 分析常用的部分偏差

序号	偏差	引导词	参数
1	流量偏高	高	流量
2	流量偏低 / 无流量	低	流量
3	流向相反	相反	流量
4	压力偏高	高	压力
5	压力偏低	低	压力
6	温度偏高	高	温度
7	温度偏低	低	温度
8	液位偏高	高	液位
9	液位偏低	低	液位
10	气质异常	异常	气质
11	运行 / 维护风险	风险	运行 / 维护

安全性等级评估，通常简称 SIL 评估或者 SIL 定级，是指根据风险分析结果，针对站场所涉及的安全相关系统，对每一个控制回路的安全性等级进行评定。评估重点是典型流程中的安全控制回路，其研究分析结果对冗余系统的适用性在得到 SIL 分析小组的共同认可后，可以用于冗余系统的设计。

常用的 SIL 评估方法主要有：风险矩阵法、风险图法和保护层分析法，目前较为常用的是风险图法和保护层分析法（LOPA）等；对安全仪表功能确定了所需 SIL 等级后，对安全仪表功能的现有配置进行定量计算，以验证安全仪表系统的现有配置是否能达到所需 SIL 等级的要求，对满足要求的，进一步确定相应的测试周期，对不满足要求的，则提出改进建议，并使用改进建议来确定测试周期。

HAZOP 对工艺和仪表系统设计和操作可能遇到的危险提前进行分析和预判，在对工艺流程、仪表系统进行了全面系统的安全检查基础上，进一步优化了工艺流程设计；SIL 评估技术为确定安全仪表系统等级提供了新方法，改变了以往按主观经验确定 SIL 等级的做法。二者对管道系统中最核心的工艺和安全仪表保护系统合理性和安全性进行详细审查，从设计源头提高了管道系统核心部分的安全水平。

第三节 管道施工技术

国外管道施工技术起步较早，目前自动焊技术与设备已相当成熟，尤其是北美地区累计自动焊应用比例占管道总里程的85%以上，其中美国CRC焊接里程超过8×10^4km，其焊接装备对施工环境、地理因素、气候条件等的适应性均比较强。国内中国石油已先后研制出自动焊成套装备、机械化补口等装备，并研制开发了适于山地、水网等特殊地区施工的成套装备及工艺，成功应用于西二线、西三线等工程，为国家能源通道建设提供了有力的技术保障与支撑。

一、CPP900系列自动焊成套装备

相比传统的手工焊和半自动焊，管道自动焊具有焊接速度快、焊接质量好、一次焊接合格率高、受人为因素影响小、焊工劳动强度低等优势，特别是在长距离、大口径、厚壁油气管道的施工中技术优势更为显著。由中国石油研发的CPP900系列自动焊成套装备包括管道坡口机、气动对口器、管道内环缝自动焊机、单焊炬外焊机、双焊炬外焊机。

1．CPP900-FM管道坡口机

管道坡口机主要用于长输油气管道焊接时现场坡口加工，是管道施工建设中采用全自动焊接技术的关键配套设备。整机分为主机和液压站两大部分，主机完成定位和切削，液压站提供动力。主机由自动涨圆定心装置、切削主传动机构、旋转刀盘轴向进给机构、专用刀座、护板及导向机构等组成。坡口机液压动力站以柴油机为动力源，采用主、副泵为系统供油。主泵为高压油路，为主传动部件的旋转马达提供压力油，由旋转马达驱动减速机带动齿轮传动，实现刀盘旋转运动；副泵为涨紧机构和切削进给机构提供压力油。两套油路相对独立，便于维护和保养。液压控制系统安装在坡口机主机上，控制整个坡口机的所有动作，通过油管与液压动力站相连。可加工V形、U形、X形以及各种复合型坡口。该装备具有操作简便、加工精度高、坡口成型好等特点。

中国石油生产的CPP900-FM系列管道坡口机（图2-46），切削部件采用远端弹性支撑浮动刀座和复合切削刀杆，实现跟踪仿形加工，保证坡口的形状和尺寸均匀一致性，可在2min内完成单边复合坡口加工。液压系统采用闭式回路，油门自动调节技术可实现加工速度与怠速互换。CPP900-FM管道坡口机整机性能稳定、自动化程度高、定位取心准确、切削速度快、坡口加工精度高，断屑效果好，可加工复杂的复合坡口、有效降低工人劳动强度。

图2-46 CPP900-FM系列管道坡口机

2．CPP900-PC气动内对口器

CPP900-PC气动内对口器是结合遥控技术和对口技术的新型高效管口组对设备，主要用于长输管道焊接施工中管口的校圆和组对。设备采用卧式构架布局形式，由扩涨装置、行走装置、导向保护栏操纵装置、气动系统等部件组成。以压缩空气为

动力，清洁环保。该装备具有结构紧凑、涨紧力大、行走快速、制动可靠、操作方便等特点。常见的气动内对口器主要有普通内对口器，自调间隙对口器和带铜衬垫对口器，以满足不同管径、不同工况、不同焊接工艺的要求。

中国石油生产的 CPP900-PC 系列遥控式管道气动内对口器（图 2-47），扩涨装置的两套涨管器可实现管端准确定位涨紧；简化的独立气控系统，提高装备的整体稳定性；双侧四轮驱动系统，提升爬坡能力；逆向连杆刹车系统，提高制动的可靠性和安全性；无线遥控系统，操作更加简单、便捷，有效提升管口组对精度和质量，降低工人劳动强度。CPP900-PC 对口器整体性能稳定、可靠，对口精度高，爬坡能力强，环境适应能力强。

图 2-47　CPP900-PC 气动内对口器

3．CPP900-IW 管道内环缝自动焊机

管道内环缝自动焊机是结合数字控制技术和结构创新而研发的新一代系列高效管道内根焊设备。主要用于长输油气管道焊接施工过程中管口的组对和内根焊的自动焊接。对口系统和焊接系统的结构一体化设计显著提高了管道焊接的对口速度和根焊效率，是管道施工实施高效化焊接的关键设备之一。整机主要由涨紧机构、扩涨导向保护装置、焊炬自动定位对中机构、多焊炬同步焊接驱动机构、专用焊接单元、行走及刹车机构、气动系统、自动控制系统等组成。

中国石油生产的 CPP900-IW 系列管道内环缝自动焊机（图 2-48），其行走驱动系统保证了设备的定位和爬坡能力；独立气控系统及专用焊接单元实现了焊枪快速定位，保证焊接过程稳定、流畅。可在 90s 内完成整道内焊缝焊接，真正实现了快速高效的管口组对及根焊。该系列设备整机性能稳定、自动化程度高、人为因素影响小、焊接效率高、焊缝成型好、焊工劳动强度低，可实现 15° 坡度内的管道自动焊大流水高效施工作业。目前，该系列设备的整体性能已达到国外先进技术水平，部分指标优于国外同类产品。

图 2-48　CPP900-IW 系列管道内环缝自动焊机

4．CPP900-W1 单焊炬管道全位置自动焊机

CPP900-W1 单焊炬管道全位置自动焊机（图 2-49）是结合新一代控制技术和焊接工艺技术的新型自动焊设备。主要用于长输油气管道单面焊双面成形根焊、填充焊、盖面焊等焊接过程，整体性能稳定、可靠，环境适应能力强，操作简单，焊缝成形好，尤其适用于地形复杂、条件恶劣的小流水施工作业。CPP900-W1 单焊炬管道全位置自动焊接系统整机主要由焊接小车、快装式导向轨道、智能控制系统、保护气装置、专用焊接电源等部分组成。智能控制系统采用 DSP（数字信号处理器）和 CPLD（复杂可编程逻辑器件）为核心的全数字智能化运动控制技术和嵌入式操作系统，可准确控制焊炬的空间位置、焊接速度、送丝速度、电弧电压、焊炬摆动宽度、摆动速率和边沿停留时间，从而实施全位置自动焊接。

图 2-49　CPP900-W1 单焊炬管道全位置自动焊机

焊接小车主要由焊枪横向摆动机构、行走驱动轮、焊枪垂直调整机构、小车把手、线缆固定架、夹紧机构等构成。工作原理是通过控制系统及手持盒控制焊接小车的动作，控制系统发出控制命令驱动器接受，直接带动相应的电动机进行动作，通过机械结构传动完成左右、上下、行走、送丝等命令。导向轨道装卡于钢管外表面，是焊接小车定位和行走的专用机构。因此，导向轨道的结构直接影响到焊接小车的平稳度和位置，继而直接影响到焊接质量。轨道应满足下列条件：装拆方便、易于定位；结构合理、质量较小；有一定的强度和硬度，耐磨、耐腐蚀。CPP900-W1 自动焊机的导向轨道为侧齿式钢质柔性轨道，其刚度小、质量小、装拆方便。

5. CPP900-W2 双焊炬管道全位置自动焊机

CPP900-W2 双焊炬管道全位置自动焊机（图 2-50）是结合新一代控制技术和焊接工艺技术的新型高效自动焊设备。主要用于长输油气管道填充焊、盖面焊焊接等焊接过程，整体性能稳定、可靠，环境适应能力强，操作简单，焊缝成型好、力学性能高，配备管道内焊机可实现大流水高效施工作业。双焊炬管道全位置自动焊机系统主要由焊接小车、焊接专用轨道、控制系统、焊接电源、送丝系统、焊枪等组成。

图 2-50　CPP900-W2 双焊炬管道全位置自动焊机

双焊矩管道全位置自动焊接的基本特点：整个焊接过程是一个从平焊状态到立焊状态再到仰焊状态的平滑过渡过程，焊接小车各部机构的运动控制必须满足上述的基本要求。因此，管道双焊矩全位置自动焊机的焊接速度、送丝速度、摆动宽度、摆动速度、焊接电压和焊接电流都要随着状态的变化而变化。圆周各点参数均由计算机程序自动控制完成，实现焊接工艺参数的连续变化。

CPP900–W2 双焊炬管道全位置自动焊机主要由焊接小车、钢质柔性导向轨道、可视化智能控制系统、全密封手持盒、专用焊接电源等组成。可视化智能控制系统可根据环焊缝位置特征实时匹配焊接电流、电弧电压、焊接速度、送丝速度等焊接工艺参数，从而实现管道全位置自动焊接。该设备已成功应用于西气东输二线、西气东输三线管道工程中，受到工程施工单位的一致好评。目前，CPP900–W2 双焊炬管道全位置自动焊机已配备焊缝自动跟踪系统，性能更为卓越，将成为国内外长输油气管道工程建设的主力机型。

CPP900 系列自动焊装备已在漠大原油二期、西气东输二线、西气东输三线、中亚 C 线等管道工程中成功推广应用，CPP900 系列自动焊装备的高稳定性、可靠性能够有效缩短工程建设周期、降低施工成本，提高管道整体施工水平，受到广大业主的一致好评。

二、机械化补口装备

热收缩带是在长输油气管道工程中目前应用最为广泛的防腐补口材料，其防腐补口方式经历了由传统手工向机械化的重大转变，有力推动了热收缩带防腐补口技术升华。液体聚氨酯涂料作为新兴的防腐补口材料也在部分管道工程中得以应用，且已实现机械化作业。

1. 热收缩带机械化补口技术与装备

1）热收缩带机械化补口技术简介

热收缩带机械化补口技术是指借助于自动化程度高的机械设备实现长输管道现场防腐补口的一种技术，即防腐补口过程是机械和计算机组合实现的自动化，是长输管道防腐补口技术的一个跨越式发展。相比于传统的热收缩带手工补口，机械化补口具备补口速度更快、质量更可靠、一次合格率更高、有效摒除人为因素影响、环保、降低综合施工成本、降低工人劳动强度等诸多优势。特别是对于长距离、高钢级、大口径、厚壁管、高寒环境等条件下的油气管道现场防腐补口施工，机械化补口技术的优势更为明显。

为掌握先进的热收缩带机械化补口技术，中国石油自 2010 年开始致力于管道机械化补口技术研究及配套装备研制。经过研究初期的“百日攻坚”，成功研制出管道热收缩带机械化补口装备样机，主要由自动除锈设备、中频加热设备与红外加热设备组成，制订了与之配套的补口工艺，并在中贵线（中卫—贵阳联络线）、广南线（西气东输二线广州—南宁支干线）、西气东输三线等管道工程进行了超过 30km 的现场中试，积累了丰富的工程经验。经持续的技术研究，热收缩带机械化补口装备得以不断地升级完善，最终形成了型号为 CPPBK 的定型产品，其自动化程度更高、性能更加稳定且实现了 8～56in 的规格系列化。

为进一步推动管道防腐补口技术的发展，中国石油仍在持续开展机械化补口技术与装备的研究。针对高寒施工环境，在机械化补口技术与装备上实现了新突破，该技术保

证了管道工程在 -40℃低温环境下的现场防腐补口施工，进一步提高了油气管道建设施工水平。

2）国内外应用情况

迄今，资料文献中未见国外应用整套机械化补口装备进行管道工程现场防腐补口的施工报道。国外较为常见的是在特殊环境、特定场合等情况下的机械化补口装备单体应用，比如高寒环境管道防腐补口时管口预热采用中频加热设备、铺管船防腐补口作业线表面处理工位采用自动除锈设备等。在国内，中国石油作为热收缩带机械化补口技术研究的领跑者，已率先实现整套机械化补口装备在多项重大管道工程中的规模应用及流水化防腐补口作业，技术与装备水平迈入国际先进行列。

3）热收缩带机械化补口装备

热收缩带机械化补口装备由自动除锈设备、中频加热设备与红外加热设备组成，用于油气长输管道现场防腐补口施工。自动除锈设备用于待补口区域表面处理，中频加热设备用于待补口区域预热及热收缩带安装前底漆加热，红外加热设备用于热收缩带收缩与熔胶。

（1）自动除锈设备。

中国石油自主研发的 CPPBK-AD 型自动除锈设备由自动除锈执行装置、自动控制系统、喷砂系统等组成，如图 2-51 所示。以液压站、发电机、空压机等为辅助设备，用于长输油气管道待补口管段的外表面自动处理。其中，履带工程车用于自动除锈设备在施工现场的灵活移动及提供电力；空压机主要提供压缩空气；喷砂系统主要提供高速砂料并将砂料与粉尘分离回收；自动除锈执行装置在自动控制系统的控制下，可实现油气管道管口外表面的全位置自动除锈。

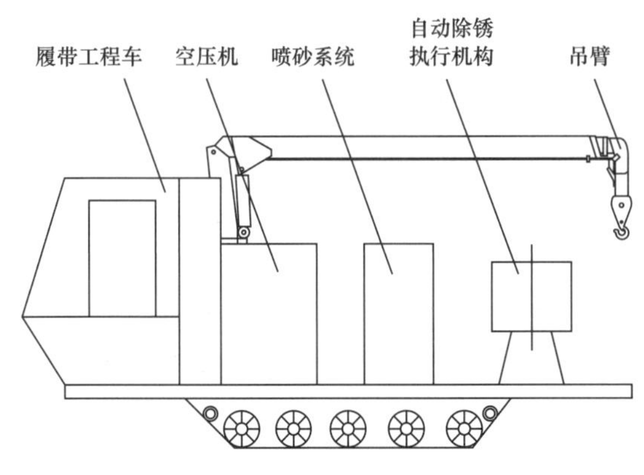

(a) 自动除锈设备组成示意图

(b) 自动除锈设备组成实物图

图 2-51　自动除锈设备

自动除锈设备各部分连接如图 2-52 所示。开启履带工程车，带动车载发电机进行发电，通过配电箱与自动控制系统为真空泵、电磁阀、电动机等供电。开启空压机，压缩空气经油水分离器分别给砂阀助吹器、三通、反吹储气罐供气。启动控制系统上的喷砂按钮，压缩气体推动钢砂经砂阀、储砂罐及喷枪作用于补口区管道表面。同时，在真空泵的作用下，钢砂及粉尘经回收管到达分离系统，钢砂经分离系统、筛网进入砂料回收仓以供循环利用，粉尘经回收气管路并在滤芯的过滤下落入回收箱，并定期清理。待一道管口除锈结束后，按动喷砂停止按钮，连接三通的电磁阀关闭，电磁泄压阀开启，排出储砂仓中的压缩空气，铝制密封球落下，砂料回收仓中的钢砂进入储砂仓。待工位移动到下一道补口区后，重复以上喷砂过程，以实现管道自动除锈的流水作业。工作一段时间后，滤芯表面会吸附大量粉尘，继而影响滤芯的过滤效果，此时启动反吹按钮，电磁阀开启，反吹储气罐中的压缩空气瞬间作用于滤芯内部，将吸附于滤芯表面的粉尘吹落，达到清洗滤芯的效果。

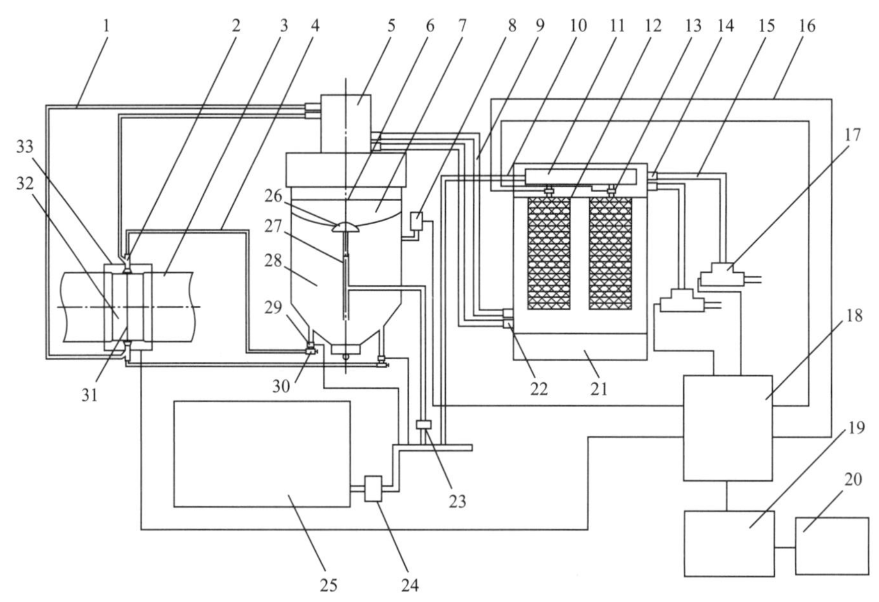

图 2-52　自动除锈设备连接示意图

1—回收管；2—喷枪；3—防腐层；4—出砂管；5—分离系统；6—筛网；7—砂料回收仓；8—电磁泄压阀；9—回收气管路；10—反吹气管路；11—反吹储气罐；12—滤芯；13—电磁阀；14—出气口；15—管路；16—控制线；17—真空泵；18—自动控制系统；19—配电箱；20—车载发电机；21—粉尘回收箱；22—进气口；23—电磁阀；24—油水分离器；25—空压机；26—密封球；27—三通；28—储砂仓；29—砂阀助吹器；30—砂阀；31—焊缝；32—补口管段；33—自动除锈执行装置

自动除锈执行装置为三瓣式液压开合结构，主要由液压缸、浮动式驱动机构、横向行走机构、限位机构等组成，如图 2-53 所示。自动除锈执行装置作为运动载体，其上可安装喷枪、喷砂管、回收管等，以实现设定的自动除锈轨迹。

自动控制系统以可编程逻辑编辑器（PLC）为核心元件，采用“脉冲信号 + 行程限位”双功能设计，以精确控制自动除锈过程的各项动作，如图 2-54 所示。其中，驱动电动机的横移速度、旋转速度、旋转幅度等参数可通过触摸屏修改。

喷砂系统主要由砂罐、真空泵、除尘机构、反吹机构、喷枪、砂管、回收管、压力指示表等组成，如图 2-55 所示。为防止风吹、日晒、雨淋等对喷砂系统的电气元件造成影响与损坏及在低温环境下对其进行保温，其外加覆盖件，如图 2-56 所示。

与人工开放式喷砂除锈方式相比，自动除锈设备具有除锈效率高、自动化程度高、除锈均匀无遗漏、过程质量可控、节约砂料、环保、工人劳动强度低等优势。

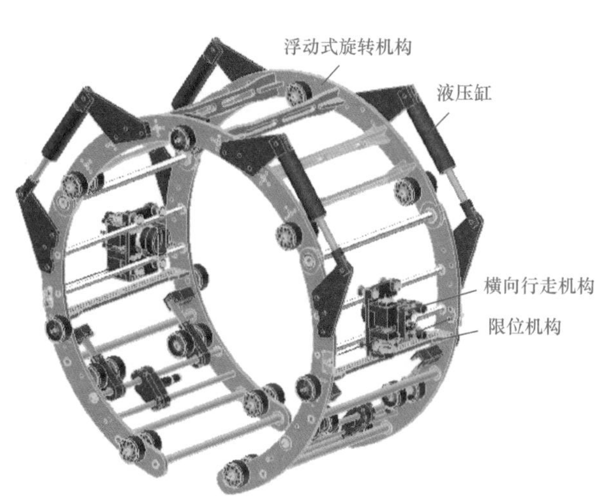

图 2-53　自动除锈执行装置

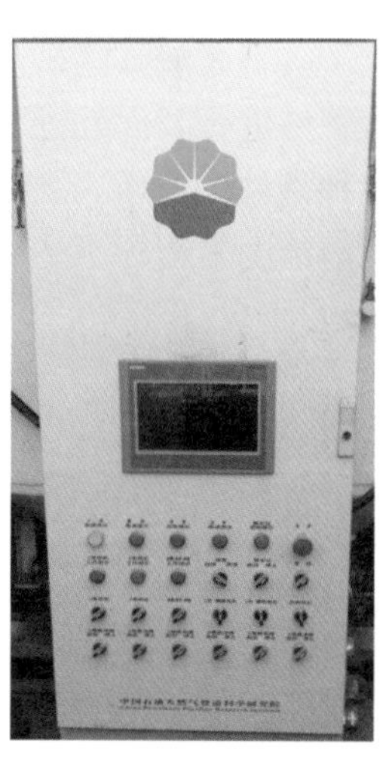
图 2-54　自动控制系统

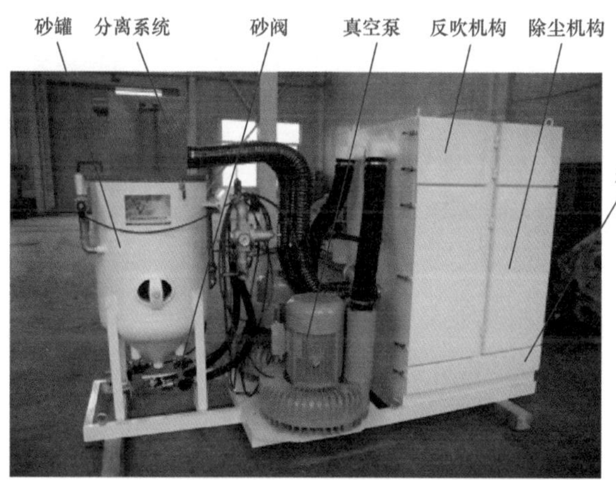

图 2-55　喷砂系统内部结构

图 2-56　带覆盖件的喷砂系统

人工开放式喷砂除锈主要以河沙、石英砂、棕刚玉等非金属磨料为主，人工手持喷枪对管口进行表面处理，如图 2-57 和图 2-58 所示。由于钢管口径、施工环境、人为因素等多种条件的影响，该方式易出现除锈遗漏（尤其是管道底部），除锈等级、锚纹深度、表面清洁度等指标不达标等问题，且喷砂产生的粉尘污染环境、有损工人健康。

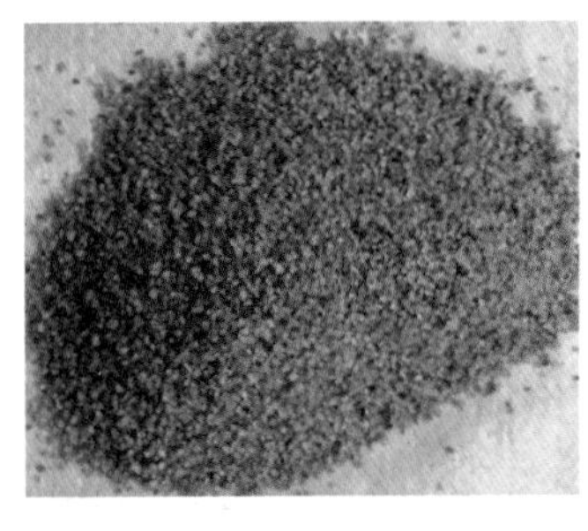

(a) 河沙

(b) 石英砂

(c) 棕刚玉

图 2-57　开放式喷砂除锈用非金属磨料

图 2-58　人工开放式喷砂除锈

自动除锈设备主要以铸钢砂、钢丸等金属磨料为主，对管口表面进行自动处理，如图 2-59 和图 2-60 所示。除锈过程执行设定程序，能保证各项指标满足标准要求，高效环保，除锈等级可达净白级（Sa3.0 级），如图 2-61 所示。

(a) 钢砂

(b) 钢丸

图 2-59　自动除锈设备用金属磨料

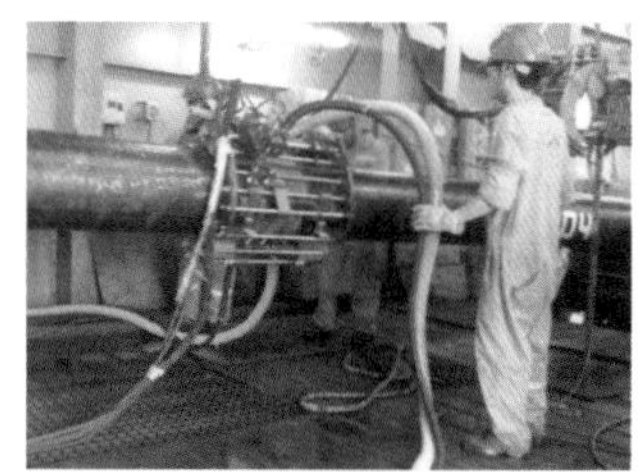

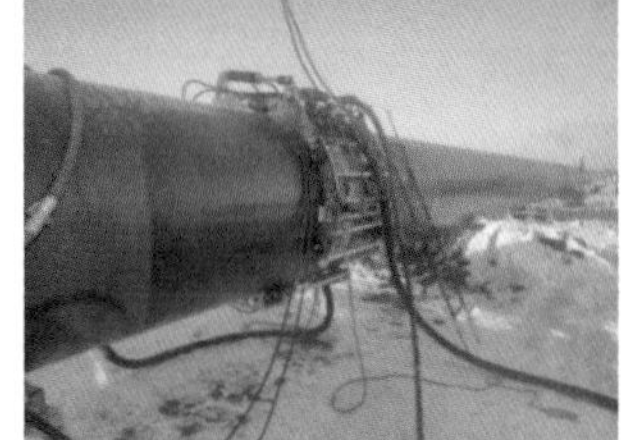

图 2-60　自动除锈施工图

图 2-61　自动除锈效果

目前，国际上较为先进的同类产品为美国 CRC 公司生产的自动除锈设备。采用龙门式内旋转结构设计，多用于铺管船防腐补口作业线，如图 2-62 所示。

图 2-62　美国 CRC 公司自动除锈设备

（2）中频加热设备。

中国石油自主研发的CPPBK-MF型中频加热设备由中频电源、中频加热线圈、控制系统等组成，如图2-63所示。以液压站、发电机等作为辅助设备，主要用于长输油气管道现场防腐补口施工中的管口预热。各项工作参数可通过触摸屏修改、调整，且可实时存储，以便于过程追溯与质量管理。

图2-63　CPPBK-MF型中频加热设备

首先，按要求将中频加热设备正确安装在待补口管段处，然后接通电源，通过控制系统触摸屏设置工作参数，待各项工作准备完毕后开启中频电源开关，装备开始工作，中频电源提供的中频电流通过加热线圈时，产生所需的磁场，在管壁中产生相应的感应电流（涡流），使管道被涡流加热到要求的温度，如图2-64所示。待温度达到要求温度时装备停止工作，关闭中频电源，将中频加热设备移动到下一处待补口管段，重复上述动作。

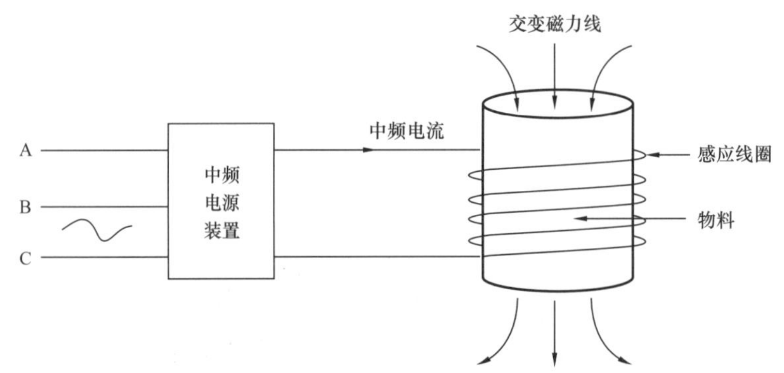

图2-64　CPPBK-MF型中频加热原理图

中频加热线圈为液压开合结构，主要由液压缸、骨架、电缆、电流插排等构成，如图2-65所示。各电缆为独立通道运行，可根据加热宽度、温度等具体要求调整电缆数量与间隔量。

中频电源有可控硅和IGBT两种，其各项运行状态均由控制系统精确控制，且可通过触摸屏实时修改调整各项参数，如图2-66所示。控制系统采用软启动设计，可保护设备不受瞬时电流冲击、损坏。加热温度由“温度、时间”进行单通道或双通道精确控制。同时，控制系统可实时监控并储存各种参数与数据，便于过程和质量管理。

图 2-65　中频加热线圈

(a) 可控硅中频电源

(b) IGBT中频电源

图 2-66　中频电源（含控制系统）

与人工火把预热管口方式相比，中频加热设备具有加热效率高、自动化程度高、温度均匀一致、过程质量可控、避免二次污染（返锈、积碳）、参数实时存储、工人劳动强度低等优势。

人工火把预热管口主要以液化气火焰为主，人工手持火把对管口进行预热，如图 2-67 所示。由于多种因素的影响，该方式易出现预热不均（尤其是管道底部与顶部）、管口表面二次污染（返锈、积碳）等问题。

图 2-67　人工火把预热管口

中频加热设备利用电流产生的磁场对管口进行自动预热，如图2-68所示。预热过程执行设定程序，能保证各项指标满足标准要求。

图2-68　中频预热

目前，国际上生产中频加热设备的公司有多家，采用IGBT电源、开合式加热线圈，且在多项管道工程中均有应用。

（3）红外加热设备。

中国石油自主研发的CPPBK-RH型红外加热设备由红外加热线圈、控制系统组成，如图2-69所示。以液压站、发电机等作为辅助设备，主要用于长输油气管道及城市管网现场防腐补口施工时的热收缩带收缩与熔胶。各项工作参数可通过触摸屏修改、调整，且可实时存储，以便于过程追溯与质量管理。

图2-69　CPPBK-RH型红外加热设备

首先，按要求将红外加热设备正确安装在已安装好热收缩带的待补口管段处，然后接通电源，通过控制系统触摸屏设置工作参数，待各项工作准备完毕后开启电源开关，装备开始工作，红外线的传热形式是辐射传热，由电磁波传递能量。当被加热的物体吸收红外线时，物体内部分子和原子发生“共振”而使物体温度升高，达到加热的目的，如图2-70所示。待热收缩带收缩完毕后转到回火程序，对热收缩带进行回火，以促使热熔胶充分熔融。待回火效果达到要求后装备停止工作，关闭电源，将红外加热设备移动到下一处待补口管段，重复上述动作。

红外加热线圈为液压开合结构，主要由液压缸、骨架、红外辐射器等构成，如图2-71所示。红外辐射器采用独立工作设计，在内圈进行整布，且在固定片及底部位置采用不同功率的辐射器，便于热收缩带不同位置的热量控制。

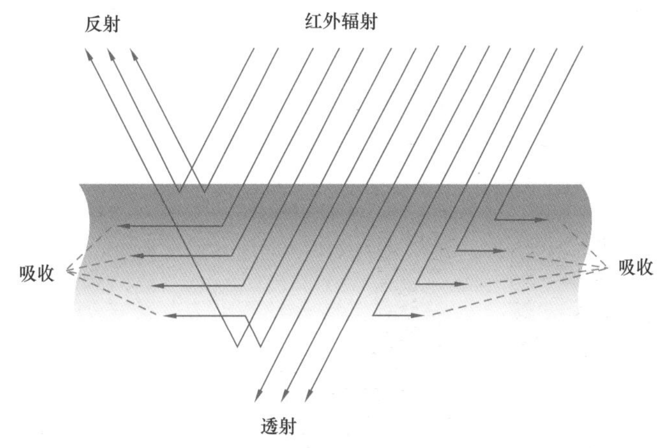

图 2–70　红外加热原理

图 2–71　红外辐射器及红外加热线圈

控制系统以 PLC（可编程逻辑编辑器）为核心，采用“先中间后两边”的梯度加热程控设计和“由外向内”的渗透回火方式，可自动排除气泡、充分熔融热熔胶。控制系统可实时监控并储存各种参数与数据，便于过程和质量管理。如图 2–72 所示。

图 2–72　红外控制系统

与人工火把加热热收缩带及熔胶相比，红外加热设备具有加热效率高、自动化程度高、热收缩带收缩一致、温度均匀、熔胶彻底、过程质量可控、参数实时存储等优势。

人工火把加热热收缩带及熔胶主要以液化气火焰为主，人工手持火把对热收缩带进行加热收缩及熔胶，如图 2–73 所示。由于多种因素影响，该方式易出现热收缩带收缩不均、鼓泡、熔胶不彻底、用时长等问题。

图 2–73　人工火把加热热收缩带及熔胶

红外加热设备利用红外波对热收缩带进行加热收缩与熔胶，如图 2–74 所示。加热与熔胶过程执行设定程序，能保证各项指标满足标准要求，剥离强度高。热收缩带补口效果如图 2–75 和图 2–76 所示。

图 2–74　红外加热热收缩带及熔胶

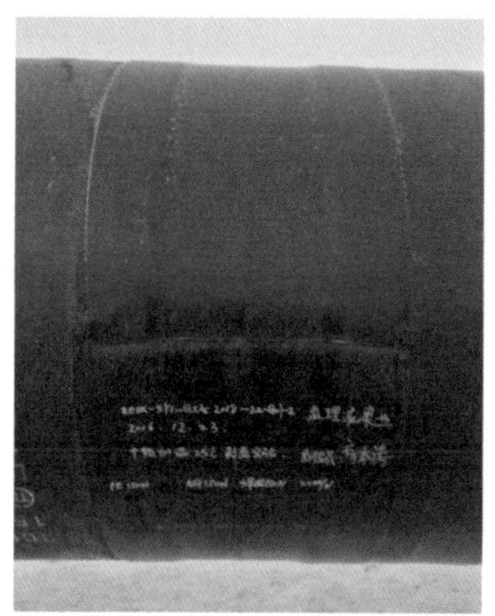

图 2–75　热收缩带补口效果

图 2–76　剥离强度测试

目前，国际上较为先进的同类产品为加拿大 CANUSA 公司生产的红外加热设备，采用多排电阻丝梯度加热，如图 2–77 所示。

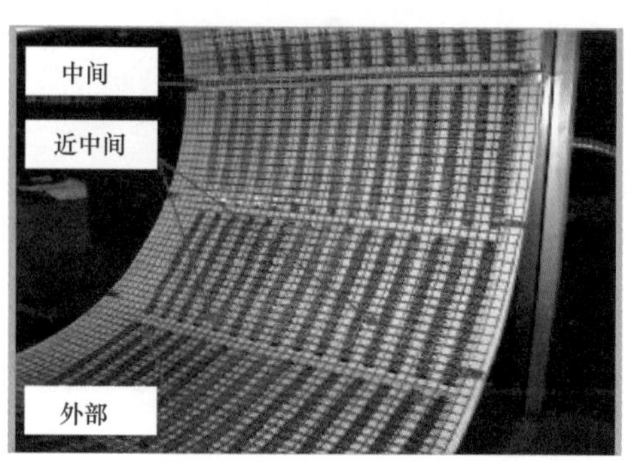

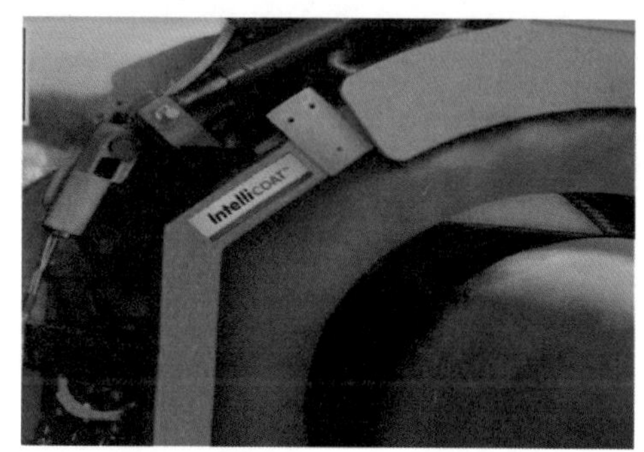

图 2–77　CANUSA 公司生产的红外加热设备

4）热收缩带机械化补口工艺

经过多年的技术研究和探索实践，中国石油已形成成熟的管道热收缩带机械化补口工艺，并被广泛应用于管道工程中。

（1）补口流程与工位设置。

热收缩带机械化补口流程主要为管口预热除湿（若需要）、管口除锈、管口预热、底漆涂刷、底漆加热固化（干膜工艺）、热收缩带安装、热收缩带收缩与熔胶、贴密封条，如图2-78所示。

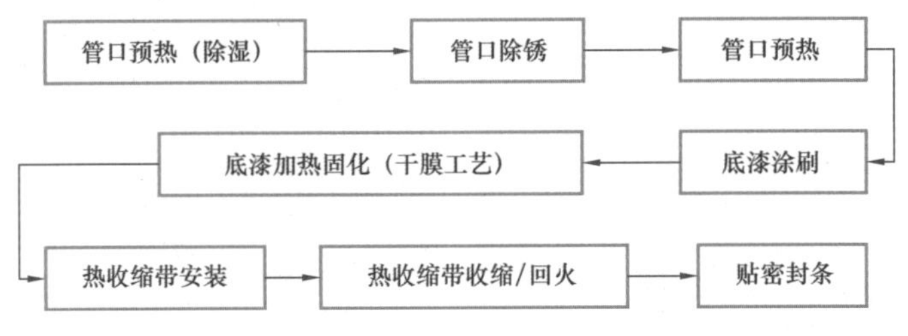

图2-78　管道热收缩带机械化补口流程

综合考虑施工效率、施工质量、成本控制等因素，热收缩带机械化防腐补口工位采用“三车四工位”，即自动除锈、中频预热、底漆涂装与热收缩带安装、红外收缩与熔胶，如图2-79所示。

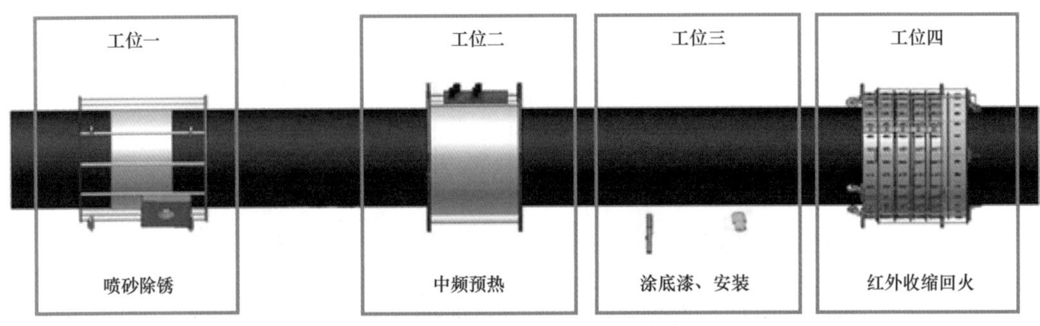

图2-79　热收缩带机械化补口工位设置

（2）补口工艺。

热收缩带机械化防腐补口工艺主要有干膜工艺（干膜法）和湿膜工艺（湿膜法）两种。

干膜工艺：管口预热除湿（以除尽水气为准）、管口除锈（等级应不低于Sa2.5级）、管口预热至60～80℃、底漆涂刷、管口加热至130～150℃、热收缩带安装、热收缩带收缩与熔胶（温度190～210℃）、贴密封条。

湿膜工艺：管口预热除湿（以除尽水气为准）、管口除锈（等级应不低于Sa2.5级）、管口预热至60～80℃、底漆涂刷、热收缩带安装、热收缩带收缩与熔胶（温度190～210℃）、贴密封条。

5）热收缩带机械化补口装备工程应用

CPPBK 热收缩带机械化补口装备已在鞍大线、惠州大亚湾海洋管线、涠洲岛海洋管线、黄岩岛海洋管线等管道工程中成功推广应用，施工总里程已超过 700km，一次补口合格率 100%，并创造了日补口 66 道口的辉煌纪录（管径 1219mm），有效保证了管道工程现场防腐补口质量及施工效率（图 2-80）。

(a) 鞍大线

(b) 漠大二线

图 2-80 机械化补口装备工程应用

2. 液体聚氨酯机械化补口技术与装备

1）液体聚氨酯机械化补口技术简介

中国石油针对管线防腐的焦点和难题，结合管道补口自身特性，经过多年的技术攻关，研制出具有自主知识产权的液体聚氨酯机械化补口技术与装备，且已成功完成工业化推广应用和产业转化。2011 年以来，液体聚氨酯机械化补口装备在西二线轮—土支干线、西三线西段等油气管线上实现了 520km 的规模应用，装备技术性能好、稳定耐用，补口作业优质、高效，液体聚氨酯补口防腐层和阴极保护良好匹配。中国石油液体聚氨酯机械化补口技术填补了我国在这一领域的空白，提高了管线防腐补口质量，降低了管道运营腐蚀风险，引领管道防腐补口技术发展，迈进了世界先进行列。

2）国外应用情况

在国外，液体聚氨酯应用于管线防腐补口已有 30 年以上的历史，机械化补口至少有 20 年以上历史，并成为 3PE 管线补口的趋势，英国石油（BP）公司、埃克森美孚公司、道达尔公司、壳牌石油公司及雪佛龙公司等均在应用，使用包括俄罗斯、加拿大极寒地区。在国内，由中国石油完成这项技术的开发、标准建立和西三线工业应用，由于起步晚，应用时间及施工里程与国外还存在一定差距，技术上还未达到国际先进水平，处于追赶阶段。

3）液体聚氨酯机械化补口装备

液体聚氨酯机械化补口装备由自动除锈设备、中频加热设备和自动喷涂设备组成。自动除锈设备与中频加热设备在前文中已做详细说明，此处不再赘述。该节主要重点介绍自动喷涂设备。

（1）设备组成。

自动喷涂设备主要由喷涂装置、控制系统、料罐系统等组成，如图 2-81 所示。以工程车、空压机、发电机为辅助设备，主要用于长输油气管道现场防腐补口施工时的液体聚氨酯涂料喷涂。

图 2–81　自动喷涂设备

（2）工作原理。

工程车在补口部位就位，将喷涂执行机构安放到焊口上，执行机构自行锁定。开启涂料喷涂，将混合段的溶剂全部置换干净，用垃圾桶收集喷出的废料；启动喷枪旋转机构，开启喷涂，达到设定时间后自动关闭喷涂，喷枪旋转机构停止转动；开启溶剂清洗，将混合段的涂料全部置换干净，用垃圾桶收集喷出的废料。打开喷涂补口机开合锁连，吊起并移置下一补口。

（3）组成部分介绍。

喷涂装置为气缸开合式结构，有整体旋转式、定位与喷涂分离式两种，如图 2–82 所示。整体旋转式喷涂装置由骨架、开合气缸、气动马达、涂料喷枪等组成，工作时整体旋转。定位与喷涂分离式喷涂装置由定位架、开合气缸、锁紧气缸、旋转喷架、涂料喷枪等组成，工作时定位部分只负责在待补口区域的定位，不转动；旋转喷架带动喷枪进行圆周旋转喷涂。

(a) 整体旋转式

(b) 定位与喷涂分离式

图 2–82　喷涂装置

控制系统以 PLC（可编程逻辑控制器）为核心元件，进行旋转、喷涂、电磁阀开关等各项动作的精确控制，集成于喷涂装置上，如图 2–83 所示。

图 2-83 喷涂控制系统

料罐系统由集装箱式操作间及高压无气加热双组分喷涂系统组成，如图 2-84 所示。电控柜设置在工间内部，按防爆要求设计。电控部分包括两个料罐电加热器的自动启停，内部照明开关，两个加热循环水泵启停。根据功能设计，A 料罐具有加热、搅拌、回流、加料等功能，B 料罐具有回流、加料等功能。

图 2-84 喷涂料罐系统

（4）液体聚氨酯机械化补口工艺流程与工位设置。

液体聚氨酯机械化补口工艺流程如图 2-85 所示。

补口施工通常为两个工位，进行表面处理和喷涂补口两个工序的施工。表面处理采用密闭自动喷砂技术，补口涂敷采用全自动喷涂作业，遥控操作。当钢管表面潮湿、结霜或钢管温度过低时，增加加热工序，采用中频加热设备。如图 2-86 所示。

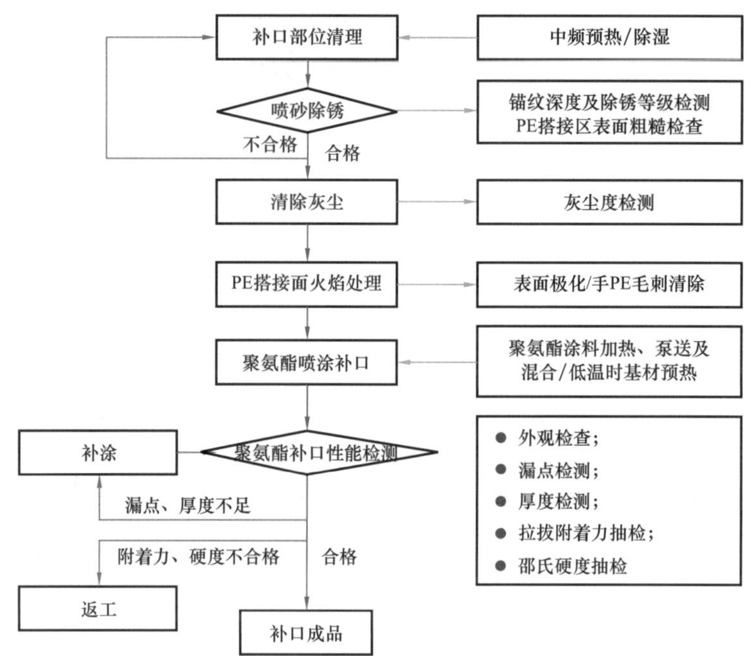

图 2-85　液体聚氨酯机械化补口工艺流程

图 2-86　液体聚氨酯机械化补口施工工位设置

（5）液体聚氨酯机械化补口工程应用。

中国石油自主研制的液体聚氨酯机械化补口装备，成功应用于西二线、西气东输三线西段等国内重大油气管道工程，累计施工逾 500km，补口合格率 100%。

2011 年，液体聚氨酯机械化补口技术在西二线轮—土 1016mm 口径支干线首次成功应用，这是国内管线工程第一次采用这项先进技术，在业界引起强烈反响。2013 年，这项技术在西气东输三线西段 1219mm 口径管道工程进行了规模化工业应用，补口防腐层质量满足工程规范要求，性能达到 ISO 21809-3《石油天然气工业　埋地、海洋管线外防腐》

和 DIN 30671《热固性埋地钢制管道防腐层》等国际标准要求。

三、管道环焊缝无损检测技术

传统的无损检测技术手段主要采用普通射线和常规超声，检测周期长，效率低，经常影响施工进度。AUT 检测技术能够满足管道自动焊流水作业的检测需求，及时反馈焊接质量信息；数字射线 DR 检测技术可以实时成像，提高射线检测效率；相控阵 PAUT 检测技术克服了常规超声检测受人为因素影响大的缺点，实现了检测数据的数字化存储，满足了返修口和连头口的检测需求。

1. AUT 检测技术

管道环焊缝相控阵超声检测（AUT）设备主要应用于大口径长输管道环焊缝质量检测，尤其对自动焊焊缝的层间未熔合、坡口边缘未熔合等缺陷具有很强的检出能力，在特定的检测工艺条件下，也可用于半自动焊焊缝检测。

相控阵超声检测技术是利用超声阵元的电控偏转特性和电控聚焦特性，通过硬件电路和软件编程的协调控制，动态地改变相控阵探头所发出的超声波束的偏转角度以及聚焦深度，完成超声波束方向和聚焦点的变化，从而使波束覆盖整个焊缝熔合面，再根据反射回波的大小和时间确定缺陷的大小和位置。

相控阵探头由阵列式超声换能器阵元组成，当各个晶阵的触发脉冲时序是一个等差数列与二次曲线的叠加，此时相控探头发出的超声波束的合成波阵面是一个曲面，不仅实现了聚焦，而且具有一定的方向性，实现了聚焦深度和声束方向的控制。如图 2–87 所示。

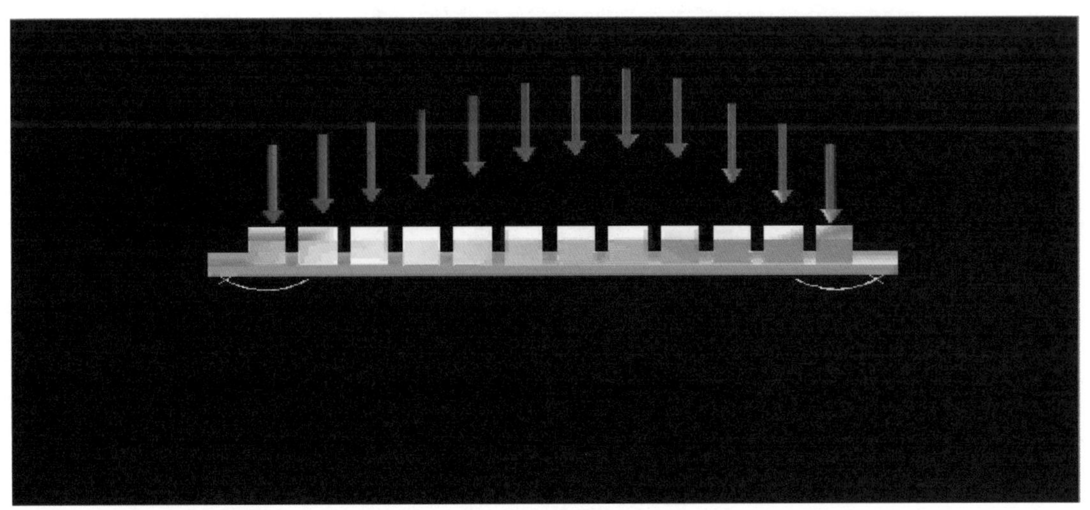

图 2–87　偏转聚焦特性

1）AUT 分区检测

AUT 分区检测是将焊缝沿垂直方向划分成若干个分区，分区高度 2～3mm，每个分区用一组特定的相控阵晶片产生超声波束进行扫查，如图 2–88 所示。检测过程中，各分层中需要关心的只是一个特定区域内的信息，也就是焊缝区的信息。因此，在分层中设定了一个检测窗口，系统会将此区域的回波信息采集回来进行处理，所有分层的检测窗口可覆盖整个焊缝截面。图 2–89 是一套国产 AUT 检测设备。

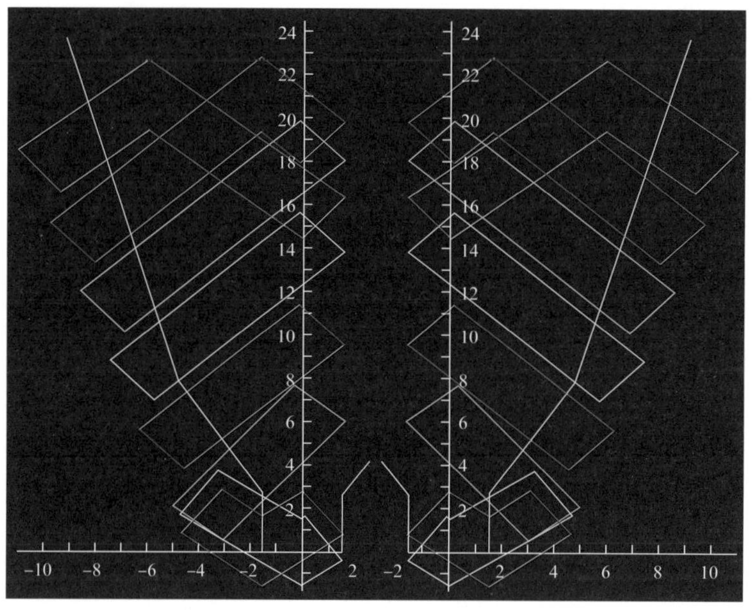

图 2-88　AUT 分区检测方法

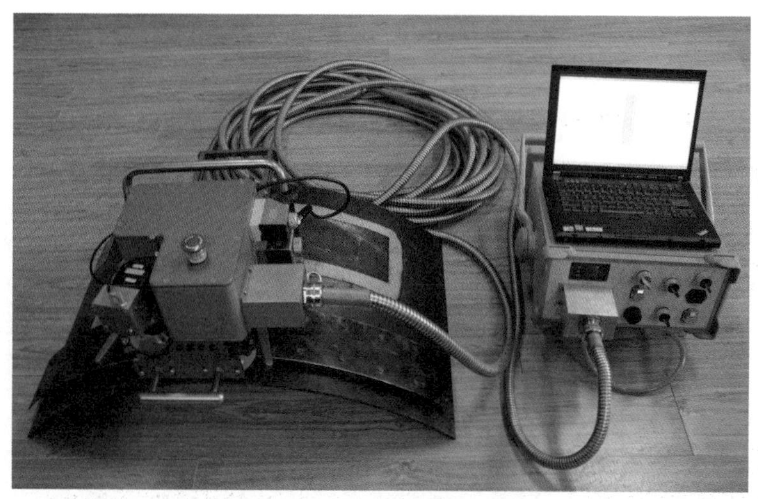

图 2-89　国产 AUT 检测设备

2）AUT 工艺评定

AUT 工艺评定的目的是提供一套科学的程序。通过对校验试块和预埋缺陷测试焊缝的重复性、可靠性和温度灵敏度测试，根据实验测试结果进行统计学计算，得出 95% 置信区间下的检出率（POD）曲线，系统地验证 AUT 技术方案的合理性和 AUT 检测设备的缺陷检出能力，有效保证 AUT 检测结果的可靠性。

AUT 工艺评定有一套严格的验证流程，首先审阅待评定单位的 AUT 检测质量保证体系文件和工艺文件，根据工程需求设计并加工测试焊缝，进行 AUT 工艺评定试验并记录结果，AUT 工艺评定实验完成后进行 X 射线、水浸超声波、超声波衍射时差法（TOFD）检测（符合条件时）补充无损探伤实验，最后进行宏观切片，根据切片结果以及检测结果分析评定试验数据，形成 AUT 工艺评定报告。流程如图 2-90 所示。

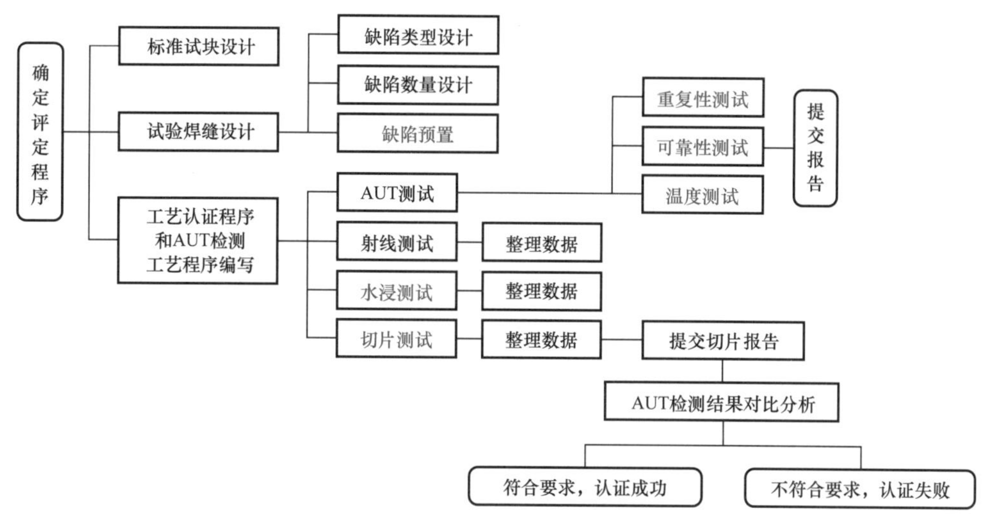

图 2-90　AUT 工艺评定流程

3）非自动焊打底坡口的 AUT 检测工艺

大壁厚 STT（Surface Tension Transfer，表面张力熔滴过渡）打底自动焊坡口的 AUT 检测在国内是首次应用。AUT 检测技术是通过相控阵聚焦原理，检测坡口熔合面上的缺欠，焦点的覆盖范围是有限的。而 STT 打底自动焊的对口间隙和角度变化较大，使得 AUT 检测方法在聚焦覆盖范围、试块设计、检测评定等方面均需做出相应的改进，通过新的聚焦工艺设计，保证 AUT 的检出能力不受坡口变化的影响。图 2-91 是双 V 坡口相控阵声场计算示意图，图 2-92 是双 V 坡口 AUT 试块校验图。

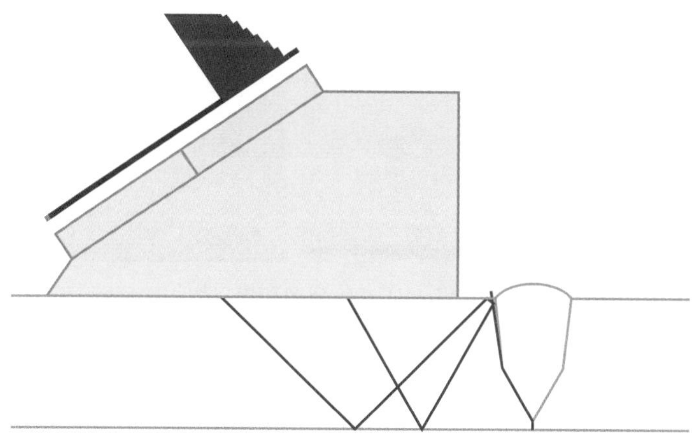

图 2-91　双 V 坡口相控阵声场计算示意图

4）非聚焦 AUT 技术

随着 AUT 检测技术的快速发展，AUT 检测结果不直观、对判读人员要求高等问题越来越突出，为此，国外正在研发 AUT 三维成像及智能识别技术，用直观的三维图像显示出缺陷在环焊缝的位置。目前，国外研究出了一种基于顺序发射技术的相控阵数据采集技术，相控阵探头一个晶片发射，其他所有晶片接收，采集探头的每一对发射 / 接收阵元的时域 A 扫信号，通过数据处理，得到焊口检测区域的二维或三维图像。采用非聚焦技术检测对坡口型式没有严格要求，在手工焊和半自动焊领域具有明显的技术优势。图 2-93 显示采用非聚集 AUT 技术成像结果和焊口切片的对比。

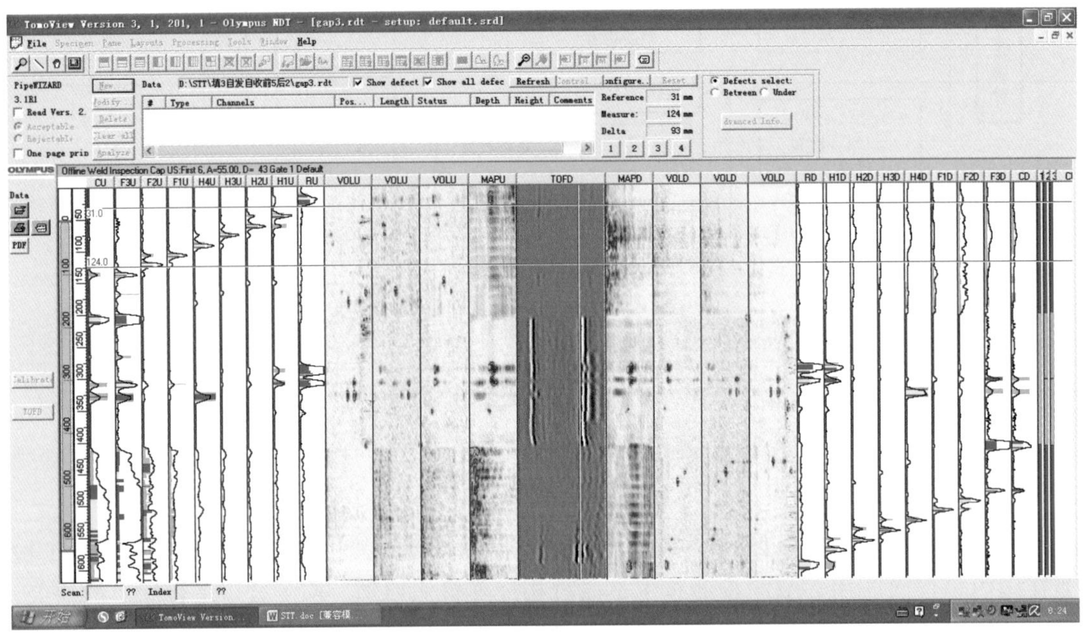

图 2-92　双 V 坡口 AUT 试块校验

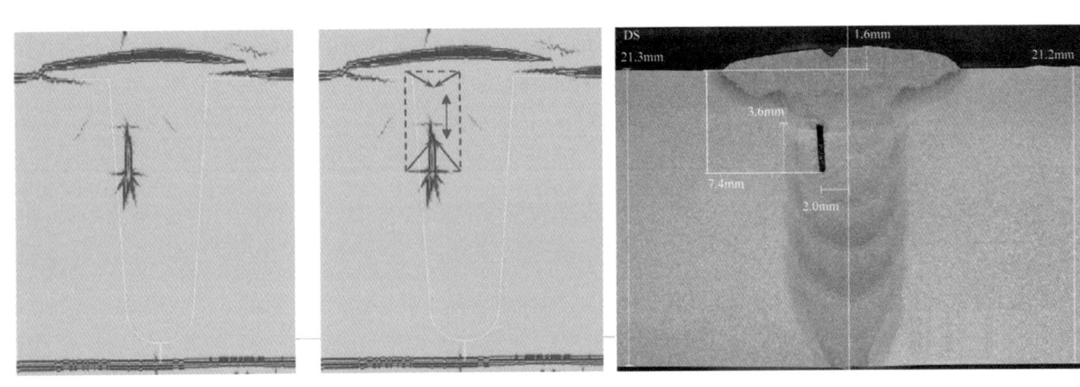

图 2-93　非聚焦 AUT 二维成像和焊口切片的比较

2. 数字射线 DR 检测技术

DR 检测以 X 射线机为射线源，以线阵列 DR 探测器或平板探测器替代传统胶片作为 X 射线接收转换装置，X 射线透过待检工件后衰减，探测器首先将入射 X 射线光子转换为电荷，然后读出每个像元的数字信号，所有像元的数字信号组成一幅射线数字图像，通过图像处理软件在计算机上进行显示。

1）DR 检测设备

管道环焊缝数字射线（DR）检测装备由面阵探测器、X 射线机和管内爬行器、焊缝扫查器及检测处理软件几部分构成，图 2-94 是国外的检测 DR 设备，图 2-95 是国产的 DR 检测设备。数字射线检测设备检测焊缝时，把可开合的爬行轨道从焊逢一侧固定到管道上，装有射线探测器的扫查器在伺服电机的驱动下沿焊缝扫查，管内有同步工作的恒电位 X 射线机，射线探测器将接收的射线转化为电信号，经电子扫查、数据采集和分析软件处理得到与焊缝射线扫查相一致的图像，用于焊接质量评判和电子档案存储。

（1）X 射线源：采用恒电位、小焦点射线机，恒电位可保证射线源的稳定性，小焦点可以降低图像几何不清晰度，保证图像质量。

（2）探测器：根据静态扫查或动态连续扫查方式的不同进行选择，目前静态扫查选用非晶硅成像面板，动态连续扫查选用 CMOS+CdTe 接收器，动态成像系统要求的帧频速度较高，不产生模糊拖尾现象。

（3）爬行器：与传统胶片爬行器基本相同，需增加与数据采集的同步控制系统。

（4）检测软件：用于完成对 DR 系统的控制及图像的采集、存储、分析、显示。

图 2-94 国外管道环焊缝 DR 检测设备

图 2-95 国产管道环焊缝 DR 检测设备

2）数字图像处理技术

将计算机图像处理技术引入无损检测领域，数字图像处理技术对改善 X 射线图像质量是必不可少的，国内外数字射线检测标准均允许对检测的图像进行图像处理，提高图像质量。X射线图像处理主要包括增强技术与感兴趣区的定量估值，包括数字滤波、对比度增强、边缘增强、灰度测试、感兴趣区域灰度直方图测试和灰度信息显示、尺寸和面积测量、图像存储等。通过图像处理来消除噪声、提高对比度、突出缺陷，使处理以后的图像符合无损检测的要求，达到提高无损检测灵敏度的目的。图2-96是探测器源内中心曝光检测图像。

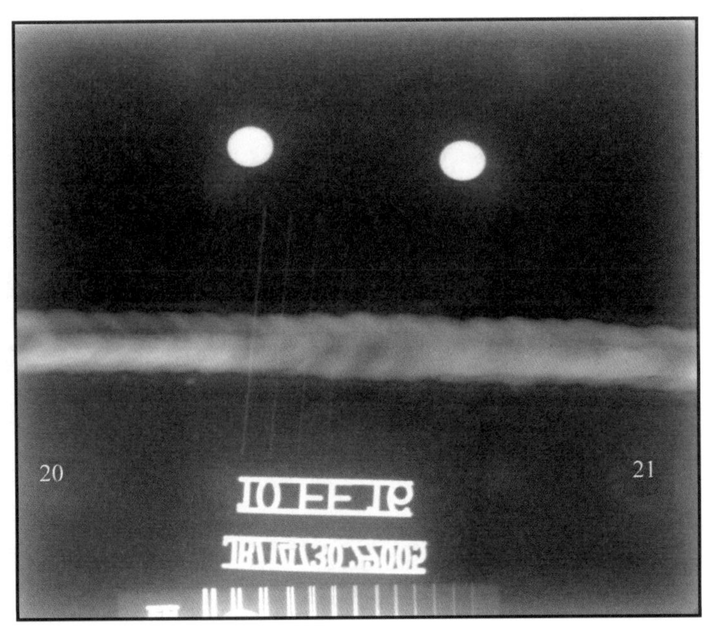

图2-96 探测器源内中心曝光检测图像

3. 相控阵PAUT检测技术

PAUT也是一种相控阵超声检测技术。因返修口及连头焊口无法采用AUT检测、变壁厚对接环焊缝的AUT检测又存在局限性，只能用UT和RT进行双面检测。为克服UT检测受人为因素影响大、不能数字化存储的弊端，中俄东线一期、二期试验段开展了PAUT检测对比试验，编写了CDP文件，为PAUT替代UT，在后续工程中应用推广奠定基础。

扇形扫查是使用同一组晶片发射不同的聚焦延时，通过适当控制在发射晶片组内的发射时间，改变超声波入射角，使阵列中相同晶片发射的声束，对某一聚焦深度在扫描范围内移动，而对其他不同焦点的深度，可增加扫描范围。扇形扫查有能力扫查完整的工件截面，而不需要移动探头。在检测空间受限或工件结构复杂时尤其有用。

在相控阵应用中，每个扇形扫查或线性扫查是由许多A扫描构成的。每个A扫描是通过常规脉冲发生器处产生一个脉冲，然后被分成许多个相位脉冲依次激发探头阵列。超声能量传播到材料中，反射的能量会被阵列探头接收。阵列探头每个激活晶片会从接收的超声波前上产生一个电压，众多电压聚集到相控阵分配电路，形成一个脉冲返回到常规UT模块。然后脉冲建立一个A扫描数据。每个扇形扫查或线性扫查的角度增量或步进都在重复以上过程，直到全部扫查完成。如果实现30°～70°的扫查，1°的分辨率，那么需要41个A扫描。扇形扫查如图2-97所示。

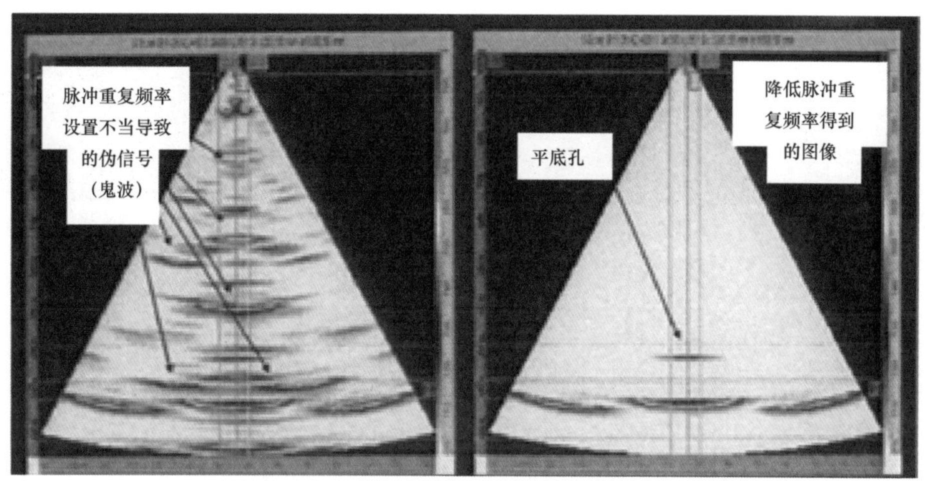

图 2-97　PAUT 扇形扫查图像

AUT 检测技术、数字射线 DR 检测技术和相控阵 PAUT 检测技术在管道施工中的应用，可以满足管道无损检测技术的数字化的要求，实现检测数据的数字化存储，提升管道焊接质量管控的水平。目前，AUT 检测技术已成功应用于西气东输二线和西气东输三线管道工程，实现对全自动焊接质量的及时反馈，促进全自动焊接工艺的改进，保证全自动焊接机组一次合格率达到 90% 以上，对管道全自动焊的焊接质量保障提供了有力的支持。

四、山区管道施工特种装备

山地管道施工技术的提高，主要是围绕施工的四个重点环节展开，即针对作业带清理、管沟开挖、运布管及组对焊接的施工特点，通过提高设备的爬坡能力和坡道作业的稳定性，来提高管道机械化顺序施工的坡度上限。研发了山地挖掘机、多功能电—液内对口器、D1422 山地运布管设备、爬行设备助推装置和陡坡段管口组对滑橇等系列山地施工特种设备及装置，并在国内外重点工程中成功应用，提高了山区陡坡地段施工安全系数和工效。

1. 山地挖掘机

在对挖掘机坡道作业稳定性分析的基础上，通过对普通挖掘机进行加装附属装置的改造，研发了牵引式挖掘机、支腿式挖掘机等山地挖掘机（图 2-98 和图 2-99）。牵引式挖掘机主要借助伴行牵引功能进行作业带清理，通过在坡顶设置地锚，在牵引的状态下实现了 40° 以内坡道作业带清理。驻车牵引时，可牵引自重 20t 以下的设备、翻越 40° 以下陡坡；支腿式挖掘机实现了最大爬坡度 35°，挖掘机到达作业位置后，放下支腿进行作业，大大提高了作业的稳定性和安全性，加装支腿的挖掘机主要用于陡坡地段的作业带清理和管沟开挖。

2. 多功能电—液内对口器

多功能电—液内对口器（图 2-100 和图 2-101），是针对内对口器无法通过弯管而开发的，采用液压驱动，实现了直管与弯管、弯管与弯管的组对，多功能电—液内对口器在山区沟下焊施工中，代替了外对口器，提高了管道组装焊接的工效和质量。

图 2-98　牵引式挖掘机

图 2-99　支腿式挖掘机

图 2-100　电—液内对口器

图 2-101　电—液内对口器在弯管内行走

3．爬行设备助推装置

通过采取步进式和三角履带式两种助推装置（图 2-102 和图 2-103），增加了设备与地面的附着系数，提高设备的最大爬坡角度。步进式助推装置固定在设备底盘上，两组支腿交替运动向前助推设备，可实现连续行走。三角履带助推装置融合了轮胎与履带行走机构的优点，可以全地形行走，提高了设备的爬坡能力和作业的稳定性。

图 2-102　步进式助推装置

图 2-103　三角履带助推装置

4．D1422 山地运布管设备

山地多功能运管机（图 2-104）能同时运输 2 根 1422mm 钢管，具备自行吊装和 35° 以下陡坡地段的沟下布管、组对的功能。改变了原来需两台大型设备配合，在牵引状态下实施沟下布管作业的状况。可实现陡坡段管道安装流水作业。

山地吊管机（图 2-105）能夹持 1 根 1422mm 钢管，实现 35° 以下陡坡地段的沟下布管、组对的功能。与运管机相比，吊装回转半径更大，更适用于连头作业。陡坡作业时，上车通过调平机构减小吊机工作角度，增加回转稳定性。

图 2-104　山地多功能运管机

图 2-105　山地吊管机

5. 陡坡段管口组对滑橇

陡坡段管口组对滑橇的研制成功，解决了 35° 以上陡坡管道运布管及组对难题。该装置主要由滑动箱体、管夹、管夹托架、底座及举升和左右位移机构组成（图 2-106）。通过预先设置在坡顶的牵引设备牵引，搭载钢管、土沙等在管沟内行走、爬坡，实现陡坡段安全运管、组对、细土回填等施工作业。该装置能在 35° ~55° 坡道安全施工，目前应用最大坡度为 50° 。图 2-107 所示为兰定线寺儿沟 50° 陡坡段作业现场。

图 2-106　滑橇装置

图 2-107　兰定线寺儿沟 50° 陡坡段作业现场

山地特种施工设备在中缅油气管道工程、缅甸—泰国输气管道工程、西气东输三线东段等国内外重点工程应用，实现了 35° 以内陡坡段机械化顺序施工，改变了传统的降坡和修之字路的施工方式，提高了施工效率和安全性，保护了自然环境。2014 年底研发的 D1422 系列山地施工设备，为国内首条 D1422 大口径高钢级管道山区陡坡段的安全施工，提供了技术和设备保障。

五、水网湿地管道施工技术

在国内外的大口径管道施工中，在一些特殊地段，合理的施工方法及精良的装备是施工的保障。针对在水网施工中，中国石油形成了一系列技术及装备。

1. 管道穿越河渠吸淤充填筑坝施工技术

在河渠截流筑坝施工（图 2–108）中，采用滤水型土工织物制作大型充填编织袋，利用泥浆泵往袋内充填河道中的淤泥，充填编织袋具有透水性，在持续注入淤泥时产生由内向外的压力下，泥浆经过不断挤压，水分从充填编织袋中渗透分离，泥浆脱水固结形成坝体。充填后的坝体如图 2–109 所示。

图 2–108　充填筑坝施工现场图

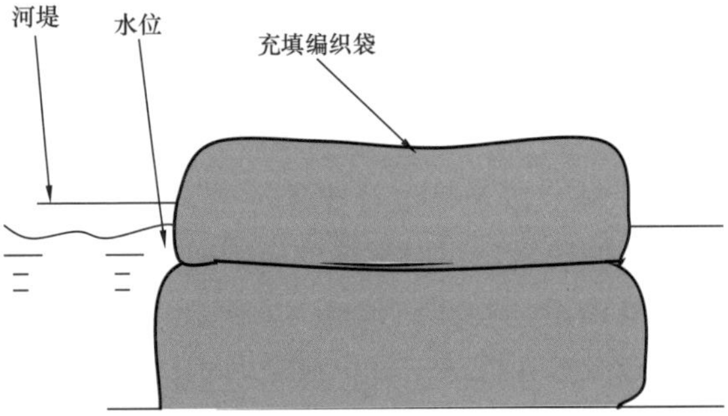

河堤
水位
充填编织袋

图 2–109　充填筑坝示意图

水网地区管道穿越中小型河流时充填筑坝截流施工流程如下：施工准备→测量→基础检查→充填编织袋码放→淤泥充填→坝顶填筑。

（1）施工准备：组织施工人员熟悉施工图，施工前进行技术交底，准备好施工所需机具、设备及充填编织袋，充填编织袋应具有良好的抗拉强度、透水性和保泥性。

（2）测量：施工前由专业测量人员按照施工图纸，首先对管道穿越河流的中心位置进行测量放样，然后对坝体位置测量定位，确保充填后的坝体满足设备通行需要，同时不影响河流开挖施工。

（3）基础检查：潜水员对河床基础进行外观检查，以河床平整、无深坑、无树桩等杂物为合适。清除河床底部尖硬物体，防止损伤充填编织袋。

（4）充填编织袋码放：根据河流宽度、水流速度、水体深度及河床承载力选择编织袋的尺寸及码放层数。采用分层分段充填，每层编织袋高度不超过 1m，每段长度不超过 50m。码放充填编织袋时以底宽上窄方式铺设，提高坝体抗冲击强度。编织袋码放时，由潜水员潜至河底检查充填编织袋的码放情况，杜绝编织袋错层或虚搭，每层编织袋顶部预留排水口，用以排水。

（5）充填淤泥：采用泥浆泵在河道规定的区域内吸取淤泥充填到编织袋内，观察泥浆泵流量和压力，随时调整吸淤充填管的方向使吸入的淤泥填满编织袋。待充填层泥浆排水固结后才能继续下一层的充填。

（6）坝顶填筑：充填坝修筑完成后，为防止充填坝坝顶损坏，需用在坝顶整齐码放袋装土并压实，确保设备通过时不会破坏充填编织袋。填筑的袋装土需整齐码放且同向排列平整，确保设备通行顺畅。

2. 水网地区施工作业带铺设回收技术

水网地区地基承载力较低，施工作业带形成困难，该技术采用车载式专用铺路装置铺设钢质柔性带或聚酯柔性带，形成临时通行路面，增加地基承载能力，施工完成后再由专用铺路装置进行柔性带回收以便重复利用。如图 2-110 所示。

图 2-110　柔性带铺设（回收）示意图

在施工区域铺设钢质柔性带或聚酯柔性带的作业流程如下：铺设准备→铺设柔性带→管道施工作业→回收柔性带。

（1）铺设准备：检查专用铺路装置设备性能，保持设备完好。确定作业区域位置和进场道路，将柔性带以卷制方式安装在柔性带卷筒。

（2）铺设柔性带：车载式专用铺路装置以倒车方式进入作业区域，通过旋转柔性带卷筒与铺路车成 90°。驱动柔性带卷筒旋转放开成卷的柔性带，并将柔性带放置地面，倒车行进速度和卷筒放松柔性带速度相匹配，边倒车边铺设柔性带。为满足长度需要，可实施多次铺设增加临时路面长度。

（3）管道施工作业：当铺设的临时路面满足施工需要时，施工设备可在路面上行驶或停留作业。临时路面可满足轮式设备和履带式设备通行。

（4）回收柔性带：回收柔性带是铺设时的逆过程。按铺设时对柔性带回收即可。

3. 气囊式管道组对施工技术

气囊式管道组对施工是利用气压顶升的原理，将气囊先放入待组对焊接的钢管下面和侧面，通过对气囊充放压缩空气将钢管顶升、下放或侧向移动，当满足管口组对要求时，采用外对口器将钢管进行对口并实施定位焊接，待定位焊接完成后，撤除外对口器完成整个管口的全部焊接。该技术除适应水网区域施工外，还可用于山区施工狭窄地段沟下管道的组对施工。钢管底部气囊安装如图 2-111 所示。图 2-112 所示为气囊现场应用。

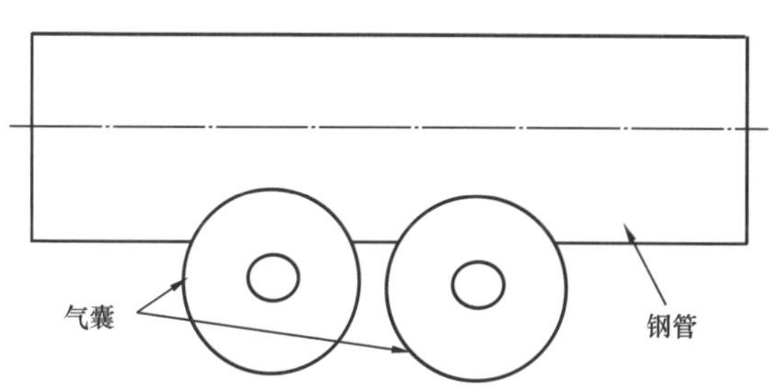

图 2-111　钢管底部气囊安装示意图

图 2-112　气囊现场应用示意图

采用气囊进行管道组对施工的工艺流程如下：施工准备→安装气囊→气囊充气→组对焊接→回收气囊。

（1）施工准备：根据单根钢管重量以及钢管起升高度和左右移动的距离准备符合使用

要求的气囊。清理平整气囊安装位置的钢管底部，去除尖状硬物，防止损伤气囊。

（2）安装气囊：在沟上进行管道组对时可以只在钢管底部安装气囊。管在沟下组对施工时，可采取在钢管两侧和底部同时安装气囊。根据两钢管高度差铺垫两条或多条气囊。侧向移动气囊如果无支撑面，可在气囊一侧增加承重面积的钢板或木条。

（3）气囊充气：采用空气压缩机对气囊进行充气举升钢管，待钢管管口满足外对口器组对要求时停止对气囊充气。充气过程中，需观察空气压缩机压力表数值，严禁超过气囊安全使用压力（小于 0.4MPa）。

（4）组对焊接：通过对气囊充放气调节管口错边量，采用外对口器及时卡紧管口进行组对，并及时进行管口定位焊接。定位焊接完成后撤除外对口器，并完后管口全部焊接。

（5）回收气囊：当完成管口焊接后，打开气囊端部的放气阀，缓慢、匀速地放气。放气时正对阀门部位禁止站人。放气过程中，当发现管道有侧移等现象时应关闭放气阀门，确认安全后再继续放气。气囊放气后进行折叠存放，采用吊装方式移动气囊，避免拖拉损坏气囊橡胶层。

4. 螺旋地锚管道压载施工安装技术

螺旋地锚管道压载技术是采用多点具有优良抗拔力的锚加装高强度的带状物，将已安装在管沟内的管道固定在规定的位置，防止管道在水网沼泽地带敷设和穿越河流时，受地下水浮力影响，管段上浮，造成埋深不够而影响管道的竣工和运营安全。螺旋地锚管道压载技术示意图如图 2–113 所示。图 2–114 所示为螺旋地锚安装示意图。

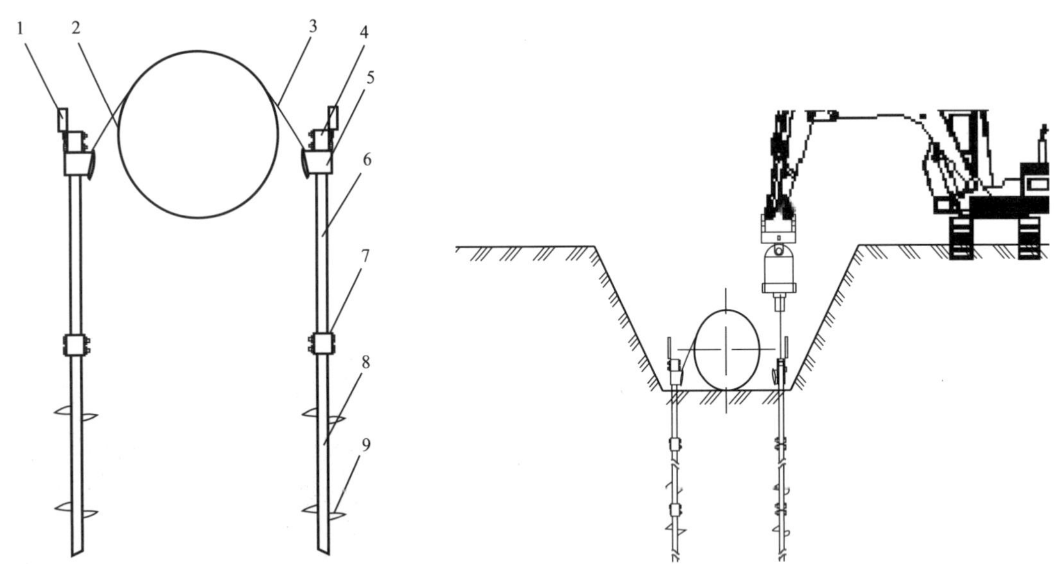

图 2–113　螺旋地锚管道压载技术示意图

1—牺牲阳极；2—固定带；3—钢管；4，7—延长杆连接件；5—固定带连接件；6—延长杆；8—导入锚杆；9—螺旋盘

图 2–114　螺旋地锚安装示意图

螺旋地锚管道压载施工工艺流程如下：施工准备→测量定位→安装导入锚杆→检查扭矩→安装延长杆→拉力试验→安装固定带→安装牺牲阳极→数据记录。

（1）施工准备：由专业技术人员培训指导螺旋地锚压载施工操作流程、技术要求。将地锚安装机安装在挖掘机，并进行试运转，保证设备完好。

（2）测量定位：根据设计图纸要求，测量出螺旋地锚安装位置，调配适量螺旋地锚及附件进现场。

（3）安装导入锚杆：将螺旋地锚导入锚杆连接到地锚安装机。管沟内作业人员指挥挖掘机操作手将导入锚杆放到正确安装位置，并使锚杆保持垂直状态。驱动地锚安装机将导入锚杆旋入地下，直到锚杆末端距离沟底约 300mm 的位置。

（4）检查扭矩：安装过程中观察安装扭矩数值，如达到设计要求的安装扭矩，则锚杆末端距沟底约 300mm 时停止安装旋进。如未达到安装扭矩则加装延长杆，增加锚杆安装深度。

（5）安装延长杆：将延长杆一端与地锚安装机相连，另一端采用延长杆连接件与已旋入地下的导入锚杆连接，继续旋入延长杆，直到延长杆末端距离沟底 300mm 的位置。安装过程中观察扭矩表，直至满足设计扭矩要求。

（6）拉力试验：为确保达到设计压载技术要求，每安装 10 套螺旋地锚，抽取 1 套进行拉力试验。如拉力试验未达到要求，应加装延长杆，直至拉力值达到设计要求。

（7）安装固定带：在管道两侧的锚杆安装完毕后，将固定带分别安装在管道两侧的锚杆顶部，采用延长杆连接件使固定带定位。通过地锚安装机继续旋入管道两侧的锚杆，以便于将固定带紧固在管道表面。

（8）安装牺牲阳极：固定带安装后，将牺牲阳极通过螺栓安装锚杆顶部，以防止螺旋地锚杆腐蚀。

（9）数据记录：在进行锚杆拉力试验时，应记录试验时间和拉力值。螺旋地锚安装完成后记录每套地锚安装技术参数，包括桩号、里程、导入锚杆长度、延长杆长度、安装扭矩等。

第四节 管道非开挖技术

随着油气管道建设的全面发展，管道穿越大江大河不可避免。为了实现对自然环境的保护，保证管道的运行安全，通常会采用水平定向钻、盾构、顶管等非开挖技术完成管道敷设。“十一五”“十二五”期间，中国石油针对复杂地层、长距离、曲线段等施工难题，在定向钻、盾构和顶管三种施工技术领域开展了多项卓有成效的研究，建立了多种穿越手段相结合的非开挖穿越技术体系。研究成果在西气东输二线、西气东输三线和陕京三线等管道建设中，完成了渭河定向钻、九江长江盾构、钱塘江盾构等控制性工程，为国家能源通道建设提供了技术和装备的保障。

一、水平定向钻

水平定向钻穿越是管道非开挖施工中的一种工艺方法，具有工期短、精度高、安全环保、成本低等特点。在管道建设的高峰期，水平定向钻穿越工艺被大范围推广，其施工技术日臻成熟，“十二五”期间，在紧随世界前沿技术基础上，通过自身不断创新发展，我国在大口径管道穿越、超长距离穿越、复杂地质穿越等方面取得突破。已掌握世界先进的对接穿越、正扩施工工艺，开发专用钻杆及钻具等装备，建立优质高效泥浆体系，运用多种解卡方案，解决了管道建设快速发展过程中遇到的技术难题。

1. 对接穿越工艺

两台钻机分别就位于入土点侧和出土点侧，分别从两侧向中间水平段钻进，利用磁场分量测量原理实现两钻头在地下对接，完成长距离穿越导向孔作业，如图2-115所示。对穿技术，是控向技术发展的一个里程碑，解决了超长距离或两端为不稳定地层穿越工程的导向孔施工难题。

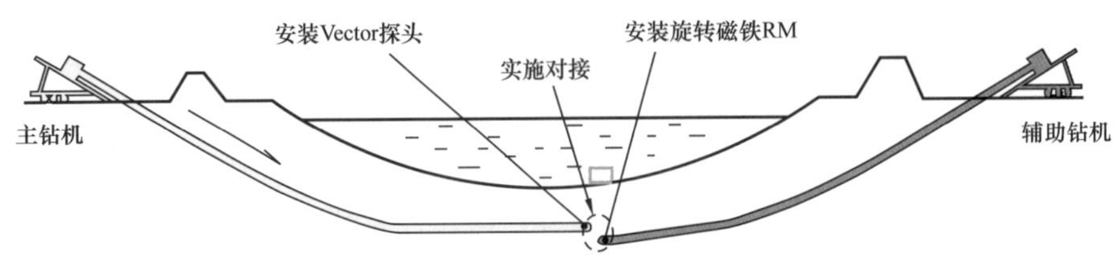

图2-115　对接穿越示意图

2. 正扩施工工艺

从入土点向出土点方向推进扩孔的工艺，包括非动力正扩和动力正扩两种方式，如图2-116所示。动力正扩比非动力正扩增加了孔底液力马达装置，钻机提供推力，通过旋转钻杆传递推力至扩孔器，孔底液力马达向扩孔器提供切削所需的扭矩和转速，通过控制泥浆排量、压力、钻杆转速和推力等参数，优化孔底液力马达工作效率，将导向头、扩孔器、液力马达和扶正器优化组合进行扩孔。正扩施工可大大提高小口径管道岩石地层扩孔作业效率，解决出土点场地受限或环保要求高的地区施工难题。

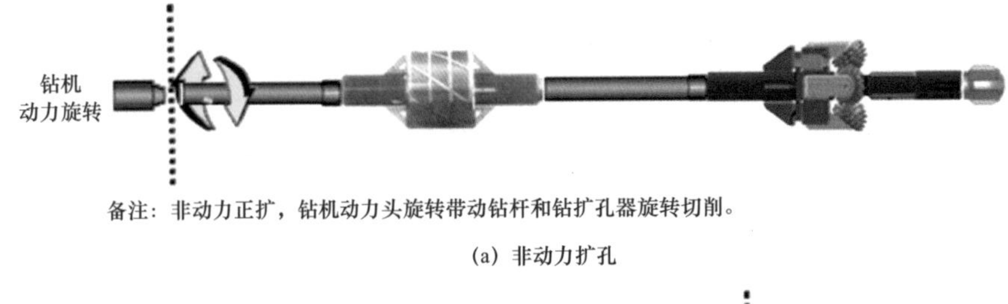

备注：非动力正扩，钻机动力头旋转带动钻杆和钻扩孔器旋转切削。

(a) 非动力扩孔

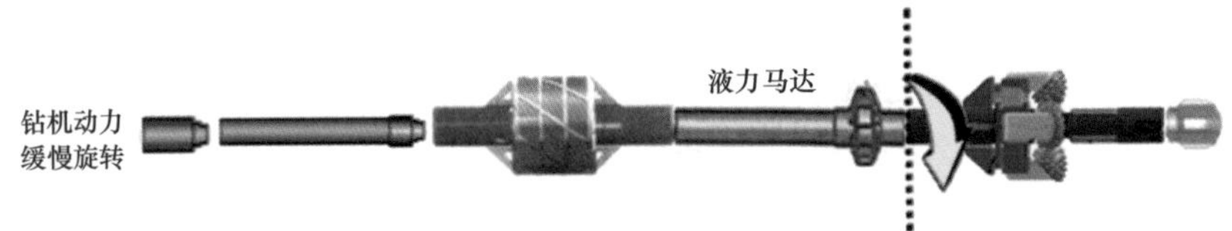

备注：动力正扩，钻机动力头缓慢旋转克服钻杆摩擦阻力，液力马达旋转（泥浆驱动），带动钻杆和钻扩孔器旋转切削，减少了钻机的阻力。

(b) 动力扩孔

图2-116　非动力扩孔与动力扩孔动力源示意图

3. 专用钻杆及钻具装备

国内钻杆厂商与施工企业联合，针对定向钻施工特点，研制$6\frac{5}{8}$in V150钻杆、$7\frac{5}{8}$in S135钻杆，整体性能提升30%以上；设计板桶式轻量化扩孔器、滚轮式扶正器、浮筒式扶正器、大口径岩石扩孔器、中心定位器、正扩钻具、夯管卡具等定向钻专用钻具和装备，保障了大口径、长距离、复杂地质穿越工程对钻具、装备的高性能要求（图2-117）。

(a) $7\frac{5}{8}$in钻杆（钢级S135，壁厚10.92mm）

(b) 板桶式轻量化扩孔器

(c) 滚轮式扶正器

(d) 浮筒式扶正器

图 2–117 专用钻杆及钻具实物图

4. 泥浆体系

建立 CMC 和正电胶两套泥浆体系，形成技术手册，提出检测和维护标准，提高泥浆的流变性和悬浮能力，有效解决了低流速下大颗粒钻屑携带困难的问题。

对接穿越技术、正扩施工技术、高效泥浆体系及专用钻杆钻具等先进技术装备已在如东—海门—崇明岛天然气管道长江穿越、香港长洲—大屿山海底输水管道穿越等多项工程项目中成功应用，曾先后 6 次刷新大口径管道施工长度世界纪录，完成岩石抗压强度最大达 265MPa 硬岩穿越，复杂地质定向钻穿越技术获得集团公司技术进步一等奖。

二、盾构

油气管道以 4.25m 以下的小断面盾构穿越江河施工为主，“十二五”期间，盾构施工技术在盾构掘进穿越密集建筑物和居民区、0.65MPa 高水压松散地层掘进、2000m 隧道不更换刀具等方面取得了突破。

1. 高水压松散地层下盾构施工技术

0.65MPa 水压松散地层下盾构施工，是迄今管道穿越施工遇到的最高水压的盾构施工。利用自主研发的盾构始发装置和盾尾密封系统，在高水压松散地层中实现安全始发，解决了盾构施工过程中易出现的涌水涌砂和盾尾渗、漏水的难题；基于不同地层的刀具配置技术，能结合实际工况，确定合理的刀盘配置方案，在南京盾构工程中，实现了在 0.65MPa 水压下 2000m 隧道连续掘进不换刀的刀具；盾构推进系统配置方案，使原设计适应 0.5MPa 水压的盾构机，通过改造在水土压力达 0.65MPa 的松散地层中顺利地完成了掘进施工。目前，该技术在国内处于领先地位。图 2–118 所示为盾构隧道施工模拟实验平台。

图 2–118 盾构隧道施工模拟实验平台

2. 高寒地区盾构施工技术

设备的正常运转和人员的安全是高寒地区施工面临的两大难题。目前，管道盾构穿越施工已具备在最低 –40℃环境的施工能力。

一方面，对设备、工具进行高寒地区适应性改造，保证吊装设备、器具安全系数；另一方面，采用在始发井顶部安装能自行开合的保温棚顶等手段，对施工环境增加保温措施，以避免盾构设备内循环水冻结、液压油冻结，保证设备的低温运转和泥浆、流体管路正常循环。

通过对生活区及生产区规划搭建保温板房及大棚，以区域各功能需要及设备外形尺寸为依据，以紧凑合理为原则进行构建，在室内敷设供暖基础设施，配合以附属设备保温技术，有效提高室内环境温度，解决了人员冻伤及施工设备工效降低的难题。

中俄原油管道二线嫩江和额木尔河盾构工程，处于我国东北部极寒地区，施工环境最低温度 –39℃，在国内尚属首次。通过采取有效的保温防冻措施，实现了安全始发和掘进。

3. 盾构水下贯通技术

盾构法隧道在松散强渗透粉砂层贯通，地下水封堵不当会造成接收井洞门涌水、涌砂，导致地面沉降、管片错位变形甚至隧道变形塌陷等重大危害。水下贯通技术有效降低了该地层贯通风险。

水下贯通是向接收竖井内回灌水，利用井内水压力与地下水土压力保持平衡的原理，将盾构进洞工况，转变成类似盾构常规掘进工况，改善进洞与注浆环境，也从根本上解决了以往贯通后地层反力不足的问题。为确保贯通万无一失，同时配合贯通段地质改良、洞门安装密封装置、利用钢结构连接隧道管片等辅助工艺，最终依靠隧道管片背填注浆达到封堵洞门的目的。

图 2–119 所示为水下接收贯通施工现场。

图 2-119　水下接收贯通施工现场

粉砂层中采用水下接收贯通与填井法、接收罐等方法相比具有投入设备少、操作简单、安全性高等特点。盾构水下贯通技术有效解决了管片渗漏水、洞门涌水涌砂等问题，该技术在西气东输二线钱塘江盾构、西气东输二线北江盾构等工程中加以应用，取得了良好效果，施工中控制了风险保障了盾构在粉砂层等松散地层水下顺利贯通。

同时，该方法的成功应用填补了国内小盾构粉砂层水下贯通施工领域的技术空白，也为同行业在粉砂层等软地层贯通积累了宝贵的经验。

三、顶管

“十二五”期间，顶管施工技术在高水压、长距离、大坡度、全断面硬岩、水下贯通、松散透水地层设备接收等方面取得了技术突破，近几年形成的关键技术如下。

1. 复合地质长距离高水压多曲线顶管施工装备与技术

常规顶管为直线顶管或水平曲线顶管，且一般情况下会避开长距离的岩石层、卵石层或者复合地质。西气东输一线黄河顶管是国内采用顶管法在较复杂的砂卵砾层进行长距离穿越江河施工的首个成功案例，而其他复合地层长距离顶管大部分以失败告终，如西二线江西段 5 条河流顶管均顶进失败或延长工期 1 年，业主不得不采用了备用方案。

采用大坡度纵向曲线顶管施工方法可以节省项目投资，缩短竖井工期，带来较大的经济效益和社会效益。杭州天然气利用富春江顶管穿越工程作为国内首个集高水压、大坡度、长距离、复合地质、双曲线等技术难点的项目，成功应用了大坡度纵向曲线顶管施工技术，为顶管施工创新发展提供了新的思路（图 2-120）。该技术国内领先。

2. 全断面硬岩顶管施工技术

全断面硬岩顶管施工主要难点在于顶进过程刀具磨损速度极快，必须定期开舱检查更换刀具，开舱作业容易造成润滑浆液流失，影响隧道润滑减阻效果；同时，岩石在刀盘切削的过程产生类似于石粉的沉渣，沉渣长时间堆积于隧道底部容易固结，固结后隧道轴线受沉渣影响不断在抬高，不利于纠偏，管节顶部碰壁增加摩阻力，如控制不当极易造成管节抱死、卡管等现象，导致工程失败。

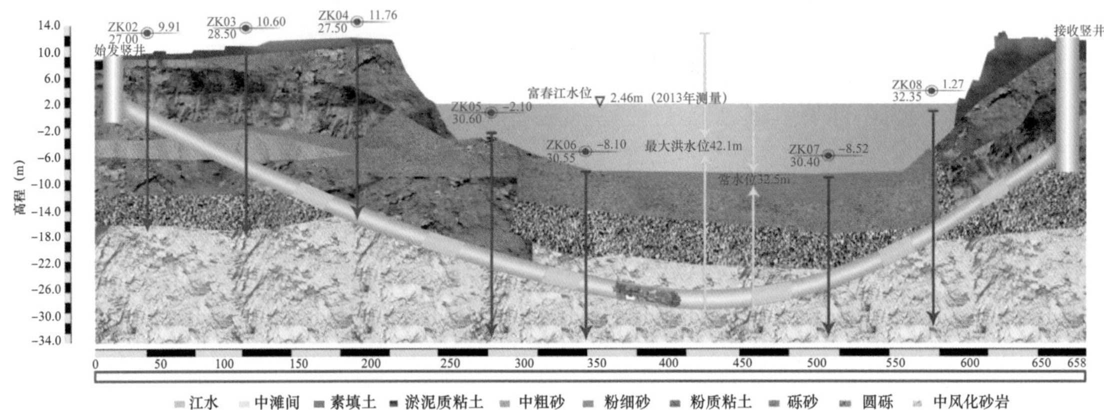

图 2–120　富春江顶管穿越工程剖面图

该技术在中国石油鞍大原油管道青云河顶管应用，实现了一次性连续穿越 506m 全断面硬岩地层，在国内尚属首次（图 2–121）。

图 2–121　硬岩地层顶管施工

3. 盾顶一体化施工装备与技术

顶管法一般应用于 700m 以内的隧道施工，效率较高，但地层、隧道长度受限较大；盾构法具有掘进距离长、适应地质能力强等特点。盾顶一体化施工装备与技术有效结合盾构与顶管的优势，隧道可先顶后盾，也可单独应用顶管法或盾构法，提高隧道的施工效率与设备利用率，降低施工成本，扩大了非开挖设计施工的选择范围。

该技术以盾构设备为基础，增加顶管施工功能模块，实现盾顶互换（图 2–122），2015 年在深圳福田污水处理项目首次进行了应用，国内领先。

图 2-122 盾构顶管切换施工

第五节 管道工程建设技术发展展望

未来 10 年，我国油气管道仍将以较快的速度发展，管道建设向大口径高压力以及网络化发展，全国性的干线网络、区域性的环网将陆续成型，油气供应的安全保障能力持续提升。油气管道的网络化、信息化将促进管道建设朝智能化、施工安全高效化发展。

（1）油气管道建设智能化。

我国管道数字化设计体系和全生命周期数据库建设的完成，推进了油气管道智能化的建设，在标准统一和管道数字化的基础上，通过感知技术、大数据技术、云计算以及物联网技术，实现管道建设的可视化、网络化、智能化管理。

（2）管道施工的安全高效化。

安全高效的施工技术是管道建设一直追求的目标，我国管道施工未来的发展方向是实现在复杂地质环境下的安全施工，实现大口径管道的自动和智能焊接，实现虚拟现实（VR）技术在管道施工中的应用。

（3）管道用管的多样化。

目前，提高管线钢管承压能力的方法包括增加壁厚和提高钢级，但这两种方法增加了管材成本，也提高了焊接难度。复合材料增强管线钢管是通过在管线钢管外缠绕热固性树脂增强连续纤维复合材料的方式，提高管材的承压能力。非金属管以及复合材料增强管线钢管在油气管道的应用是未来一段时间内的一个研究方向。

（4）本质安全在管道建设中更为重要。

管道的本质安全应是今后一段时间内管道建设尤为关注的问题，对于管道建设来说，首先是从设计保证安全，包括管道的设计、设备材料的设计、施工工艺的设计等。其次是管道施工保证管道安全，高效精准的施工工艺是保证管道建设本质安全的重要环节，设备材料的质量也是管道建设本质安全的重要保障。

（5）新型焊接技术。

奥地利 FRONIUS 公司的冷金属过渡焊接（CMT）技术，被誉为弧焊史上的一个里程碑，CRC-Evans P-450 焊接系统采用 CMT 焊接电源，实现了 CMT 工艺的工程化应用。英国 TWI 公司首先开发了实验室应用的管道激光焊接系统样机，德国 VIETZ 公司开发的高能光纤激光器焊接系统已接近现场应用水平。国内中国石油也在进行管道激光—电弧复合焊系统的研发工作。

（6）油气输送用管材。

我国属多地震国家，地质灾害（如滑坡、泥石流等）也比较严重，急需开发高应变管线钢管。在中缅管道上，我国大量采用了国产 X70 大应变钢管。我国高钢级抗大变形钢管研发及应用技术亟待攻关。

（7）海洋油气管道施工。

海底管道正向深海进军，且输送压力更高。我国海底管道起步较晚，深海管线开发也正在进行，与国外高水平海底管道相比，存在较大差距。

（8）复合材料增强管。

在钢 / 玻璃纤维复合管方面，随着管线输送压力的不断提高，对管线钢止裂韧性的要求越来越高，已接近现代冶金技术的极限。为了解决这一问题，国外已研究开发了复合材料增强管，它既利用了钢的强度，又发挥了玻璃纤维在止裂方面的优势，可降低管道工程的材料成本、安装费用及焊接成本等，还可取代传统的涂层。国内目前正在开展该方面的前期探索研究。

参考文献

[1] Q/SYGJX137.1—2012 油气管道工程焊接技术规范 第 1 部分：线路焊接 [S].

[2] Chiesa M, Nyhus B, Skallerud B, Thaulow C. Efficient Fracture Assessment of Pipelines. A Constraint-corrected SENT Specimen Approach [J]. Eng. Frac. Mech. 2001; 68 (5): 527-547.

[3] Nyhus B, Østby E, Knagenhjelm H, et al. Fracture Control-offshore Pipelines : Experimental Studies on the Effect of Crack Depth and Asymmetric Geometries on the Ductile Tearing Resistance [C]. Proc. of the 24th Int'l Conf. on Offshore Mechanics and Arctic Engineering, Halkidiki, Greece, 2005: 731-740.

[4] Fairchild D, Macia M, Kibey S, et al. A Multi-Tiered Procedure for Engineering Critical Assessment of Strain-Based Pipelines [C]. Proc. of 21st Int'l Offshore and Polar Eng. Conf., Maui, U.S.A, 2011: 698-705.

[5] Kibey S, Minnaar K, Cheng W, et al. Development of a Physics-Based Approach for the Prediction of Strain Capacity of Welded Pipelines [C]. Proc. of 19th Int'l Offshore and Polar Eng. Conf., Osaka, Japan, 2009: 132-137.

[6] Huang T, Mario Macia, Karel Minnaar, et al. Development of the SENT Test for Strain-Based Design of Welded Pipelines [C]. Proc. of the 8th Int'l Pipeline Conf', . Calgary, Canada, 2010: 1-10.

[7] DNV-OS-F101 Submarine Pipeline Systems (2000) [S].

[8] Karel Minnaar, Brian W Duffy, Erlend Olso, et al. Structural Design Capacity of X120 Linepipe Proceedings of International Pipeline Conference, 2004.

[9] Tsuru E, Shinohara H A. Strain Capacity of Line Pipe with Yield Point Elongation [C]. Proceedings of the Fifteenth (2005) International Offshore and Polar Engineering Conference. Seoul : ASME, 2005.

[10] Chen Hongyuan, Ji Lingkang, et al. Test Evaluation of High Strain Line Pipe Material [C]. Proceedings of the Twenty-first (2011) International Offshore and Polar Engineering Conference Maui, Hawaii,

USA, June 19–24, 2011.

[11] Suzuki, Igi. Compressive Strain Limits of X80 High–Strain Line Pipes [C]. Proceedings of the Sixteenth (2007) International Offshore and Polar Engineering Conference, Lisbon, Portugal, July 1–6, 2007: 3246–3253.

[12] Shinmiya T, Ishikawa N, Okatsu M, et al. Development of High Deformability Linepipe with Resistance to Strain–aged Hardening by Heat Treatment On–line Process [C]. 17th Int. Offshore and Polar Engineering Conference, 2007.

[13] Shinohara Y, Hara T, Tsuru E, et al. Development of a High Strength Steel Line Pipe for Strain–based Design Applications [C]. 17th Int. Offshore and Polar Engineering Conference, 2007.

[14] Liessem A, Rueter R, Pant M, et al. Production and Development update of X100 for Strain–based Design Application [C]. Pipeline Technology Conference, 2009.

第三章　管道运行与维护技术

随着经济发展对油气消费需求的不断提升，管道作为最为安全、环保、节能的油气输送模式，在国内外得到飞速发展，全球陆上 70% 的石油和 99% 的天然气依靠管道输送，油气管道已经成为国民经济发展的生命线。2006 年以来，我国油气管道业务快速发展，基本建成了“三纵四横、连通海外、覆盖全国”的大型油气管网，油气管网系统呈现出管网规模大、途径环境复杂的特点，对油气管网运行提出了更高要求。

2006—2015 年期间，中国石油针对油气管道安全维护、高效运行保障开展技术攻关，在油气管网集中调控、储运工艺、管道完整性管理、管道监测与检测、管道腐蚀与防护、管道维抢修、压缩机组维检及管道节能与环保等方面取得了多项技术进展，部分技术达到国际先进水平，推动了管道运行与维护的技术进步，有效保障了中国石油油气管网安全高效运行。

第一节　油气管网集中调控技术

油气管道运行管理的发展趋势是集中调控和远程控制，而实现集中控制需要依靠先进的数据采集与监视控制系统（Supervisory Control And Data Acquisition，简称 SCADA 系统），通信技术以及原油、成品油和天然气管道仿真优化与调控运行保障技术的支持。2006—2015 年期间，中国石油完成了中心集中调控体系建设，开发了适用于大规模油气管道生产调控的 SCADA 系统软件，形成了具有自主知识产权的油气管道 SCADA 系统关键技术，探索了 SCADA 网络信息安全防护技术；采用成熟、可靠、先进的设备和光通信网络分层优化技术组建了天地一体通信网络，有效地解决了管道生产性业务对通信系统安全可靠度 99.99% 的问题；天然气管网调控在站场远控及自动分输等关键技术取得突破，成品油管道调控形成批次计划智能决策、多品种增输和批次跟踪等多项核心技术；初步形成了离线和在线两大仿真操作培训系统，均具备气体、液体两大介质管道的交互式操作控制仿真模拟功能。

一、油气管道 SCADA 技术

油气管道 SCADA 系统是以计算机为基础，综合利用计算机技术、控制技术、通信与网络技术，实现数据采集、设备控制、参数测量、调节及信号报警等各项功能的自动化监控系统，已经被广泛应用于电力输配、石油天然气管道及交通控制等领域。国外油气管道普遍采用 SCADA 系统监控模式。

我国油气管道 SCADA 系统的发展起步于 20 世纪 80 年代，以东黄线、铁大线密闭输油管道 SCADA 系统应用为代表，逐步在原油管道推广应用。20 世纪 90 年代末，东北原油管道、轮库鄯原油管道、陕京、鄯乌天然气管道的 SCADA 系统陆续投产。进入 21 世纪，我国管道行业迎来跨越式发展，在兰成渝、涩宁兰、西气东输等管道 SCADA 系统的建设过程中采用了网络化架构，逐步形成区域调控的模式。近年来，中国石油在 SCADA 系统整合、系统软件国产化研发、SCADA 安全防护提升等方面开展了一系列研究工作，取得显著成果。

1. 控制中心大规模 SCADA 系统集成技术

在区域调控阶段，新建一条管道需要随之建设一座调控中心，并搭建配套 SCADA 系统。各调控中心在管理上相互独立，使用的 SCADA 软件不尽相同，彼此之间信息不能共享，难以建立管道输送的整体协调机制。

为优化管道运营管理体制，中国石油于 2006 年成立了北京油气调控中心。中心设置有主控制中心和备用控制中心，采用主备模式建设大规模、高并发的中控级 SCADA 系统，用于原油、成品油和天然气管道的监控管理。通过搭建统一的 SCADA 系统监控平台，采用“中控—站控—本地控制”三级控制架构（图 3–1），对不同管道 SCADA 系统进行整合，实现了对所辖管道超过 1600 座站场和阀室统一集中监控、调度和管理。

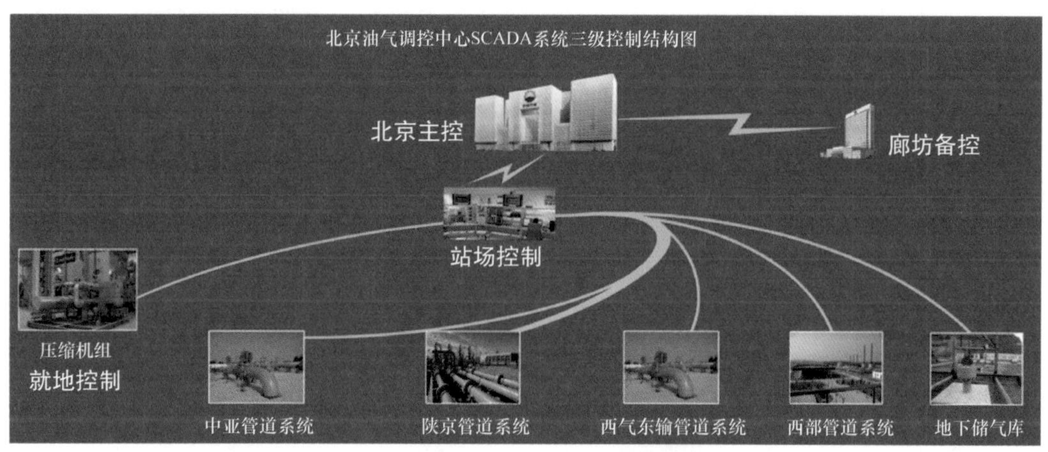

图 3–1　SCADA 系统三级控制结构图

中国石油已建成 14 套 SCADA 系统，包括天然气管道 7 套、原油管道 4 套和成品油管道 3 套，监控管道里程达到近 6×10^4km，数据总点数达到近 60 万点。为持续优化配置 SCADA 系统软硬件资源，深入挖掘系统潜力，中国石油近年来持续探索应用虚拟云技术对 SCADA 系统实施进一步的整合优化，对历史数据库进行物理整合、逻辑区分，大大提高了服务器资源利用率。

为了实现对 SCADA 系统实时数据的有效应用，中国石油搭建了一个系统容量达 50 万点的中间数据库平台，中间数据库平台采用业界领先的工业实时库软件 PI，构建管道实时数据服务平台，通过实时采集并在线存储海量监控数据，实现了针对 SCADA 系统生产数据“一次读取，多次使用”，为十多个业务应用提供了稳定、高效和统一的管道运行数据资源。

2. 自主 SCADA 系统软件技术

2010 年以前，国内没有可以大规模应用的油气管道 SCADA 系统软件，采用的 SCADA 系统都是国外厂商提供的，并由国外承包商维护和服务，使我国在此领域形成了对国外产品和技术的依赖。大部分站控系统使用 Cegelec 公司、Honeywell 公司、Siemens

公司、TELVENT 公司等的产品，中控系统使用 Cegelec 公司、TELVENT 公司等的软件产品，国外软件形成垄断。一旦国际环境发生变化，产品升级维护面临随时停止的危险。

为实现 SCADA 核心技术自主可控，中国石油提前筹备，研究 SCADA 系统软件国产化的可行性，得到国家的高度重视与大力支持。自 2011 年起，中国石油合理安排、稳步推进 SCADA 系统软件国产化工作。先后完成国产油气管道 SCADA 系统软件的研发，以及生产现场工业试验系统的建设。2014 年 8 月成功研制出具有完全自主知识产权的“PCS 管道控制系统”（简称 PCS）软件 V1.0 并通过第三方测试，配套制定了 SCADA 系统软件技术系列标准，填补了中国石油在该领域的技术空白。

为积极推动科研成果向生产转化，基于在役管道实际生产环境建设 PCS 软件试验系统，进行现场测试，并适时替代在役系统。国产油气管道 SCADA 系统软件工业试验列入中国石油重大工程技术现场试验项目，并作为国家能源油气长输管道技术装备研发中心自动化控制研究室重点工作，于 2015 年 6 月启动。

PCS 软件针对管道调控需求，建立 SCADA 系统软件技术框架与标准体系，研制出以管道设备对象模型为核心、以集成服务平台为基础的 PCS 软件，代码规模达到 200 万行。软件采用了面向服务架构，基于总线为应用提供数据服务，功能特点如图 3–2 所示。

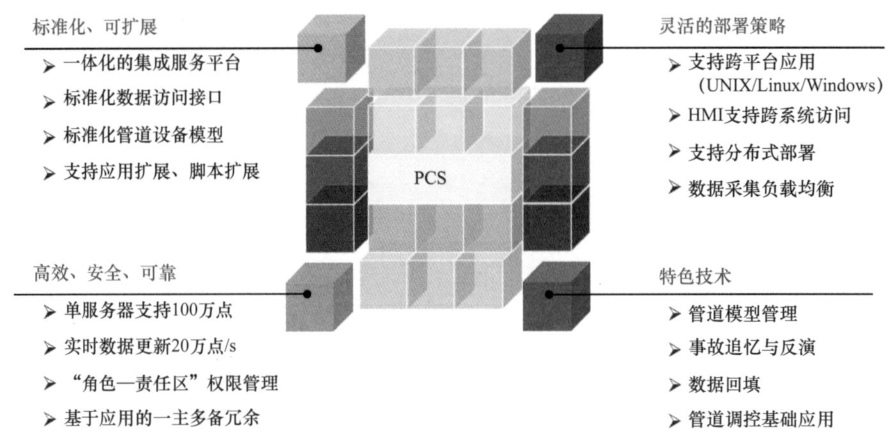

图 3–2　PCS 软件功能特点

PCS 软件创新性地采用了以下关键技术：

（1）支撑油气管道调控业务的一体化集成服务平台技术。

首次采用开放的面向服务体系架构，研发了支撑油气管道调控业务的开放式集成服务平台，实现公共基础功能，统一构建数据传输、存储、管理等基础设施，实现平台和应用的功能分离。

（2）面向油气管道设备的图模库一体化组态技术。

首次融合管道设备模型应用“图模库一体化”技术。通过画面组态触发模型实例化，生成设备图形和模型实例关联，并绑定量测点；图形拓扑结构自动存入实例的设备连接属性；使用模型描述事件处理过程自动生成控制逻辑。该技术能够联动编辑图形、模型实例和数据库，实现面向管道设备对象组态，提高开发效率。

（3）油气管道图形标准化存储及交换技术。

首次提出并实现基于可伸缩矢量图（SVG）的油气管道图形描述标准，规范了油气管道设备图形及其与数据关联的描述，实现图形的标准化存储和交换技术，不仅能满足系统内图形的处理性能需求，而且能满足多套系统间的图形信息交换要求，为中心和区域等多级调控系统的一体化监控奠定了基础。

（4）基于扩展分析模型的油气管道调控业务应用技术。

首次提出包含工艺、分析结果、计算控制、人机交互四类数据的扩展分析模型，以模型对象作为服务访问的基本数据单元，实现了部分天然气和液体管道调控业务应用。应用在配置、画面、报警、数据定义及存储等方面完全统一，同时功能结构相对独立。

经过实验室测试和现场验证，PCS 与典型国外软件进行了对比，对比结果（表 3–1）表明，PCS 已经达到了替代国外软件的水平。

表 3–1　PCS 软件与国外软件对比情况

生产厂商 软件名称		Rockwell RSView32	Siemens WinCC	GE FANUC iFix	Telvent OASyS	Actemium ViewStar	中国石油 PCS
功能	基本监控功能	支持	支持	支持	支持	支持	支持
	用户权限管理	支持	支持	支持	支持	支持	支持
	脚本功能扩展	VBA	类 C、VBS	VBA	BASIC、C、Perl	类 C	JAVA
	在线工程组态	支持	支持	支持	支持	支持	支持
	管道设备对象模型	不支持	不支持	不支持	不支持	不支持	支持
	图模库一体化	不支持	不支持	不支持	不支持	不支持	支持
	事故追忆与反演	不支持	不支持	不支持	不支持	不支持	支持
	数据回填	不支持	不支持	不支持	不支持	不支持	支持
	调控基础应用	不支持	不支持	不支持	支持	不支持	支持
性能	单服务器数据管理容量点	100,000	65,536	100,000	实际应用＜100,000	实际应用＜100,000	1,366,258
	实时 / 历史库更新速度点 /s	100,000	65,536	100,000	实际应用＜100,000	实际应用＜100,000	247,524
其他	操作系统	Windows	Windows	Windows	UNIX/Windows	UNIX/Linux/Windows	UNIX/Linux/Windows
	客户端 / 服务端（C/S）	支持	支持	支持	支持	支持	支持
	浏览器 / 服务器（B/S）	支持	支持	支持	支持	支持	支持
	冗余方式	双机冗余	双机冗余	双机冗余	双机冗余	成偶数对冗余	基于应用的一主多备冗余

目前 PCS 软件正处在推广应用阶段，已在冀宁线天然气管道、港枣线成品油管道中控，盖州、醴陵、望城站站控进行应用，并将在 2019 年应用于中俄东线天然气管道重大

工程。

3. SCADA 系统安全防护技术

我国工业正处在转型升级关键阶段，网络信息安全已提升至国家安全战略高度。随着“两化”（信息化、工业化）融合不断深入，以 SCADA 系统为代表的工业控制系统在石油、电力、国防等国家重要领域得到广泛应用，已经成为国家关键信息基础设施。当前，油气管道 SCADA 系统普遍采用物理隔离和边界防护等常见措施，但已逐渐暴露出越来越多的安全隐患。特别是“震网”病毒事件发生以来，工控系统信息安全问题面临着前所未有的挑战。为确保管道运行安全，SCADA 系统的信息安全技术水平亟需提高。参照 GB/T 22240—2008《信息安全技术 信息系统安全等级保护定级指南》与 GB/T 17859—1999《计算机信息系统 安全保护等级划分准则》，结合生产建设实际需要，中国石油 SCADA 系统已被评定为第三级，即安全标记保护级。

通过对油气管道 SCADA 系统进行安全风险分析和安全需求分析；同时，根据等级保护防护要求，综合考虑计算环境安全、区域边界安全、通信网络安全、安全保证设计、软件安全、安全管理等几个方面，按照“分区分域，物理隔离，多层防护，纵向加密”的思路，设计了一套完整的 SCADA 系统信息安全保障体系，如图 3-3 所示，其中：

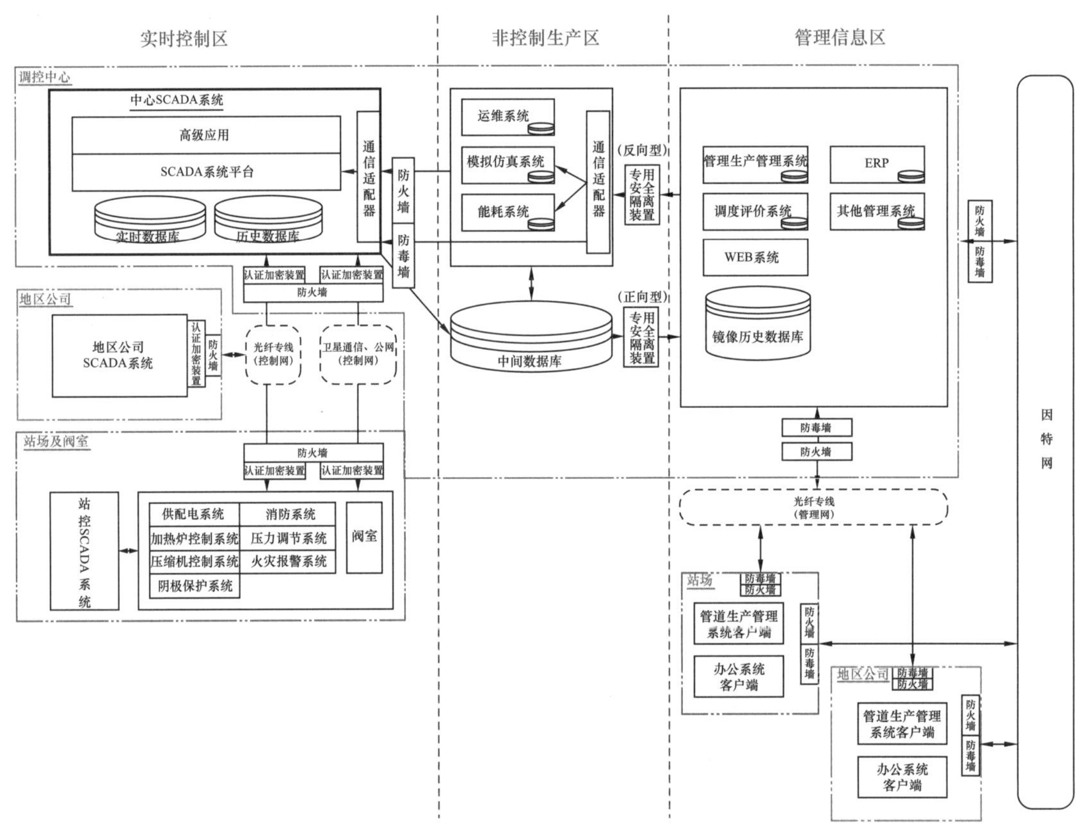

图 3-3 油气管道 SCADA 系统分区分域安全防护结构图

（1）分区分域，结合中国石油信息系统的实际情况，将其划分为 3 个区，分别为：实时控制区、非控制生产区、管理信息区；在实时控制区，又划分为 6 个安全域。

（2）物理隔离，实时控制区与管理信息区不直接连接，通过非控制生产区连接，非控制生产区与管理信息区通过隔离设备连接。

（3）多层防护，分别从物理环境、终端登录、服务器登录、网络接入、系统登录、管理流程对 SCADA 系统进行防护。

（4）纵向加密，远程通信通过密码模块加密，当加密失败时，使用明文通信并报警。

二、通信系统集成及优化技术

通信系统是油气管网集中调控的基础保障，中国石油在油气管道建设中，同沟铺设了大量的光缆，为通信系统的建设创造了良好的基础。考虑到油气管道通信网是一个企业专用通信网，服务对象是中国石油集团内部各个部门，尤其以管道生产业务（SCADA 和调度电话）为主，所以在通信系统建设时遵循“光通信为主、卫星通信为辅、外网通信为补”，采用成熟、可靠、先进的设备和技术组建通信网络。

1. 光通信网络分层优化

针对高风险、高业务损失率的节点，在管道传输网的建设和优化中，采用了分层网络结构，采用成熟的开放式传输系统（OTN）波分设备组建了网络的主结构层面，同时对安平和靖边等高风险节点进行了优化。

分层结构组网的优点是最大限度地保证了网络的安全可靠性，主结构层面不受业务的影响，大容量、高速率的传输保证了业务的畅通，而环形或格形网络的组建保证了每个节点有两条不同的光缆物理路由，充分利用传输网自我保护功能，极大地提高了整体网络的安全性。分层网络结构示意图如图 3–4 所示。

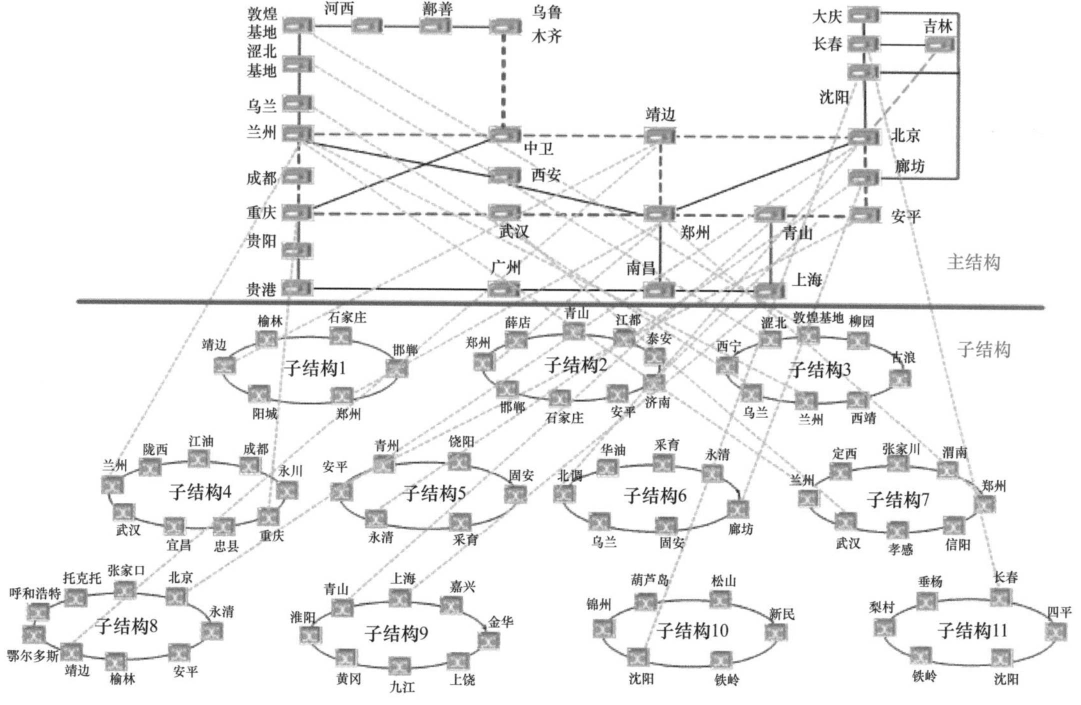

图 3–4　分层网络结构示意图

在OTN主结构层，针对管道光缆网“广域、希路由”这一特点，在OTN网络的保护机制、数据时延、OTN与同步数字传输系统（SDH）的对接方式、波道规划等层面进行了研究、测试和技术攻关，搭建了2个最大传输容量可达400G的环型OTN波分网络，单环跨度超过4000km，远远超过了业界电信运营商可达到的最长跨距。与华为公司合作，开发出了ODU0颗粒的1G带宽的波分层面应用，大幅提高了网络资源利用效率，较好地满足了管道业务及集团信息化业务在波分层面的小颗粒带宽接入需求。

在SDH子结构层面，以SNCP（Sub-network Connection Protection）技术为主，对覆盖全国30余个省市的近40000km的巨型光传输网络进行优化整合，形成了6个SDH光传输自愈保护环网，使光通信系统的可靠性有了大幅跃升。

2. 天地一体网络建设

专用通信网与公用通信网最大的区别在于服务对象以及承载的业务的不同，专用通信网主要是为企业服务，承载着企业内部的业务，对于中国石油管道通信网而言，首先是承载管道生产业务（SCADA和调度电话），其次是承载集团内部的其他业务（如企业信息化、各种视频业务等）。

对于管道生产业务，安全可靠性要求极高，为保证通信网的高可靠性，仅靠地面光通信系统是无法实现的，管道光通信系统随管道而敷设，人为破坏和盗窃的可能性不大，但是无法抗拒地震、泥石流等自然灾害对其的巨大破坏，汶川地震时，震区很多地方光缆就出现了断缆现象，致使光通信系统在局部区域中断，生产数据无法上传至北京油气调控中心。而卫星通信系统受地面灾害影响比较小，在出现灾害时可有效地承担起生产数据的传输任务。

卫星通信系统也有其自身的不足：首先是带宽比较小，无法全面承载中国石油整个集团的数据任务所需要的巨大投资；第二是数据安全系数比光通信系统低（由于目前的卫星主站都是国外产品，所以对数据安全无法有效地进行保护）；第三是卫星通信系统虽受地面灾害影响较小，但受空中灾害影响较大，如2008年初，南方冰冻灾害造成了灾区不少卫星端站无法使用，同时极恶劣以及极端气候也会对卫星通信系统的正常运行造成影响。

分析了光通信系统和卫星通信系统各自的优劣势，考虑到管道生产业务对通信系统的高可靠度需求，在“十一五”后期和“十二五”期间，管道通信网建成了一张天地一体的网络（图3-5）。

天地一体通信网有效地解决了管道生产性业务对通信系统安全可靠度99.99%的问题，为油气管道智能化以及油气管网的智慧化提供强有力的支持。

3. 光纤在线监测技术

光缆是光通信系统的基础，油气管道光缆与油气管道同沟敷设，深埋地下，易受自然因素及基建施工、农业耕作、区域地质震动等多因素影响，光缆中断时有发生，从而引起光通信系统故障。

中国石油针对这一实际情况，研发出与管道光通信系统运维模式、管理模式相适应的光缆故障实时监测系统，系统采用“光功率计 + 光开关 + 光时域反射仪OTDR”的光缆实时监测技术路线，使光缆线路运行状态实时可见。

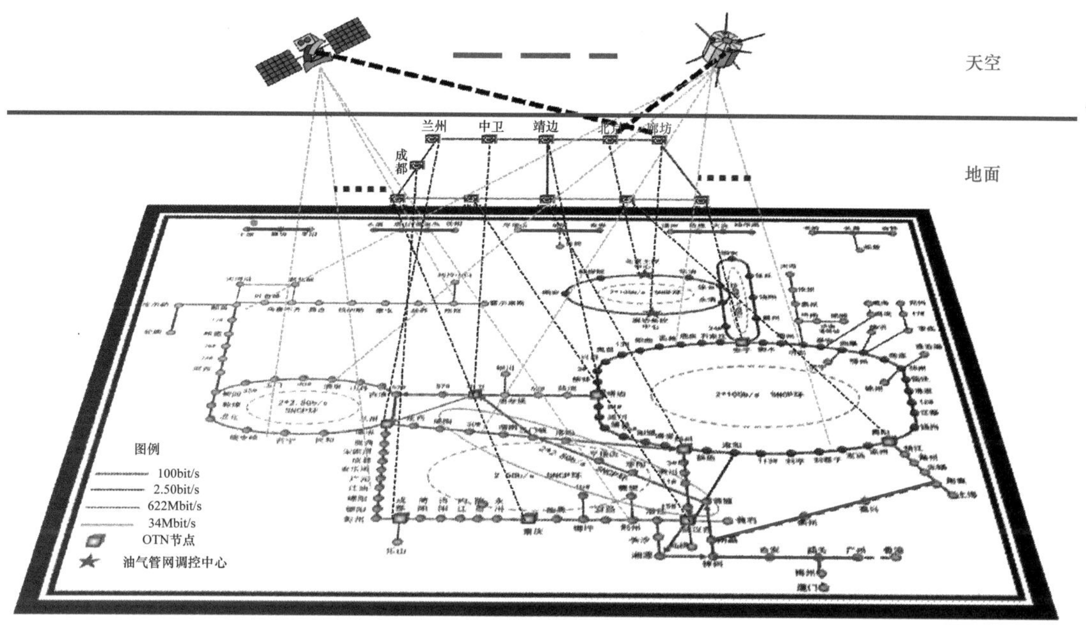

图 3–5 天地一体管道通信网示意图

三、油气管网集中调控关键保障技术

在 SCADA 系统和通信系统基础上，为实现油气管网集中调控，还需进行多项关键保障技术研究，包括：油气管道仿真与热油管道运行优化技术、天然气管道站场远控技术和用户自动分输技术、成品油批次计划编制与跟踪技术以及调度员仿真培训技术等。

1. 油气管道仿真与优化技术

1）油气管道仿真技术

中国石油运营的管道日渐复杂，控制难度增加，仿真技术应用需求不断提升。油气管道仿真技术已由单管道运行仿真应用转变为管网运行仿真应用，并应用到中国石油天然气管网调控运行的各个环节。根据应用需求不同，仿真技术分为离线仿真和在线仿真两种，离线技术主要用于管道稳态分析，在线技术侧重于管道运行实时分析，两者互为补充，相辅相成，在管道运行参数实时监测、管存分布、气体流向安排、运行问题分析、管网运行瓶颈排查、作业安排、方案编制、管道建设推进时间节点安排、调峰适应性分析、事故分析、应急预案编制等方面发挥着重要作用。此外，管道仿真技术对管道设计、管网规划、运行优化、员工培训及管道科研等方面提供了有效的技术支持。目前，国内比较典型的油气管道仿真软件有中国石油研发的 Realpipe 软件和西安石油大学研发的 PNS 等。

2）热油管道运行优化技术

传统的热油管道优化一般转化成以流体力学三大方程为基础，综合考虑传热、泵能耗、结蜡层厚度，以能耗最低或者费用最少为优化目标的数学方程，通过特征线法或者隐式差分法等数值求解方法，利用计算机进行编程求解。

2010 年以来，随着大数据分析技术在管道行业的发展，通过收集和分析“十二五”以来的运行数据，利用神经网络等算法，建立加热炉调整时下游油温的瞬态变化趋势图以及下游稳态运行时的油温数据，实现油温的准确预测；利用全线热损分析方法、建立上游油温控制标准、对比分析摩阻损失，历史热损失数据等，优化调整启炉站场及加热炉功率，确保全线热损最低；为管道热洗或清管提供参考，实现对管道结蜡、初凝等日常运行不易发现的长周期数据的有效监控，为以安全为前提的节能优化运行奠定基础。

天然气管网由于网络化运行的特点，运行优化技术系统性较强，将在本章第二节详细介绍。

2. 天然气管道站场远控技术和用户自动分输技术进展

1）天然气管道站场远控技术

中国石油自 2009 年开始，对压缩机厂家控制软件、站控 PLC 逻辑和 SCADA 系统软件进行升级改造，规范了压缩机组远控关键数据上传标准，制订了多台压缩机组联合运行的负荷分配原则，修改完善了压缩机组启停和保护判断逻辑，整改了 SCADA 系统控制界面，实现了压缩机组远程操作和控制。同时，通过优化过滤分离支路和分输支路以及压缩机后空冷器的控制逻辑，实现了关键设备和支路的远程自动开启和切换，实现了天然气管道站场远程调控。2015 年形成了中国石油天然气管道远程控制技术规范企业标准，规范了天然气长输管道压缩机远程控制技术要求。

2）天然气用户自动分输技术

2010 年之前，对天然气用户主要是站场控制或就地控制，根据用户用气特点不同，进行压力控制或者流量控制。天然气管网集中远程调控后，天然气用户不断增多，从 2011 年开始，以汪庄子站作为试点，开始探索天然气用户自动分输。天然气用户自动分输技术是指通过分析连续用户的用气规律，优化调整站控分输支路的控制逻辑和关键阀门的开关要求，研发出安全机制将用户日指定导入至 SCADA 控制系统，分析对比天然气用户压力或流量远程控制方式的优缺点，形成了创新且独有的自动分输方法，实现中控利用日指定进行分输自动控制。目前，天然气用户自动分输技术已经成熟，在中国石油天然气管道站场已广泛推广。

3. 成品油管道运行相关技术进展

1）成品油管网批次计划智能决策技术

之前国内对于成品油管道的批次计划主要是以单一管道和人的经验相结合的方式。中国石油建立了成品油管网月度（计划期）批次计划优化模型方法，并开发了成品油管网调运优化软件。该模型包括两个具有嵌套和反馈关系的优化层级，即管网中各管道首站输入计划优化与每条管道的分输 / 注入计划优化。采用空间递推法，分别对单条管道批次计划、管网批次计划、中转油库收发油计划、管道工艺运行方案进行建模求解，最终形成整体优化模型，建立了一套成品油管网批次计划优化方法，总体流程如图 3–6 所示。该方法将数学优化算法与基于管网运行特点的启发性规则密切结合，比单纯数学优化算法的效率更高，可满足成品油管网月度批次计划编制工作的时效性要求。针对给定月度（计划期）批次计划的成品油管道，基于动态规划法建立了月度（计划期）工艺运行方案准稳态优化方法。该方法较好地处理了输油泵运行 / 停机的最短持续时长以及计算时步内管道沿线压力变化等体现成品油管道顺序输送特点的个性化约束条件，既保证了工艺运行方案优化结果具有良好的可操作性和相对平稳性，又保证了优化过程计算量在合理限度内。同时，加入批次滚动调整方法，支持计划员手动调整计划期剩余时段的批次计划。

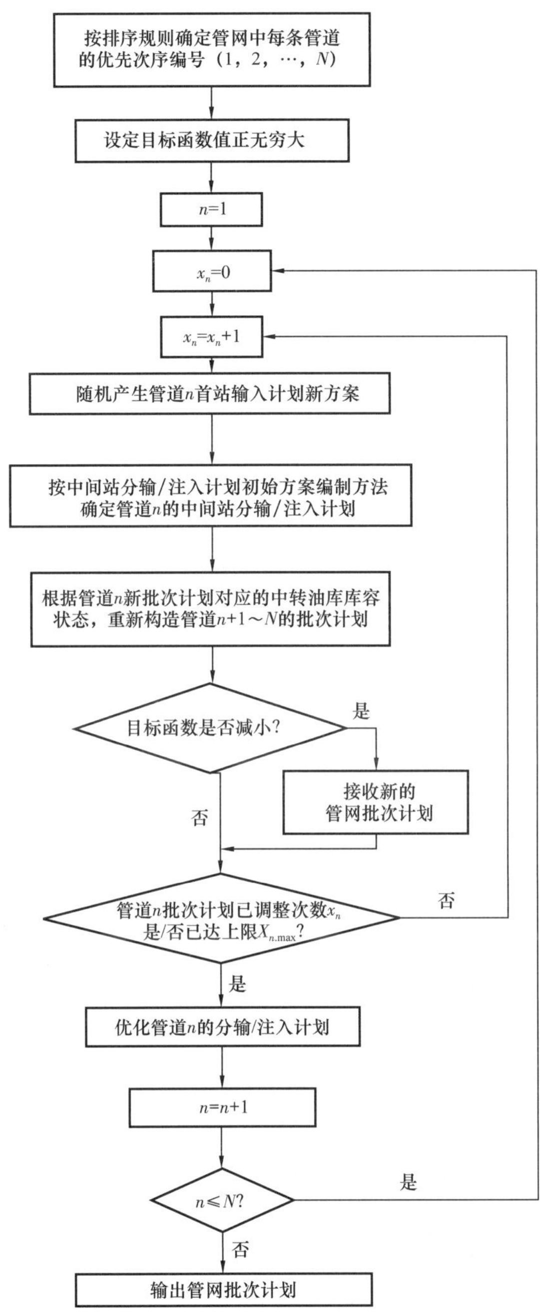

图 3-6　管网批次计划优化总体流程图

2）成品油管道多品种增输技术

传统的长输管道是以大批量汽油和柴油的顺序为基础进行设计和建设运营的，随着市场对成品油种类需求日益增多，对成品油管道多品种油品增输技术的采用已经刻不容缓。

中国石油根据上下游需求，结合管道运行特点，筛选出可以增输的品种，面对批次安排、储罐分配、界面检测、批次跟踪、混油切割与处理等难题，采用科技攻关、工程改造等方式，实现了长输成品油管道品种增输。在原有管输品种的基础上先后实现了 $5^{\#}$ 柴油、

0# 普通柴油、93# 组分汽油 /92# 组分汽油、97# 汽油、–10# 柴油和 –35# 柴油等多种油品的输送。

成品油长输管道质量指标存在衰减情况，管道越长，管道高程变化越剧烈，站内短管、死油段越多，指标衰减越明显。中国石油依据管道自身特点分别建立了各成品油管道混油切割体系。针对不同管道运行情况，确定了上站混油总量 + 浮动混油、1%～99% 混油、3%～92% 变比例混油、一刀切等多种混油切割方式。

3）成品油管网批次跟踪技术

成品油管道采用顺序输送方式，同时由于产品直接面向市场，对质量指标要求较高，这就要求批次跟踪技术必须达到要求的精度才行。以往中国石油主要采取以超声波累计差值为计算基础，结合管道单位管容的人工计算方式，计算方法简单，精度不高，造成油品质量事故时有发生，严重影响管道正常运行和上下游市场的正常生产和供应。

2007 年以来，中国石油从管道 SCADA 系统、管道数据平台获取管道运行过程中的工艺数据，采用分段递推动态计算方法自动跟踪并计算管道批次数量变化、批次里程变化、站场分支变化；同时，考虑管道沿线油品温度对里程的影响，采用实时在线修正，必要时附以人工算法加以核对，进而形成了一种综合的批次跟踪技术。管网批次跟踪精度由原来的 5% 提高至 0.2%，基本达到国际先进水平。

4. 调度员仿真培训技术

随着仿真技术的进步和管道操控管理水平的提高，调度员仿真培训技术近些年也取得了较大的发展，已经初步形成了离线和在线两大仿真操作培训系统，均具备气体、液体两大介质管道的交互式操作控制仿真模拟功能，主要应用于油气管道调度员管道运行管理技能培训、管道事故推演和未来工况预测等，基本实现了调度员进行各种管道工况的操作训练和对调度员操作技能水平进行较为客观的评价等功能。

1）离线仿真操作培训系统

离线仿真操作培训系统一般用于对简单管道、较复杂管道及区域管网调度员操控技能的培训，主要依托管道水力计算软件作为管道运行模拟的计算引擎后台，利用 VB、力控、组态王等符合 OPC［Object Linking and Embedding（OLE）for Process Control］规范的软件开发仿 SCADA 系统作为操作控制前台，通过通信协议实现前后台之间的数据交互，从而形成一个完整的管道仿真操作模拟系统。可以实现对某一给定初始工况下的气液管道启输与停输、输量调整、气体管道管存分析、液体管道切泵、气体管道切机、液体管道顺序输送批次分析、混油切割等正常运行工况的模拟，以及对气液管道阀门关断、管道泄漏、着火爆炸、管道堵塞、通信中断、液体管道故障停泵、气体管道故障停机、液体管道水击、气体管道气源失效等异常工况的事故分析和操作控制过程模拟，目前看几乎可模拟管道实际生产中遇到的所有工况。尤其针对事故工况的仿真模拟培训，通过对管道存活时间预测、调度员控制操作行为后果分析、事故过程推演等的模拟仿真，可以极大地提升调度员对管道运行控制的认知水平，有效提高调度员异常管道工况的应急反应能力，大幅度增强培训与生产实际的贴合度。

2）在线仿真操作培训系统

在线仿真操作培训系统可实现对从简单管道到复杂管网的运行控制模拟，主要用于对具有一定管道运行经验的调度员及计划管理人员的培训，由在线仿真软件和实际管道 SCADA 系统结合形成模拟培训系统，其特点在与能实时将模拟仿真系统计算数据和实际管道采集数据进行对比分析，并根据实际采集数据持续修正更新模拟计算数据，使模拟计算数据能实时反映管道实际运行情况，具备对实际管道运行进行预测、预警和分析等功能。可以实现以实际管道当前工况为出发点进行管道输量调整预测、未来管存变化分析、管道切泵 / 切机影响、液体管道批次分析、混油界面跟踪、管道阀门异常关断、管道泄漏、管道水击、管道堵塞等运行工况的演绎和预测分析。使仿真模拟培训最大限度地接近当前实际管道运行情况，能有效提高参训学员对当前管道实际运行情况的掌握和深度理解，提升调度员对管道操作控制的正确性、运行方案的合理性、作业计划执行程序的可行性、管道工况发展变化趋势的辩证分析能力，将管道运行的现实性和前瞻性有机地结合在了一起。

3）考核评价

中国石油已经建立起了将理论培训体系（OTS）、仿真操作培训系统、管道站场实习和中控操作跟班学习有机结合的油气管道调度员培训体系。采用理论考核和实际操作考核相结合的标准化考核流程，评价结果实现了数字化管理。其中 OTS 考核评价模块实现了全机器评分；仿真操作培训系统采用机器评价和人工评价结合的评价体系，培训体系可自动记录学员练习和操作过程，并自动记录操作全过程，实时自动评价学习操作的效果，较大限度地减少了评价结果的人为干预，使学习效果的考核评价更加客观、科学有效。

第二节　储运工艺技术

储运工艺是管道运行与维护技术的关键技术之一。该技术通过实施合理、科学和有效的工艺流程、措施和方法，保障油气介质在管道中安全、经济流动，与此相关的模拟、计算、评价乃至安全保障措施及手段等，都属于该技术的范畴。2006—2015 年期间，中国石油围绕储运工艺领域业务所需核心技术开展科技攻关，取得多项技术成果。以加剂改性输送、冷热交替输送和间歇输送为基础形成大口径、高压力多品种原油长距离输送技术，保障西部原油管道多品种多批次原油输送的安全运行；解决了原油管道凝管概率计算大规模抽样难题，建立了原油管道流动安全性评价体系；天然气管网运行优化技术不断完善，首次提出天然气管道指定时段运行优化技术；设计了国内首套天然气减阻效果评价装置，制造了用于天然气管道减阻剂注入的雾化装置，实现了天然气管道减阻剂的工业化注入。

一、大口径、高压力多品种原油长距离输送技术

大口径、高压力多品种原油长距离输送技术是一项综合技术，主要包括：多品种多批次原油加剂改性常温顺序输送技术、同沟敷设管道热力影响数值模拟技术、长距离管道冷热原油交替顺序输送技术和长距离含蜡原油管道间歇输送技术等。

1. 多品种多批次原油加剂改性常温顺序输送技术

中国石油通过降凝剂改性输送技术与原油管道顺序输送技术的集成，形成了原油加剂改性顺序输送新技术。该技术应用于长距离大站间距管道的设计，解决了输送工艺由混合油常温输送改为不同原油顺序输送后热力安全性要求不能满足的问题；运用该技术，西部原油管道在低于设计最低允许输量的条件下顺利投产，实现了多品种多批次原油顺序输送的安全运行，并进一步优化后实现了常温顺序输送常态化运行。图 3–7 所示为该技术研究及应用的技术路线示意图。

1）破解热力安全性制约的顺序输送工艺设计方案

针对顺序输送的要求，首先通过室内实验确定了适合吐哈原油与北疆原油的降凝剂及其处理条件（加剂量与处理温度），然后经过对原油改性效果与管道防腐层耐温性能的综合权衡，确定了添加降凝剂55℃处理的方案；在此基础上，集成运用本课题组基于黏性流动熵产的降凝剂改性原油管道输送定量模拟技术埋地热油管道停输再启动安全性评价等新的研究技术，针对热力条件最差、风险最大的玉门—张掖管段（设计最低输量900×10^4t/a，管径813mm，站间距281km）及乌鄯支干线，进行了理论指导下的定量管输模拟试验及停输再启动模拟试验。

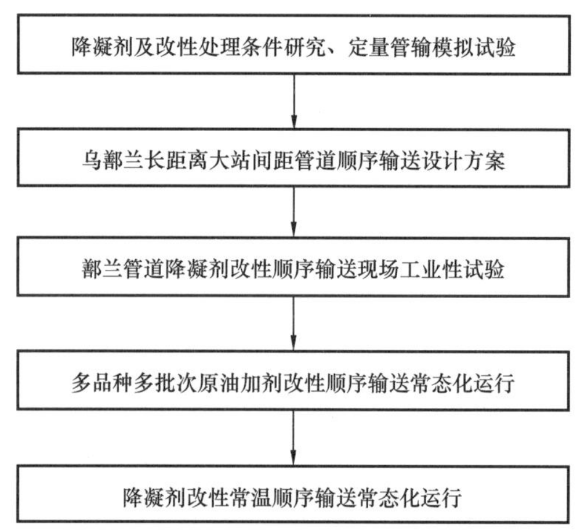

图3-7　多品种多批次原油加剂改性常温顺序输送技术路线示意图

研究表明，采用55℃加剂改性处理，在预期的投产初期最低输量（840×10^4t/a）下，仍可保证张掖最低进站温度比凝点高5℃以上，且管道停输48h后可以安全再启动，因此玉门—张掖站间不必增设中间加热站；由于河西—瓜州、山丹—西靖的站间距小于玉门—张掖站间距，因此也可以采用同样的降凝剂改性措施而不必增设中间加热站；同样，乌鄯支干线在设计最低输量（305×10^4t/a）下可安全运行，原设计拟建的吐鲁番加热站可取消。

综合上述技术，形成了管道顺序输送设计的工艺方案，即冬季运行时，在乌鲁木齐和鄯善添加降凝剂（已在乌鲁木齐加剂的原油鄯善不再加剂），在乌鲁木齐、鄯善、河西、玉门、山丹进行55℃处理，其他站设保安加热炉并视需要运行。这一方案于2005年12月经中国石油组织专家审定确认，正式成为管道工艺设计依据，结束了输送工艺由混合油常温输送改为顺序输送后设计工作长时间停滞的状态。

基于此技术，西部原油管道实现了按顺序输送设计，满足了兰州石化对油品的要求，避免了炼厂重大技术改造（两种改造方案的费用分别为12.2亿元和21.2亿元）。而且，鄯兰干线取消了增建3座加热站的计划，乌鄯支干线少建1座加热站，节省投资共计12048万元，相应地也大大节省了运行管理费用。

2）多批次多品种原油加剂改性顺序输送的现场工业性试验

鉴于投产后的输量远低于设计的最低允许输量，投产前进行了降凝剂改性原油低输量运行的室内定量模拟实验，结论可行。2007年8月31日，全线投产成功，进入试运行。

为确保冬季运行万无一失，并检验室内研究技术和工艺设计方案的可靠性、摸索新投产管道的运行规律，2007 年 9 月至 11 月间实施了降凝剂改性输送大规模现场工业性试验。在鄯善首站和沿线泵站测取了不同运行工况下降凝剂改性吐哈油、北疆油、哈萨克斯坦油、哈萨克斯坦—吐哈混合油以及塔里木油数万个原油物性数据。在随后的冬春季运行中，继续在沿线泵站进行原油物性监测，进一步检验了不同条件下各种输送方案的可靠性。现场工业试验取得了丰硕的技术成果：

（1）验证了室内研究结果和设计工艺方案的可靠性；证明了所采用的降凝剂可以有效降低吐哈油、北疆油和哈萨克斯坦油的凝点；证明了 20～30℃范围的重复加热可导致加剂原油的凝点大幅反弹，因此中间热站的重复加热应避开此温度范围；现场测试结果与管输模拟试验结果吻合良好，进一步验证了管输模拟理论的正确性与模拟方法的可靠性。

（2）现场试验证明，采用降凝剂改性输送技术，鄯兰原油管道顺序输送冬季最低允许输量，可由设计的 900×10^4t/a 降至 730×10^4t/a。

（3）发现并及时、有效地解决了生产中管输原油物性变化大、原油混合不匀致使降凝剂改性效果不稳定等问题，为管道在低输量下安全运行提供了有力保障。

2007—2008 年冬季和春季，西部原油管道在低于设计最低输量的不利条件下成功实现了多批次多品种原油顺序输送安全平稳运行。

2. 同沟敷设管道热力影响数值模拟技术

同沟敷设的常温输送成品油管道对加热输送的原油管道进站油温的影响，是同沟敷设设计中的一个关键性疑难问题。同沟敷设原油及成品油管道热力影响涉及复杂的传热与流动耦合，求解难度大。其中，不仅有成品油管道对原油管道的降温作用，也有热原油管道对成品油管道的升温作用；在站间的上游管段，成品油管道从原油管道中吸热带到下游，因此，下游管段成品油管道还可能对原油管道产生加热作用。对此问题无法取得解析解。在数值求解中，由于计算区域内包含两条流体温度不同的管道，区域离散与求解算法比单根管道复杂得多。

研究中首次建立了同沟敷设管道的水力、热力模型。数值求解中采用结构网格和非结构网格相结合的组合网格技术，在多连通不规则的土壤区域生成了适应性强的非结构网格，妥善处理了所需求解的土壤不规则区域。这些先进组合网格技术的采用，保证了网格良好的贴体性，便于网格疏密的控制，从而使所开发的软件计算准确、高效、稳健。该软件可以用于并行敷设的两条不同管径、不同温度的流体管道（不一定是成品油管道与原油管道），在不同管间距、不同绝对及相对埋深、不同土壤物性、不同输量等条件下，进行不同轴向位置处流体温度、周围土壤温度场及管道散热热流量的数值模拟。

通过数值模拟和分析，确定了不同管间距、不同管道相对埋深等条件下成品油管道与原油管道油温的相互影响。研究表明：

（1）成品油管道的存在改变了原油管道该侧的土壤温度场，从而改变了原油的散热渠道。具体来说，原油从单纯向环境散热，转变为部分向环境散热，部分向成品油散热；在原油管道散热较多的站间上游管段，由于成品油管道的存在，使得原油管道侧的土壤温度梯度与单管敷设相比有所减小，原油管道通过该侧土壤向环境散热减少。也就是说，一方面成品油管道吸走了原油管道的部分热量；另一方面，原油管道通过成品油管道一侧土壤向环境散热量也下降了。所以原油管道总散热量并没有大幅度增加。

（2）当原油管道加热或冷热交替输送时，只要管间距（外壁对外壁）不超过 1.2m，则两管相对埋深、轴线错位、土壤物性、原油出站温度和原油及成品油输量等因素变化时，同沟敷设原油管道沿线油温与原油管道单管敷设时的油温相比变化不大，最大差值不超过1℃。因此，西部管道同沟敷设管道加热炉的负荷与单管敷设相比变化不大。

利用西部原油、成品油管道投产后的进站温度数据，对软件计算结果进行了验证，两者吻合良好，说明数学模型及计算方法是准确可靠的。

上述研究及时指导了西部管道同沟敷设设计，并为管道的运行管理提供了支持，填补了国内外空白。所开发的同沟敷设管道热力影响分析软件，已经推广应用于兰州—成都原油管道与中卫—贵阳天然气管道的同沟敷设设计、大连新港—大连石化两条原油管道的同沟敷设设计。目前，该技术还在为有关部门研究制定管道同沟敷设规范提供支持。

3. 长距离管道冷热原油交替顺序输送技术

低凝原油与高凝原油顺序输送时，采用冷热油交替输送技术可以显著降低加热能耗，但必须掌握输送过程中油温及压力的交变规律，准确评价比常规加热输送管道更为复杂的停输再启动安全性以及在交变载荷作用下管道结构的安全性。其核心技术是冷热油交替输送过程水力热力工况和停输再启动过程的数值模拟。

1）冷热油交替输送数值模拟软件开发与验证

针对冷热油交替输送及停输再启动问题，建立了数学模型，将有限容积法和特征线法有机结合，开发了高效、稳健的可用于多批次多品种原油冷热交替顺序输送以及停输再启动过程水力、热力分析的软件。

该软件的主要功能包括：（1）冷热油交替输送时沿线油品位置及其温度分布、各站进站油温、沿程摩阻及进站压力变化的计算；（2）冷热油交替输送管道停输后沿线各站间油温变化的计算；（3）再启动过程管道流量和温度恢复情况的计算；（4）不同加热方式条件下各站加热能耗分析。该软件可以用于运行模拟、停输再启动安全性分析、停输及再启动方案制订以及加热方案优化，是冷热油交替输送运行调度的有力工具。

利用2008年3—5月间地温上升阶段鄯兰管道中间加热站停炉时出现的“冷油”顶“热油”工况的运行数据以及新大线、临沧线等管道冷热油交替工况下的运行数据，对该软件进行了验证。进站油温计算值与现场实测值平均偏差在1℃以内，站间摩阻平均偏差在0.2MPa以内。

此外，还建立了冷热油交替输送条件下埋地长输管道受交变应力作用时，管道强度和安全性评价的方法，开发了相应的埋地长输管道结构分析及固定墩尺寸优化设计软件。

2）鄯兰原油管道冷热油交替输送运行

借助所开发并经过现场数据检验的冷热油交替输送模拟软件和结构安全性分析软件，通过数值模拟研究了多批次多品种原油冷热交替顺序输送的规律和安全性。研究表明：（1）对于鄯兰管道冷热油交替输送，其压力波动主要是由不同原油顺序输送引起的，加热方案的改变对其影响较小；（2）由于鄯兰干线加热站间距长，且“热油”加热主要是降凝剂改性所需而不是维持一定的进站温度，因此，采用“热油”和“冷油”各自以一定温度出站的加热方式即可；（3）热力分析表明，鄯兰管道采用完全冷热油交替输送，即使在最冷月，各站最低进站温度也比凝点参考值高出9℃以上，即热力安全是有保证的；（4）对管道强度、稳定性和疲劳寿命进行的计算分析表明，鄯兰管道可以满足冷热油交替输送载荷的要求。

基于以上研究，分别制订了鄯兰管道在冬季运行条件下冷热交替顺序输送塔里木油、塔里木—北疆混合油、哈萨克斯坦油和加剂吐哈油，以及冷热交替顺序输送吐哈油与塔里木—北疆—哈萨克斯坦混合油的运行方案。

2008 年 11 月 2 日，从进入冬季运行时起，鄯兰管道即实行了塔里木油、塔里木—北疆混合油与哈萨克斯坦油及加剂吐哈油的冷热交替输送。鄯善站点炉，加剂吐哈油和哈萨克斯坦油在鄯善加热至 55℃后外输，而流动性较好的塔里木油和塔里木—北疆混合油的出站温度约为 35℃（加热到 35℃主要是考虑避免加热炉频繁启停）。至 12 月 14 日，共对 4 种、39 个批次的原油进行了冷热交替输送。期间，管道运行平稳，运行参数实测结果与软件模拟结果吻合良好；与所有管输原油加热到相同温度出站相比，沿线吐哈油、哈萨克斯坦油凝点没有明显变化；由于塔里木油和塔里木—北疆混合油没有加热到 55℃，没有热处理改性效果，故凝点有所上升，但基本保持在 -1℃以下，仍可满足安全运行的需要。2008 年 12 月 14 日以后，由于管道超低输量运行的需要，管道改为不同原油混合输送。

2009 年，冷热油交替输送技术进一步推广到乌鄯支干线。进入冬季运行后，从 11 月 24 日至 12 月 31 日，乌鄯线与鄯兰干线分别对北疆油与哈国油，吐哈油与塔里木—北疆—哈萨克斯坦油实行冷热油交替输送。2010 年 1 月 1 日后，由于地温进一步下降，所有原油改用 55℃改性处理输送。2010 年 4 月，随着地温升高，鄯兰干线又恢复了冷热油交替输送。

目前，冷热油交替输送已经与降凝剂改性输送结合，成为西部原油管道的常态化运行工艺之一。西部原油管道冷热油交替顺序输送是该技术在国内首次实际应用于数百千米的长距离管道。这一成功实践，也使得西部原油管道成为目前世界上采用冷热油交替输送先进技术的最长的管道。

4. 长距离含蜡原油管道间歇输送技术

间歇输送管道由于频繁启停，土壤温度场蓄热量减小，停输再启动的风险明显加大。从理论上讲，由于管道频繁启停，土壤温度场不仅始终处于不稳定状态，而且还取决于以往的运行历史，因此难以得到准确的计算结果。间歇输送技术的关键，就是保证频繁停输情况下再启动的安全性。为此，必须准确掌握管道的水力热力变化规律。

研究突破了间歇输送管道水力热力数值模拟技术，并通过现场试验验证了数值模拟结果的准确性；根据数值模拟和降凝剂改性间歇输送实验模拟结果，提出了玉门分输时玉门—兰州管段间歇输送的可行方案，以及超低输量情况下全线间歇输送运行的方案；在研究技术指导下，鄯兰管道实现了玉门分输情况下的间歇输送常态化运行，以及金融危机影响导致超低输量情况下的全线间歇输送化运行。

1）间歇输送数值模拟软件开发及验证

建立了间歇输送管道水力、热力计算模型，综合运用有限容积法和有限差分法进行求解，开发了准确、高效、适应性强的间歇输送水力热力模拟软件，实现了间歇输送运行时热力、水力特性的数值模拟，以及停输再启动过程数值模拟及再启动安全性评价。

该软件计算结果的准确性得到了鄯兰干线停输 14h，24h，36h 和 48h 间歇输送现场试验的验证。现场测试数据与预先提交的软件计算结果的对比表明，停输后各站进站处温降预测结果与实测结果的最大偏差 1.4℃，平均偏差小于 0.4℃；根据正常输送时的出站压力预测的启泵 1h 时刻的流量与实测流量的平均偏差 10.4%。若采用启动过程实际出站压力变化曲线进行再启动过程流量计算，误差还可大幅度减小。

2）超低输量混合原油间歇输送现场工业性试验及运行

2008 年底，为了确保西部原油管道在超低输量情况下安全运行，鄯兰管道改为混合输送。计算分析表明，在 500×10^4t/a 的输量条件下，采用间歇输送比低输量连续输送更经济。此外，由于输油泵的限制，在该输量下管道也难以维持连续运行。

鄯兰管道超低输量间歇输送研究包括试验模拟与数值模拟两方面。首先，通过室内试验确定了不同配比塔里木—哈萨克斯坦—北疆混合油的凝点；此后，采用降凝剂改性原油管道输送定量模拟技术，对不同配比的塔里木—哈萨克斯坦—北疆混合油（塔里木油 0～50%，哈萨克斯坦油 25%～60%，北疆油 20%～60%），在 1—4 月地温条件、不同加剂量、不同热处理点炉方式（鄯善站点炉，鄯善、玉门两站点炉）等多个条件下，进行了管输模拟及停输再启动模拟试验。在此基础上，通过全面分析不同条件下鄯兰原油管道间歇输送的水力、热力特性，提出了间歇输送运行方案：在 500×10^4t/a 输量条件下，当混合油中塔里木油比例不低于 10% 时，在 11—12 月中旬采用鄯善站 55℃热处理间歇输送；12 月下旬至次年 3 月上中旬采用加剂 25g/t、鄯善站 55℃处理间歇输送（若北疆油在乌鲁木齐加剂，则在鄯善不再加剂）；3 月中下旬至 4 月中旬采用鄯善一站 55℃热处理间歇输送。

为了验证理论研究结果，检验间歇输送运行的安全性，2008 年 12 月 23 日至 2009 年 1 月 15 日间，在鄯兰干线密集地进行了停输 14h，24h，36h 和 48h 的四次间歇输送现场试验。试验结果表明，间歇输送是安全的，即使停输 48h，管道再启动过程依然十分顺利，首站启泵后 2h 内，全线流量即恢复到正常运行状态；停输前后混合原油的凝点变化不大，基本上都在 0℃以下。

以上研究技术及时为西部地区原油生产与调运计划的调整决策提供了可靠依据。在该技术的指导下，2009 年第一季度，鄯兰干线成功应对了由国际金融危机影响引起的超低输量运行的严峻局面，保障了国家西部能源大动脉的安全畅通。期间共输送原油 190.55×10^4t，停输 13 次，平均停输时间 25.4h/ 次，最长停输时间 48h。

混合油加剂改性间歇输送技术的应用，使鄯兰原油管道冬季最低允许输量进一步降至 500×10^4t/a，同时，也进一步提高了管道运行的灵活性。在冬季地温最低月份、在 1541km 的大口径含蜡原油管道上以间歇输送作为常态化运行方式。

3）玉门—兰州管段间歇输送运行

在鄯兰干线顺序输送中，玉门全分输导致下游管段频繁停输状态下的再启动安全性是管道安全运行的关键问题之一。为此，在设计阶段，针对站间距最长、热力条件最恶劣的玉门—张掖管段，与输送模拟试验结合，进行了各种条件下的停输再启动模拟试验。研究表明，停输 48h 后管道可安全再启动。

在试验模拟基础上，采用间歇输送管道水力热力分析软件，对玉门—兰州管段进行了数值模拟，评价了在各种可能出现的条件下间歇输送运行的安全性，揭示了其水力、热力变化规律。研究表明，在冬季地温最低的月份，间歇输送时应合理安排输油计划，尽可能避免让流动性差的原油停在风险较大的管段。若无法控制停输时原油的位置，则应控制停输时间，以减小管道安全运行的风险。

在该技术的指导下，2007 年 7 月投产以来，玉门—兰州管段实现了间歇输送常态化运行。截至 2009 年 12 月 31 日，因玉门分输共计停输 148 次，平均运行 5.4 天停输 1 次，平均停输时间 25.4h，最长停输时间 48h。其中，在 2007 年 11 月至 2008 年 5 月的多品种多批次原油顺序输送冬季运行中，因玉门分输共计停输 46 次，平均运行 4.6 天停输 1 次，平均停输时间 23.0h，最长停输时间 48h。

5. 降凝剂改性原油管道输送定量模拟理论与方法的完善与发展

剪切与热力效应定量模拟是降凝剂改性输送工艺研究与应用中的一项核心技术。大量研究及生产实践表明，管输过程中的剪切和热力作用，可使降凝剂改性原油的凝点、黏度等流动性参数出现不同程度的变化（主要是反弹，常称“时效性”）。为此，在加剂输送管道设计和运行方案制订中，都需要以管输过程剪切与热力效应的模拟试验结果作为依据。在以往相当长的时间里，这种模拟试验均基于经验进行。中国石油大学（北京）独创性地提出以剪切过程黏性流动熵产作为剪切效应的模拟量，建立了改性原油剪切效应模拟的理论基础，在国际上首次实现了理论指导下的定量模拟，并利用东部地区三条管道的现场试验数据进行了验证。

利用西部原油管道距离长，管输原油品种多、物性差异大，管道运行工况复杂的有利条件，通过大规模现场试验和运行监测等多个环节，对鄯兰干线实际外输的加剂吐哈油、加剂北疆油、加剂哈萨克斯坦—塔里木混合油以及加剂塔里木—哈萨克斯坦—北疆混合油等进行了 55 个不同输送条件下的大量试验对比，充分证明了该创新理论与方法的可靠性。

采用该模拟技术，不仅可以在理论指导下准确模拟输送过程中加剂原油流动性参数的变化，还可以通过增强剪切来缩短模拟时间，从而超前预测及评价加剂输送方案的可行性。在设计阶段，运用该模拟技术，研究提出了大站间距管段加剂改性顺序输送的工艺设计方案；在管道投产前，采用该模拟技术得出了在低于设计最低输量下投产后冬季可安全运行的结论，为管道按时投产提供了关键性依据；在 2008 年底至 2009 年初管道面临超低输量运行挑战的严峻时刻，采用该技术在鄯善首站现场进行了多种不同原油组成等条件的模拟试验，为调整输送方案的决策提供了及时、可靠的依据。目前，该技术已成为加剂输送管道设计、运行方案制订不可或缺的技术手段。

二、原油管道流动安全评价技术

原油管道流动安全评价技术目的是解决易凝高黏原油在长距离管道输送过程中流动安全定量预测及评价的技术难题，从而实现易凝高黏原油管道输送过程流动安全风险可预警、可控制和可避免，进而达到安全、高效和经济输油的最终目的。

美国、加拿大、俄罗斯和中东等所产原油中易凝高黏原油所占比例较低，管道输送中不存在流动安全问题，因此，没有迫切评价流动安全性的技术和生产需求。而我国所产原油中 80% 是易凝高黏原油，我国储运研究和工作者长期致力于易凝高黏原油的安全和经济输送。原油管道流动安全评价技术首次在储运工艺研究和应用中引入基于可靠性的极限状态方法，为描述和量化多因素及其不确定性影响下的原油管道流动安全性提供了理论基础和数学工具，推动了我国储运学科的理念创新和发展，使我国在该技术方向处于世界领先水平。

1. 基于可靠性的流动极限状态方法

我国国内及海外所辖油田所产原油 80% 以上为易凝高粘原油，其中，90% 以上依靠管道输送。易凝高黏原油含蜡量高、流动性差，需要加热输送，在长距离管道输送中存在流动安全风险：输量降低后易发生初凝，停输再启动后容易凝管，清管过程中会发生蜡堵卡球事故等。如何科学、合理及有效评价原油管道的流动安全性，并据之制订和采取可行的流动安全保障措施或节能降耗方案，是长期以来未能很好解决的一个技术难题。

影响易凝高黏原油管道流动安全的诸多主要因素，如原油物性和流变性参数、管道周围环境参数、管道运行参数以及内部流场边界参数等，都在波动和相互影响之中，所有这些共同决定着管道的流动安全状况，因此，管道的流动安全状况也是动态变化的。长期以来，在储运工艺采用的计算和研究方法中，基本都是取参数统计平均值获取计算参数，即“确定性方法”。确定性计算和分析方法只能对给定的参数值负责，给出所研究问题在平均水平下的答案，对于多因素及其不确定性作用下的系统，例如管道输送系统，在反映其整体流动安全状况上存在很大局限性，尤其是无法预测诸参数负负组合的极端情况给管道带来的流动安全风险。为安全起见，原油管道设计和运行仍依据较保守和经验的准则，即要求管道进站油温高于所输原油凝点以上 3～5℃。该准则存在明显的不足，即对于处于不同地域和具有不同尺寸、输送不同种类原油的管道，无论输量大小还是不同季节等，均以高于凝点 3℃以上作为安全红线，使得有的管道流动安全裕量过大、能耗过高；而有的管道则存在流动安全隐患。该准则无论是用来评价和比较不同管道的流动安全性，还是用来平衡流动安全与能耗的制约关系以制订安全经济的运行方案，都存在不足。

从 20 世纪中叶开始，国际上普遍采用基于概率的方法来解决上述由于参数不确定性引发的问题，提出和发展了基于可靠性的设计和评价方法（Reliability-Based Design and Assessment，缩写 RBDA），并在航空航天、电子、结构工程等诸多领域开展应用。相比之下，RBDA 方法在油气管道行业中被认知较晚，国际标准化组织（ISO）于 2006 年 4 月 1 日颁布了 ISO 16708《石油天然气工业 管道输送系统 基于可靠性的极限状态方法》，推荐采用基于可靠性的极限状态方法代替分项安全系数法（LRFD）来进行管道强度设计，但不涉及油气管道内介质的流动安全描述与评价。中国石油和中国石油大学（北京）创新性地提出将 RBDA 方法引入对原油管道流动安全的描述与评价上，首次定义了流动失效、流动可靠性（失效概率）、流动极限状态、流动失效模式和流动目标安全水平等关键基本概念，为建立原油管道流动安全评价方法和体系、形成流动安全评价技术奠定了理论基础[1-4]。

基于可靠性的流动极限状态方法包括四个重要概念：（1）流动失效（Flow Failure），指管道流量不断减小直至断流，完成正常输油任务能力的丧失；（2）流动可靠性（Flow Reliability），原油管道或系统在规定的时间内不发生流动安全事故、完成所要求输送任务的能力，可靠性等于 1 减去流动失效概率，可用于表明所研究管道系统安全运行的程度；（3）流动极限状态（Flow Limit State），管道内原油不能保持正常流动的状态，管道流动极限状态可分为适用性极限状态（SLS）和最终极限状态（ULS），适用性极限状态为管道流量不稳定，趋于减小甚至停流的状态，而最终极限状态为管道的停流和凝管状态；（4）流动目标安全水平（Target Safety Level），对于特定原油管道和流动极限状态条件可接受的最大失效概率水平。

易凝高黏原油管道共有三种流动极限状态：最低运行输量低于稳定工作区临界输量的适用性极限状态；主要由停输再启动失败导致凝管的最终极限状态；在清管过程中由蜡堵导致的可能是适用性极限状态，也可能是最终的流动极限状态。

对应于这三种流动极限状态，原油管道的流动失效模式包括：管道运行时进入不稳定工作区流动失效模式，管道启输或停输再启动失败流动失效模式，管道清管过程蜡堵流动失效模式。

2. 原油管道流动安全性评价体系

基于可靠性的极限状态方法，建立了影响原油管道流动安全性各因素相互作用的层次关系，以及两个层次、分别自成闭环结构又整体协调一致的评价流程，定义了 3 类包含 4 个等级的流动安全评价指标，形成了原油管道流动安全性评价体系[5]。

影响含蜡原油管道流动安全性的因素多且关系复杂，理清其间的关系，是开展可靠性计算和分析的基础，也是评价各类影响因素预测模型是否考虑全面的重要依据，更是在评价中指导流动保障方案调整、保证评价流程可循环迭代至期望目标的唯一依据。图 3–8 为建立的影响原油管道流动安全性的主要因素层次划分图。从图中可看出，原油组成、管道尺寸、管道保温状况、管道输量、原油加热温度、加热次数、出站油温、过泵次数、气象条件、管道周围土壤物性以及管道停输时间等 11 大类因素是影响原油管道流动安全性的最基本因素。

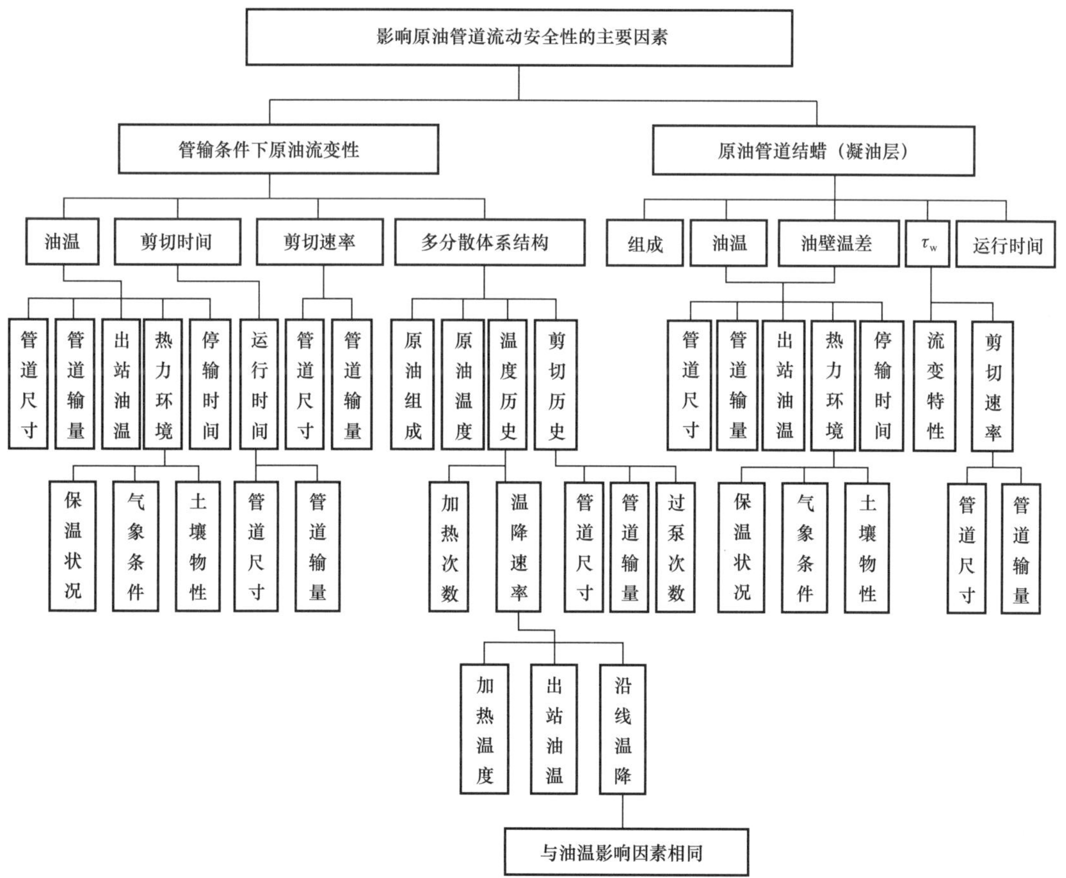

图 3–8　影响原油管道流动安全性的主要因素层次划分图

建立评价体系要解决的第二个问题是如何在体系中有机衔接传统确定性方法和基于可靠性的方法，实现无缝连接。确定性方法虽然不能给出管道整体的流动安全性量化结果，但对于评价管道在具体工况下的安全性是有效的。因其计算结果直接表征为管道的运行参数，如输量、油温和压力等，所以可以直接用来指导现场工艺参数的调整。同时，确定性方法中所采用的模型和算法是开展不确定性计算的基础，确定性方法的计算精度直接影响流动失效概率计算的准确度。因而，在所建立的原油管道流动安全性评价体系中，不能人为割裂确定性方法和不确定性方法二者之间必然和有机的联系。既不能像传统做法一样，只计算和分析特定输油工况下的安全状况，也不能完全抛弃传统做法，只做基于可靠性的安全性计算和分析。偏废任何一方的做法都无法建立起有实际应用意义和推广价值的评价体系。通俗地讲，评价体系中的确定性分析是对管道运行安全状况的“基本把关”，其评价结果保证管道在指定工况下的流动安全性，但无法涵盖管道运行的整体安全性，无法预测小概率极端事件的发生。评价体系中基于可靠性的评价流程刚好弥补了这个不足，能够用来分析多因素及其不确定性作用下管道流动安全的可靠程度，或者反过来讲，流动失效概率的大小。如果基本的确定性安全分析通不过，那么管道运行一定是不安全的，必须依照影响因素层次划分表调整影响因素，然后重新评价，直至达到指标要求。在确定性安全评价不通过的情况下，不采取流动保障措施，直接进行不确定性评价，其结果必然是流动安全性不达标。因此，确定性评价一定在前，而基于可靠性的评价一定在后。在确定性评价阶段采取的流动保障措施对影响因素的调整力度一定比不确定性评价阶段的大，是“粗调”和“微调”的关系。若不经过确定性分析评价，直接进行基于可靠性评价，一旦出现安全性不达标的情况，就很难确定影响因素的调整力度，从而导致评价流程混乱，无法闭合收敛至期望目标。图3–9是建立的流动安全评价体系整体框架。

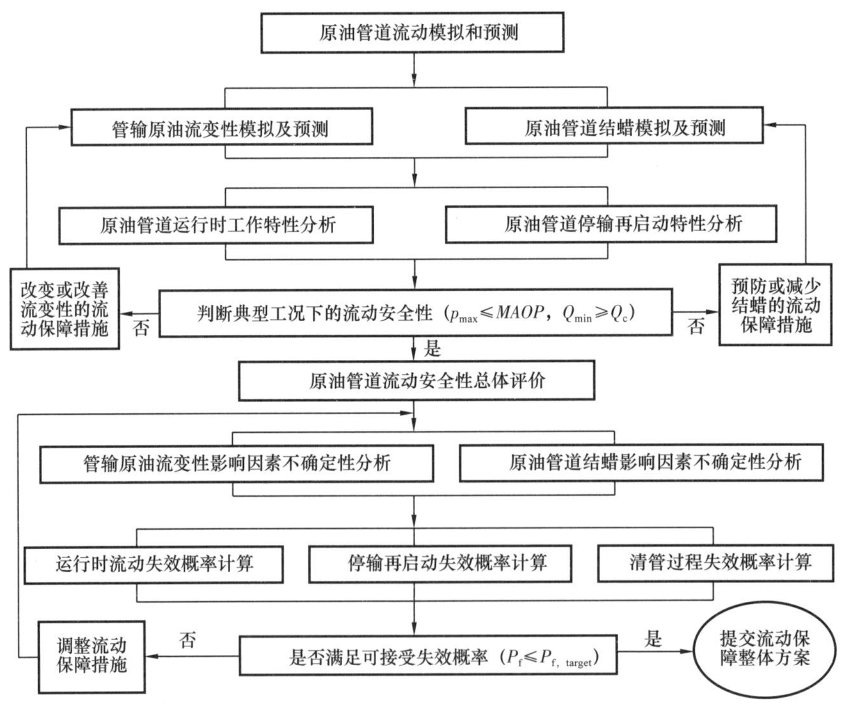

图3–9　原油管道流动安全性评价体系架构图

p_{max}—管道最大压力；$MAOP$—管道最大允许操作压力；Q_{min}—管道最小流量；Q_c—热油管道不稳定工作区临界输量；P_f—管道运行失效概率；$P_{f,\ target}$—管道运行可接受失效概率

从图中可以看出，该体系为二级架构，在第一级架构中，以 $p_{max} \leq MAOP$ 和 $Q_{min} \geq Q_c$（热油管道不稳定工作区临界输量）作为评价指标，针对管道的典型工况，采用确定性方法评价管道的流动安全状况，并根据评价结果确定是采取流动保障措施，还是进入下一级评价流程。该级评价保证管道在常见工况下的流动安全性。

在该体系的第二级架构中，引入基于可靠性的评价方法，通过分析影响原油管道流动安全性因素的不确定性，计算原油管道三大流动失效模式的失效概率，以 $P_f \leq P_{f,\ target}$ 作为评价指标，确定管道流动在多因素影响下统计意义上的安全状况，以有效控制或规避管道运行风险，是对管道运行在更高层次上的安全评价。

为方便实际应用，还针对不同的流动目标安全水平（$P_{f,\ target}$），定义了 3 类包含 4 个（流动安全性：高、一般、低、非常低）等级的流动安全评价指标，分别为管道稳定运行安全性指标（Stable Operation Safety Index，缩写为 SOSI）、管道停输再启动安全性指标（Shutdown and Restart Safety Index ，缩写为 SRSI）以及管道流动安全性总体指标（Comprehensive Flow Safety Index ，缩写为 CFSI）。据此可以得到任意管道以站间为行、不同月份为列的流动安全等级矩阵，使评价结果更加直观、易用。图 3-10 是利用该评价体系对输送长庆原油的惠宁原油管道进行流动安全性评价后得到的流动安全等级矩阵图。

站间	1月	2月	3月	4月	5月	6月	7月	8月	9月	10月	11月	12月
惠安堡—孙家滩	1	1	1	2	1	1	1	1	1	1	1	1
孙家滩—滚泉	1	1	2	2	1	1	1	1	1	1	1	1
滚泉—渠口	1	1	2	3	1	1	1	1	1	1	1	1
渠口—石空	1	2	2	2	1	1	1	1	1	1	1	1

图 3-10 惠宁原油管道流动安全性等级矩阵

图中数字 1 和绿色代表流动安全性高、管道运行安全且有一定的节能降耗空间；数字 2 和黄色代表流动安全性中等、存在流动安全风险，应加强监视，必要时采取适当的流动保障措施，如提高油温和增大排量等；数字 3 和红色代表流动安全性低，应尽量采取流动保障措施使管道流动安全性回到安全区域。

三、天然气管网运行优化技术

2006 年，中国石油成立北京油气调控中心，对所辖油气管网实施集中调度指挥、远程监控操作、维修作业协调和管网运行优化，标志着天然气管网调控运行模式从“分散控制”走向“集中调控”。随着西气东输二线、陕京三线和忠武线等大型天然气管道工程建成以及陆续投产，新老天然气管道相互连接交织成网，我国天然气管道业务进入了快速发展的阶段。天然气管网运行优化技术取得长足进展，优化范围从单条管道扩展到区域管网、优化时间状态从稳态优化深入到指定时段优化，在此基础上北京油气调控中心经过 10 年调控经验的积累，形成了一套自主创新、行之有效的天然气管网调控运行优化体系，并取得了显著的经济效益和良好的社会效益。

1. 天然气管网运行优化技术研究进展

天然气管网运行优化技术是综合考虑管网资源、市场以及输送能力等约束条件，通过设备仿真和优化算法，得到管网经济、高效运行方案的技术。参照空间维度，自下而上将大型天然气管网运行优化问题分为站内优化、管线优化和管网优化三级；参照时间维度，根据工艺参数是否随时间变化，天然气管网运行优化技术分为稳态运行优化技术和非稳态运行优化技术两类。

国外在天然气管网运行优化技术研究领域起步较早，20世纪60年代，美国、欧洲相继开始了输气管道运行优化问题的研究，到20世纪末，天然气长输管道或管网仿真模型和稳态优化运行模型（含离散变量，目标函数为全线能耗最小）也已经基本得到了公认[6]，研究人员只是从优化算法方面进行努力，以便更加快速和有效地求解运行优化模型，如动态规划算法、专家系统优化法、蚁群算法、遗传算法、神经网络算法等。21世纪初，国外油气管道仿真或优化软件公司逐渐推出了以降低能耗为目标的单条天然气管道运行优化软件产品，并取得了一定应用效果。国内石油院校与科研机构对天然气管网运行优化也进行了相应的研究，所建立和采用的优化模型与国外相近，取得的成果为国内复杂天然气管网安全、高效运行提供了重要的技术支持。近几年，中国石油在大型天然气管网通用稳态运行优化技术和天然气管道指定时段运行优化技术取得重要进展。

1）基于管网拆分和线性化技术的管网通用稳态运行优化技术

天然气网络化运行已成为必然趋势。相对于单管道单目标稳态运行优化而言，管网单目标稳态运行优化研究难度较大，主要表现为：通用性差、流向确定难度大、流量分配原则定量操作困难和计算量巨大等方面。将天然气管网单目标运行优化模型分为两级迭代模型求解，即第一级是流量层面优化，处理管道流向和流量分配；第二级是压力层面优化，形成管网压力分布和开机方案。整体求解流程如图3-11所示。

在分级处理过程中，为了实现求解，对管道流向确定和管网流量分配问题进行了必要的线性化预处理，然后为了进一步提高求解效率，使用商业软件求解预处理后的混合整数线性优化问题。显然，流量层面优化进行线性化预处理会降低求解的精度，因此，在压力层面优化时，调用压缩机和管道仿真函数进行精确求解。最后，让流量层面优化解和压力层面优化解反复迭代，直至收敛，得到天然气管网稳态运行优化较优解[7]。

2）天然气管道指定时段运行优化技术

天然气管网在实际运行时，并非一直保持稳态运行状态，而是处于不断变化的状态，因此，稳态优化模型不能完全满足管道的实际运行情况。天然气管道指定时段运行优化技术应运而生，该技术要解决的问题是在指定时段（小时级）内满足消费者需求的前提下，优化管网中气体的流动，使燃料气的消耗和开关压缩机的成本最小化。通过提出一种混合整数方法进行模型的建立，模型中的非线性项通过SOS条件进行分段线性近似，采用分支切割算法求解模型。在这个算法的框架中，需要适当处理SOS条件。为了得到一个可行解，基于模拟退火的思想，结合启发式方法，对模拟退火算法进行改进，计算得到分支定界树的上界，然后使用由多面体切换理论和SOS条件处理的切割法，求得分支定界树的下界，通过不断的定向搜索，最终得到使燃料气消耗达到最低的优化解。

2. 基于集中调控的天然气管网运行优化体系

在天然气管网运行优化技术发展的基础上，中国石油综合运用在线仿真、管网稳态运行优化和非稳态运行优化等技术，逐步形成一套基于集中调控、以实现全管网、全系统、全时段安全高效优化运行为目标、涵盖管网适应性分析、运行优化方案编制和日常调整控制的天然气管网运行优化体系。

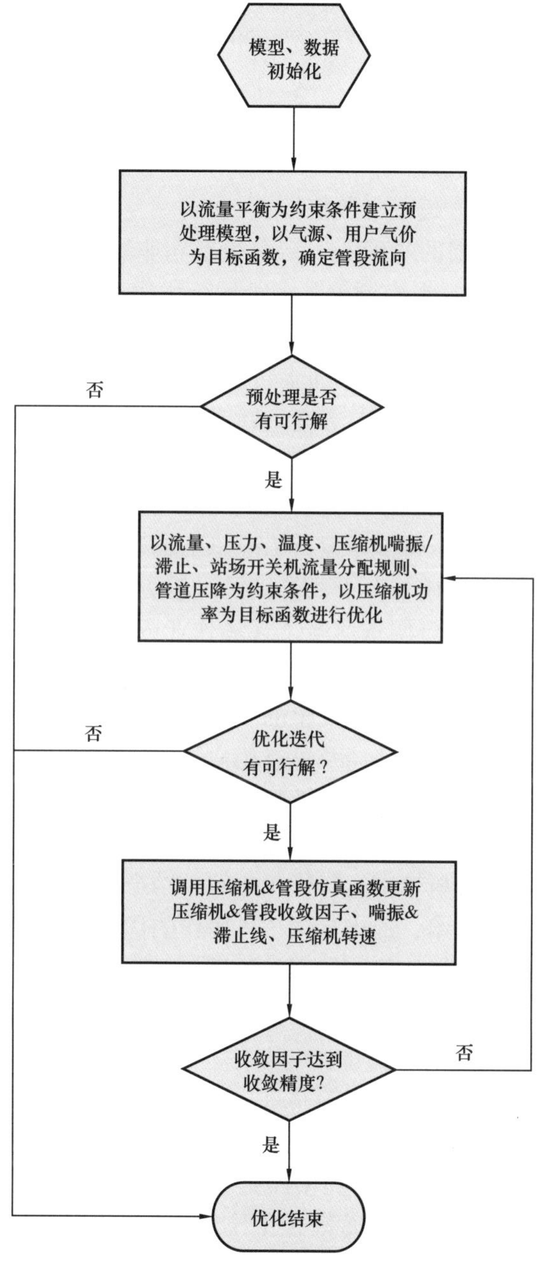

图 3-11　管网单目标运行优化求解流程图

1）管网适应性分析技术

天然气用户需求增长的连续性和资源开发及管道建设的阶段性特点决定了上游、中游、下游各环节发展不协调的问题将长期存在。无论是 4～10 年的管网规划，还是 1～3 年的管网计划，更多的是考虑资源配置与市场销售方案，从产、运、销平衡的角度对管网进行规划，而对运行过程中的实际情况考虑得不够细致，通常只考虑“能不能”，很少考虑“优不优”，管网运行和管网规划相对割裂。管网适应性分析技术分析天然气供应需求侧与管网发展的融合匹配，分析当前和规划管网输送瓶颈及运行风险，指导管道的规划、建设和改造。管网适应性分析技术以进销数据、区域管网和管道情况为条件，应用管网输气能力校核、输送瓶颈分析、用气规律总结、调峰潜能挖掘四项系统分析手段，形成了规划管道投产时间建议、站场适应性改造建议、区域管网最大供气能力、用户及管网用气不均匀性四类分析成果，将天然气管网业务规划、计划和管网运行有效整合，促进了上游、中游、下游整体优化和协调发展。

2）管网多级运行优化方案编制与调整技术

中国石油在原有月度计划的基础上，结合稳态和非稳态运行优化技术，创新提出了“月方案优化、周预测控制、日平衡调整”多级运行优化方案编制与调整技术，确保管网运行计划有效编制与实施。

在管网月度方案编制过程中，自下而上可分为三个层次：单条管线运行方案、区域管网运行方案和中国石油干线管网运行方案。针对单条管线，依据运行经验将输量按台阶划分形成输量台阶表，每个输量台阶下都有较优的全线压力分布和开机方案，以支撑上层区域管网和干线管网月度方案制订；不同管线组成区域管网后，通过在关键联络站进行转供，协调各管线间的流量分配，将多年运行工况总结成运行方案库并不断更新，使区域优化效果最佳；在此基础上，形成整个干线管网的月度方案，既满足了整体进销计划和管输任务的要求，也通过提前运行调整落实了现场作业的需求。由于气源和用户的实际供（提）气量与计划气量经常出现偏差，尤其是城市燃气用户更为明显，导致月度方案执行中存在不确定性。根据气源或用户已经发生的实际供气量及用气量，结合月度生产运行方案，预测未来一周各气源、各销售公司及重点用户的用气量变化趋势，以及大管网和区域管网（线）的管存变化情况，结合仿真软件和稳态优化软件的计算结果，提前针对月度方案进行适度调整，制订周运行方案，优化本周内管网运行。通过每日统计气源进气量、用户用气量和管存变化情况，分析管网运行优化空间，结合对运行的实时监测，借助在线仿真模拟以及指定时段优化等技术，提出具体、可操作的优化调整建议，通过调整管道之间的转供量，压缩机组的运行方式，保障管网的供销气量平衡和管存的稳定，实时优化管网运行。

3）管网运行优化控制点

通过梳理总结多年集中调控的关键控制点，中国石油创新形成了涵盖油气管网集中调控全产业链的“资源优化、销售优化、流向优化、机组优化、管存优化、压力优化”6 大优化控制点（图 3–12），提升日常操作优化程度，实现天然气供需精准匹配。

资源优化包括：当整个管网系统资源供给不足时，调控中心充分发挥多气源优势，统筹协调各气源比例，整体提升管网供气能力；当资源供给基本平衡时，结合仿真及优化软件，考虑各进气口经济和非经济输量区间，通过计划安排和日常调整，尽量做到最优进气。销售优化主要以增大销售量为目的，考虑多供气点用户的分输位置和不均衡用气等因素，采取日指定控制、分输量匹配、压力和流量调节等优化措施，维持管网运行稳定；同时，根据管网负荷率，向销售公司提供销售优化建议，增加管网整体效益。流向优化根据气源供气量和用户用气需求，调整各区域管网的流量分配以及区域管网间的流向和流量，降低管网系统的生产能耗，保障管网的平稳运行。管存优化的核心是对管存进行有效管理，调控中心通过管道仿真模拟与历史运行数据统计，针对各管道具体条件计算出相应的管存调节范围，建立“目标管存—应急管存—极限管存”的多区间管存管理。压力优化主要是以降低天然气管网能耗和控制目标管存为目的，通过机组运行工况及转供气量的调整，优化管网关键节点的运行压力。压力优化覆盖整个天然气管网系统。机组优化包括一系列原则，确保机组在高效区运行，大幅降低管网系统能耗。

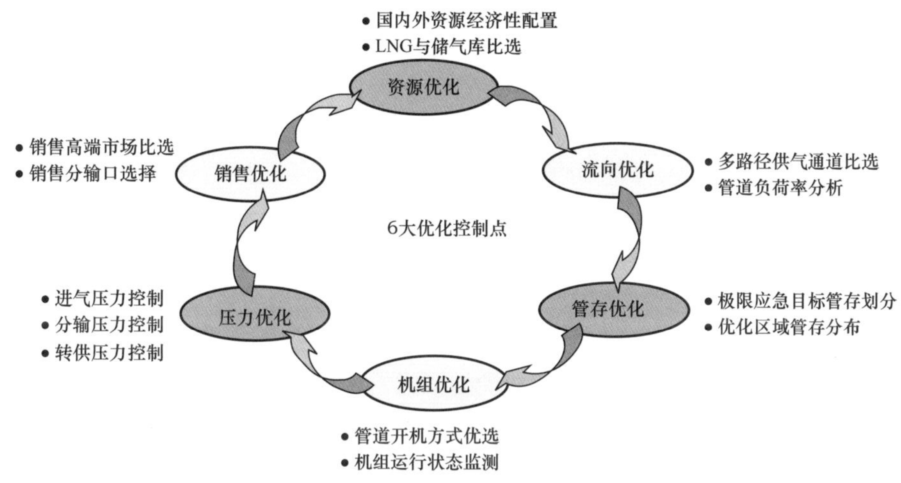

图 3-12　管网运行 6 大优化控制点示意图

3. 天然气管网运行优化技术应用效果

“十二五”期间，多项天然气管网运行优化技术得到有效应用，带动了天然气管网管控水平的全面提升，从规划管道的布局优化扩展到了现有管网的高效运行，不仅涵盖了管网与管道整体优化匹配，又注重单体设备运行效能；既包括优化运行方案的制订和实施，又覆盖了动态变化随之而来的日常适时优化调整。天然气管网整体能耗率（生产耗能与总输量比值）由 2012 年的 2.5% 降至 2016 年的 1.7%，运行优化程度达到了世界先进水平。同时，管网保供能力提升，维持了社会稳定和民族团结；管网应急能力增强，保障了国家能源供给安全；能源利用效率提高，取得了良好的节能减排效果，2012—2016 年合计节省管道生产能耗 173×10^4t 标煤，减少碳排放逾 500×10^4t，有效保障了人民群众的正常生活、企业的正常生产、社会的正常运转。

四、油气管道化学助剂研制与应用

油气管道化学助剂主要包括降凝剂和减阻剂。降凝剂通过物理或化学方法改变含蜡原油中正构烷烃的结晶形态，进而改善其低温流动性，已成为解决含蜡原油管道安全节能输送的主要技术措施之一。减阻剂通过特定的分子结构改善管道内液—固或气—固界面的紊流力学特性，即抑制或减缓紊流径向脉动，从而达到降低摩阻损耗、增大管道输量目的。2006—2015 年期间，中国石油先后利用自身技术力量攻关研制出含蜡原油纳米降凝剂和天然气管道减阻剂，在打破国外技术垄断的同时，也为国内油气管道输送业务的快速发展提供了有力的支持。

1. 纳米降凝剂

2008年，中国石油开展运用纳米技术改善含蜡原油低温流动性研究，制备出有效改善含蜡原油低温流动性的纳米降凝剂。基于纳米材料的特殊效应，采用纳米材料作为含蜡原油低温流动的改性剂，借助纳米技术改善含蜡原油中石蜡的结晶物理特性，弥补了加剂综合热处理工艺的缺陷。大庆原油添加100g/t纳米降凝剂分别在55～60℃处理后，在25℃条件下，与未处理原油和降凝剂综合处理原油相比，凝点分别降低了16℃和10℃，剪切速率在$50s^{-1}$下，表观黏度分别下降了86.7%和32%。静态稳定6天后，剪切速率在$50s^{-1}$下、22℃原油表观黏度387.7mPa·s，凝点18℃，原油仍处于流动状态，低温流动性较好，可使含蜡原油能够在较低的输送温度和较长的停输时间条件下安全、经济输送，实现含蜡原油的常温、低温输送和间歇输送[8]。

国外由于含蜡原油较少，降凝剂的研发自20世纪80年代以后进展并不大，而我国随着大多数油田开发进入中后期，易凝高黏原油开采比例有上升趋势，因此新型降凝剂的研发和应用仍然是储运工艺研究和应用的热点。

1）纳米降凝剂技术特征

在石油行业中已应用纳米材料的领域有润滑油、道路沥青和石油加工过程中的催化剂以及塑料加工业，其目的分别是提高润滑油的减磨、耐磨性能和道路沥青高温稳定性；纳米材料作为原油加工的催化剂可以提供大量催化活性位置，催化温度比其他类型催化剂低。利用纳米材料四大效应，改善含蜡原油中石蜡的结晶结构、形态以及低温原油流变特性，使低温原油结构强度减弱，实现含蜡原油具有很好的低温流动性能及凝点降低的目的。通过研究发现[9]：纳米降凝剂能够控制原油中石蜡结晶生长的空间，对多种原油具有很好的改性效果，改性原油具有静置保持低温流动的长时效性、二次加热温度可大幅度降低、很好地抗剪切性和热稳定性；同时，由于具有特殊的纳米材料性质，可将管道内壁凝油层携带出来，纳米降凝剂还具有“清道夫”的作用。

2）纳米降凝剂的作用机理

通过对高含蜡大庆原油进行的改性实验研究，认为纳米降凝剂可参与石蜡的结晶过程并影响晶体结构和聚集态结构，使低温原油的内部结构强度减弱并且动态与静态时效稳定性延长，可大幅度降低原油的凝点。纳米降凝剂对原油的降凝机理主要有以下三个方面[10, 11]：（1）晶核作用。纳米降凝剂中的纳米粒子成为晶核发育的中心，使油品中的小蜡晶增多，细化从而不易产生大的蜡团。（2）吸附作用。纳米粒子吸附在已析出的蜡晶核的活性中心上；而纳米降凝剂中的极性基团因与烷烃的排斥作用而处于晶核表面，它们阻止了晶核与晶核之间的凝结，故而避免形成三维网状结构。（3）蜡晶电荷排斥作用。由于蜡晶分散后的纳米粒子表面电荷的影响。蜡晶之间相互排斥，不容易形成三维网状结构，因此原油的流动性得以改善。

3）纳米降凝剂定制技术

纳米降凝剂是将纳米材料与复配剂通过一定的物理化学方法复配得出的，其中，关键技术主要是纳米材料的制备技术、与纳米级基材配伍性良好的复配剂的选取技术。

（1）纳米材料制备技术。

纳米降凝剂所需的纳米材料是一种有机/无机的纳米颗粒，是在纳米基材上通过化学反应进行适当的有机化接枝，控制纳米材料表面的有机物接枝的结构、含量等参数，使之可参与蜡晶的结晶过程并影响晶体结构和聚集态结构，达到降低含蜡原油凝点、黏度的目的。

（2）纳米级基材配伍性良好的复配剂选取技术。

通过对所需改性的原油中的蜡组分进行分析，以原油中蜡的碳数分布及结晶特性作为复配剂的选取条件之一，并结合纳米级基材的物理化学性质，选取出复配剂。

4）含蜡原油添加纳米降凝剂改性现场应用情况

高性能改善含蜡原油低温流动性的纳米降凝剂和高效率低耗能的原油处理工艺，是改善含蜡原油低温流动性并实现其安全、高效、节能输送工艺新技术的两大关键技术，为此，针对大庆原油开展了技术攻关。经秦京线、中朝线、石兰线工业应用先导试验验证，纳米降凝剂具有很好的降凝降黏效果，降凝幅度在15℃以上、降黏率在90%以上。分别在葫芦岛改线和丰润改线的工程投产中，应用纳米降凝剂首次实现了大庆原油的冷投产，为含蜡原油管道运行与投产提供了安全、经济技术保障。应用情况见表3–2。

表3–2　含蜡原油添加纳米降凝剂改性现场试验汇总表

时间	地点	解决的问题	取得的效果
2011.5	丹东	解决了中朝线高含蜡原油降温输送问题	加剂改性处理后的大庆原油凝点降至18～20℃，25℃下原油降黏率达90%以上，出站温度由75℃降至65℃后可间歇输送
2011.9	葫芦岛	首次采用加剂实现大庆原油投产，解决了高含蜡的原油管线投产的运行安全技术问题	投产期间经加剂58～60℃处理后，大庆原油凝点由33℃降低至18～20℃，同时黏度降低幅度达到90%以上，满足冷投产技术条件要求，保障了投产安全性和经济性
2011.9	迁安—丰润	解决高含蜡的原油管线冷投产的技术问题	加剂处理后的含蜡原油凝点由31℃降低至17～20℃，其效果满足冷投产技术条件要求，保障了投产安全性和经济性
2011.11	石空—兰州	验证了纳米降凝剂具有广泛的适用性，为全面推广应用做了更充分的准备	针对长庆原油，纳米降凝剂的降黏降凝效果与GY2降凝剂相当，但二次加热50℃后，纳米降凝剂的改性效果优于GY2降凝剂

综上所述，大庆原油经纳米降凝剂改性处理后，其低温流动性能得到很大提高，且静态稳定时效性非常好，可大大延长管道安全停输再启动的时间，并可实现含蜡原油的冷投及降温或常温输送。在含蜡原油管道中使用复合纳米粒子改性，改善原油的低温流动性，有利于实现长距离原油管道、海上管道、油田集输管道的间歇输送、降温输送和常温输送，可有效降低管输运行成本，提高管道的输送安全性，具有很好的应用前景。

2. 天然气管道减阻剂

随着国内天然气开发和应用的快速发展，对天然气管道的输送能力提出了更高的要求，输气减阻技术也受到广泛的关注。应用天然气减阻剂可以显著增加输量、降低压缩机的动力消耗、减少压缩机的安装功率和节约压气站数，所带来的经济效益是巨大的，有着很好的生产需求和市场前景。天然气减阻剂因要兼顾其进入管道后的雾化能力以及与管道内壁的结合能力，其分子量不宜过大；其次，天然气减阻剂的减阻作用区域也与油品减阻剂不同，天然气减阻剂分子直接与管道内表面结合，通过形成一层光滑、柔性的气—固界面来减缓气—固界面处的紊流脉动，从而达到减阻效果。由于在高速气流下天然气减阻剂分子与管内壁的结合难度较大，因此天然气减阻剂的作用效果要明显低于油品减阻剂。

向天然气管道内直接注入天然气减阻剂是针对管道内涂层减阻技术的不足而提出的，其技术原理是：研制含有极性和非极性基团的具有表面活性剂类似结构特点的聚合物，该类聚合物进入管道后，其极性基团可与管道金属内表面结合，形成一层光滑的膜，而非极性基团取代之前的气—固界面在气流和管内壁间形成具有一定弹性的气—固界面，可吸收来自中心气流的紊流脉动，从而减少中心气流作用于气固界面的径向力，并将吸收的湍流能通过弹性又散逸回中心气流中，从而达到减阻目的。

20 世纪 80 年代，美国以及欧洲的几个科研机构便开始了天然气管道减阻剂的研究。经过近 20 年的探索，到 21 世纪初，国外的天然气管道减阻剂研究实现了从无到有的突破，取得了很大进展，也成功进行了现场试验，但离工业化生产和应用还有不小的距离。

2005 年，中国石油在国内率先开展天然气减阻剂的研究，设计了国内首套天然气减阻效果评价装置，并探索出一套比较完整的评价方案；合成了数种具有减阻效果的化合物和聚合物；设计和制造了用于天然气管道减阻剂注入的雾化装置，实现了天然气管道减阻剂的工业化注入[12]。图 3-13 是天然气减阻剂雾化注入示意图，图 3-14 是雾化注入流程，该流程是：罐—计量泵—脉冲阻尼器—压力表—质量流量计—压力表—单向阀—喷嘴—管道。雾化注入方式的优点是对站场的改动小，容易操作；缺点是液滴会从气流中滑脱，在管道中堆积，成膜距离较短。因此只有在雾化注入的过程中严格控制各雾化指标，才能达到满意的注入效果。

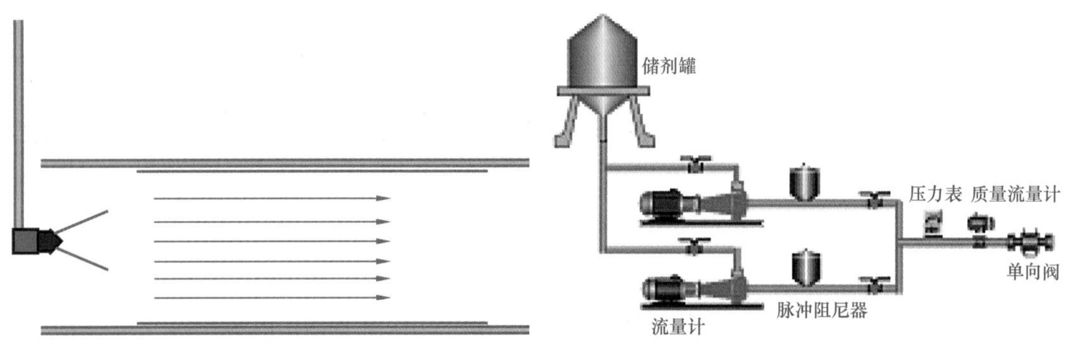

图 3-13　天然气减阻剂雾化注入示意图　　　图 3-14　天然气减阻剂雾化注入流程

泵压下天然气减阻剂液态制剂经过雾化喷嘴进入管道后有三种状态：（1）自流状态，泵压低、流速小；（2）射流状态，泵压较大、流速较大、液滴直径大、间距小；（3）喷流状态，泵压大、流速大、液滴直径微小、液滴间距大。自流状态和射流状态下都达不到良好的雾化效果，只有喷流状态下才能使减阻剂在管道内充分雾化，在这种状态下，液滴小而且均匀，容易被天然气携带，并依靠天然气的紊动扩散作用均匀地“涂敷”在管道内壁上。

评定液流雾化质量的关键指标为：雾化角、雾化细度、雾化均匀度。雾化细度越小、雾化均匀度越大，则液滴就越小且均匀，更容易被天然气携带，液滴与天然气之间的滑脱速度就越接近于零，液滴的沉降距离就越长，能够涂敷的管道也就越长，此时减阻剂的用量也最小。其次，雾化角应尽可能大，雾化角度较小时，液滴大部分集中在管道中心轴线附近，需要被携带一段距离后才能扩散到达管壁，因此在距离加注点最近的一小段下游管道内起不到减阻效果。根据以上认知，设计并安装了一套天然气减阻剂雾化注入系统，参数见表 3-3。使用该套装置完成了天然气减阻剂在长庆油田天然气集输管道和陕京一线输气管道上的工业试验，试验达到了预期效果，显示了良好的市场应用前景。

表 3-3　天然气减阻剂注入系统主要性能参数

喷孔直径，mm	0.8	计量泵流量，L/min	2
喷注压差，MPa	≥2	工作压力，MPa	≤12.5
喷注流量，L/min	0.5～2	驱动功率，kW	≥2.2
雾滴中微粒直径，μm	≤22	工作电压，V	380，220

第三节　管道完整性管理技术

管道完整性管理技术通过对管道面临的风险因素不断进行识别和评价、持续消除识别到的不利影响因素，采取各种风险消减措施，将风险控制在合理、可接受的范围内，最终实现安全、可靠、经济地运行管道的目的。

2006—2015 年，中国石油管道线路完整性管理全面推广应用，逐步完成了管道完整性管理深化、固化、提高、引领、创新的总体部署。通过开展高后果区识别、风险评价，完整性评价、维修维护、效能评价等各项工作，对管道风险进行了持续识别、评价和控制，取得较好效果，有效降低了管道事故率。尽管这期间处于管道大发展时期，同时大量功勋管道进入老龄化运行阶段，但是得益于管道完整性管理的全面实施，管道事故率逐步下降，极大地改变了传统的“浴盆曲线”中早期和晚期事故高发期的规律。

一、完整性管理体系

“完整性管理”的理念起源于欧美。“完整”是指管道系统结构完好、功能完备；“完整性管理”即是指为了保持系统结构和功能的完好而做的一系列管理工作。管道完整性管理是保障管道安全平稳运行的综合解决方案，通过防患于未然，尽量减少甚至规避事故的发生，业已成为全世界公认的管道安全管理模式。

美国最早开始实施风险管理，借鉴经济学和其他工业领域中的风险分析技术来评价油气管道的风险，以期最大限度地减少油气管道的事故发生率和尽可能地延长重要干线管道的使用寿命，合理地分配有限的管道维护费用。而后，该管理模式逐步发展，从而形成了系统的完整性管理模式。2001 年，美国机械工程师协会和美国石油学会分别发布 ASME B31.8S《输气管道系统完整性管理》和 API 1160《液体管道完整性管理系统》，标志着完整性管理技术正式成熟。

2004 年开始，中国石油借鉴欧美等国的成熟做法，开展管道完整性管理技术研究与应用，经过 10 年多的完整性管理实践（图 3-15），形成了一套成熟的管道企业完整性管理实施流程及体系框架（图 3-16）。

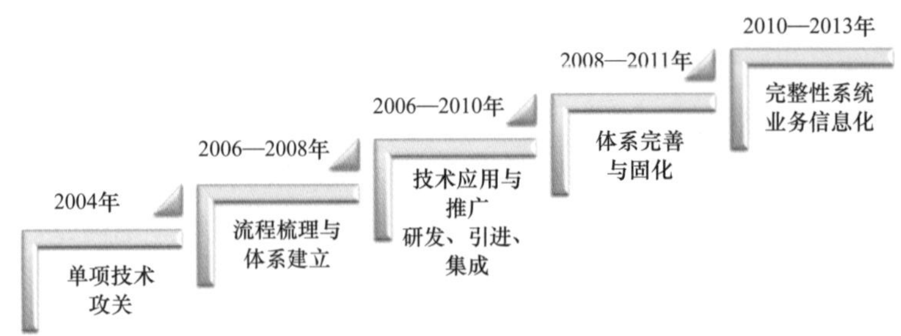

图 3-15 中国石油完整性管理发展历程

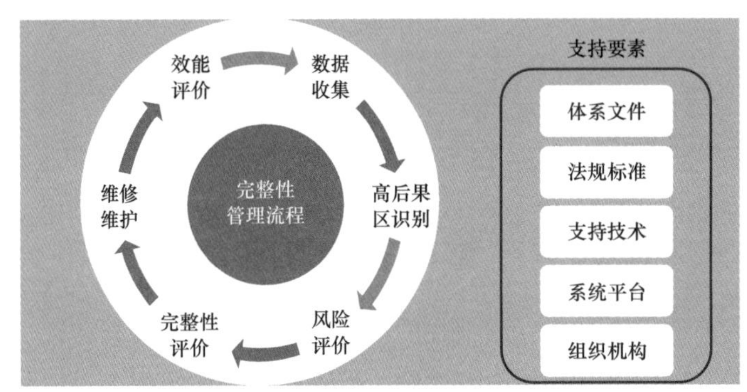

图 3-16 管道企业完整性管理实施流程及体系框架图

中国石油将完整性管理工作分成数据收集、高后果区分析、风险评价、完整性评价、维修维护及效能评价 6 个步骤，简称 6 步循环。为保证 6 个工作环节能够顺利实施，需要 5 个方面的支持要素，即体系文件、法规标准、支持技术、系统平台、组织机构。体系文件明确管理职责与流程；标准规范明确技术方法与要求；支持技术为各项工作提供技术支撑；系统平台实现各项工作的信息化，并提供数据支持；组织机构提供人员基础保障，各要素协同保障完整性管理 6 步循环顺利实施[13-15]。

该体系能够系统全面地指导油气管道运行维护管理，使管理程序化、标准化。“十一五”期间，中国石油基本完成了“上下衔接”的管道完整性管理体系文件的建设，研究和引进了数十项推广应用完整性管理所需的核心支持技术并建立了配套技术标准，完成了管道完整性管理信息系统的开发；“十二五”期间，管道完整性管理已进入成熟应用阶段，取得了较好应用成效[16, 17]。

1. 体系文件

2008 年，中国石油发布《管道完整性管理手册》（线路部分），并全面推广应用；2014 年，结合国内外最新发展及最佳实践，在之前体系文件基础上升级完善，编制了《管道完整性管理指南》（线路部分），并于 2015 年 1 月发布实施，完整性管理体系手册及文件框架如图 3-17 所示。

2. 法规标准

中国石油率先引进油气管道完整性管理技术，早在 2005 年通过采标将美国 ASME B31.8S《输气管道的完整性管理》转化为石油行业标准 SY/T 6621—2005《输气管道系统完整性管理》，用于指导输气管道完整性管理的实施。2006 年，通过采标将 ANSI/API 1160《有害液体管道系统的完整性管理》转化为石油行业标准 SY/T 6648—2006《危险液体管道的完整性管理》，为原油、成品油、轻烃管道的完整性管理提供指南。

图 3–17　完整性管理体系手册及文件框架图

中国石油已陆续形成了多项完整性管理相关行业标准，并结合中国石油自身管道特点建立了 Q/SY 1180 完整性管理企业标准体系。此外，中国石油凭借多年实施完整性管理的经验，于 2015 年发布了油气管道完整性管理国家标准 GB 32167—2015《油气输送管道完整性管理规范》，规定了油气输送管道完整性管理的内容、方法和要求，包括数据采集与整合、高后果区识别、风险评价、完整性评价、风险消减与维护、效能评价等环节。

目前，中国石油已编制包括国家标准、行业标准、企业标准三级标准近 100 项（图 3–18），覆盖完整性管理 17 项核心业务活动，每年通过制修订完成标准的持续更新。

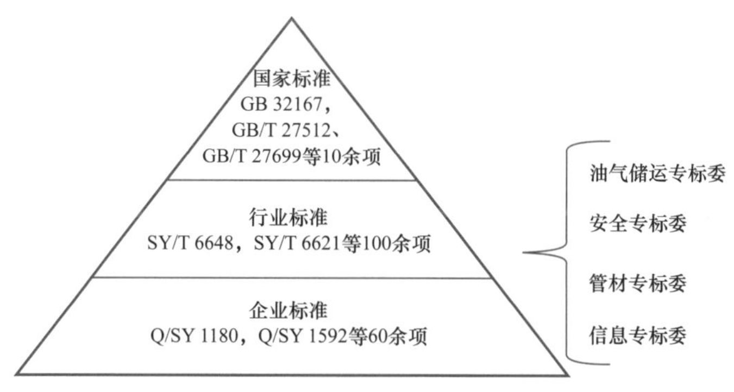

图 3–18　完整性管理标准体系框架图

3. 支持技术

经过多年技术发展和积累，管道完整性管理技术体系不断丰富，目前包含管道完整性数据管理、管道风险评价、管道检测与评价、管道腐蚀与防护、管道安全预警与泄漏监测、地质灾害防护、管道维抢修、管道完整性管理体系建设等 8 大技术方向的 20 项技术，技术体系见表 3–4[18]。

表 3–4　管道完整性管理技术体系

技术方向	技术名称
管道完整性数据管理	管道完整性数据采集
	管道完整性数据分析
	管道完整性系统开发与运维

续表

技术方向	技术名称
管道风险评价	管道高后果区识别
	管道半定量风险评价
	管道环境风险评价
	管道定量风险评价
管道检测与评价	管道内检测
	管道缺陷评价
管道腐蚀与防护	管道阴极保护和杂散电流干扰数值模拟技术
	直流杂散电流负干扰减缓技术
	阴极保护参数自动监测技术
管道安全预警与泄漏监测	油管道泄漏监测技术
	基于相干瑞利的管道光纤安全预警技术
地质灾害防护	管道地质灾害半定量风险评价技术
	管道地质灾害监测预警技术
管道维抢修	管体缺陷修复技术
	管道不停输封堵技术
管道完整性管理体系建设	管道完整性管理审核技术
	管道效能评价技术

4. 系统平台

中国石油已成功搭建并运行全部自主知识产权的企业级管道完整性管理系统平台（图 3-19），覆盖 9 个地区公司、58 个分公司、621 个基层站队、2400 名用户、7×10^4 余千米管道；实现 10 个业务领域，41 个业务流程的统一规范管理；风险全过程闭环控制、主动预防，优化管道运维资源投入，提升安全管理水平。

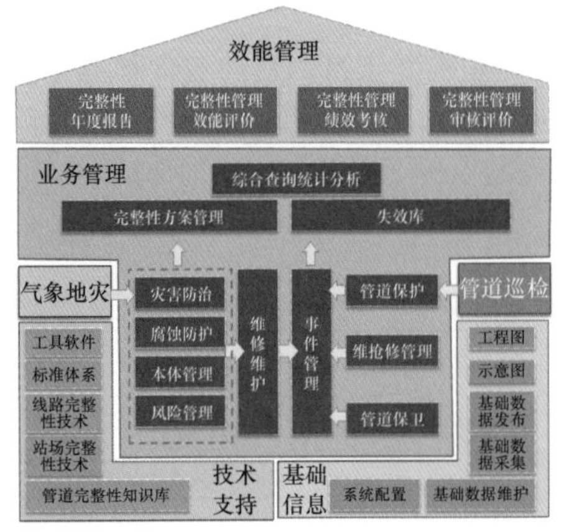

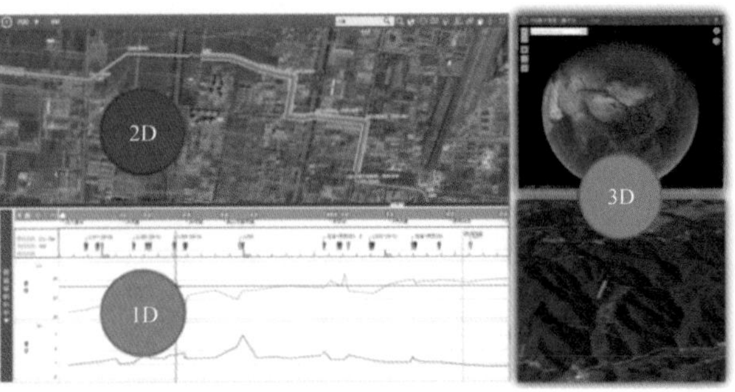

图 3-19　完整性管理系统平台框架及展示图

5. 组织机构

中国石油各管道公司均设立专门的完整性管理部门或专职完整性管理岗位，建立健全岗位责任制，推行全员参与、各部门沟通协作的完整性管理实施模式，健全的培训与考核机制，保障工作的顺利推进。

管道完整性体系建设从研发到实际应用不断完善，目前已较为成熟，达到国际先进水平，已在中国石油 5 家长输管道地区分公司和 2 家油田公司推广应用，指导各公司开展完整性管理工作，保证完整性管理的有效实施。同时，该技术经验和部分成果已成功应用于站场和燃气管网完整性体系的建设。

二、管道风险评价技术

管道风险评价技术是管道完整性管理的关键技术之一。该技术通过获取管道数据资料，从失效可能性和失效后果两个方面进行综合评价，确定管道风险水平，并有针对性地提出相应风险控制措施。技术方法一般包括定性方法、半定量方法和定量评价方法。“十二五”以来，中国石油管道风险评价技术研究和应用取得了重要进步，半定量风险评价技术形成软件产品和行业标准，并广泛应用于生产，每年评价管道 3×10^4 余千米，为合理配置维修维护资源提供了重要技术支持；定量风险评价开展了系列科研攻关，突破关键技术瓶颈，并在多个高后果区进行试点应用，技术逐步成熟。

“十二五”期间，国外风险评价技术也取得了较大的进步，Kent 评分法发布了第 4 版；DNV 和加拿大 C–Fer 公司等在失效概率定量计算方面取得了突出进展；管道泄漏后果定量评价技术逐步成熟。国际上应用较多的管道线路风险评价方法是以 Kent 评分法为代表的半定量风险评价方法，自 1992 年 W.Kent.Muhlbauer 出版《管道风险管理手册》以来，半定量风险评价技术在欧洲、美国等管道运行企业广泛应用，并不断发展。2015 年《管道风险管理手册》发布第 4 版，根据前三版风险评价模型应用过程中出现的问题，提出了新的风险评价方法。该方法将管道泄漏失效影响因素分为三个层次：威胁因素、防护措施和管道抗力，运用故障树的逻辑门运算法则，有效提高了评价结果的准确性[19]。

国外从事定量风险评价研究主要有加拿大 C–Fer 公司和 DNV 等机构，在过去几年内提出了管道失效概率定量计算方法。加拿大 C–Fer 公司采用基于失效数据统计法和基于结构可靠度方法，开展失效概率的定量计算。其中基于失效统计的方法是根据管道系统历史失效数据库，开展失效概率的定量预测，并根据管道具体情况修正管道失效概率值。基于结构可靠度的方法起源于加拿大，通过分析外力载荷和管道本身抗力的关系，采用蒙特卡洛模拟方法确定管道发生失效的概率[20]。加拿大 C–Fer 公司在该方面做了较多的研究工作，开发了评价软件 Piramid，目前该项评价技术在国外没有大规模应用案例，处于技术研究阶段。DNV GL 开发了多因素可视化风险分析（Multi–Analytic Risk Visualization）模型及软件，能够对内腐蚀、外腐蚀等因素开展定量计算，作为外腐蚀直接评估（ECDA）、内腐蚀直接评估（ICDA）或者应力腐蚀直接评估（SCCDA）过程的一部分，可对腐蚀发展规律预测分析，该项技术目前在北美、中东、中国等一些管道开展了试点应用。

“十二五”以来，我国管道风险评价技术的研究和应用取得了重大进展，管道全线综合风险评价与关键点定量风险评价技术研发了相应的评价模型，形成了相关的技术方法和技术标准。

中国石油研发的半定量风险评价软件取得了大规模的广泛应用，油气管道定量风险评价技术取得了一定进展。

中国石油自 2009 年开始，每年开展风险评价工作，将管道风险评价作为保障管道安全的重要手段，2015 年中国石油发布了新版具有自主知识产权的风险评价软件 RiskScoreTP，该项技术在中国石油所属管道企业广泛应用，每年采用该技术进行风险评价的管道超过 3×10^4km。

RiskScoreTP—油气管道风险评价系统（图 3–20）用于对油气管道开展风险评价。通过采集管道基础属性、周边环境、监测检测、维修维护、生产运行等多源数据，获取管道风险综合指数，明确管道风险等级，确定管道高风险管段，以科学合理地制订管道维修维护计划。该系统采用先进的基于危害与防护的管道风险评价模型，评价第三方损坏、腐蚀、地质灾害、制造与施工缺陷等类型管道风险，系统包含四大功能模块，分别为数据管理、结果查询、风险管理和地图展示。

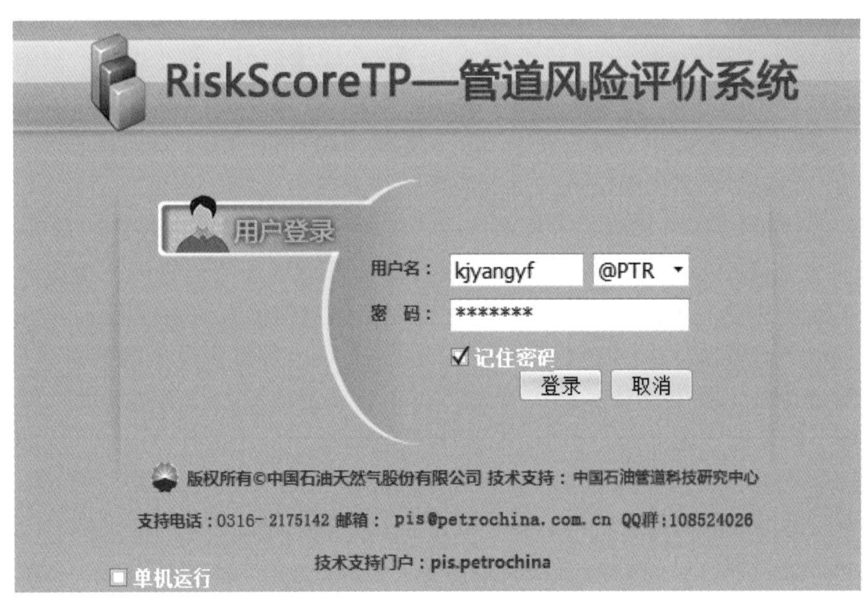

图 3–20　RiskScoreTP—油气管道风险评价系统软件界面

RiskScoreTP 采用基于威胁与防护的风险评价模型（图 3–21），模型综合考虑了第三方损坏、外腐蚀、内腐蚀、制造与施工缺陷、误操作、地质灾害等风险因素和影响后果。针对每个影响因素设置二级评价指标，从威胁发生可能性、导致管道泄漏可能性和防护措施有效性 3 个方面建立指标之间的耦合关系，计算管道风险。评价软件开发了数据管理、风险计算、结果查询、风险管理、地图展示等功能模块，可方便、快捷地开展管道风险评价工作，是目前我国管道行业应用最广泛的管道风险评价方法。

管道定量风险评价技术目前主要针对高后果区等关键点开展，当油气管道周边人口密度较大且与管道距离较近时，可以采用定量风险评价技术判定管道风险水平是否可接受[21]。定量风险评价是对油气管道发生事故频率和后果进行定量分析，并与可接受风险标准比较的系统方法。采用定量风险评价技术时，可以从热辐射与冲击波影响距离、个人风险、社会风险等方面确定管道风险水平。

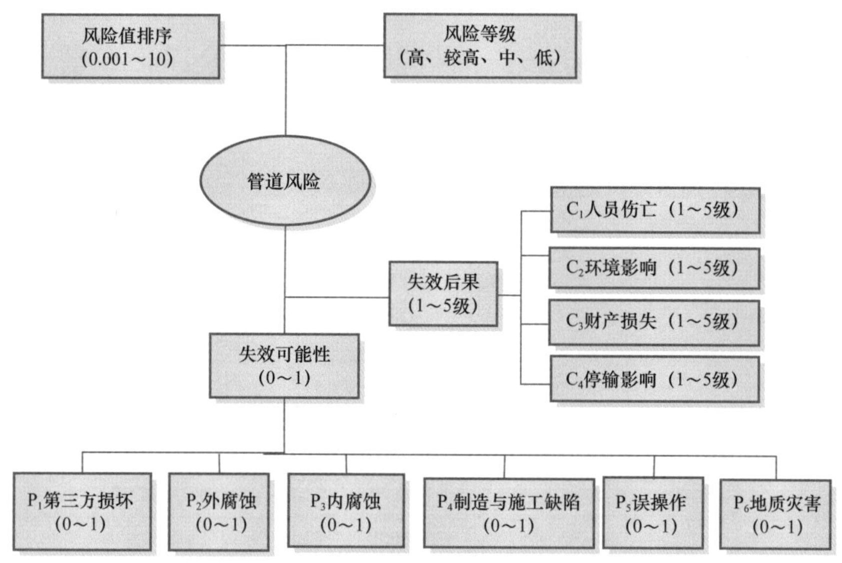

图 3-21　风险评价技术模型构架

个人风险是指在某一区域长期生活、工作的，并未采取任何防护措施的人员遭受区域内各种潜在事故 / 危害而死亡的概率，通常用年死亡概率表示，结果以个人风险等值线表示。对于区域内的任一危险源，其在区域内某一地理坐标为（x，y）处产生的个人风险都可由式（3-1）计算，即在特定泄漏事件 f 下，所有气象条件 M 及所有点火事件 i（可燃物）条件下的死亡概率值。

$$IR=\sum_{M}\sum_{i}f\times P_{\mathrm{M}}\times P_{i}\times P_{\mathrm{d}} \tag{3-1}$$

式中　IR——个人风险，无量纲；

f——管道失效概率，无量纲；

P_{M}——气象条件概率，无量纲；

P_i——点火概率，无量纲；

P_{d}——人员死亡概率，无量纲。

社会风险是对个人风险的补充，指在个人风险确定的基础上，考虑到危险源周边区域的人口密度，发生群死群伤事故的概率。社会风险通常用累积频率和死亡人数之间的关系曲线（F—N 曲线）表示。

国家安全监督管理总局于 2014 年 4 月 22 日提出《危险化学品生产、储存装置个人可接受风险标准和社会可接受风险标准》，其中包含新建管道及在役管道的风险个人可接受标准表。通过将个人风险和社会风险计算结果与该标准相对比，可确定管道风险是否可接受。

中国石油开展了油气管道定量风险评价技术科研攻关，针对人口密集型高后果区管道特点，在系统分析油气管道的泄漏扩散特征及扩散过程的基础上，建立了管道泄漏、扩散、火灾爆炸、人员安全风险等一体化的事故后果定量分析技术，研发了评价软件 RiskInsight—油气管道定量风险评价系统（图 3-22）。

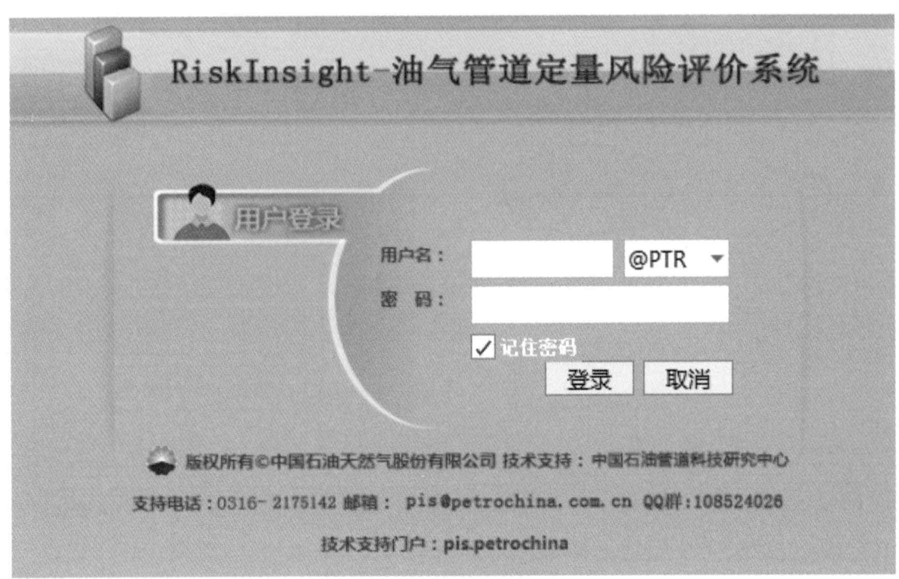

图 3-22 定量风险评价软件界面

“十二五”期间，管道风险评价技术标准更趋完善，制修订了多项管道风险评价标准。如 SY/T 6859—2012《油气输送管道风险评价导则》、SY/T 6891.1—2012《油气管道风险评价方法 第 1 部分：半定量评价法》、Q/SY 1180.3—2014《管道完整性管理规范：第 3 部分风险评价》等标准，通过这些标准的制订和实施，有效地规范了管道风险评价工作的流程、内容和技术要求，推动了风险评价技术的发展。

三、管道完整性管理系统（PIS）

中国石油管道完整性管理系统（Pipeline Integrity Management System，简称 PIS）是中国石油首个独立自主研发的企业级管道完整性信息化系统，是集网上办公、业务管理、技术支持与决策分析于一体的综合性系统，面向不同层级、不同需求的用户群体，覆盖操作层、管理层、技术层、决策层。系统主要包括管道完整性管理、气象与地质灾害预报预警和管道巡检三大业务平台。在“十二五”期间，制定了管道完整性系统企业标准，同时完善系统功能、优化数据模型，提高基础数据质量，增加移动应用等，并且取得了重要的进展，为管道的安全运行提供保障。截至 2015 年底，管道完整性管理平台、管道巡检平台实现 5 家管道运营公司的推广应用；气象与地质灾害预报预警平台则面向中国石油勘探、炼化、管道、运输、销售五大专业公司，实时提供 30 余类权威气象与地质灾害预报预警信息。PIS 功能架构如图 3-23 所示。

1. 管道完整性管理平台功能介绍

管道完整性管理平台是开展管道日常运行维护与完整性管理的信息化管理平台，包括业务管理、基础信息、技术支持、效能管理、数字管道、气象与地质灾害预报预警、巡检管理 7 个子系统，满足了专业公司、地区公司、分公司 / 管理处、基层站队 4 个层级用户的不同管理与应用需求。该平台通过数据统一化、管理流程化、业务配置灵活化，实现了管道完整性 10 大类 70 余子类数据的规范存储与共享、业务管理的上下贯通与闭环，是协助企业实现精细化管理的重要手段。

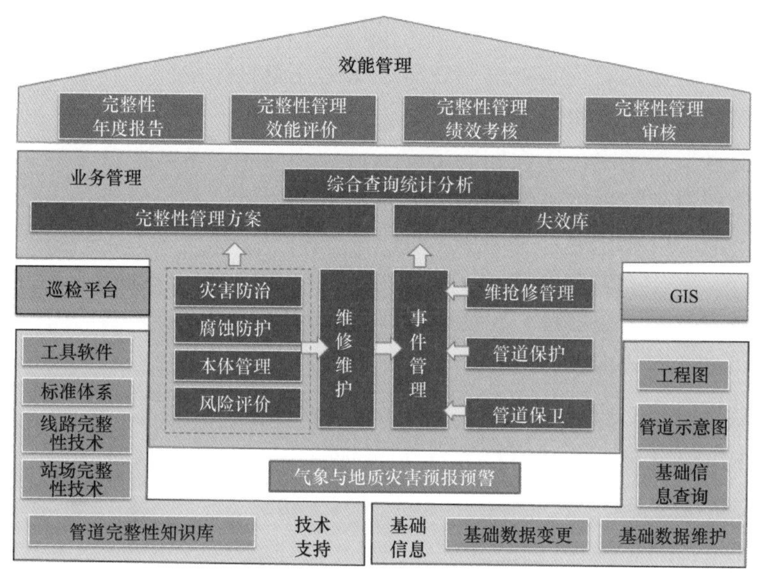

图 3–23　PIS 功能架构图

2. 业务管理子系统

业务管理子系统以专业公司、各地区公司、地区分公司 / 管理处和基层站队的管道管理日常业务为核心，涵盖了完整性管理方案、风险管理、本体管理、腐蚀防护、灾害防治、管道保护、管道保卫、维修维护、维抢修管理、事件管理等 10 大模块业务，计划管理、业务培训 2 个个性化定制业务，系统以管道完整性管理方案为依据，将完整性管理方法融入日常管理工作流程当中，实现管道日常业务的网上办理、流转和监督，确保了业务数据的规范填报与存储，是各层级管道资产管理部门的日常工作界面和维修维护费用预算、投资的决策支持平台。业务管理子系统界面如图 3–24 所示。

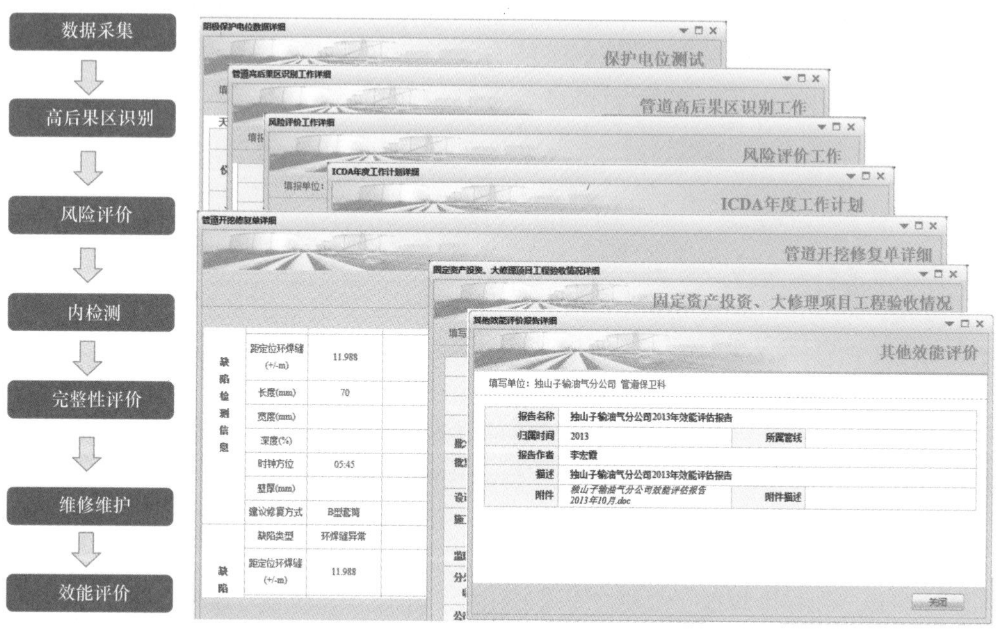

图 3–24　业务管理子系统界面示例

3. 基础信息子系统

基础信息子系统包括管道基本信息发布、管道完整性工程图、管道示意图、管道基础数据维护、查询和基础数据变更等功能模块。

管道基本信息发布是定位于面向管道完整性应用的综合信息服务平台，通过该模块可以让用户方便地获取到管道完整性相关的属性信息，为管道的日常管理、检测评价、应急管理提供信息查询、可视化展示等。

管道完整性工程图是基于管道完整性数据库，实现管道完整性图纸的自动批量生成，生成各种样式的完整性工程图纸。主要输出数据类型包括标准工程图、DOT 工程图、纵剖面工程图、多线纵剖面工程图、路权。

管道基础数据维护、查询及变更，实现管道基础数据的人工实时维护、查询及桩、管理范围、快速上线等变更。基础信息子系统界面如图 3–25 所示。

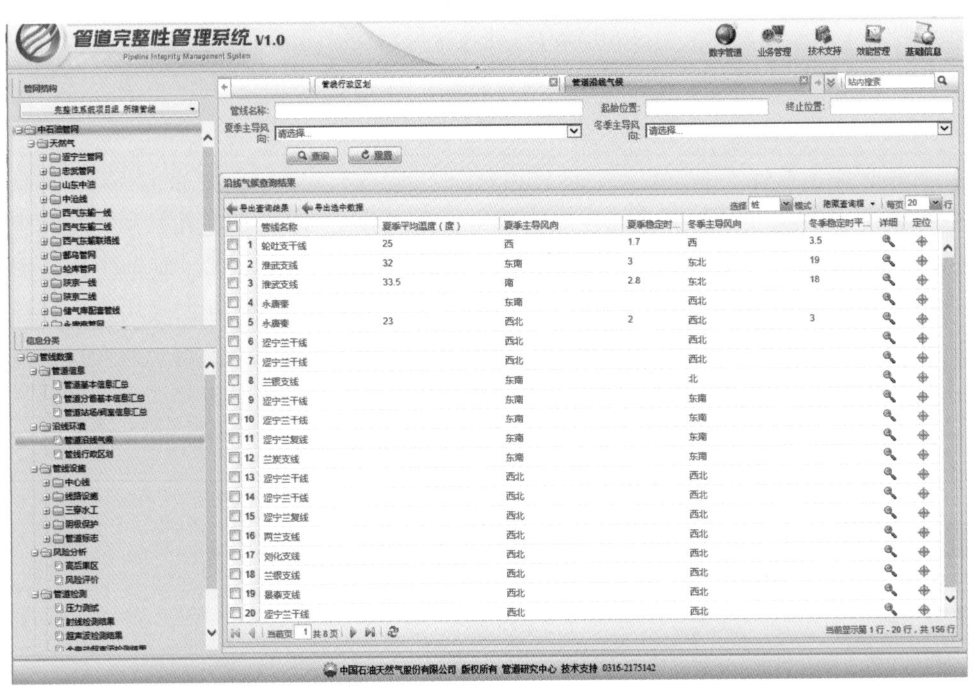

图 3–25　基础信息子系统界面示例

4. 技术支持管理子系统

技术支持管理子系统是集成完整性管理支持技术，主要包含作业文件、标准、法规、模板、案例等文档资料以及专家信息、专业软件工具等内容，为完整性管理过程提供支持技术，促进中国石油完整性管理技术发展。

技术支持管理子系统将基于完整性技术集成成果，从而实现综合、全面的技术管理与共享平台。

其中管道完整性知识库可以实现对完整性技术资料及知识体系的集成化管理，包括管道设计、运行、检测、评价、修复、应急等各个阶段的技术文档、法规、体系、标准以及教材等的统一管理和授权共享，实现对文本、图表、照片、音视频等多种媒体信息的分类管理、检索、发布。技术支持子系统界面如图 3–26 所示。

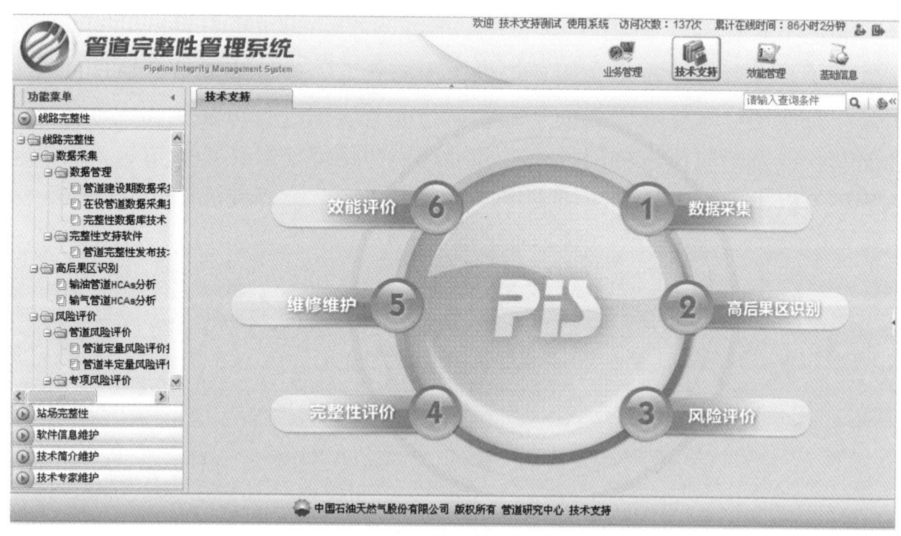

图 3–26　技术支持管理子系统界面示例

5. 效能管理子系统

通过明确管道完整性管理的内容、步骤和方法，利用效能测试方法不断完善管道完整性管理体系，提高完整性管理能力，使完整性管理的各环节或方法达到完整性管理的目标，以提高完整性管理体系的有效性。系统主要包括完整性管理效能评价、完整性管理审核评级、专项效能评价和完整性管理年度报告发布等功能。效能管理子系统界面如图 3–27 所示。

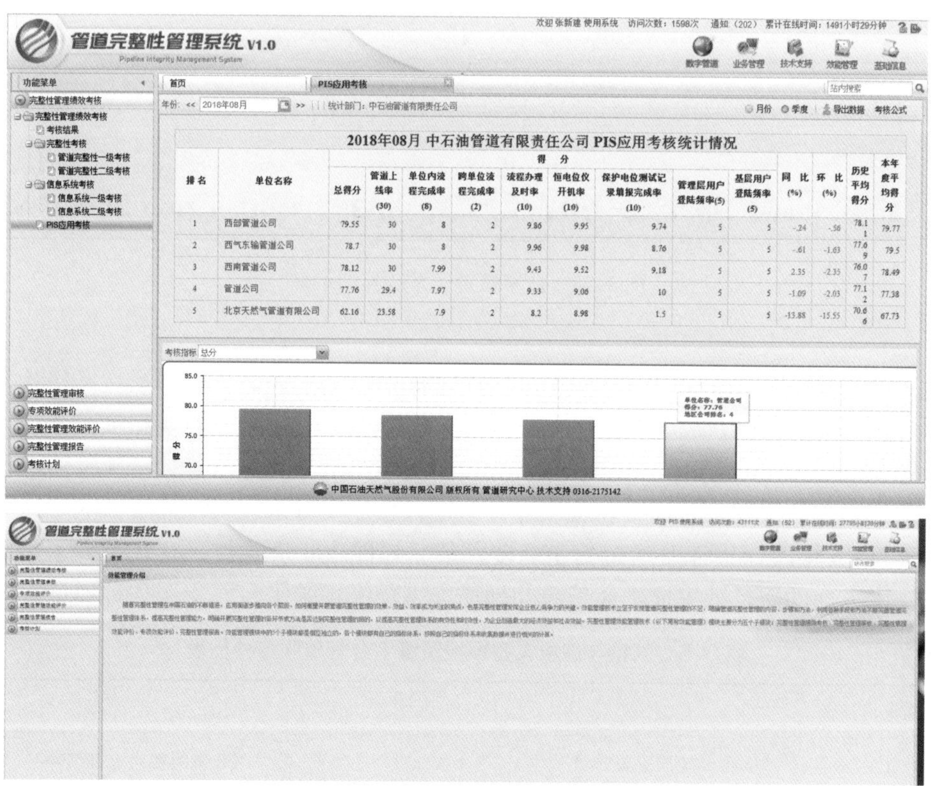

2018年08月 中石油管道有限责任公司 PIS应用考核统计情况

排名	单位名称	总得分	管道上线率(30)	单位内流程完成率(8)	跨单位流程完成率(2)	流程办理及时率(10)	恒电位仪开机率(10)	保护电位测试记录填报完成率(10)	管理层用户登陆频率(5)	基层用户登陆频率(5)	同比(%)	环比(%)	历史平均得分	本年度平均得分
1	西部管道公司	79.55	30	8	2	9.86	9.95	9.74	5	5	-.24	-.56	78.11	79.77
2	西气东输管道公司	78.7	30	8	2	9.96	9.98	8.76	5	5	-.61	-1.03	77.69	79.5
3	西南管道公司	78.12	30	7.99	2	9.43	9.52	9.18	5	5	2.35	-2.35	76.07	78.49
4	管道公司	77.76	29.4	7.97	2	9.33	9.06	10	5	5	-1.09	-2.03	77.12	77.38
5	北京天然气管道有限公司	62.16	23.58	7.9	2	8.2	8.98	1.5	5	5	-13.88	-15.55	70.66	67.73

图 3–27　效能管理子系统界面示例

6. 数字管道子系统

数字管道子系统以 GIS 技术为用户提供了面向管道完整性多类业务应用的管道基础数据服务平台，方便用户对辖属管线的基础数据与业务应用进行可视化和规范化的管理，实时掌握和更新管线及附属设施的属性信息和沿线周边环境信息，为管道日常管理、检测评价、应急管理等提供数据支持和决策支撑。数字管道子系统界面如图 3–28 所示。

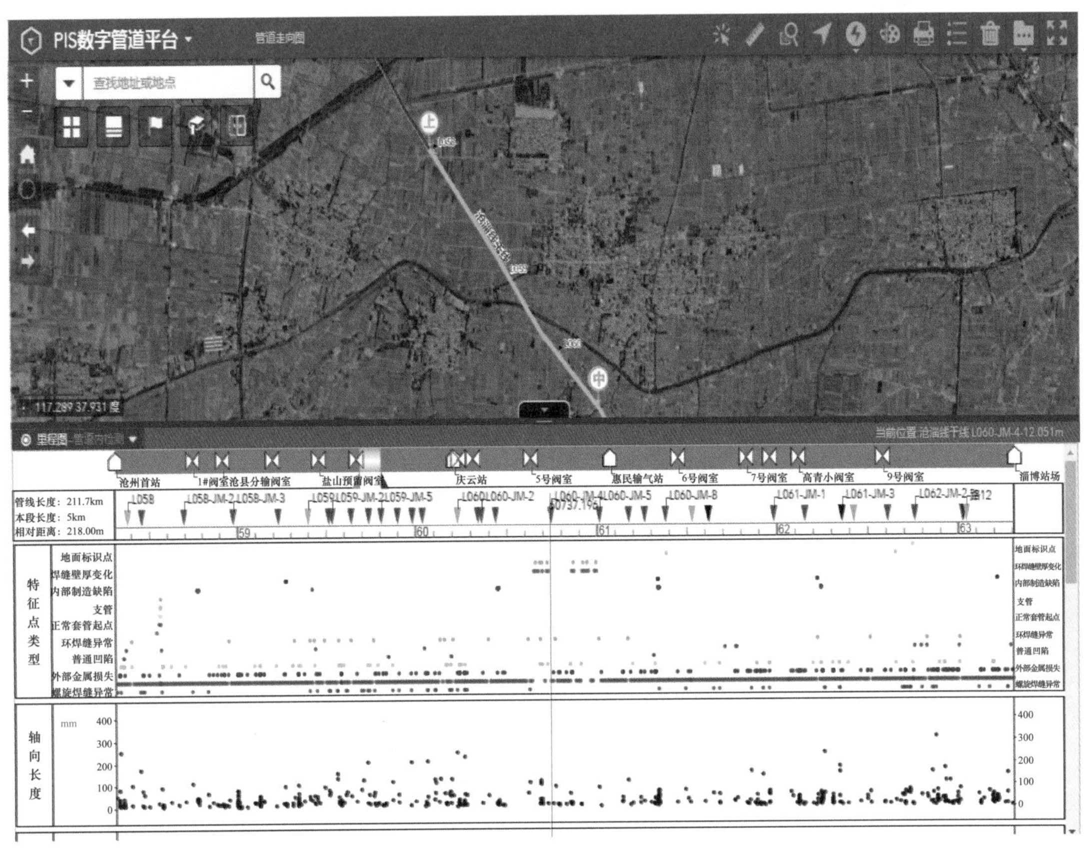

图 3–28　数字管道子系统界面示例

7. 气象与地质灾害预报预警

气象与地质灾害预报预警平台（访问地址：http：//wgs.cnpc/）以国家权威机构发布的 30 余类气象和地质灾害预报数据为基础，各专业公司关注的灾害类型和预警条件，通过对气象数据叠加分析计算出处在高等级预警范围内的各级企业，实时将预警信息通过网站、邮件、短信等多种方式通知相关企业，以便各企业及时采取防范措施，减少损失。

截至 2015 年底，累计发送短信 100 多万条、邮件 300 余万封，有效提升了中国石油在自然灾害方面的防控减灾能力。气象与地质灾害预报预警平台气象服务种类见表 3–5。

表 3–5　气象与地质灾害预报预警平台气象服务种类表

一、地质灾害预警			
1	24h 全国地质灾害预警	2	72h 全国地质灾害预警

续表

二、短期气象预报			
1	未来 24h，48h 和 72h 降雨预报	2	未来 24h，48h 和 72h 降雪预报
3	全国高温区域预报（>35℃时）	4	全国低温区域预报（冬季 12 月至次年 2 月）
5	全国大雾落区预报	6	全国大风降温预报
7	全国范围冻雨预报		
三、中期气象预报			
1	一周内 39 个重点城市降水预报	2	一周内 39 个重点城市温度预报
3	全国旬降雨量预测	4	全国省会城市旬极端最高温预测
四、长期气象预测			
1	月气候预测	2	汛期气候预测
3	季节气候预测	4	半年度气候预测
五、其他			
1	全国实况降水数据	2	沿海、近海、远海天气预报
3	31 重点城市地温实况数据	4	31 重点城市地温历史数据

8. 巡检管理子系统

巡检管理子系统与业务子系统的无缝对接实现了巡线计划、执行与考核的全方位、全周期的管理。实现指令及时、准确下达，数据从源头上报。巡检系统界面如图 3–29 所示。

9. 管道完整性管理系统主要特点

1）通过业务逻辑实现闭环控制

PIS 将管道完整性管理 6 步循环管理理念与方法（数据采集、高后果区识别、风险评价、完整性评价、维修维护、效能管理）与实际管道管理 10 个业务领域（完整性管理方案、风险管理、本体管理、腐蚀防护、灾害防治、管道保护、管道保卫、维修维护、维抢修管理、事件管理）相融合，促进精细化、规范化管理的落地，实现管道风险识别、分析、控制与销项的闭环管理，为科学制定完整性管理计划，优化检测、维护和维修的资金投入提供支持。管道完整性闭环管理如图 3–30 所示。

2）通过信息挖掘凸显数据价值

以业务驱动为核心，根据数据的相关性分析凸显数据价值：

（1）专业检索。实现覆盖全部业务数据的智能检索工具，一键回车完成全库搜索，并对结果进行结构化展示。

（2）数据挖掘。与业务无缝集成的数据挖掘工具，以任一业务数据为起点，关联查询相关业务数据。

（3）数据可视化。通过数字管道实现多专题地图展示，以及多种类数据基于里程对齐的图形化显示，展现不同数据间潜在联系。

数据及知识共享体系如图 3–31 所示。

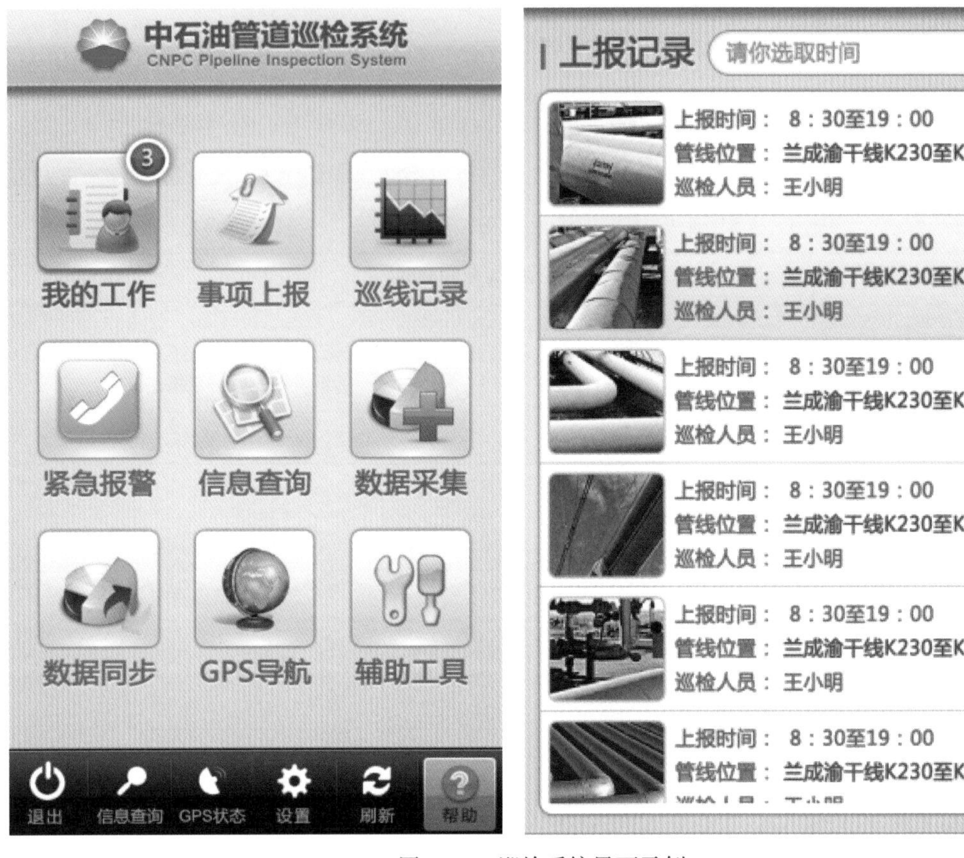

图 3-29 巡检系统界面示例

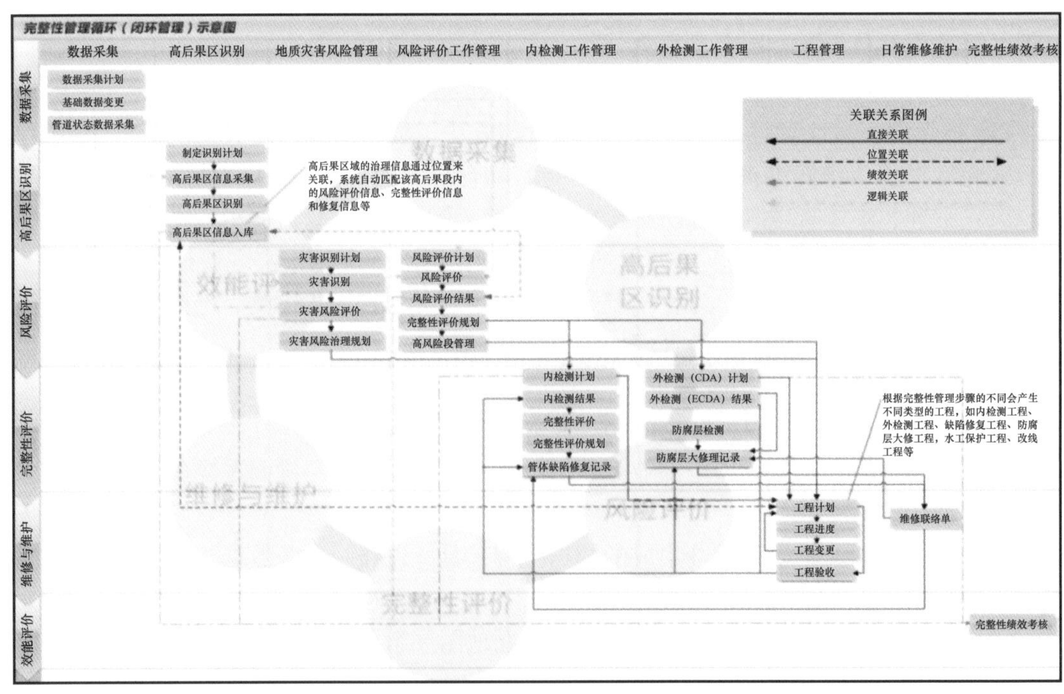

图 3-30 管道完整性闭环管理示意图

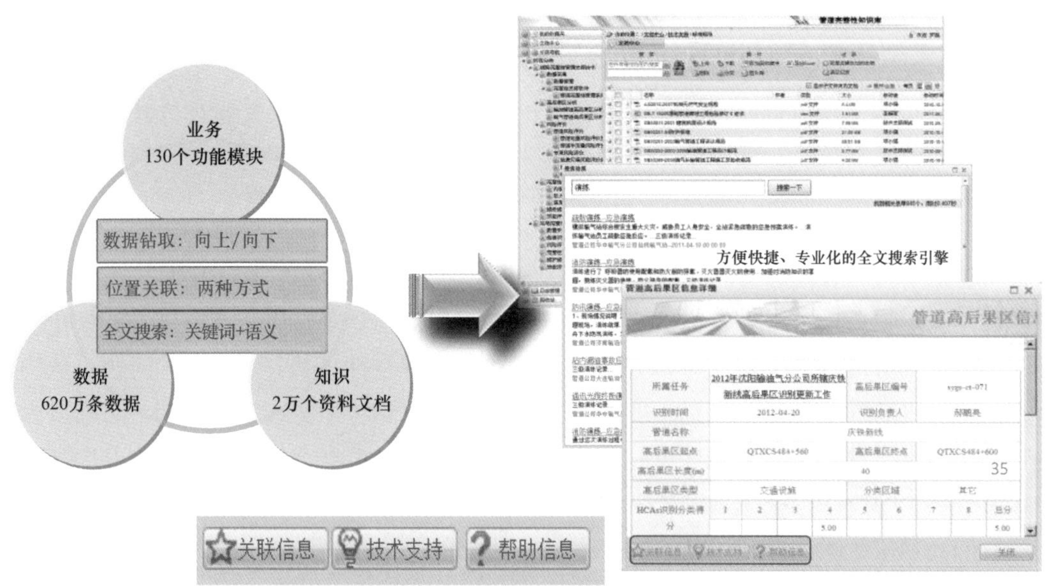

图 3-31 数据及知识共享体系

3）通过知识共享汇集企业智慧

PIS 知识库打破不同知识拥有者之间的壁垒，实现知识在组织内的自由流动和使用，汇集个人知识，降低知识获取成本，推进知识的应用与创新。

4）通过用户互动发掘个人潜能

PIS 同时也是进行技术、业务交流的互动平台。从决策层到操作层，从办公室电脑到现场智能终端，利用这一平台完成个体间的信息互动来不断提升和发掘自我潜能，进入“人人为我、我为人人”的良性循环。

依托管道科技的快速发展，PIS 将继续深化业务应用，逐步显现其对数据、业务、决策层面所带来的价值；同时，向上下游拓展，在油气田管道、燃气管网及站场方向逐步覆盖更多领域。PIS 价值曲线如图 3-32 所示。

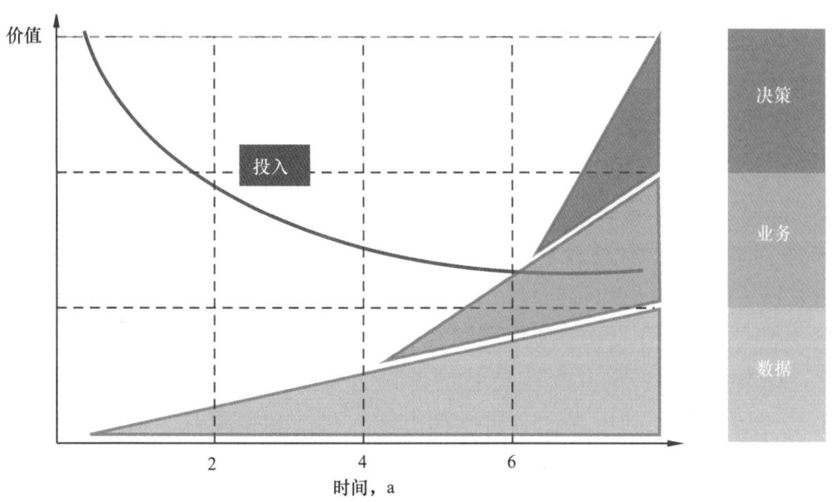

图 3-32 PIS 价值曲线

四、大型天然气管网系统可靠性技术

目前，天然气管道行业正在向规模化、网络化方向高速发展，其管理方法和水平也面临着创新与升级的挑战，即以整个管网系统为研究对象，统一考虑系统的资产与物流两个方面，关注管网系统的整体输气能力，评价其完成系统任务的可靠性。

系统的可靠性水平是一个国家工业基础水平、技术队伍素质以及业务管理能力的重要标志。大型天然气管网系统可靠性技术围绕天然气管网系统安全、高效运行，将可靠性思想、方法、成果应用于现有管道管理体系，重点解决业务发展面临的系统可靠性量化、系统及其组成部分之间的逻辑关系以及分系统（单元）可靠性评价[22]的技术问题；从构建管网系统的可靠性指标体系出发，通过建立管网系统及单元可靠性计算模型，实现对天然气管网系统可靠性水平的定量评价，并通过对系统可靠性薄弱（及过保守）环节识别及可靠性增强技术的研究，保障管网系统输送功能的实现。

天然气管网系统可靠性研究于“十二五”期间刚刚起步，相关研究成果经深入研究及完善后将在中国石油天然气管网实现工业应用，提升整体技术服务能力，为实现天然气管网的安全运行提供技术支撑与决策支持。

1. 天然气管网系统可靠性内涵

根据可靠性经典理论[23]，天然气管网系统可靠性定义为天然气管网 / 管线系统在规定时间内以及所受外部作用条件（环境条件、维修条件、使用条件）下，完成规定输送任务的能力。这里的天然气管网主要包括整个物理管网（包括支线与干线管道以及压气站、阀室内各类设备设施等）、以门站供气用户为主的市场和以气田为主的气源；外部作用条件则主要包括输送工艺条件以及各类能够影响管网安全运行及平稳供应的相关因素 / 事件（如腐蚀、第三方破坏、自然灾害、突发事件等）。换言之，天然气管网系统可靠性即为天然气管网系统在输送过程中，既能够在事故状态下避免发生连锁反应而不会引起整个系统失控或大面积停输，又能够在规定时间内满足用户日常使用以及用气高峰时期调峰需求的能力。

系统可靠性方法能够综合考虑天然气管网整体的各要素，将导致管网系统发生变化的各种因素统一纳入分析计算，利用具有不同分布规律的参数获得系统及其组成单元的可靠度，以及各单元对系统可靠度的影响。故可靠性方法不但能够覆盖天然气管网系统“资源—运输—销售”的全物流过程，还能够贯穿“规划—设计—施工—运行—维护”的全生命周期[24]。

2. 天然气管网系统可靠性技术发展与应用

将可靠性技术应用于管道行业的研究最早起源于 20 世纪 60 年代的苏联，近 50 年来，国内外针对管网系统或单元的可靠性评价工作均开展了不同程度的研究与应用，包括管网 / 管道系统可靠性[25-30]、管段 / 管体单元可靠性[31-35]以及以压缩机组为代表的设备单元可靠性[36, 37]。整体而言，目前几类主要管网单元的可靠性评价方法已较为成熟：针对管道本体，除了基于历史数据的可靠性分析预测方法，目前多采用基于极限状态分析的模拟方法（如蒙特卡洛方法、重要性抽样方法）、一阶可靠性方法以及二阶可靠性方法等求解管体失效概率；针对站场设备，研究较多的则为故障树结构的事故分析技术、事件树结构的可靠性分析技术以及贝叶斯方法等。系统方面，包含各类设备设施的复杂管网系统可靠性分析一直鲜见报道，目前的研究对象多偏重于长输管线，成果主要包括基于可靠性的设计与评价方法（Reliability-based Design and Assessment，简称 RBDA）、基于矩阵的系统可靠性方法（Matrix-based System Reliability，简称 MBSR）、子集模拟法（Subset Simulation，简称 SS）及可靠性框图法（Reliability Block Diagram，简称 RBD）等。

可靠性分析的应用方面，美国天然气管道公司 Kinder Morgan 采用可靠性计算方法，针对其所辖夏延平原输气管道（干线长度 379.8mile）的主要运行风险（包括第三方损坏、腐蚀、应力腐蚀开裂、地质威胁、制造缺陷、焊接缺陷等）开展了定量计算，其计算方法包括能够使用极限状态方程描述系统组件失效的确定性方法和利用概率基本理论描述第三方损坏等外部因素对管网系统不确定影响的统计方法，最后结合管网逻辑结构，获得该管道系统在正常运行或异常（如地震）条件下的可靠度。

美国得克萨斯州铁路管理委员会（Texas Railroad Commission，简称 TRC）针对由多家管道运营机构各自拥有或管理的得克萨斯州管道系统（管线总长度 327364km，涉及运营机构 244 家）开展了可靠性评估。他们将系统分割成 7 个由管段组成的串—并联和并—串联子网系统，先后使用了历史统计方法（2011 年前）和基于矩阵的系统可靠性方法（MBSR 方法）（2011 年后）计算管网系统的失效概率及可靠度，并发布“得克萨斯州管道损伤预防方案”，使管道开挖损伤事故发生率从 2008 年的 7.1 次 /1000 处下降到 2015 年的 3.2 次 /1000 处。

我国于 20 世纪末开始广泛开展管道可靠性相关研究，内容多元，进展迅速，其评价对象从管道本体、站内设备设施等逐渐发展到整个系统，评价内容则涉及管道运行本质安全、供气能力与经济性分析等，目前正待实现科研成果向工业应用的转化。

3. 天然气管网系统可靠性研究进展

中国石油从 2013 年起开展天然气管网系统可靠性研究工作。通过借鉴其他行业相关研究成果，建立并完善了天然气管网系统可靠性分析方法及理论，目前已形成 5 方面主要研究内容：可靠性指标、系统可靠性（计算）、单元可靠性（计算）、可靠性数据及可靠性管理。

1）可靠性指标

管网系统可靠性（广义）指标是开展天然气管网系统可靠性评价的前提，也是后期实行可靠性管理的基础。可靠性指标体系的应用对象分为系统和单元两方面，系统包括管网、管线、站场 3 个层级，单元则包括管段、压缩机组、阀门、工艺管道、储气库、LNG 接收站、资源及市场等各级系统的主要组成要素。

结合生产实际，管网系统的可靠性指标应至少包含以下 3 类：可靠性（狭义）类——反映系统在规定条件下和规定时间内完成规定功能的能力；健壮性类——反映系统抗干扰能力；维修性类——反映系统发生故障后通过修复恢复正常工作的能力。不同应用对象由于各自特点不同，可能适用三类指标中的两种或三种，如图 3-33 所示。

对每个对象的各类可靠性（广义）指标而言，考虑到其多项指标间的逻辑计算关系及管理的需要，需将每类指标划分为基本指标、中间指标、综合指标 3 个层次。其中，基本指标为可在现场直接测量或能够利用基本参数简单计算而获得的指标；中间指标是能够反映对象某项特定性能，并能利用若干基本指标计算而获得的指标；综合指标则是该类指标（可靠性类（狭义）/ 维修性类 / 健壮性类）的综合性能指标。一般而言，基本指标和中间指标数量不限，而综合指标数量唯一，三层指标之间的关系如图3-34所示。此外，根据管理需要，某些对象还可设置一些附属指标，这些指标虽然不参与基本指标、中间指标和综合指标的计算，但可以从不同角度反映对象可靠性（狭义）、维修性和健壮性方面的能力，属于常用管理指标。

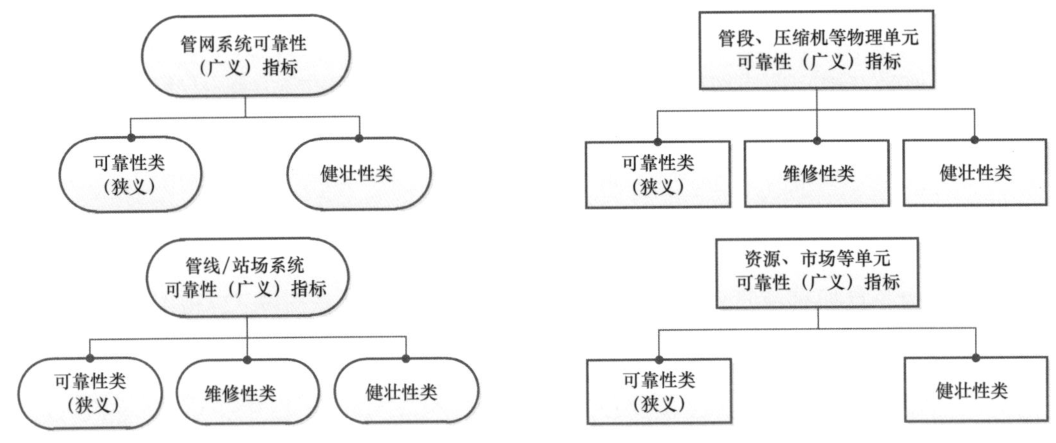

图3-33 天然气管网系统可靠性（广义）指标的分类

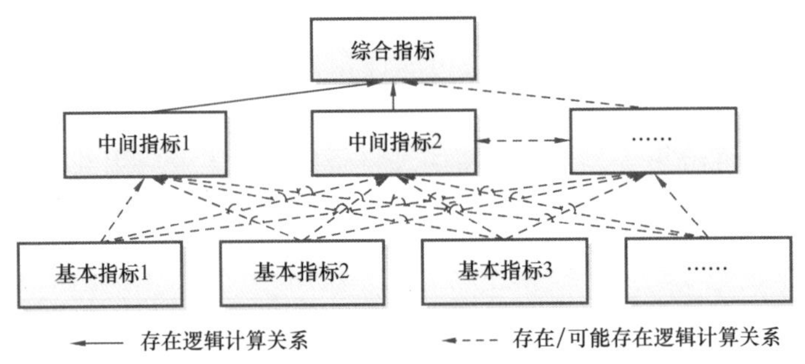

图3-34 天然气管网系统可靠性（广义）指标的分层

在确立具体指标时，要遵循以下三个原则：第一，能够准确反映出对象的性能，指标具体含义应当精准、无异议；第二，尽量不使用需要通过现场打分或专家咨询等主观手段来获取分值的指标；第三、确保指标计算所需基础数据能够通过统计或者现场检测的方法获取，否则该指标不能有效使用。

根据以上方法与原则，结合生产实际，可逐步建立科学的指标体系。图3-35分别以管网系统和压缩机组为例，展示了其可靠性类（狭义）指标体系（维修性类、健壮性类略）。

2）系统可靠性（计算）

系统可靠性（狭义）计算核心是要建立既能满足复杂天然气管网系统可靠性研究要求，又能充分运用计算机技术快速计算的物理管网分布式阶梯模型，通过仿真对管网进行拆解（管网→管线→站场（典型结构→基本回路→设备单元）/管段/阀室），再由可获取数据的管网最底层向上逐级计算，得到管网任意子系统以及整个系统的可靠度，其架构设计如图3-36所示。

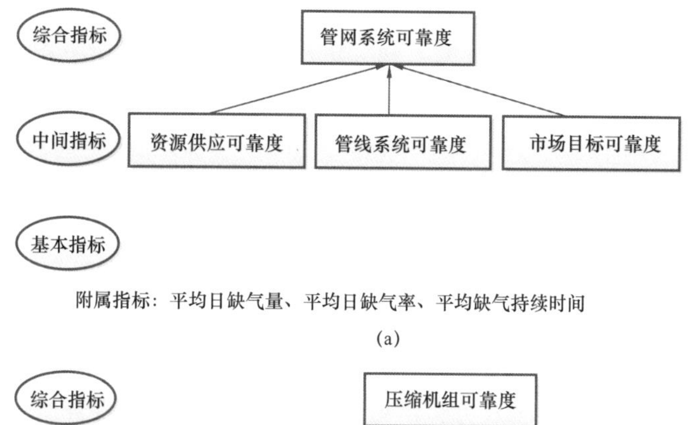

(a)

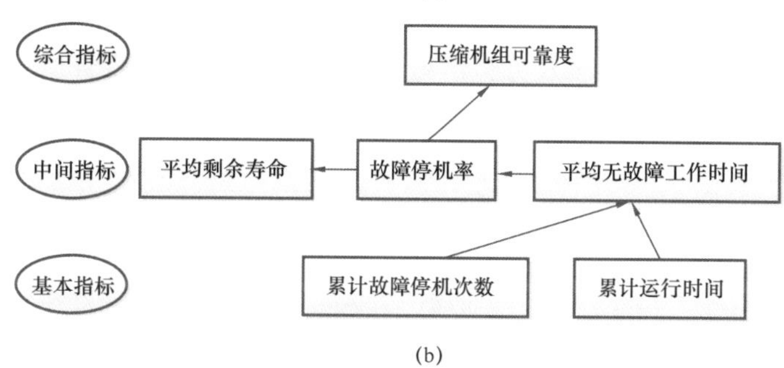

(b)

图 3-35　管网系统（a）和压缩机组（b）可靠性类（狭义）指标体系

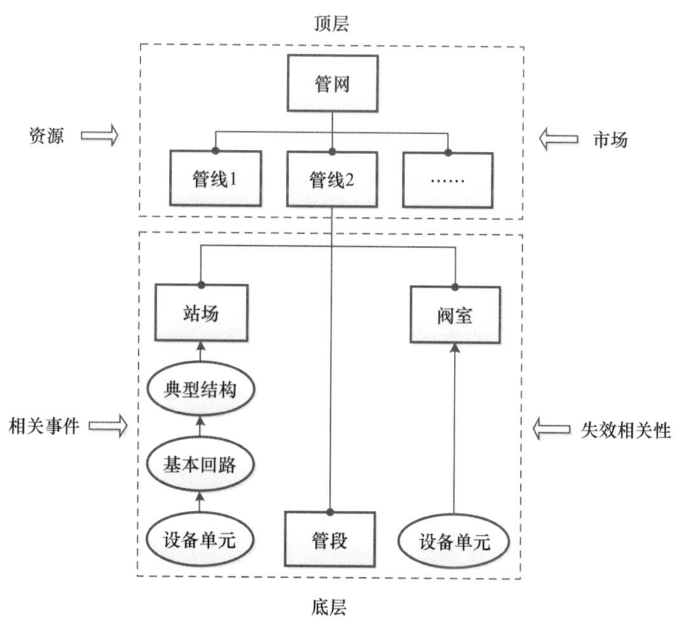

图 3-36　系统可靠性计算架构设计

资源和市场分别与物理管网形成不同界面，在进行系统可靠性计算时可作为外部输入条件参与评价。

相关事件对系统可靠性的影响可体现为基本回路或设备单元的分布函数、失效频率及密度函数的改变（如系数变化）。不同相关事件的影响位置和效果可能不同，例如：地震发生会影响区域管网的可靠性水平，而阀门误关断只会影响阀门自身可靠性水平。

考虑到“相关”是系统失效的普遍特征，在进行可靠度计算时，需要基于失效相关性修正对象的可靠度。需说明的是，管网系统计算中的失效相关性仅限相同层级之间的，如站场系统中只考虑回路与回路之间的失效相关，而不考虑回路与设备单元之间的失效相关。

3）单元可靠性（计算）

管网系统元件种类纷繁，首先需合理划分结构单元（如管段、压缩机组、阀门、工艺管道、ESD 系统、流量计、市场、LNG 接收站、储气库等），再根据对象特点、数据获取难易程度以及方法的实用性来选择较佳的可靠性计算方法，以获得各单元可靠度，进而参与系统计算与评价。如针对含腐蚀缺陷管道[38]和埋地悬空管道[39]的断裂失效模式，可结合受力特征，采用蒙特卡洛模拟方法计算其可靠度；针对天然气市场单元，综合天然气管网供应能力和天然气市场供需双方经济效益两方面因素[40]，将管道供应可靠度与市场交易财务损失率相结合，形成供需双方满意度的计算方法，为天然气管网运行及市场经营决策提供了量化分析工具。此外，还有针对阀门的失效数据统计分析法、针对管段第三方损坏的故障树分析法等。需说明的是，目前各单元可靠性模型的使用条件均是在指定工况条件下（即压力 p、流量 Q、温度 T 为定值），对于在较宽工况范围内可以长期稳定运行的大型油气管网系统而言，仅表述单一工况是不够的，未来尚需逐步研究如何将可靠性函数的“规定条件”和“规定功能”由单一状态拓展为选定区间（即 p、Q、T 在某区间内变化）。

4）可靠性数据

管网系统可靠性数据库是指在管网运行条件下，为验证系统及各组成部分是否能够安全经济地完成输送任务，而对其各项可靠性性能指标数据（及计算参数数据）进行管理的数据库。建立基于可靠性运算和管理的数据库，不仅是管网系统可靠性评价的基础，也是系统管理审核的依据。除了必要的新增数据需要重新录入以外，大量工作集中在如何细致有效地将分散在当前各系统的数据，按照可靠性管理的技术规范收集整理入库，即将管道完整性管理系统、管道运行仿真优化系统、管道工程建设信息系统、管道运行生产管理系统、企业 ERP（Enterprise Resource Planning）管理系统、管道 SCADA（Supervisory Control And Data Acquisition）系统中的相关数据进行筛选和补充，并有效收集、传输到管网系统可靠性数据库中。目前，中国石油在综合考虑大型管网可靠性计算需求、管道线路和站场的完整性管理需求以及对现有各数据库间关联关系分析工作的基础上，已完成了包括线路基础数据、站场基础数据、失效数据、检测评价数据、资源和市场数据及可靠性指标数据等 6 方面内容的数据字典，并建立了数据库。随着相关工作的持续深入开展与数据的不断积累，管网系统可靠性数据库将能够有效支持各种科学的管网系统 / 单元可靠性分析与评价方法，从而更好地促进可靠性管理制度的落实和效力的发挥。

国内对天然气管网系统可靠性数据信息的采集和整理工作尚未系统开展。目前的试点数据采集工作效果表明，大部分数据来源还依赖于当前企业信息化和管控系统中已有数据，部分新增可靠性数据的现场获取仍存在一定难度，亟待通过管理手段加强相关数据的采集与上报工作，或考虑在可靠性评价中参考现有文献和工业失效数据库［如挪威 DNV 发布的 OREDA（Offshore Reliability Data）、国际石油和天然气生产商联合会公开发布的《OGP 风险评估数据目录》等］的方法。

5）可靠性管理

所谓管网系统可靠性管理，是以系统可靠性全局最优和重要子系统可靠性最高为原则，实行对系统及其组成部分的可靠性分级管理，从而有利于决策者从全局高度优化管网安全管理，实现对全国管网可靠性信息的全面掌控与统筹管理。管网系统可靠性管理需以可靠性评价技术为基础，以可靠性管理平台为载体，以管理体制建设为依托，提出系统目标可靠性确定与单元可靠性分配方法，制订系统可靠性薄弱环节识别与增强方案，并做好成本与效益的协调工作，在管网的安全运行和市场平稳供应两大方面，实现覆盖“资源—运输—销售”全物流过程和“规划—设计—施工—运行—维护”全生命周期的管网系统可靠性评价与管理。

第四节 管道监测与检测技术

管道监测与检测技术通过实施合理、科学和有效的监测措施和检测方法，利用监测与检测仪器间断或不断地获得管道的状态数据，及时发现管道的安全隐患，为管道完整性管理提供决策依据，从而保障管道安全运行。与此相关的油气管道泄漏监测技术、管道安全预警技术、管道内检测技术、管道与储罐超声检测技术、管道地质灾害监测预警技术都属于该技术范畴。

2006—2015 年，中国石油围绕管道监测与检测领域业务发展中的重大生产需求和难题开展了多项科技攻关，先后开发了基于负压波的油品泄漏监测技术、基于声波的天然气管道泄漏监测技术、管道光纤安全预警技术、管道三轴高清内检测评价技术、管道超声导波检测评价技术、储罐声发射在线检测与评级技术、管道地质灾害监测预警技术，取得了多项专利等自主知识产权，编写了多项国家和行业标准，形成了具有中国石油特色的管道监测与检测技术。

一、基于负压波的油品管道泄漏监测技术

基于负压波的油品管道泄漏监测技术可用于原油、成品油管道，具有灵敏度高、响应迅速等特点，具有与国外同类产品相当的技术水平。该技术在中国石油长输管道进行了广泛应用，获得了国家科技进步二等奖、中国石油和化工自动化行业科学技术进步一等奖以及河北省科学技术进步三等奖等多项奖项。

1. 基于负压波的油品管道泄漏监测技术原理

当流体输送管道因机械、人为和材料失效等原因发生泄漏时，其泄漏部位由于物质损失，引起泄漏点处的流体密度减小，压力下降。由于连续性，管道中的流体不会立即改变速度，流体在泄漏点和相邻的两边区域之间的压力差导致流体从上下游区域内向泄漏区填充，从而又引起与泄漏区相邻的区域的密度和压力的降低。这种现象依次向泄漏区上下游扩散，这在水力学上称为负压波。其传播速度就是声波在管道流体中的传播速度。

由于管道的波导作用，负压波能够传播数十千米以上。管道发生泄漏之后，泄漏点处产生的负压波向管道上下游传播，利用安装在管道上下游的压力变送器可以检测到负压波信号，从而判断管道是否发生泄漏。利用负压波泄漏信号到达上下游的时间差，可以定位该泄漏点的具体位置。负压波的传播速度在不同流体介质中并不相同，在原油中超过了 1000m/s，对数千米的管道可以在几秒内检出管道泄漏，具有极快的响应速度，可为及时检测出泄漏，防止事故扩大，减少损失赢得宝贵时间。

负压波泄漏监测如图 3-37 所示。其中，t_1 和 t_2 分别为负压波信号从泄漏点处传输到管道上游和下游压力变送器时所消耗的时间（s）；v 为负压波在管内介质中的传播速度（m/s）；x 为泄漏点到管道上游压变的距离（m）；L 为管道上、下游压变之间的距离（m），Δt 为上游和下游接收到负压波信号的时间差。泄漏点位置可由以下公式计算得到：

$$x = \frac{L + \Delta t \cdot v}{2} \tag{3-2}$$

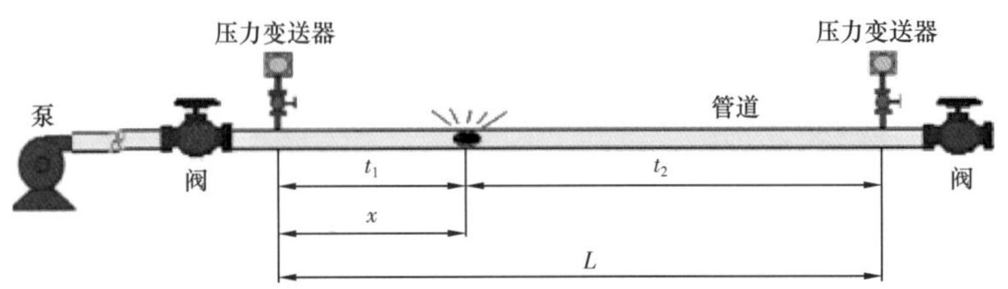

图 3-37　负压波泄漏监测示意图

负压波的优点是检测速度快、定位准确、成本费用低。随着新型高精度传感器的使用和高速计算机的发展，信号检测和信号处理技术正朝着以软件和硬件相结合的方向发展，负压波法泄漏检测技术具有更大的应用前景。

2. 基于负压波的油品管道泄漏监测系统组成

基于负压波的管道泄漏检测系统一般由中心站系统和子站系统组成（图 3-38）。子站系统包括现场压力变送器、信号采集器、信号调理单元、通信终端机、通信网络；中心站系统包括数据处理主机、存储设备、打印机、GPS 授时系统、显示终端、培训计算机、操作工作站等。子站系统与中心站系统一般通过光纤或移动 3G/4G 进行通信。

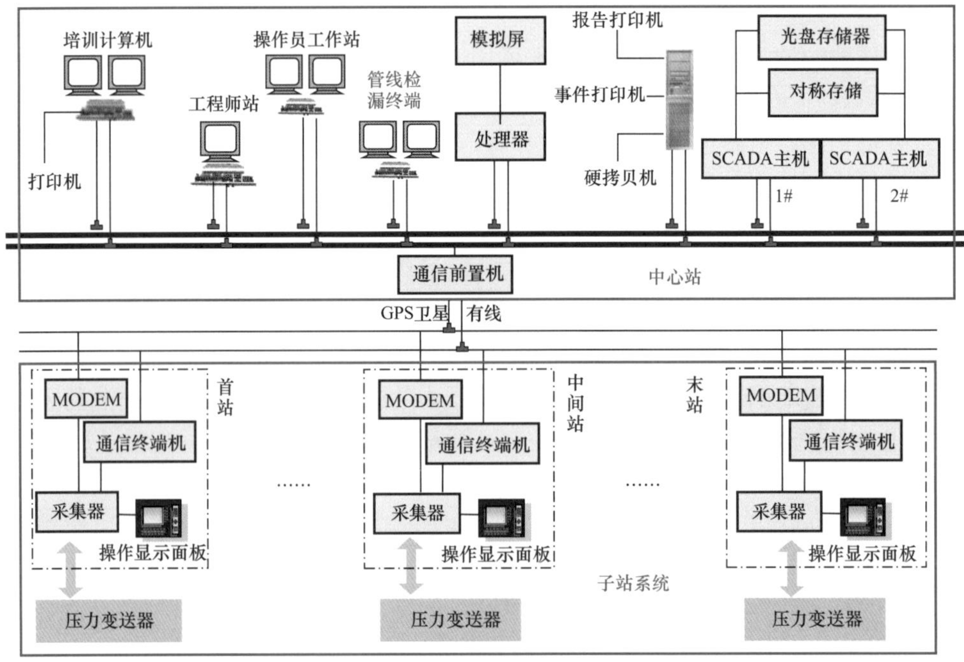

图 3-38　基于负压波的管道泄漏检测系统硬件构成

基于负压波的管道泄漏监测系统结构简单，具有检测速度快、定位准确和成本费用低的优点，可在管道快速部署。随着新型高精度传感器的使用和高速计算机的发展，信号检测和信号处理技术正朝着以软件和硬件相结合的方向发展，负压波法泄漏监测技术具有更大的应用前景。

二、基于声波的天然气管道泄漏监测技术

基于声波的天然气管道泄漏监测技术通过监测管道内声波变化判断管道是否发生泄漏，可实时监测管道运行状态，具有系统结构简单、监测距离长等特点。该技术在中国石油部分天然气管道进行了实际应用，取得了良好效果，解决了国内长输天然气管道无成熟可靠泄漏监测手段的问题。

1. 基于声波的天然气管道泄漏监测技术原理

天然气管道泄漏后，管道内气体通过泄漏孔喷射而出，产生的泄漏声波沿管道向上下游传播。由于管道具有波导作用，泄漏声波可以传播数十千米。泄漏声波在传播过程中，频率越高，衰减越快，传播距离越近；频率越低，衰减越慢，传播距离越远。不同频率的声波在传播过程中具有不同的衰减规律，如图 3–39 所示。通常情况下 400Hz 以内的信号传播距离较远，可用于长输天然气管道泄漏监测。

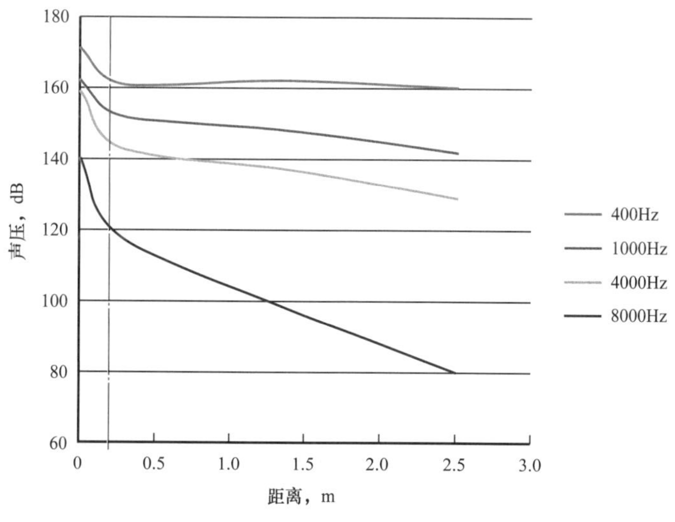

图 3–39 各频率声波衰减图

应用声波法进行天然气管道泄漏监测时，通过计算泄漏声波信号传到监测管段两端传感器的时间差进行定位。由于天然气中声波传播速度较慢，约为 400m/s，因此考虑管内天然气流速 u 对定位的影响，得到管道泄漏点位置 x：

$$x = \frac{1}{2v}\left[L\left(v-u\right)+\Delta t(v^2-u^2)\right] \tag{3-3}$$

式中管道长度 L、声波传播速度 v 和管内流速 u 为常量，声波到管道两端的时间差 Δt 可通过计算得到，原理图如图 3–40 所示。

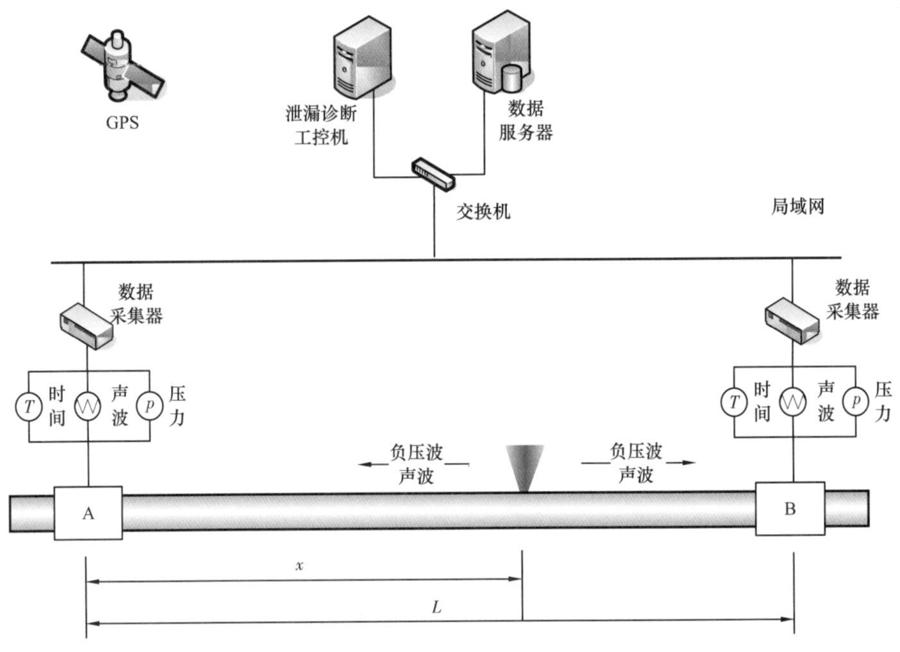

图 3-40　基于声波的天然气管道泄漏监测技术原理图

实际应用中，管道声波传感器接收到的信号存在高频噪声，采用小波双阈值降噪方法对声波信号进行降噪，利用支持向量机（SVM）进行泄漏识别，如果管道存在泄漏，采用 EMD 分解方法将声波信号分解为若干固有模态分量（IMF），使用 Hilbert-Huang 变换（HHT）算法进行分析，得到精确的时间差，从而计算得到准确的泄漏点位置。

2. 基于声波的天然气管道泄漏监测系统组成

基于声波的天然气管道泄漏监测系统由子站和中心站两部分组成。子站负责采集现场压力和声波数据，硬件包括传感器（压变传感器和声波传感器）、信号调理单元和信号采集单元。中心站硬件为一台中心站计算机，主要实现对天然气管道在线实时监测和泄漏识别定位。系统机构示意图如图 3-41 所示，现场安装图如图 3-42 和图 3-43 所示。

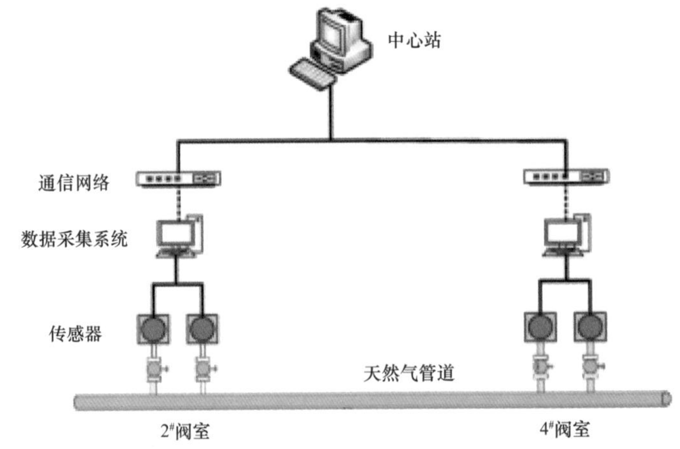

图 3-41　基于声波的天然气管道泄漏监测系统示意图

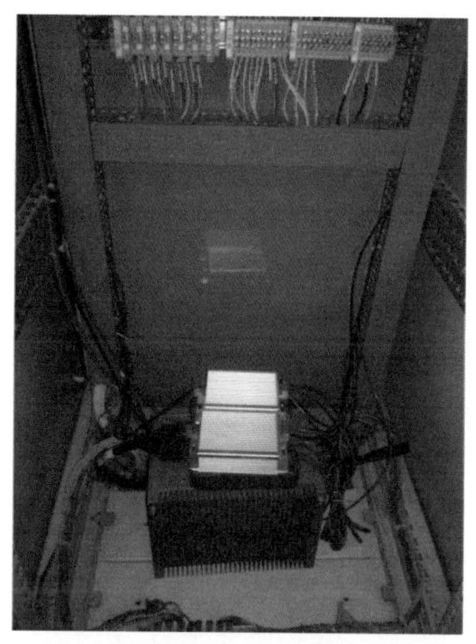

图 3-42　子站系统传感器（左）及信号调理、数据采集单元（右）

基于声波的天然气管道泄漏监测系统与油管道的负压波泄漏监测系统类似，具有结构简单、定位准确和成本费用低的优点。随着国内天然气管道建设的高速发展，管道规模已经形成较大规模，管道安全防护需求日益迫切，该技术的应用可为天然气管道的安全防护提供有效的技术手段。

图 3-43　中心站系统

三、管道光纤安全预警技术

我国人口密度大，长输管道不可避免地在许多地段临近城乡镇村等人口密集区。近年来，人为对管道实施破坏的现象日趋严重，第三方施工和打孔盗油成为重要隐患。管道线路长，周边环境复杂，传统的管道巡护手段难以实现全面和实时的监测。管道光纤安全预警技术利用与管道同沟敷设的通信光缆作为振动传感器，检测和分析管道沿线的外部振动，实现对第三方施工和打孔盗油的监测预警。管道光纤安全预警技术与泄漏监测技术分属事前预警和事后报警，相辅相成，共同保障管道生产安全。

近年来，国内外对于管道光纤安全预警技术主要围绕以下几个技术展开研究工作：

（1）基于 Sagnac 效应光纤陀螺仪原理的预警技术；

（2）基于 Mach-Zehnder 光纤干涉仪原理的预警技术；

（3）基于光时域反射仪 OTDR（Optical Time Domain Reflectometer）的预警技术；

（4）基于光纤 Bragg 光栅的预警技术；

（5）基于相干瑞利（Φ-OTDR）的预警技术。

但由于技术原理的局限性或者工程实用性等因素，Sagnac、OTDR 和 Bragg 光栅技术已基本不用于管道安全预警领域。目前，国内外用于的管道光纤安全预警技术产品主要采用 Mach-Zehnder 和 Φ-OTDR 技术，且后者已成为主流。

中国石油自 2007 年开展了 Mach-Zehnder 和 Φ-OTDR 技术的研究工作，2012 年成功研制一台基于相干瑞利（Φ-OTDR）的管道光纤安全预警系统，该系统灵敏度高、监测距离长（单套设备单向监测距离可达 120km），可对人工挖掘、机械挖掘和车辆行走信号进行智能识别，对管道沿线威胁事件进行分布式定位和预警，整体性能指标优异，部分指标世界领先。该系统在中国石油、中国石化等得到成功的工业应用，在东北、华北、西北、东部沿海和东南沿海，为管道运输行业客户提供关键的技术防护支持。

1. 基于 Mach-Zehnder 光纤干涉仪原理的预警技术

由于油气管道及其伴行通信光缆属于线性结构，Mach-Zehnder 光纤干涉仪原理需要使用三根单模光纤构成基于 Mach-Zehnder 光纤干涉仪原理的分布式振动传感器。如图 3-44 所示，在 Mach-Zehnder 光纤干涉仪中，三根单模光纤中的两根被用来构成传感器的两个振动测试臂，其中一条是信号臂、一条是参考臂，第三条光纤负责回传检测信号。

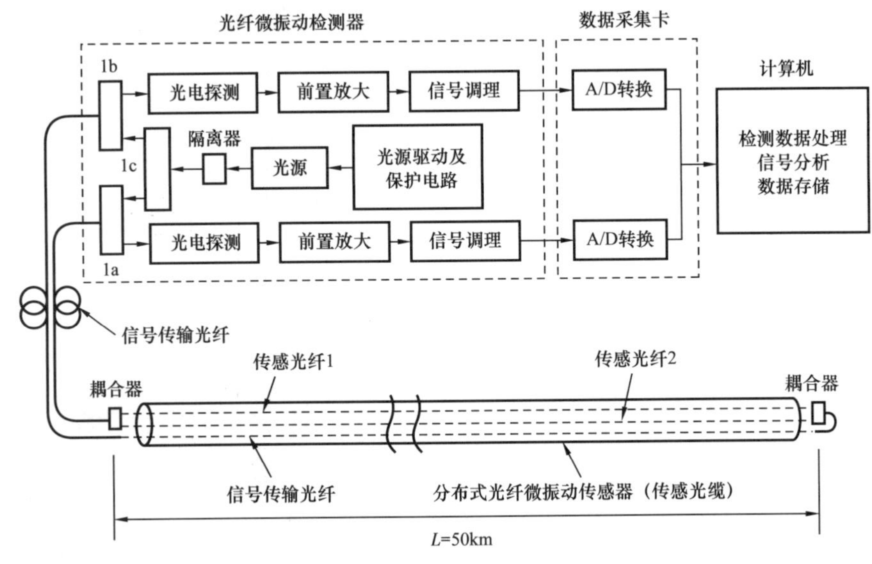

图 3-44　基于 Mach-Zehnder 光纤干涉仪原理的预警技术原理图

信号臂和参考臂的首端采用耦合器连接，尾端也采用耦合器连接，从而形成环形结构。从光源发出的光波在进入振动测试臂前被分为强度为 1:1 的两束相干光，由于外界振动对两条振动测试臂产生的应力作用不同，因此在两条振动测试臂中传播的相干波束会产生不同的相位变化，两束光在信号臂和参考臂的尾端耦合器处汇合并发生干涉，干涉后的光信号通过回传光纤传回光纤光电探测装置，通过检测干涉光的变化可以定位振动事件。

该技术一般采用相关运算来计算振动源的位置，但是难以区分同时发生的多个振动事件。

2. 基于相干瑞利（Φ-OTDR）的预警技术

窄线宽光源产生脉冲光入射到1芯单模光纤，当脉冲光在单模光纤的传播过程中，均产生背向传播的瑞利散射光，通过检测传播散射光的光强变化，即可检测到光纤沿线的振动情况，其测试结构如图3-45所示。

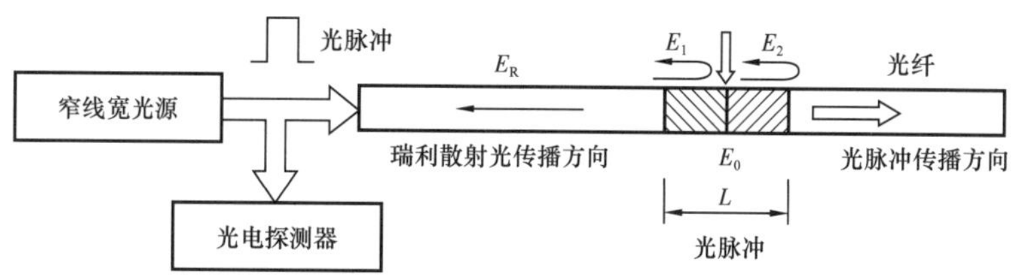

图3-45　基于相干瑞利的管道光纤安全预警系统测试结构图

E_0，E_1，E_2—光场振幅；E_R—叠加后的光场振幅；L—光脉冲长度

预警系统由光源模块、脉冲光波调制模块、光电探测模块、传感光纤和光中继放大模块、数据采集和信号处理系统组成（图3-46）。当采用拉曼放大方案时，需在系统监测末端接入拉曼激光器，工程上最大监测长度可达40～50km；采用中继放大方案上，需每隔20～25km接入中继放大器，工程上最大监测长度可达100～120km。

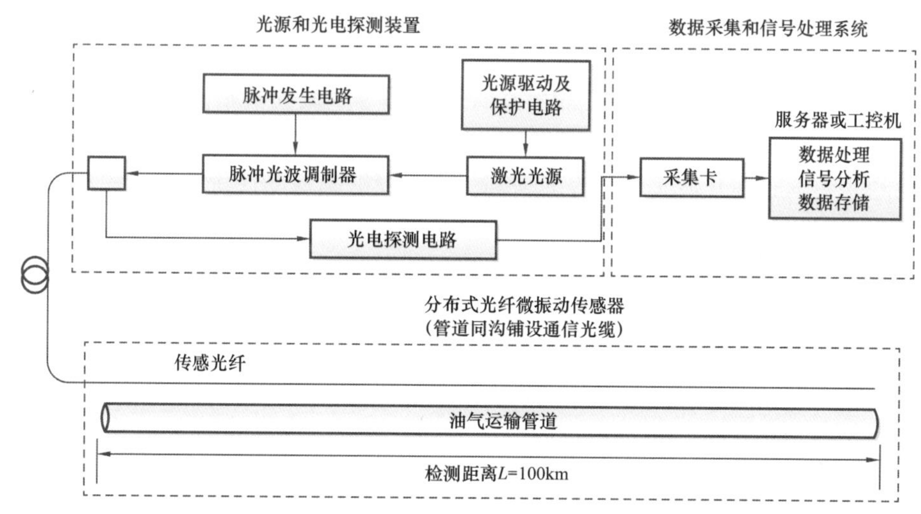

图3-46　基于相干瑞利的管道光纤安全预警系统测试结构图

基于相干瑞利的预警技术灵敏度高，为更好地消除环境噪声影响，提高智能识别准确率，一般选取较为复杂的信号处理方法和模式识别方法。通过信号处理和模式识别，系统能够自动地对管道沿线的振动信号进行分类识别，如分类为人工作业、机械作业和车辆行走，从而将可能对管道造成破坏的人工作业和机械作业进行定位和告警，指导操作人员安排有针对性的管道巡护。

基于相干瑞利的预警技术的传感信号是“时—空—强度”三维信号，常用的信号处理方法有时域分析法和频域分析法：时域分析法具有运算量小的优势，能够在背景噪声不复杂的应用环境中，满足应用需求，但时域分析法能够提取的特征有限，能够识别的威胁事件类型一般较少，同时该方法难以考虑事件的时域相关性，容易在时域上产生冗余报警；

频域分析法需要将三维信号进行拆解，变换为 N 个二维时序信号进行频域分析，能够识别的威胁事件类型一般较多，但频域分析法难以考虑事件的空间相关性，容易在空域上产生冗余报警；较为完备的方法是时频域综合分析法，但基于相干瑞利的预警技术信号采集频率高、数据量大，系统计算压力极大，实现成本高。对于模式识别方法，支持向量机（SVM）和神经网络（NN）都可以对特征进行有效识别。但支持向量机并行度差，难以有效利用硬件的并行结构，运算效率较低；神经网络可以借助并行硬件得到较大的执行加速比，也能够通过适当提高网络层级和训练量来克服复杂工况强背景噪声带来的干扰，是未来的发展趋势。

四、管道三轴高清内检测评价技术

管道内检测能够在管道正常运行的状态下，检测出管道存在的缺陷，为管道事故的预防和维护提供科学依据，对保证管道的安全运行具有重要作用。

为了解决管道安全运行问题，国外早在 20 世纪 60 年代就开始研制了管道内检测器。漏磁内检测技术因其对管道内环境要求不高、不需要耦合、适用范围广、价格低廉等优点，是应用最广泛也是发展最成熟的技术。检测器精度也由传统轴向磁化的单轴低分辨率、标准分辨率检测器发展到 21 世纪初以轴向磁化的三轴漏磁内检测器为代表高分辨率和超高分辨率漏磁检测器。

国内内检测技术是从 20 世纪 90 年代引进国外的内检测器开始逐渐发展起来的。到 21 世纪，国内开发的标准分辨率检测器在管道腐蚀等金属损失缺陷的检测技术逐渐成熟并成功治安国内推广应用。2005 年后，国内开始采用国外三轴高清内检测技术用于高风险管道检测，中国石油开展了螺旋焊缝缺陷、环焊缝缺陷检测评价技术攻关并取得重大突破。随着业界对检测特征类型和检测精度要求的不断提交，中国石油自“十二五”以来，先后成功开发了三轴高清漏磁内检测器和全方位三轴三维超高清漏磁内检测器并成功应用于管道检测。

1. 三轴高清漏磁内检测技术原理[41-43]

漏磁内检测器的工作原理是利用自身携带的强磁铁产生的磁力线通过钢刷耦合进入管壁，在管壁全圆周上产生一个纵向磁回路场，使检测器两磁极间的管壁达到磁饱和状态。如果管壁没有缺陷，则磁力线在管壁内均匀分布。如果管道存在缺陷，管壁横截面减小，由于管壁中缺陷处的磁导率远比铁磁性材料本身小，缺陷处磁阻增大，磁通路变窄，磁力线发生变形，部分磁力线穿出管壁两侧产生漏磁场，漏磁场形状取决于缺陷的几何形状。漏磁信号被位于两磁极之间紧贴管壁的探头（传感器）检测到，并产生相应的感应信号，这些信号经过滤波、放大、模数转换等处理后被记录到检测器的存储器中。检测完成后，通过专用软件对数据进行回放、识别判断，就可以获得缺陷的位置、类型、形状和尺寸等信息。图 3-47 显示的是漏磁内检测原理示意图。

金属损失产生的漏磁场是空间三维矢量场。由于传感技术、数字信号处理能力和存储介质容量的限制，以前的大部分检测器只记录三维漏磁场的一个或两个分量。随着对检测缺陷类型和检测尺寸精度要求的不断提高，一个选择是提高传感器的分辨率，然而分辨率越高并不总是精度也越高。另一个选择是增加记录漏磁场的分量，根据不同方向的分量来识别不同类型的缺陷并精确回归缺陷的尺寸。

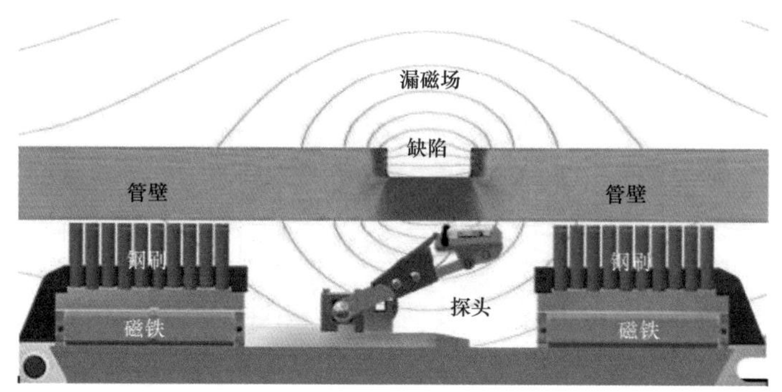

图 3-47　轴向磁化漏磁内检测原理示意图

三轴高清漏磁内检测器工作原理与传统漏磁内检测器基本相同，主要区别是三轴高清漏磁检测器在一个探头中安装了三轴向正交霍尔传感器，分别测量轴向、径向和周向的磁通量数据，用来确定绝对的漏磁场矢量，增强了对不同类型缺陷的探测能力，提高了缺陷尺寸的测量精度。使用与管道中心线重合的简单圆柱参照系，三轴高清漏磁传感器的轴向分量、径向分量和周向分量如图 3-48 所示。第四个传感器，称为次级传感器，用于区分是内部缺陷还是外部缺陷，也有助于特征的识别与分级。与传统漏磁内检测器相比，三轴高清漏磁内检测器不仅能精确识别、判定出腐蚀等常规缺陷的尺寸，还能识别出螺旋焊缝缺陷、环焊缝缺陷、凹陷等传统漏磁检测器难以识别的缺陷以及管道壁厚变化、法兰和阀门等管道结构特征。

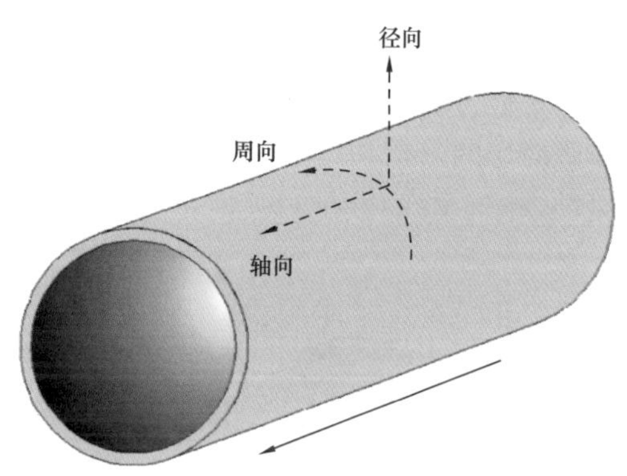

图 2-48　三轴高清漏磁传感器坐标示意图

2. 三轴高清漏磁内检测器结构[44]

如图 3-49 所示的是直径为 711mm 的轴向磁化三轴高清漏磁内检测器结构图，该三轴高清漏磁内检测器由测量单元、辅助测量单元、记录单元和电池单元等组成。检测器分前后两节，中间由万向节连接。检测器靠皮碗前后的压差推动在管道内向前运动，导向轮能够保证检测器顺利通过管道转弯处并免受撞击，如图 3-49 中 A 部分所示。

测量单元包括稀土永磁体轴向磁化装置、三轴正交霍尔传感器、前置放大和滤波电路等，见图 3-49 中 B 部分。为保证缺陷的识别、判定精度，该检测器共有 280 路三轴正交霍尔传感器沿周向均匀分布在管道内壁。此外，还有温度、压力、速度等辅助传感器来记录相关的参数。

辅助测量单元的次级传感器为单向霍尔传感器，次级传感器上自带的永久磁铁仅使管道内部缺陷磁化，通过与测量单元的三轴高清漏磁内检测数据对比，用来区分管道内外缺陷。记录单元负责完成对所有部件的控制和数据保存，记录单元里的里程轮每行走一定距离，硬件电路采样所有传感器信号，并记录保存在硬盘存储器上。通常内检测器随管道内输送介质移动行程达上百千米，硬件检测和传感器部分依赖电池舱里配备的电池对整个检测系统供电。详细结构如图 3-49 中 C 部分所示。

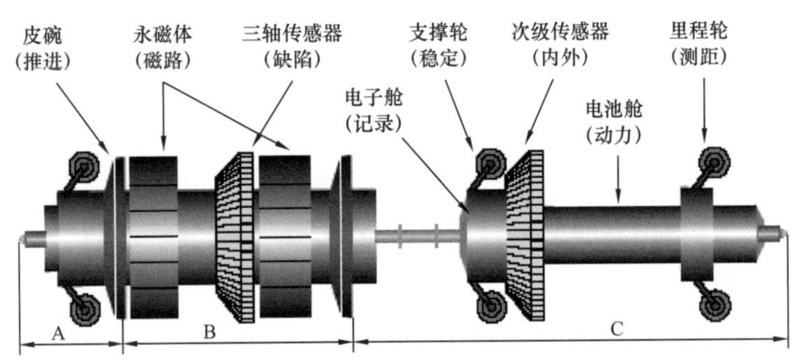

图 3-49　三轴高清漏磁内检测器结构图

3. 三轴高清漏磁内检测信号特征[42, 43]

漏磁内检测器主要用来识别并确定金属损失缺陷的尺寸。以腐蚀特征为例介绍三轴高清漏磁信号的特征。图 3-50 是传感器通过一个典型腐蚀缺陷的三轴高清漏磁信号示意图。漏磁信号的形状和尺寸变化依赖于检测到的腐蚀缺陷的形状与尺寸。但是，对于任何单个腐蚀缺陷，峰的数量和极性是相同的。轴向信号有 1 个带 2 个较小负峰的正峰（红为正，蓝为负，下文同）；径向信号有 1 正 1 负 2 个峰；周向信号有 2 正 2 负 4 个峰。

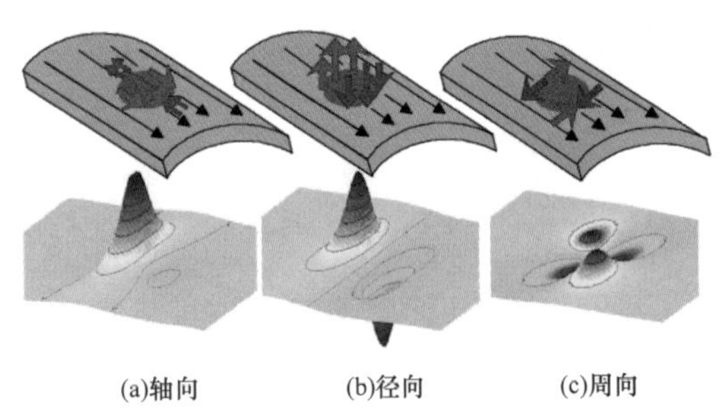

图 3-50　腐蚀缺陷的三轴高清漏磁信号示意图

轴向漏磁信号特征：三轴传感器中使用与轴向垂直的霍尔传感器记录漏磁场的轴向分量。简单腐蚀缺陷的轴向磁场分量有 1 个带有 2 个较小负峰的正峰。轴向漏磁信号主要反映管壁感应的磁通密度。由于轴向漏磁信号在宽度上分布的非线性特性，虽然可以根据轴向漏磁信号粗略估算腐蚀宽度，但结果极不可靠。轴向信号能够反映缺陷的长度，但精度不高。轴向漏磁信号幅度偏转在一定程度上能够指示缺陷的深度，但其精度也不高。传统的漏磁检测器因只有轴向传感器，所以对于确定缺陷的宽度、长度和深度的精度不高。

径向漏磁信号特征：三轴传感器中使用与径向垂直的霍尔传感器记录漏磁场的径向分量。简单腐蚀缺陷的径向漏磁信号有 1 对幅值基本相等的正负双峰。径向漏磁信号不能有效反映管壁磁化状态，但其对传感器提离值的变化最敏感，因此必须把异常信号与其他方向的漏磁信号结合起来进行确认。与轴向漏磁信号相比，径向漏磁信号能有效反映缺陷宽度，但精度仍然不高。缺陷长度可由径向漏磁信号的峰值位置来清晰界定，缺陷的径向漏磁信号幅值与缺陷深度具有较高的相关性。与轴向漏磁信号幅度偏转相结合，径向漏磁信号可以清晰界定缺陷的长度，也基本能够确定缺陷的深度，但缺陷宽度仍难以准确判定。

周向漏磁信号特征：在进行工程适用性评价时，主要使用缺陷的长度和深度来评估缺陷的严重程度。而需要精确确定缺陷的宽度主要基于以下两个原因：首先，缺陷宽度是一个能够决定缺陷深度判定精度的重要参数，具有类似振幅特性的曲线但宽度不同的缺陷深度差别很大。因此，缺陷的宽度精度直接影响对缺陷深度的精确判定。其次，根据相关准则或标准的要求，临近缺陷考虑其相互作用可视为一个大缺陷进行适用性评价，因此需要对缺陷宽度进行精确判定。周向漏磁信号除与径向漏磁信号一样在径向上有正负极性外，在周向上也有正负极性，所以周向漏磁信号在一个类似矩形的范围内有 2 正 2 负 4 个幅值基本相等的峰。这些极大值与极小值的位置非常直观，能比较清晰地反映缺陷的长度和宽度。周向漏磁信号能够较精确地判定缺陷的宽度和长度，结合轴向分量和径向分量的测量结果，提高了缺陷深度判定的精度和准确性，这也是三轴高清漏磁内检测技术的优势所在。

4. 三轴高清漏磁内检测器研发

自 1977 年世界上首台漏磁检测器发布以来，漏磁内检测技术经历了约 40 年的发展。漏磁内检测技术已经发展成为使用最广泛的管道内检测技术，其中三轴高清漏磁内检测器是目前最广泛采用的检测器。国外检测公司，比如 GE 公司、PII 公司、ROSEN 公司等均自主研发了先进的高清漏磁内检测器，其中 PII 公司开发的三轴高清漏磁检测器和第五代高清晰度漏磁检测器，代表了该类技术的最高水平。

国内方面，中国石油管道局自 20 世纪 90 年代开始引进吸收管道漏磁内检测技术。管道局检测公司从 2009 年立项开始研究三轴漏磁探头及数据分析软件，进行了前期的探头和软件研究，取得了初步的成果。2011 年，管道局检测公司成功研制出 D1219 高清晰度管道漏磁检测器，实现了国内各种口径长输管道的全覆盖，漏磁内检测器等硬件技术参数已经接近国外先进水平。但国内的漏磁信号数据分析处理质量以及缺陷尺寸量化能力等软件实力方面仍存在较大差距。2012 年开始立项研制三轴漏磁腐蚀检测器设备，到 2013 年已经成功研制了首套 28in 三轴高清漏磁腐蚀检测器（图 3-51），并在四川西南油气田某输气管道完成 6 次工业现场试验（图 3-52）。

图 3-51 28in 三轴高清晰度漏磁腐蚀检测器

图 3-52 28in 三轴高清晰度漏磁腐蚀检测器工业现场试验收发作业

5. 三轴高清漏磁内检测评价技术应用

与传统漏磁检测技术相比，三轴高清漏磁内检测技术除能精确检测腐蚀等常规缺陷，还能检测如狭长轴向缺陷、环焊缝缺陷、螺旋焊缝缺陷以及凹陷等缺陷，在缺陷种类识别和能力缺陷尺寸量化能力方面都有显著提升。

中国石油引入了三轴高清漏磁内检测技术用于螺旋焊缝和轴向沟槽的识别与判定[45]。根据螺旋焊缝缺陷三轴高清漏磁检测信号特征的识别方法和尺寸判定模型，将螺旋焊缝缺陷信号总结为 4 类（图 3–53）。螺旋焊缝缺陷检出率超过 90%，尺寸评定精度达 ±15%，现场验证符合率达 100%。经与真实开裂缺陷的信号对比，验证了该技术的精确可靠性，为螺旋焊缝缺陷检测与评价提供了一种可行的技术支持。目前，该技术已全面应用于我国东部管网和其他老管道，可以科学有效地指导管道修复和安全运营，大大减少了管道的泄漏事故，为老管道的安全输送提供了关键技术保障。

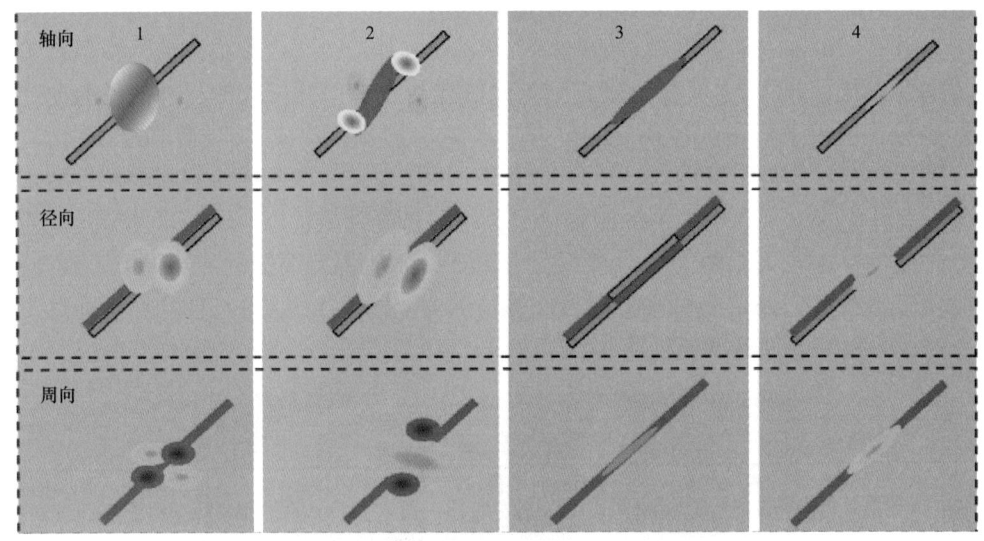

图 3–53　类螺旋焊缝缺陷信号特征示意图

中国石油引入了三轴高清漏磁内检测用于环焊缝缺陷的识别与判定[46]（图 3–54）。通过漏磁信号有限元仿真分析与内检测牵拉试验，系统分析了管道磁化水平、传感器提离值、环焊缝余高、环焊缝缺陷形状、位置及开口方位等因素对缺陷漏磁场的影响，明确了环焊缝缺陷与漏磁信号特征之间的对应关系，提出了基于漏磁内检测信号的环焊缝缺陷分类方法。将环焊缝缺陷分成了 4 类（图 3–55），其中“0”为正常环焊缝的信号特征，“1”为焊道未焊满、过度打磨以及严重未熔合、未焊透等具有较大体积金属损失的信号特征，“2”为焊缝未熔合、未焊透等的信号特征，“3”为焊缝内凹、盖帽金属损失等的信号特征，“4”为侧壁过度打磨、较大错边或咬边等的信号特征。现场开挖验证结果进一步验证了识别与分类判定结果的准确性，为基于漏磁内检测的环焊缝缺陷识别与判定技术工业化应用奠定了基础。

三轴高清漏磁内检测技术的研究与应用，使得管道缺陷和特征的识别与判定准确可靠，为后续的评价与维修提供了数据基础，可以有效地确保管道本质安全，对管道运营者的管理决策具有重要意义。

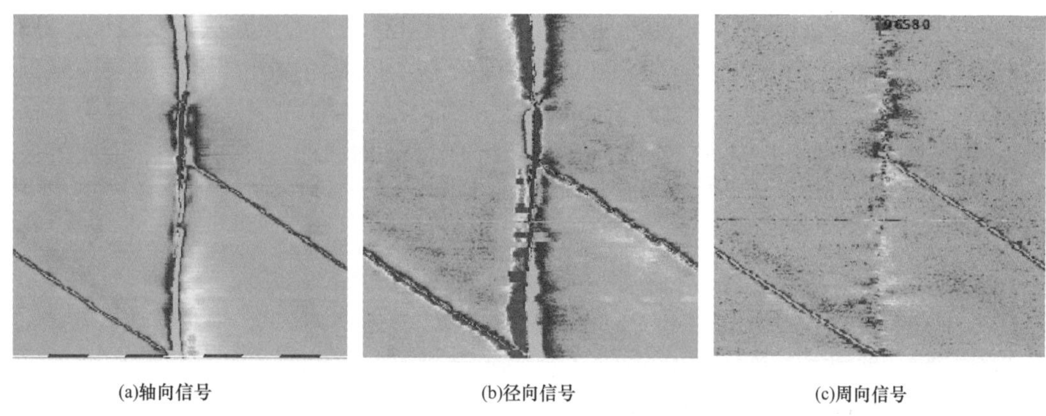

(a)轴向信号　(b)径向信号　(c)周向信号

图 3-54　环焊缝缺陷三轴高清漏磁内检测信号

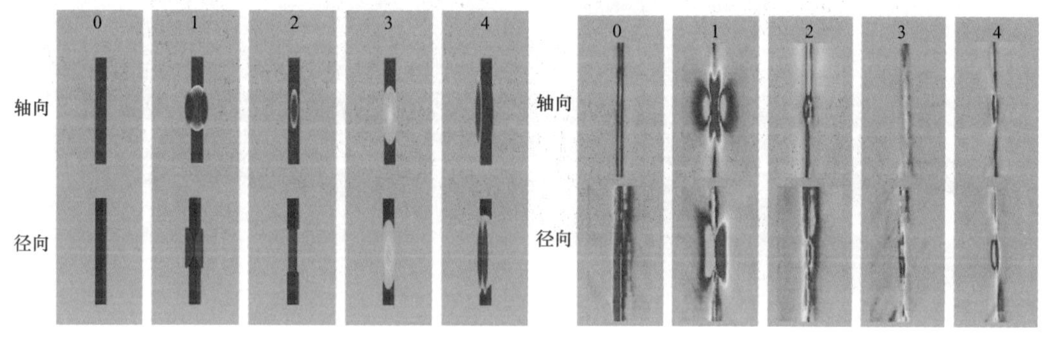

(a) 环焊缝缺陷信号分类示意图　(b) 真实环焊缝缺陷信号图

图 3-55　漏磁内检测信号分类与真实环焊缝缺陷信号

6. 全方位三轴三维超高清漏磁内检测器研发与应用

为了确保油气管道不因宏观缺陷失效，保证影响管道失效的宏观缺陷全部可以检出，中国石油开发了全方位超高清漏磁内检测技术。

2011 年，研制出 ϕ1219mm 高清轴向漏磁内检测系统，其采用两轴传感器，周向传感器间距 7.5mm，采样频率 1kHz，已累计在西气东输二线和西气东输三线完成 2000 多千米现场检测。自 2013 年起，为了弥补高清轴向漏磁内检测系统不足，提高宏观缺陷检出率，一方面进一步研发，于 2015 年研制出采用三轴传感器，周向传感器间距 4mm，单通道采样频率 2 kHz 的超高清轴向漏磁内检测系统；另一方面开始研发超高清周向励磁内检测系统，并提出与超高清轴向励磁内检测系统组合，形成全方位超高清组合内检测器，并于 2017 年研制出 ϕ1219mm 输气管道全方位三轴三维超高清漏磁内检测装置（图 3-56），由原来的体积型缺陷检测工具发展为集成了体积型、裂纹型缺陷检测的工具。由于集成了轴向励磁和周向励磁，两组数据对比分析后可实现管道任意取向腐蚀缺陷和裂纹缺陷等的检测，可提高缺陷检出率及缺陷尺寸量化精度，实现了影响管道失效的宏观缺陷全部检出。该装置前节为超高清轴向励磁节，后节为超高清周向励磁节，两节通过联轴器连接，二者独立工作，互不影响，可根据需求，采用两节单独发送或组合发送的灵活作业方式。设计的高速数据采集系统，采用 2 套高性能的 NI 控制系统，单通道采样频率 2kHz，周向传感器间距达到 4mm。

通过全方位超高清漏磁内检测器的牵拉试验，对其检测能力正在进一步验证。目前，根据牵拉数据分析，全方位超高清漏磁内检测器在检测阈值内对外部金属损失检测识别率可达 100%，而高清漏磁内检测器仅为 66.4%；对内部金属损失其检测识别率为 100%，而高清漏磁内检测器仅为 75.5%。通过分析其对针孔、轴向凹槽、轴向凹沟、裂纹等缺陷比高清漏磁更加敏感。目前已开展西气东输三线全方位漏磁内检测器现场工业检测。

图 3-56　全方位超高清漏磁内检测器

五、管道超声导波检测评价技术

超声导波检测技术是利用低频扭曲波（Torsinal Wave）或纵波（Longitudinal Wave）沿着被测管道轴向传播，在遇到管道横截面积的任何改变时，会沿管道轴向反射超声波信号。根据回波信号的对称性可判断出管道上缺陷和基本特征。与传统的超声检测技术相比，超声导波具有传播距离长、效率高的特点，可在管道上实现“点对线”的全面扫查，而常规超声检测（如超声测厚、超声相控阵探伤等）只能在管道表面进行逐点检测或抽查，检测范围小，效率低。超声导波在理想情况下可沿管壁传播数十米或上百米，回波可显示管道上的缺陷、法兰、焊缝、支管、弯头等特征（图 3-57），可检测出管道横截面上裂纹和变化量。因此，在无法实施内、外检测的管段上，其技术优势尤为突出。对于结构复杂的输油气站场工艺管网，以及油田管网、穿跨越管道等，常规的内、外检测技术无法使用，导致检测评价工作相对缺乏。超声导波技术的出现，则为上述管道的检测难题提供了解决方案。

20 世纪 70 年代之前，超声导波技术一直处于机理研究阶段。随后直至 20 世纪末，英国导波公司与英国帝国大学合作，率先提出了第一代超声导波检测系统。目前，在国际上，超声导波技术有两大流派：一是由英国导波公司开发的基于压电陶瓷换能器的多通道、多探头 Wavemaker 检测系统；二是美国西南研究院开发的基于磁致伸缩效应的镍金属片作为换能器的 MsS 检测系统。目前，以 Wavemaker 检测系统的应用最为广泛，检测系统已更新至第四代，集成了在线监测和云计算处理功能。

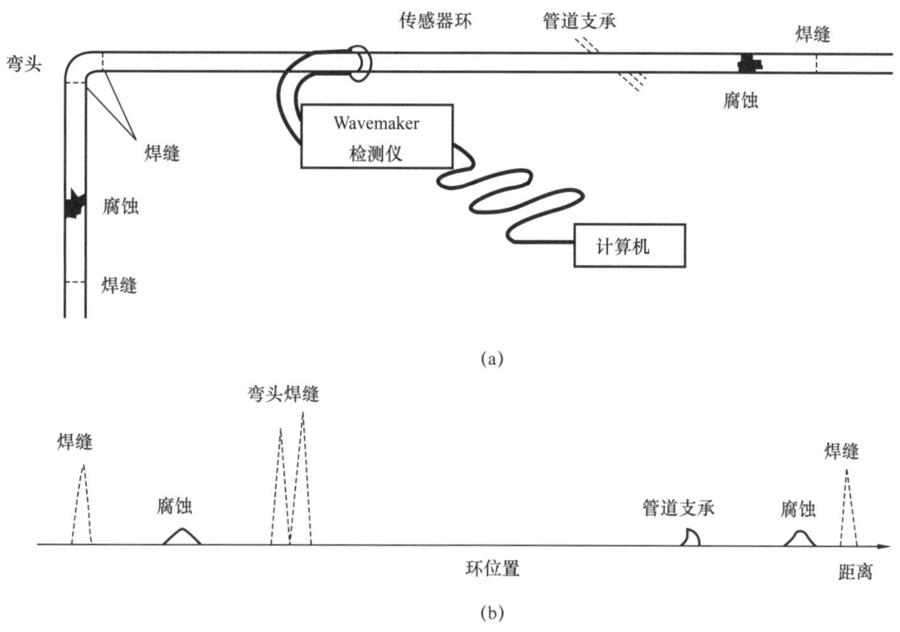

图 3-57　超声导波检测示意图

“十一五”期间，超声导波技术在中国石油主要处于技术引进、消化和吸收阶段。中国石油是国内较早引进超声导波检测系统的企业。2006 年，中国石油引进了英国导波公司开发的第三代 Wavemaker 检测系统（Wavemaker G3），并于 2007 年开展了在役管道超声导波检测技术研究，率先在国内在役管道上开展超声导波检测技术应用。随后，中国石油主导开展了超声导波设备自主研发项目，成功开发出 PUGW-1 检测设备，并建立了超声导波国际合作研究实验室（图 3-58）。

图 3-58　实验室模拟管道

“十二五”期间，超声导波技术进入了推广应用和技术提升的阶段。在前期的技术引进阶段，关于超声导波的应用条件并不明确，尤其对于埋地管道的检测，其应用效果存在较大的差异。在应用过程中，遵循“边研究，边应用，研究推动应用，应用提高和完善研究”的原则，逐步探索出了超声导波技术的应用条件。研究成果得到了及时的应用和推广。目前，该技术已成为解决复杂结构和工况条件下管道全面检测难题的有效手段，主要应用于站场工艺管道，穿跨越管段，套管内管道和内腐蚀直接评价管段的缺陷检测与验证。

2008年，中国石油率先在输油气站场开展了工艺管道在线检测工作，以超声导波检测技术作为管道缺陷检测的主导技术，在不开挖或局部开挖情况下，实现对地上和地下长距离管段的快速扫查，对管体内、外壁特征和缺陷进行定位（图3-59和图3-60）。该技术检测效率高，再配合超声测厚、超声探伤技术、涡流检测技术等手段，对检测到的管道内外壁的缺陷进行定量检测，可获取管道内、外壁缺陷的尺寸，极大地节约了开挖和检测成本，缩短了检测周期。同时，研究人员通过大量的现场检测，对比分析了管道内介质流动，管体振动，管道防腐类型，管道固有特征（焊缝、弯头、法兰、变径等）等因素对检测效果的影响。明确了超声导波检测技术的应用条件和局限性：

图3-59　输油气站场工艺管道现场检测图片

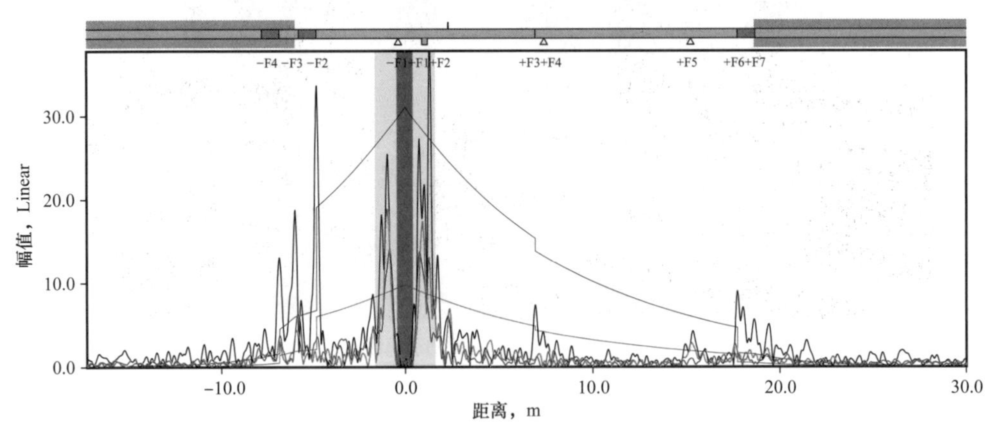

图3-60　输油气站场工艺管道检测数据分析结果

（1）超声导波只能用于定位管道缺陷的位置，无法直接测量管壁厚度、缺陷深度、面积等参数，所以发现缺陷之后，需要采用超声 C 扫描技术或精确测厚技术进行缺陷验证和定量测量。

（2）检测中以法兰或焊缝回波为基准，因此受焊缝余高（焊缝横截面）的影响较大。多重缺陷会产生叠加效应（如在较短的区段有多个 T 字头）。

（3）对于埋地管道、沥青防腐层、结蜡原油管道的检测距离较短。最小可检缺陷及检测范围随管道状态而异。对于有严重腐蚀的管道，由于超声波衰减和被吸收的原因，检测的长度范围也有限，具体因管体状况和防腐层状况而异。

（4）超声导波通过弯头后，回波信号的检出灵敏度和分辨力受到影响，因此一次检测距离段不宜有过多弯头，一般过两个弯头后的信号参考价值不大。

基于上述条件，在现场应用时，超声导波设备的安装和信号采集应充分考虑站场工艺管道的结构和状态。要求检测人员在制订实施方案时须合理地安排检测布局。在选择检测位置时，应结合管道的走向和检测效果，逐步选点开挖探坑，避免盲目开挖。检测位置选择恰当，既有利于检测人员操作，又能有效地控制成本和时间。研究人员综合多年的检测经验，形成了针对站场工艺管道的检测与分析方法体系，明确了超声导波检测技术应用流程，实施方案和数据分析方法，形成中国石油天然气集团公司企业标准 Q/SY 1269—2013《油气场站管道在线检测技术规范》，是目前国内唯一一部针对站场工艺管道在线检测的技术标准。

六、储罐声发射在线检测评价技术

声发射（AE-Acoustic Emission）技术是不开罐条件下实现储罐底板评估的典型技术，该技术利用活性缺陷发展过程产生超声波的现象，通过对缺陷声信号的采集、分析处理，进而实现对底板整体腐蚀状态的评估。“十二五”期间，主要形成了声发射数据可靠采集的方法，建立了模式识别与参数分析相结合的声发射数据分析处理方法，解决了制约该技术在国内推广应用的关键环节，并在管道分公司的推广应用基础上，制定了中国石油企业标准 Q/SY1485—2012《立式圆筒形钢制焊接储罐在线检测及评价技术规范》。

国内外声发射技术用于大型常压金属储罐底板腐蚀状况检测的研究始于 20 世纪 90 年代[47]。壳牌公司、埃克森公司、陶氏化学公司等多家国际石油化工公司均采用该技术对其所拥有的储罐进行在线检测，全球知名的声发射检测服务提供商主要有美国物理声学公司、德国华伦公司等。随着国外储罐声发射检测技术的推广应用，国内许多单位开始了相关研究，并在储罐声发射在线检测机理、数据分析处理方法和检测设备研发方面取得了丰硕成果。

中国石油拥有大量常压储罐，每年的开罐检修费用极高。2006 年中国石油管道研究中心引进声发射检测设备开始储罐声发射在线检测研究，一方面从理论上研究声发射信号的分析处理方法，另一方面充分利用自己的行业优势，即拥有大量储罐且能够方便地获得储罐相关信息以及进行开罐对比研究，开展了大量声发射在线检测技术的实践研究。最终，形成短期监测（10h 以上）与多次检测（至少 2 次）相结合的罐底声发射信号采集方法，并提出了将传统基于参数的分析方法与模式识别方法相结合的数据分析处理方法，相关方法通过近百座大型储罐的检测应用，取得了良好的应用效果，推动了储罐开罐周期的合理调整，经济效益显著。

2007年，机械行业颁布了针对常压储罐的声发射检测标准JB/T 10764《无损检测常压金属储罐声发射检测及评价方法》，该标准是对ASTM E1930-02《液态低压和常压金属储罐声发射检测及评价方法》（英文版）的修改采标，主要针对罐壁和罐底的在线检测，但是罐底检测内容相对薄弱。2012年，中国石油根据自身的研究成果[48-53]制定了行业标准Q/SY 1485《立式圆筒形钢制焊接储罐在线检测及评价技术规范》，针对罐底声发射在线检测，在传感器布置方式、数据可靠采集与分析处理、检测评价分级方面，极大地促进了声发射技术在国内的发展。

1. 储罐罐底声发射在线检测流程

1）检测前的准备工作

在安装检测仪器进行信号采集之前，检测人员应详细了解以下信息：储罐几何尺寸、接管位置和材料厚度等；受检储罐材料的特性、衬里或内部涂层、维检修情况等；检验前6个月内储罐运行的详细信息，这些信息应包括所存储液体的类型，最高液位水平、操作温度变化范围等。

2）检测过程中的工作安排

检测当日应保证被检油罐液位高度至少为最高操作液位的80%以上且静置12h以上，并关闭进出口阀门及其他干扰源，如搅拌器、加热设施等，配备良好接地的供电电源，确定传感器个数及布置位置。

罐底声发射在线检测时，传感器的间距不宜大于13m。对于不同类型立式储罐，可按表3-6中推荐的传感器数量进行布置。传感器应布置在距底板高0.2～1.0m范围内的壁板上，尽量采取同一高度，并沿罐壁圆周成等间距分布。

表3-6　储罐规格与布置传感器数量关系表

容积，m^3	≤1000	2000～3000	5000	10000	20000	50000	100000
内径，m	≤12.0	14.5～18.5	22.0	28.5	40.5	60.0	80.0
传感器数	4～6	6～8	9	12	15	18	21

（1）传感器布置点处理。

为了获得良好的检测效果，需要对布置点的罐壁进行一定的处理。对于无保温层的储罐，需要在传感器安装位置处除掉防腐油漆并打磨出便于传感器布置的金属光泽区域，如图3-61所示；对于有保温层的储罐，首先要拆掉传感器布置处的保温板，再去掉部分保温棉，然后打磨出一块适当的金属光泽区域，如图3-62所示。

（2）布线及安装传感器。

根据现场情况，确定检测仪器的放置地点，之后开始布置电缆线。电缆线与传感器数量相同，一端连接传感器，另一端连接前置放大器后接于检测仪的输入通道。传感器涂抹耦合剂，并用磁座固定在打磨出来的带金属光泽的罐外壁上。

（3）断铅试验。

每个通道进行5次断铅试验，记录每次断铅信号幅值（应大于80dB），取其平均值。

图 3–61　无保温层时传感器布置

图 3–62　有保温层时传感器布置

（4）开始采集。

设定合理的门槛置值（一般取 40dB），开始采集罐底声发射数据。合理地选择采集时机非常重要，在条件允许的情况下，建议夜间采集数据。

3）检测结果评价

底板声发射检测是一种定性评价技术，无法给出缺陷的量化信息，且只能对发展中的活性缺陷（腐蚀、裂纹）进行检测，其检测结果是对底板整体状况的评价。由于罐底缺陷声发射检测过程中受影响因素多，目前不同单位在该技术的具体应用上差异较大，国际上也并没有权威性的标准。中国石油根据声发射事件的聚集程度和基于撞击数量统计的活性度进行评价，罐底腐蚀严重程度评价共分 5 个等级，各等级的含义见表 3–7。

表 3–7　腐蚀程度等级含义

评价等级	底板活性缺陷情况	维护措施
A	很轻微	继续运行 5 年再进行在线检测
B	少量	继续运行 3 年再进行在线检测
C	中等	继续运行一段时间（≤2 年）再进行在线检测
D	严重	尽快制订检修计划或监控使用（≤1 年）
E	非常严重	应立即开罐检修或报废

通常，声发射技术作为一种快速筛查工具应用，对于大量储罐的安全维护，可以给出优先级顺序，从而帮助业主将有限的资源投入到最急需维护的储罐检修中。

2. *声发射技术应用*

中国石油管道公司从 2011 年开始，依托公司储罐大修计划，在储罐大修之前，先对储罐进行声发射检测，然后在储罐大修的时候，使用常规无损检测手段对储罐进行无损检测，最后将声发射检测结果与无损检测结果进行对比，分析两种检测结果是否一致。截至 2013 年 8 月，共检测了储罐 65 座，这些储罐分布在东北三省、重庆、甘肃等地，声发射不同评级结果与对应的储罐数量情况如图 3–63 所示。

从图 3–63 中可以看出，腐蚀程度为 B 级的储罐数量最多，说明大部分储罐存在少量腐蚀，不需要维护，建议在 3 年后再次进行声发射检测，以跟踪监测罐底的腐蚀状态。其中，腐蚀程度为 E 级的储罐数量为零，这种情况与管道公司过去一直定期开罐检修有关，由于定期维护，基本不会出现底板严重腐蚀的情况。

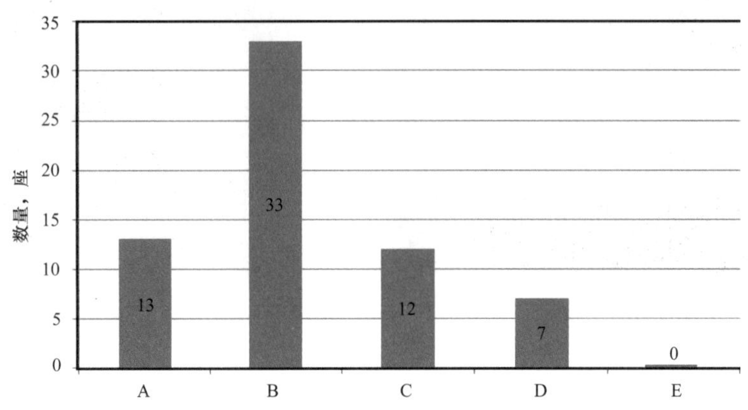

图 3-63　声发射不同评级结果与对应的储罐数量统计

对于储罐底板的开罐检测主要依据 SY/T 5921—2011《立式圆筒形钢制焊接油罐操作维护修理规程》，由专业的无损检测公司使用超声波测厚进行腐蚀检测，检测结果真实可信。此外，开罐对比还包括清罐后的涂层状况调查。开罐常规无损检测与声发射检测对比结果如图 3-64 所示。

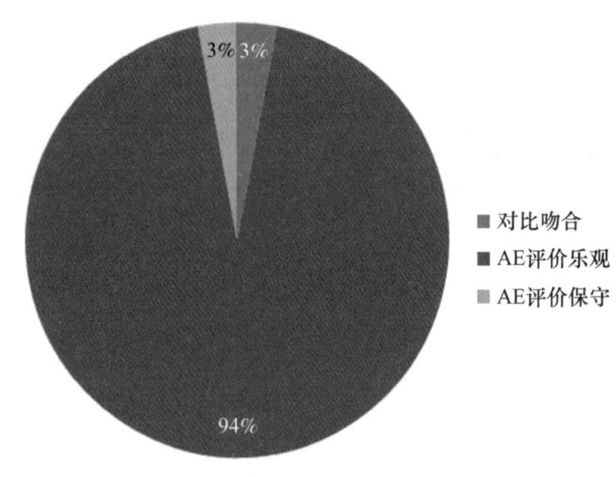

图 3-64　声发射检测与开罐检测对比结果分析图

在图 3-64 的对比结果中，“AE 评价保守”表示实际腐蚀情况没有声发射检测评价结果严重，而“AE 评价乐观”表示实际腐蚀情况比声发射检测评价结果严重，“对比吻合”表示声发射检测评价结果与实际腐蚀程度一致。根据对 65 座储罐检测结果对比发现，声发射检测评价的正确率达到 94%，可见，声发射评价能够为储罐的合理维护提供决策支持。然而，声发射检测过程受影响因素较多，不同的单位在评价结果上存在一定差异。整体而言，声发射技术对实际腐蚀轻微和腐蚀严重的底板评价准确高，而针对中等腐蚀的储罐，评价准确性较低，其检测结果并不能保证 100% 可靠。

七、管道地质灾害监测预警技术

管道地质灾害监测预警受到国际管道运营公司的高度重视，相在技术得到了广泛的应用，国内近些年也逐渐开展了管道地质灾害监测的研究应用。2006—2015 年期间，中国石油围绕管道地质灾害监测领域业务发展中的重大生产需求和难题开展了多项科技攻关，并取得了多项技术突破。先后开展了滑坡、崩塌、土体大变形、采空区塌陷、冻土、洪水等方面的监测预警技术研究，形成了成熟的监测预警系列技术，成功应用于兰成渝管道二郎庙滑坡监测、忠武管道张家沟危岩体监测、漠大原油管道冻土斜坡监测、西部管道芦草沟煤矿采空区监测、忠武管道榔坪河洪水监测，取得了丰富的研究成果和应用经验以及多项专利等自主知识产权。

1. 管道地质灾害监测的目的与意义

管道地质灾害监测是通过监测仪器间断或不间断的获得地质灾害体和管道不同时刻的活动状态数据，判断地质灾害体和管道的安全状态，并预测其未来一段时间的活动趋势，为下一步防治决策提供依据。相比工程治理，监测预警的实施周期短、成本低，能避免盲目实施工程造成的经济浪费。提前预警还可有效减少突发性灾害造成的管道受损破裂以及人员伤亡，基于这些特点，管道地质灾害监测预警成为风险控制中的重要手段，其应用范围十分广泛。

对于一些复杂的地质灾害，通过监测可摸清其发育演化规律及破坏模式，为风险评价提供参考，进一步明确是否需要治理，并辅助治理工程设计，还可以进行地质灾害施工期安全监测和治理效果监测。

2. 管道地质灾害监测方法

1）管道滑坡监测技术

（1）监测系统组成。

滑坡监测内容可分为灾害体监测、管体监测和滑坡—管道相互作用监测。滑坡灾害监测系统如图 3–65 所示。现有的滑坡监测仪器如测斜仪、经纬仪、测距仪等存在的问题是数据的采集需要人工定期到现场进行，使得滑坡监测缺乏实时性。在很多情况下，不稳定边坡处于边远地区，人员很难到达，尤其是在滑坡的临发阶段，人员到现场监测可能存在危险。相比之下，基于光纤光栅传感的管道滑坡监测系统可以让观测人员远离现场，具有突出的优势。用光纤光栅传感技术对滑坡的活动性进行监测预警，国内尚无先例，国外也未见用光纤光栅对滑坡进行监测预警的报道。

如图 3–66 所示，光纤光栅滑坡监测包括三方面的内容：滑坡深部位移变形监测、管道应变监测、滑坡表部变形监测。各监测内容对应的监测技术或方法见表 3–8。

表 3–8　管道滑坡监测技术

监测内容＼监测技术	传统技术	新技术
管体应变	电阻式应变计、钢弦式应变计	布里渊散射光时域反射（BOTDR）、光纤光栅（FBG）、应变测量
管道与滑坡界面作用力	（未见相关文献）	
滑坡表部位移	测缝计、位移计、自动伸缩计等；水准仪、经纬仪、全站仪	全球定位系统（GPS）、布里渊散射光时域反射技术（BOTDR）、合成孔径雷达干涉技术（InSAR）、激光扫描技术（LIDAR）、无线电节点网络等
滑坡深部位移	各种倾斜仪、钻孔多点位移计、TS 变位计、滑动测微计等	时域反射测试技术（TDR）、光纤岩层滑动传感监测技术等； 粘贴有传感器的应变管
降雨量	雨量计	雨量计＋实时传输模块

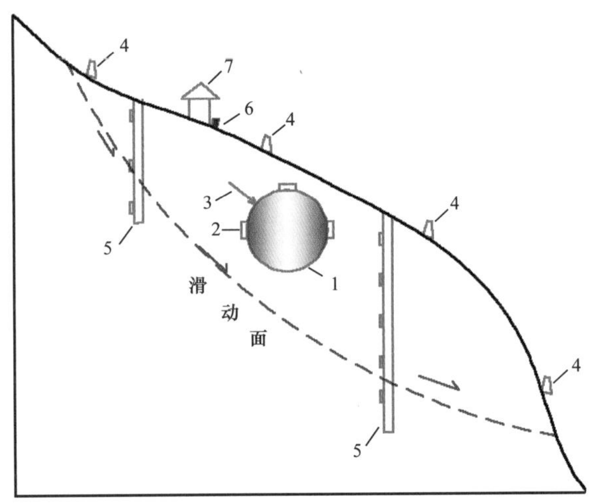

图 3-65　管道滑坡监测示意图

1—管道；2—管体应变监测；3—滑坡与管道界面监测；4—滑坡表面位移监测；
5—滑坡深部位移监测；6—降雨量监测；7—现场监测站

① 滑坡深部位移监测。滑坡深部位移的监测采用光纤光栅测斜管模型。如图 3-67 所示，将光纤光栅传感器直接粘贴于测斜管的外侧，然后在滑坡体上钻孔，在钻孔里放入粘贴有光纤光栅传感器的测斜管，下放时将测斜管粘有传感器的一侧朝向滑坡潜在滑动方向。光纤光栅传感器在测斜管上采用串联的方式组成传感器阵列，光纤光栅传感器粘贴在测斜管的轴向上，以获取测斜管的轴向应变。

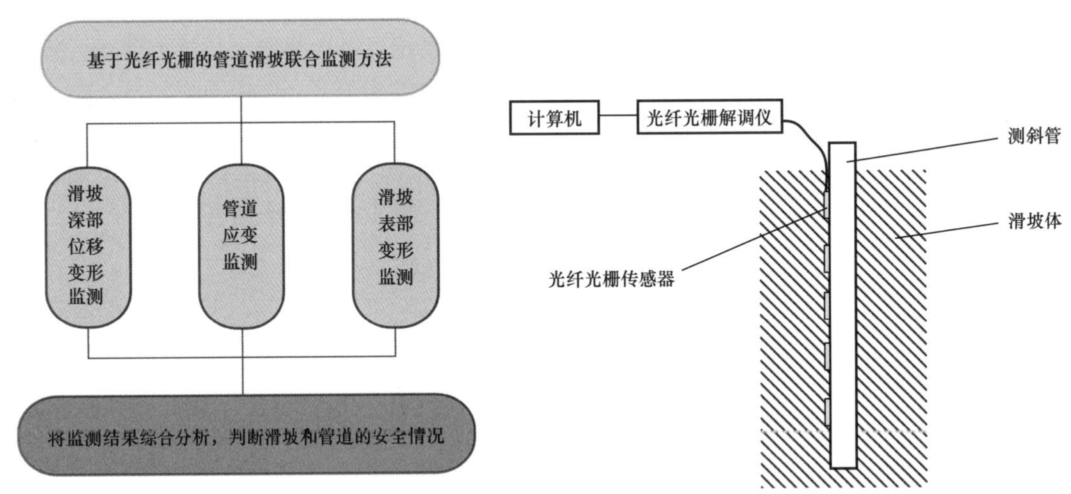

图 3-66　光纤光栅管道滑坡联合监测原理图

图 3-67　光纤光栅测斜管模型

该装置的工作原理的是，当滑坡体沿滑动面下滑时，测斜管受到滑坡体推力而发生弯曲，则朝向滑坡体滑动方向的测斜管一侧承受最大的拉应变，顺向滑坡体滑动方向的测斜管一侧承受最大的压应变。置于测斜管上朝向滑坡体滑动方向一侧的光纤光栅传感器阵列就能测出测斜管承受的最大拉应变。

② 管道应变监测。滑坡对管道作用应力关键表现在轴向上，对管道轴向应力的测量能较好地判断管道的可接受应力状态。为获得管体截面每一点的轴向应力，进而获得最大

值，至少需要在管体每个截面上布设3个传感器。传感器安装在管道3点、9点、12点位置，如图3–68所示，由三个点可计算截面变化最大应力，监测管道变形过程中截面的最大应力及位置。

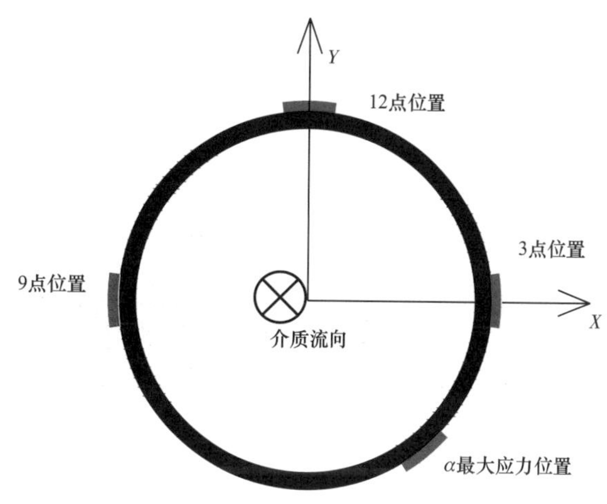

图3–68 管道应变传感器布置

③ 滑坡表部变形监测。滑坡表部变形的监测采用光纤光栅钢筋模型。如图3–69所示，将光纤光栅传感器沿轴向粘贴于钢筋上，以获取钢筋的轴向应变。在垂直滑坡变形的方向上，人工构筑埋于地下一定深度的细长混凝土梁，通过在地梁中心放置装有光纤光栅应变传感器的钢筋，感知导致混凝土变形的滑坡表部变形。

当滑坡表面土体发生位移（变形）时，土体变形导致混凝土地梁发生变形，由于地梁是细长构件，地梁的变形以轴向伸长为主，而且地梁的两端受固定约束，这样地梁产生伸长变形的程度和位置就表现了滑坡表部发生的变形的大小及位置。地梁产生伸长变形的程度和位置由地梁中钢筋上的光纤光栅传感器的应变值读出。通过合适的简化算法，可以建立光纤光栅传感器应变与滑坡表部变形之间的对应关系。

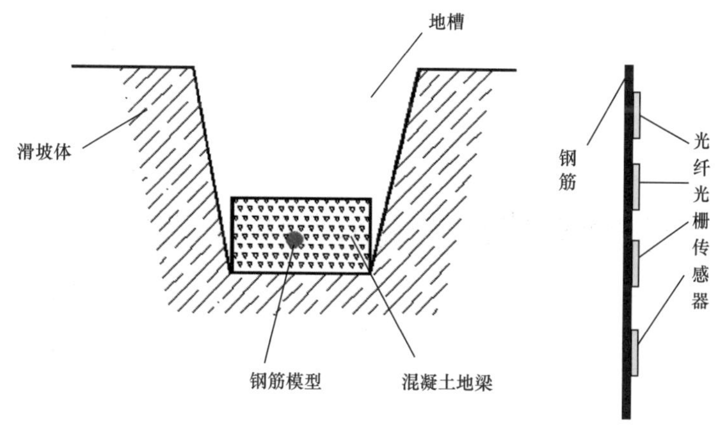

图3–69 光纤光栅钢筋模型

（2）滑坡监测系统的应用实践。

2007年，滑坡监测系统成功应用于兰成渝管道二郎庙滑坡监测（图3–70），分别进行了管道应力—应变监测、滑坡深部位移与表部位移监测，并建立了数据采集系统。

该系统创造性地通过在地下埋设细长混凝土梁的方式，将光纤光栅的应变转化为滑坡体的表部位移，克服了土体颗粒松散、非均质的影响，实现了基于光纤光栅传感的滑坡表部变形的低成本、实时连续监测。对深部位移，首次将光纤光栅应变传感器粘贴于PVC管外侧，通过测定PVC管的弯曲应变，实现了滑坡深部位移实时监测。首次将光纤光栅应变传感器应用于滑坡影响下的管体应变监测。并且每个管体截面监测3点应变，由管体截面的 3 点应变计算出了该截面的全应变分布及最大应变的位置，节约了监测成本。

图 3-70　二郎庙滑坡全貌

2）管体位移监测技术

（1）机械式位移监测系统。

机械式位移监测系统的技术原理是在选定的管道监测区域现场设置管体位移监测点、监测基准点和照准点，以监测基准点和照准点建立局部坐标系，采用大地坐标监测技术进行数据监测采集，定期测量各管体位移监测点的坐标；管体位移监测点即为固定在管体上的导杆，若管体发生位移，则管体位移监测点的坐标发生变化，两次时间间隔的坐标变化即为该时间间隔内管道的位移，如图 3-71 所示。

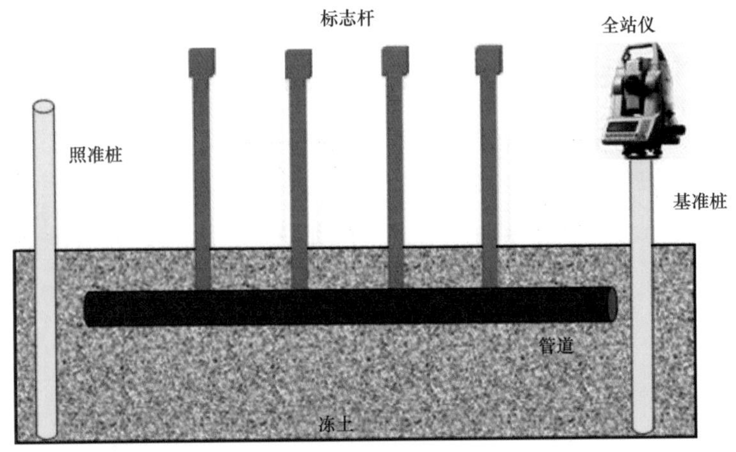

图 3-71　机械式位移监测系统原理图

（2）自动式位移监测系统。

自动式位移监测系统的结构组成如图 3-72 所示，包括基准点、监测点、液体连通部分、数据采集与传输部分、供电部分以及室内数据处理中心。

在基准点和测点上设置渗压计，并通过通液管将各测点和基准点连通，测量测点和基准点的水压力即可计算出各测点与基准点的高程差。当测点高程发生变化时，其与基准点的高程差发生变化，从而监测到测点高程变化。由于渗压计可以实现自动远程监测，因此系统可实现管道位移的自动监测。

（3）管体位移监测技术应用实践。

2011 年 10 月该系统成功应用于黑龙江省大兴安岭地区加格达奇区加漠公路 33km 处

的冻胀融沉沼泽区（AD062-527）管道竖向位移监测；2012 年 1 月 8 日至 2013 年 1 月 28 日，该系统应用于漠大线 97km 热棒示范区，对管体位移进行监测，验证了热棒对管道融沉位移的抑制作用。

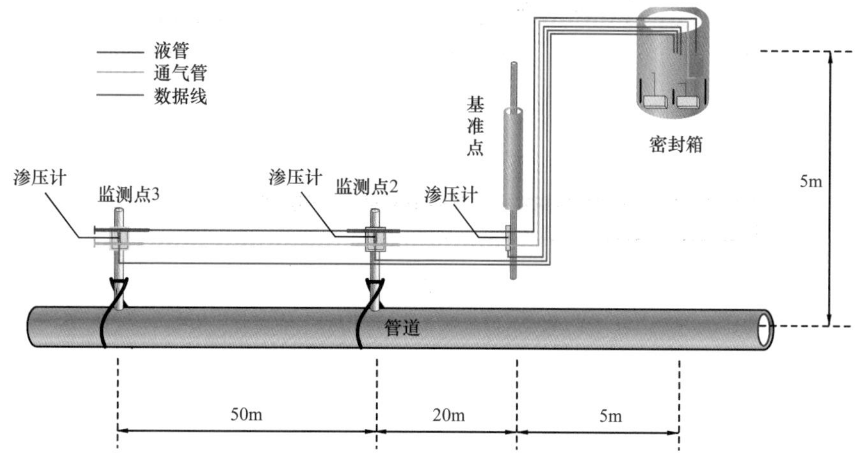

图 3-72　自动式位移监测系统结构组成示意图

该系统实现了在冻土沼泽地区长期稳定运行，实现了监测数据的自动、远程、实时采集与传输，解决了管体位移监测难以实现自动化的难题，不再受漠大线残酷环境的制约。

基于该系统，编制形成了管道公司企业标准《多年冻土区管道线路管理与维护规程》等，为冻土区油气管道位移监测提供了依据。

3）管道采空区监测

传统的采空区土体变形采用经纬仪、水准仪、钢尺、支距尺和全站仪或 GPS 等方法，这些方法有的实时性都较差、有的受现场条件限制无法有效使用，更重要的是，这些方法均是对地表已经塌陷这一既有现象进行结果监测，方法单一，且难以满足采空区油气管道监测超前预报、长期耦合监测和实时在线的要求。因此，根据实际工作需求，开发了采空塌陷区管道多位一体监测技术。

采空塌陷区管道多位一体监测技术，即在采空塌陷区的油气管道的监测截面上安装光纤光栅应变传感器和管土相对位移传感器，每个截面上的传感器熔接串联，然后通过光纤接线盒与引至监测站的光缆连接，在监测站里，光缆与光开关连接，光开关与光纤光栅解调仪连接，光纤光栅解调仪与下位机连接，下位机预处理后的数据通过 GPRS 通信模块传输、GPRS 通信模块接收到上位机；同时，光纤光栅传感网实时监测管道正上方土体水平变形，也以相同方式将数据传输至上位机；用上述装置对采空塌陷区油气管道进行监测，如图 3-73 所示。

（1）土体水平变形监测。

由于采空塌陷是一个自下向上的变化过程，除自重外，管体承受的荷载全部来源于管道上方土体的变形，所以当与管体正上方接触的土体变形时，则说明土体荷载已经作用于管体，此时地表还未出现变形迹象，因此采用光纤光栅传感网用于测量管道正上方管土接触界面土体的水平变形，监测多点的水平变形值，进而求出土体的最大变形。在地表尚未出现变形之前，提前获取土体水平变形信息，从而达到对采空区稳定性进行超前预报的目的，当土体水平变形曲线出现突变时报警。

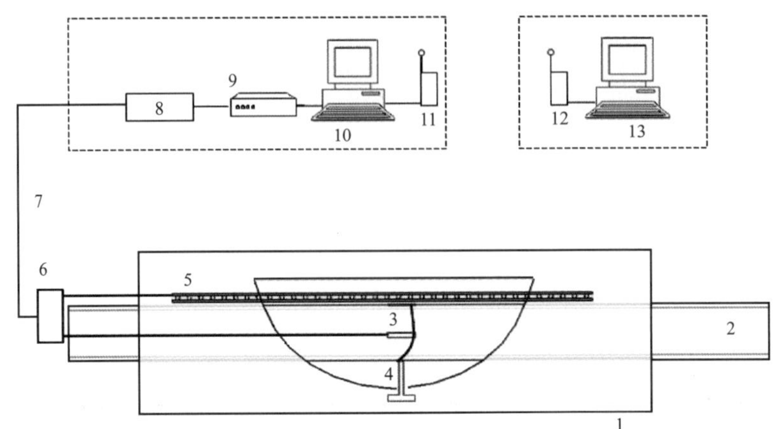

图 3-73 采空塌陷区油气管道监测方法

1—采空塌陷区；2、14—管道；3—光纤光栅应变传感器；4—管土相对位移传感器；5—光纤光栅传感网；6—光纤接线盒；7—光缆；8—光开关；9—光纤光栅解调仪；10—下位机；11，12—GPRS 通讯模块；13—上位机

采空塌陷区土体水平变形监测方法是采用光纤光栅传感网，其结构如图 3-74 所示。光纤光栅传感网由无纺土工布、光纤光栅钢筋传感器组成。光纤光栅钢筋传感器交织成“#”字形固定在上下两层无纺土工布中间，每个光纤光栅钢筋传感器单独为 1 路，每路的光纤光栅数量需根据采空塌陷的实际情况而定。

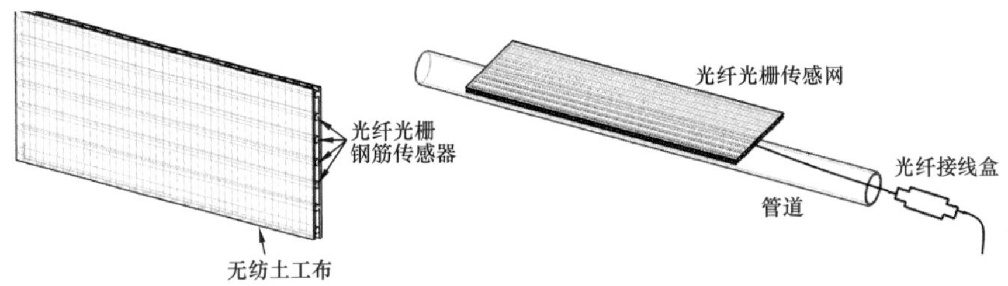

图 3-74 采空塌陷区土体水平变形监测方法

（2）管土相对位移监测方法。

随着采矿程度的加深，由于管体和土体的刚度及抗变形能力不同，随着采空塌陷区土体的不断下塌，管体与其下方土体的变形和下沉位移不再一致，管道下方土体将继续下塌，最终与管道分离，而管道上部土体由管体支撑，附着于管道之上，从而导致管道暗悬。大量的研究表明，当管道暗悬时，管道受到荷载最大，管体处于非常不稳定的受荷状态，这种状态严重影响到管道的安全。因此监测管道和土体之间的相对位移，可以实时了解管道与土体的对应位置关系，当管土相对位移值达到阈值并保持恒定时，表明管道已悬空，并及时报警。

作为采空塌陷区油气管道监测方法的另一部分，管土相对位移监测方法是采用光纤光栅位移传感器。在采空塌陷区的油气管道的监测截面上安装管土相对位移传感器，通过光纤接线盒与光缆将管土相对位移信号引至监测站作进一步分析与处理并予显示，如图 3-75 所示。

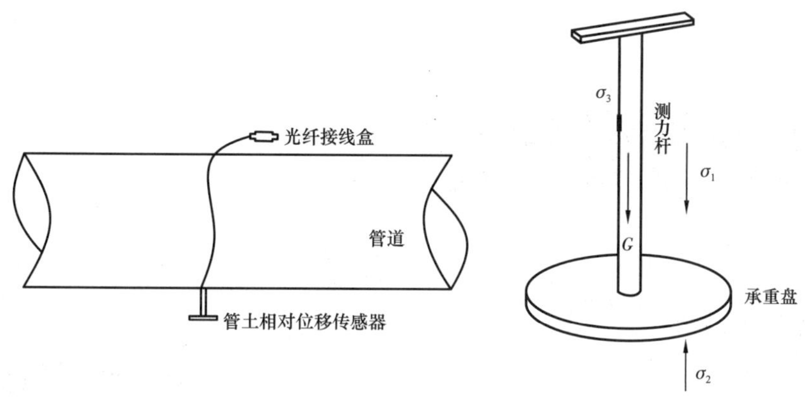

图 3–75 采空塌陷区管土相对位移监测方法

（3）采空区监测系统的应用实践。

2009 年 11 月，基于“土体水平变形监测 + 管土相对位移监测 + 管体应变监测 + 地表变形监测”的四位一体采空区监测技术成功应用于新疆鄯乌线芦草沟煤矿采空区管道安全监测。同时，由于该处管道多数采取埋地敷设方式，管道上方均建有管堤，因此一旦塌陷将造成大范围管道悬空。该监测系统的成功应用，不仅能超前判断采空塌陷作用的活动情况、发育发展规律、破坏机理，还能查明采空塌陷对管道的影响方式和程度，更重要的是能掌握钢质管道的应力位移变化规律，判断管道的安全状态，为防治时机的确定提供依据。此外，基于该系统的研发，形成了集团公司企业标准 Q/SY 05487—2017《采空区油气管道安全设计与防护技术规范》，进一步规范了油气管道采空区监测技术方法。

4）管道洪水监测

（1）监测系统组成。

管道洪水监测系统主要由遥测传感器（雨量计、水位计）、通信设备（GSM 模块）、水文遥测仪（数据采集控制器）、太阳能光板、蓄电池组等组成，结构图如图 3–76 所示。

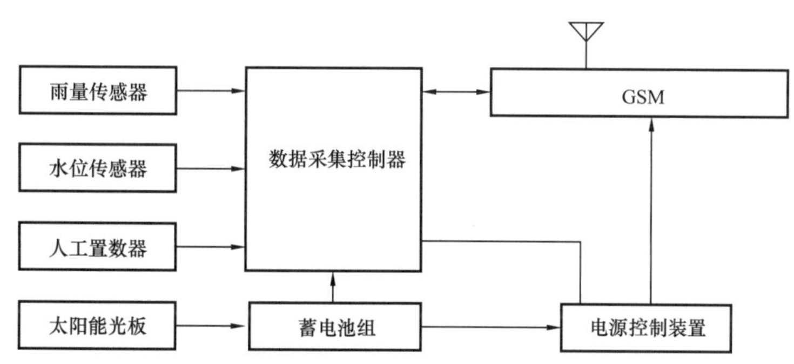

图 3–76 管道洪水监测系统结构示意图

监测系统采用测、报、控一体化的结构设计，实现水情信息的采集、预处理、存储、传输以及查询、应答、自报、可编程等测控功能。

（2）管道洪水监测系统的应用实践。

2012 年 8 月，该监测系统在兰成渝管道蒲坝河伴行段、忠武输气管道榔坪河伴行段进行了应用（图 3–77 和图 3–78）。通过在管道沿线建立雨量、水位遥测站，对山区小流域水情进行监测。通过现代通信技术将水情信息远传至洪水控制终端进行数据处理分析和洪水预测预报，可显著提升管道洪水灾害防控能力。

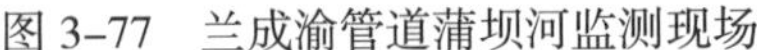

图 3-77　兰成渝管道蒲坝河监测现场　　图 3-78　忠武输气管道榔坪河监测现场

第五节　管道腐蚀与防护技术

管道腐蚀问题贯穿了管道的全生命周期。根据北美管道失效统计数据统计，腐蚀是导致管道失效的最主要因素，有效的管道的腐蚀防护系统是确保油气管道长期安全运行的基本保障。

管道腐蚀可分为内腐蚀和外腐蚀，在防护技术上有明显的区别。对于金属管道的外腐蚀防护，目前采用"防腐层＋阴极保护"方案，防腐层用来物理隔离金属管体与腐蚀介质，阴极保护对防腐层漏点提供额外保护，确保在防腐层失效的情况下，防腐系统依然有效。金属管道的内腐蚀是由于管体内表面接触腐蚀性介质而发生的电化学腐蚀或微生物腐蚀，主要受投产前管道内腐蚀管控情况、管道输送介质的组成、管道材料化学成分和输送工艺的影响。内腐蚀防护措施还需要从管道设计、管道建设施工和运行阶段多方面综合考虑。随着对管道内腐蚀机理的深入研究，逐步掌握了一些内腐蚀防护的措施，如涂覆内涂层、添加缓蚀剂、控制输送介质质量和流速、定期清管等。

2006—2015年期间，中国石油针对现场出现的管道腐蚀问题，开展了一系列技术攻关，在管道腐蚀与防护方面取得了显著进步。主要体现在管道热熔胶型聚乙烯热收缩带补口材料改进技术、管道防腐层和保温层修复技术、长输液体管道内腐蚀控制技术和阴极保护和杂散电流干扰数值仿真技术等方面。

一、热熔胶型聚乙烯热收缩带补口材料改进技术

1. 热熔胶型聚乙烯热收缩带补口现场失效问题

中国石油新建管道从陕京输气一线开始，大多采用3PE防腐结构，与其配套的现场防腐层补口几乎全部采用"环氧底漆＋热熔胶型聚乙烯热收缩带"结构。根据现场调查发现，现有热熔胶型聚乙烯热收缩带补口出现了较为严重的失效问题，个别管线开挖点失效比例在50%以上，这已直接影响到管道的运行安全和使用寿命。

热熔胶型聚乙烯热收缩带补口的失效形式主要表现为底漆脱落、热熔胶黏剂与环氧底漆黏接失效，以及热收缩带与主管道PE层的黏接失效等。在热收缩带补口过程中，通过

加热，热熔胶黏剂将热收缩带和焊口处的环氧底漆层紧密黏接到一起，同时实现热收缩带与主管线 PE 层在搭接部位的黏接。补口完成后将会形成三个新的界面：环氧底漆与钢质管道、热熔胶黏剂与主管线 PE 层搭接部位以及热熔胶黏剂与环氧底漆层。现场调研的补口失效形式主要是上述三个界面发生了黏接失效。

调查资料显示，这些失效的热收缩带在工程应用时送检样品均满足相关标准或工程技术规范的要求，建设期间监理按要求抽检的补口质量也满足标准要求，但在运行几年后，却出现了不同程度的失效现象。这可能是由于以下几个方面的问题所造成的：

（1）由于管道热收缩带补口为现场施工，其安装系统（即现场施工完成后的热收缩带）在实际运行环境中的长效性是决定其使用寿命的关键指标，但相关标准或工程技术规范缺少对热收缩带安装系统长期性能的评价方法和技术指标要求。

（2）相关标准或工程技术规范中缺少对底漆和热收缩带材料在老化环境下长期性能的评价方法和指标要求，导致对材料本身的老化性能检测缺失。

2. 热熔胶型聚乙烯热收缩带补口现场失效原因分析

针对上述问题，中国石油开展了 3PE 管道补口热收缩带材料的性能研究，结合现场调研结果，对热收缩带产品的长效性能进行考察，通过对材料结构组成、老化环境下材料性能变化、安装系统综合性能评价等方面的研究，剖析了补口材料长期性能的影响因素。研究发现：

（1）含有乙烯—丙烯酸酯共聚物成分的热熔胶型聚乙烯热收缩带耐湿热稳定的能力优于含有乙烯—醋酸乙烯酯共聚物的聚乙烯热收缩带；且热熔胶型聚乙烯热收缩带中含有高熔点的线性低密度聚乙烯，其结晶度高，因此产品在湿热老化过程中形状保持得较好、吸水率低、硬度高、失重少、熔体强度高、拉伸强度高，剥离时为内聚破坏，界面剥离强度较高，产品的长期稳定性能更好。

（2）热熔胶中含有羧基基团或含有缩水甘油醚酯基团的聚乙烯热收缩带，热熔胶对界面的黏接效果好，利于界面黏接的稳定。

（3）适当含量填料的引入，将有助于热熔胶长期性能的稳定。

3. 热熔胶型聚乙烯热收缩带补口改进方案

根据研究结果，对热熔胶型聚乙烯热收缩带的热熔胶黏剂长期性能实验室测试方法及技术指标提出以下建议：

（1）熔融指数。测试条件：190℃，2.16kg，技术指标：不低于 50g/10min，70℃水浴中湿热老化 49 天，熔融指数下降幅度小于 50%。

（2）耐热性能。测试条件：70℃水浴中湿热老化 49 天，样条长度变化率小于 1%。

（3）剥离性能。测试条件：以水为介质，湿热老化 49 天后，−70℃下冷冻 10h，60℃下烘 10h，循环 3 次，均为内聚破坏，剥离强度指标满足 GB/T 23257—2009《埋地钢质管道聚乙烯防腐层》中的规定。

热熔胶黏剂是影响热收缩带补口质量的关键因素，为提高其性能，建议从以下 3 个方面加以改进：

（1）通过调节热熔胶黏剂配方中极性组分与非极性组分的匹配，提高热熔胶黏剂对环氧底漆钢和 PE 的界面黏接性能。

（2）在胶黏剂配方中避免小分子组分，比如萜烯树脂等，因为小分子组分随时间会产生迁移，将会对黏接界面产生额外应力，降低其强度。

（3）在胶黏剂配方设计时应考虑配方中各组分的分子量的多分散性，宽分子量分布将增强胶黏剂的轴向剪切力，缓冲轴向应力作用，有利于提高界面黏接强度。

二、管道防腐层及保温层修复技术

管道防腐涂层从工厂预制完成，经过存放、搬运到达现场，焊接后回填，在此过程中，防腐涂层不可避免地受到损伤而存在漏点。在后期的运行中，管道防腐涂层直接与土壤、大气等腐蚀性介质接触，逐渐老化失效，甚至剥离。防腐涂层出现缺陷后应该及时进行修补，以免管道遭受进一步腐蚀。

“十一五”期间，管道防腐层的修复大多集中在老旧的石油沥青防腐层和煤焦油瓷漆防腐层大规模修复和更新。随着老旧管道的停用，新建管道 3PE 防腐层的应用及保温管道的建设，“十二五”期间管道防腐层的修复逐渐变为 3PE 防腐层的局部修复及保温管道防腐保温的局部修复。通过现场实验和大量工程经验总结，中国石油形成了 3PE 防腐层的局部修复技术和硬质聚氨酯泡沫防腐保温层的局部修复技术，并已形成行业标准 SY/T5918—2017《埋地钢质管道外防腐层保温层修复技术规范》。

1. 3PE 防腐层局部修复技术

3PE 防腐层局部修复是指对油气管道 3PE 防腐层的局部的破损点进行修补或对失效的热收缩带补口防腐层进行更换。其修复材料应根据原防腐层类型、修复规模、现场施工条件及管道运行工况等条件选择，也可采用经过试验验证且满足技术要求的其他防腐材料。经实验研究及工程应用，常用的 3PE 防腐层局部修复材料见表 3–9。

表 3–9　常用 3PE 防腐层局部修复材料

原防腐层类型	局部修复		
	缺陷直径≤30mm	缺陷直径＞ 30mm	补口修复
三层聚乙烯	黏弹体 + 外防护带① 热熔胶棒 + 补伤片②	黏弹体 + 外防护带、压敏胶型热收缩带、聚烯烃胶黏带	黏弹体 + 外防护带、无溶剂液体环氧 + 聚烯烃胶黏带、压敏胶型热收缩带

①外防护带包括聚烯烃胶黏带、压敏胶型热收缩带、无溶剂环氧玻璃钢等。

②热熔胶 + 补伤片仅适用于热油管道。

施工工艺是保证现场防腐层修复质量的重要因素。形成的 3PE 防腐层局部修复技术标准中详细规定了管道开挖悬空、热力及应力保障、管沟回填要求，管道旧防腐层清除、防腐层施工、管体表面处理及施工质量控制措施等，确保了防腐层修复质量。3PE 防腐层局部修复技术在中国石油所辖长输 3PE 防腐层管道的内外检测开挖验证及管道防腐层破损点修复工程中得到了广泛的应用。三年后跟踪测试结果表明防腐层修复质量良好，未出现再次失效的现象。

2. 硬质聚氨酯泡沫防腐保温层局部修复技术

随着我国对节能降耗要求的提高，管道保温成为一种重要输送形式。长输埋地管道保温层一般采用硬质聚氨酯泡沫，但由于现场施工条件的限制，保温层及防腐层不可避免地出现破损，水分进入管体表面，导致局部防腐保温系统失效，甚至严重腐蚀。根据保温管道防腐保温层修复的工程需求，“十二五”期间管道分公司开展了保温管道防腐保温层修复专题研究，形成了保温管道防腐保温层局部修复技术，并于长呼线管道现场应用与验证。研究成果纳入石油行业标准 SY/T 5918—2017《埋地钢质管道外防腐层保温层修复技术规范》。

聚氨酯泡沫防腐保温层局部修复技术包括现场施工工艺及现场发泡模具设计开发。根据专题研究结果，设计的保温管道防腐保温层修复的结构为：黏弹体（纤纤增强型）+ 聚氨酯泡沫（现场发泡或保温瓦块）+ 外防护层（压敏胶带或电热熔套）。对于补口处破损的防水帽应先将其去除，然后用黏弹体胶带将聚氨酯保温层包覆。修复结构如图 3-79 所示。长呼原油管道的防腐保温层修复采用了该修复结构，后期跟踪调查及测试未发现修复处防腐保温层失效的现象。

聚氨酯泡沫防腐保温层局部修复现场施工工艺包括对原有破损或者失效的防腐保温层清除、管体表面处理、防腐层修复施工、聚氨酯泡沫保温层现场发泡及外护层施工等。该施工工艺均已形成行业标准的相应条款。

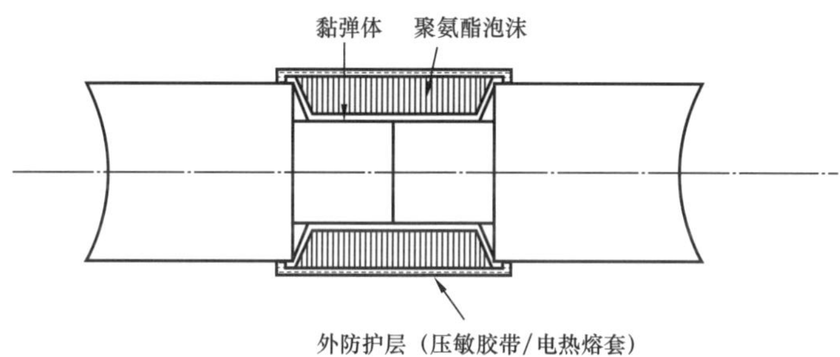

图 3-79　保温管道防腐保温层修复结构示意图

聚氨酯泡沫发泡模具主要由骨架部件、功能部件和密封部件三部分组成，采用模块化设计，具有双层空腔结构，包括一个套筒内表面和管道外表面构成的发泡空腔，还有一个套筒夹层组成的套筒空腔。发泡模具设计成双层空腔结构可以实现在空腔内增加功能性部件，如加热模块、温度监测模块、压力监测模块等，如图 3-80 所示。其特点如下：

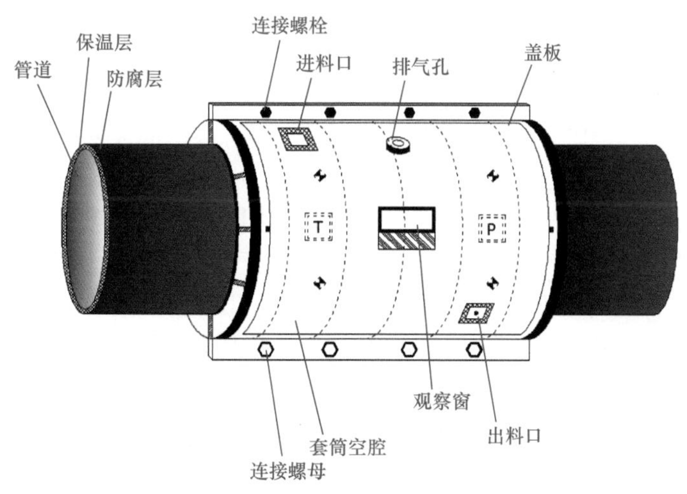

图 3-80　聚氨酯泡沫发泡模具设计示意图

（1）采用模块化设计，实现了模具可拆卸、可重复使用的功能；

（2）通过模块化设计，实现了可按实际需要增加或减少功能部件的安装，如需要增加热模块，只需在空腔内安装加热带即可实现模具的加热功能；

（3）排气孔在模具内部的孔洞采用滤网进行封堵，可排气的同时能有效阻止发泡剂通过排气孔排出模具内；

（4）模具四周采用密封条进行密封，以实现与管道原外防护层之间的良好密封性能，并且在轴向上的密封可根据现场实际情况进行粘贴，具有很强的灵活性。

三、阴极保护及杂散电流干扰数值仿真技术

阴极保护与杂散电流干扰数值仿真技术是阴极保护和杂散电流与计算机数值计算技术结合衍生的新技术，该项技术实现了阴极保护设计和运行优化的定量化，推动了交直流杂散电流干扰预测和治理方案设计的科学性。经过2006—2015年期间的技术攻关和推广应用，取得了良好的效果。

目前，阴极保护和杂散电流干扰数值仿真主流软件主要有BEASY和CDEGS，该两款软件可以分别对管道阴极保护系统与交直流杂散电流干扰开展数值仿真。“十二五”期间，中国石油也在积极推动阴极保护和杂散电流干扰数值仿真软件自主开发，成功研发了CPexpert V1.0，具备快捷开展阴极保护、直流杂散电流干扰计算和土壤结构反演等功能。

阴极保护和杂散电流干扰数值仿真技术主要包含管道干线阴极保护数值仿真技术、管道站场区域阴极保护数值仿真技术、高压直流干扰数值仿真技术和高压交流输电线路干扰数值仿真技术。

1. 管道干线阴极保护数值仿真技术

管道干线阴极保护数值仿真技术主要针对油气管道干线阴极保护电位和保护电流密度分布开展仿真计算，可以用于研究管道防腐层、土壤环境、阴极保护站间距、阴极保护干扰等相关问题的研究。

（1）长输管道防腐层状况对阴极保护的影响规律。[54]

通过计算100km站间距的3PE防腐层管道和50km站间距的石油沥青防腐层管道阴极保护电位和电流密度分布特点，结果表明，沥青管道的电位衰减快，从通电点 -1.2V 迅速下降到 -950mV，呈现“大漏斗”形状。但是，计算发现，当沥青管道的站间距缩短到10km时，通电点电位至末端只下降了24mV，这说明沥青管道在适当站间距下也可实现均匀电位分布。同样，3PE防腐层管道站间距过大时也会形成大漏斗。因此，站间距与防腐层共同影响管道沿线的电位分布，当防腐层质量劣化时，需要大修以满足阴极保护的需要。此外，管中电流在管道中流动形成管道内阻电压降，该电压降在断电测量时瞬时消失。3PE防腐层管道的管中电流以及自末端累计至通电点的电压降如图3-81所示，在50km处，即3PE管道阴极保护的末端，电流从此处开始流入并沿管道流回通电点，该处管道内阻电压降为0；由于均匀的保护电流密度，管中电流与距离呈线形增长的趋势（黑线），而累计电压降与管中电流和管道内阻都相关，因而是距离的二次函数（红线），呈双曲线形式。对比图3-82可知，当去除管中电流形成的管道内阻电压（IR）降后，3PE管道沿线通电电位将几乎不变，而沿线均匀电流密度与均一防腐层面电阻率产生固定不变的涂层IR降，表明特定站间距下，3PE防腐层管道沿线断电电位的变化将很小。

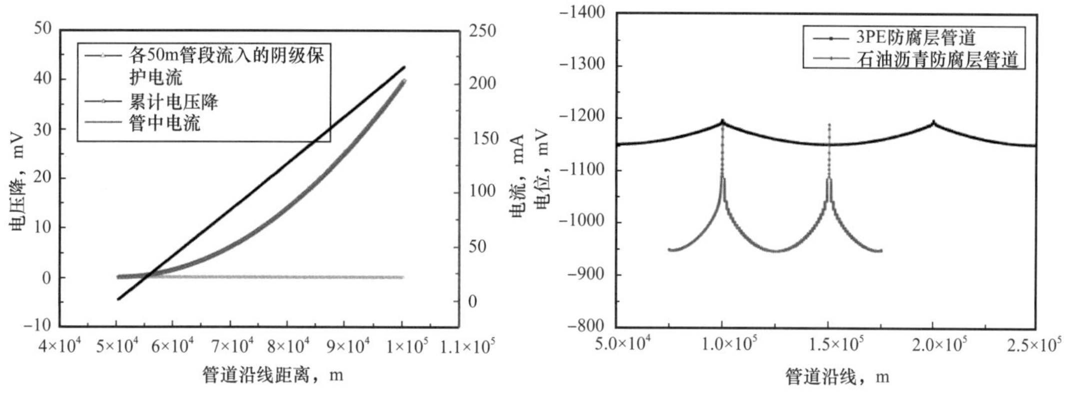

图 3-81　管中电流及电压降图

图 3-82　管道沿线电位分布曲线

（2）长输管道干线密间隔电位测试的断电电位分布规律数值模拟仿真。[55]

通过数值仿真技术研究发现，仅中断相邻的 2 个阴极保护站的恒电位仪和相邻 4 个阴极保护站的恒电位仪两种情况下断电电位的差异。模型包括站间距为 100 km 的 4 座阴极保护站阳极地床依次分别为 A、B、C、D，阴极保护电流流入管道后，在管道中产生的管道内阻电势计算结果如图 3-83 和图 3-84 所示。结果显示，在两个阴极保护站的中间，管道的管道内阻电势为 0mV，表明阴极保护站的电流从此处开始流入并向两侧流回通电点。当 4 座阴极保护站都开启时，当前阴极保护站的电流无法越过其与相邻阴极保护站的中间位置，也无法跨站提供保护。当中间两座阴极保护站 B 和 C 关闭时，外侧的两座阴极保护站 A 和 D 对 BC 段管道产生了约 -950mV 的通电电位，极化偏移约 300mV（以自然电位 -650mV 计），此时存在越站保护情况。在中断 B 和 C 阴极保护站进行密间隔测试时，未同步中断的 A 和 D 阴极保护站所产生的电位偏移将包含在 BC 段测量的断电电位中，成为未消除的 IR 降测量误差。

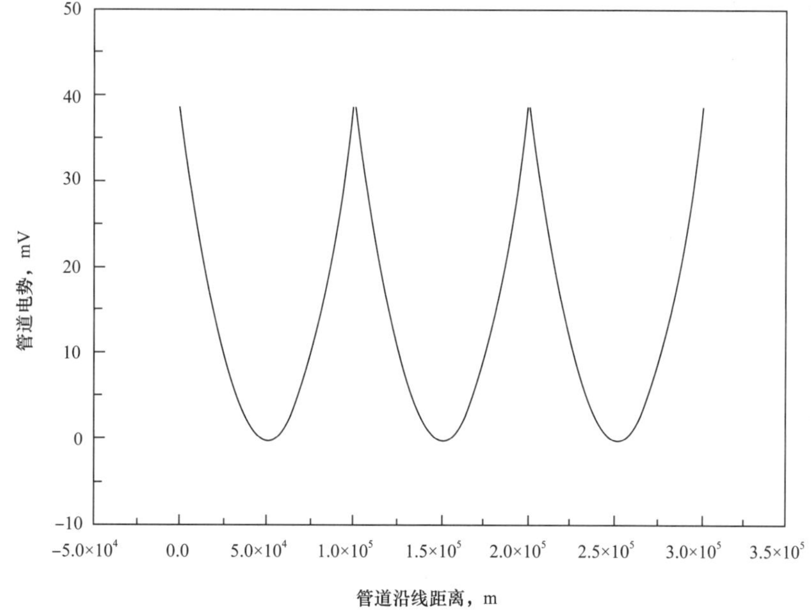

图 3-83　管中电流产生的电势分布

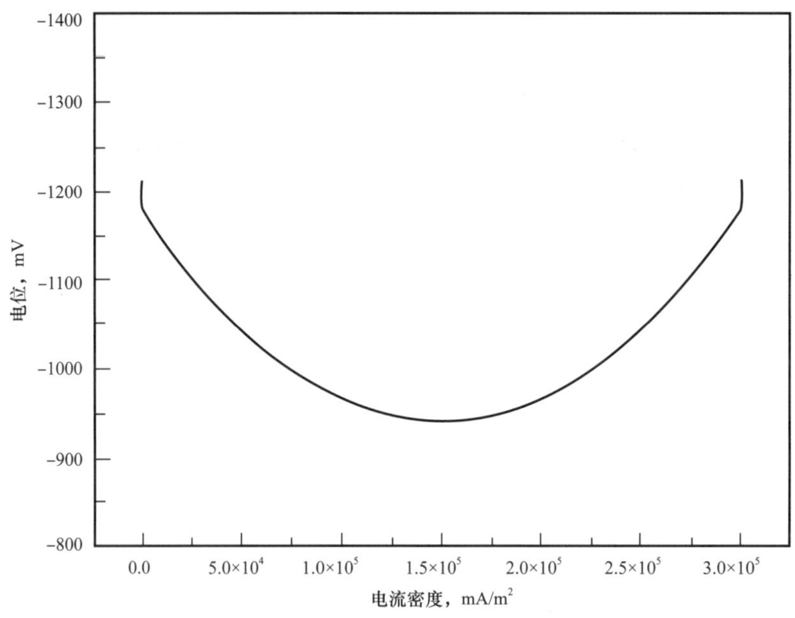

图 3-84　A 站和 D 站阴极保护电位分布

（3）并行管道联合阴极保护与均压线跨接对阴极保护的影响规律数值仿真。[56，57]

模型中包含 50 km 站间距的石油沥青防腐层老管道和其外侧的 3PE 防腐层复线新管道，利用原阴极保护站对两条管道进行保护，对比了未跨接和进行每 10 km 一处的均压线跨接两种情况下，阴极保护效果的差别。计算结果如图 3-87 和图 3-88 所示，跨接前当通电点电位为 -1.15V 时，3PE 防腐层管道的电位衰减较为平缓如图 3-85 黑线所示；跨接后，两条管道获得了相同的保护水平（图 3-86）。

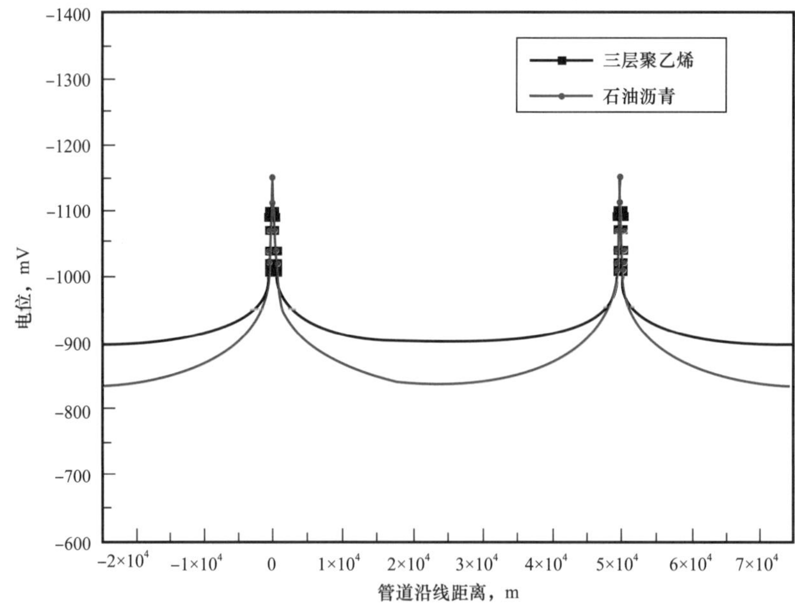

图 3-85　并行管道跨接前阴极保护电位分布

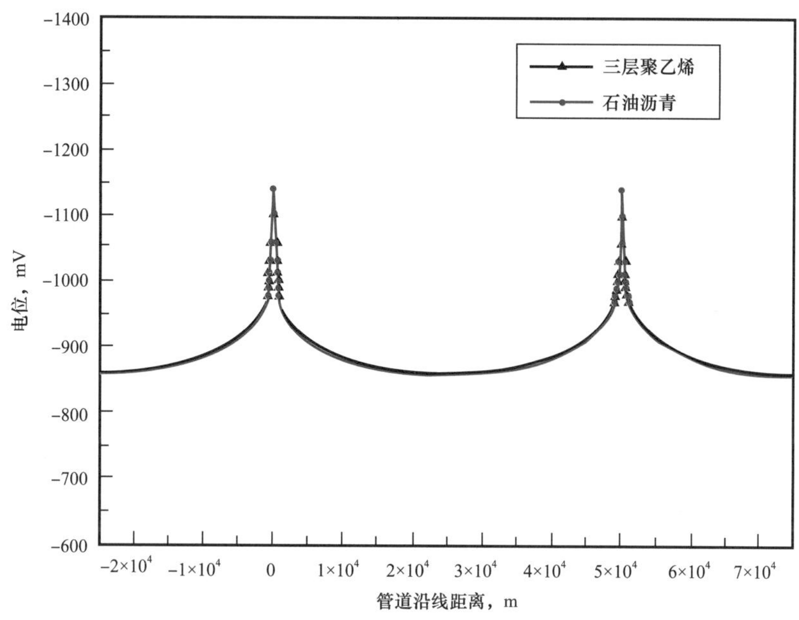

图 3-86　并行管道跨接后阴极保护电位分布

（4）补口防腐层对 3PE 防腐层管道阴极保护的影响进行了数值仿真模拟。

研究了热收缩带、环氧涂料、聚氨酯涂料以及黏弹体等不同类型的补口防腐层及其质量对阴极保护的影响，计算结果如图 3-87 和图 3-88 所示。模型中，阳极地床位于 x=0km 处，通电点电位为 -1.2V，分别在 0km 至 1km（阳极地床附近）和 49km 至 50km（远离阳极地床的区域）采用不同质量的补口防腐层进行对比，其余位置补口防腐层保持与主体防腐层一致。采用不同的保护电流密度代表补口防腐层的类型和质量，如保护电流密度为 $2\mu A/m^2$（良好，热收缩套）；$0.2mA/m^2$（一般，环氧涂层）；$1mA/m^2$（较差，劣化或破损）。整体电位分布如图 3-87 所示，图 3-88 为放大 0～1km 的电位分布，可以看出，一般防腐层进行补口时，补口处的电位震荡幅度仅 10mV（与土壤电阻率、电流密度相关），对阴极保护影响较小。

2. 管道站场区域阴极保护数值仿真技术

区域阴极保护是指对一个集中区块复杂埋地金属构筑物实施的阴极保护保护，目前已经广泛应用到管道站场埋地金属管道保护中，具有被保护结构复杂、涂层差别大、接地体联合保护等特点。依靠传统的阴极保护设计方法进行区域阴极保护设计局限性明显。

区域阴极保护数值模拟技术能够通过数值模拟考虑到所有的埋地金属结构和涂层差异，通过人为设定阳极地床位置、形式、工作参数，预先评估区域阴极保护设计方案合理性，也可以对在役的区域阴极保护工作参数进行优化评估，选定更加合适的工作状态，使区域阴极保护电位分布趋于均匀，消除欠保护和过保护区域。目前，该项技术已经应用到郑州站、三门峡站等 10 多个站场区域阴极保护优化中。

深入研究了接地系统对阴极保护效果影响[58]，模型中的 12 座储罐采用网状阳极保护，站内埋地管道采用柔性阳极保护，庞大的接地系统采用了新的镀锌扁钢和镀锌层消耗完的老扁钢分别进行计算，结果显示，即便储罐恒电位仪关闭，新接地扁钢在柔性阳极较小的总输出电流下也可以达到较好的保护效果，如图 3-89 所示。但是，临近密集接地网的管道在镀锌扁钢镀锌层消耗完之后，由于扁钢作为电流漏失点消耗大量阴极保护电流，导致附近管道电位将欠保护。

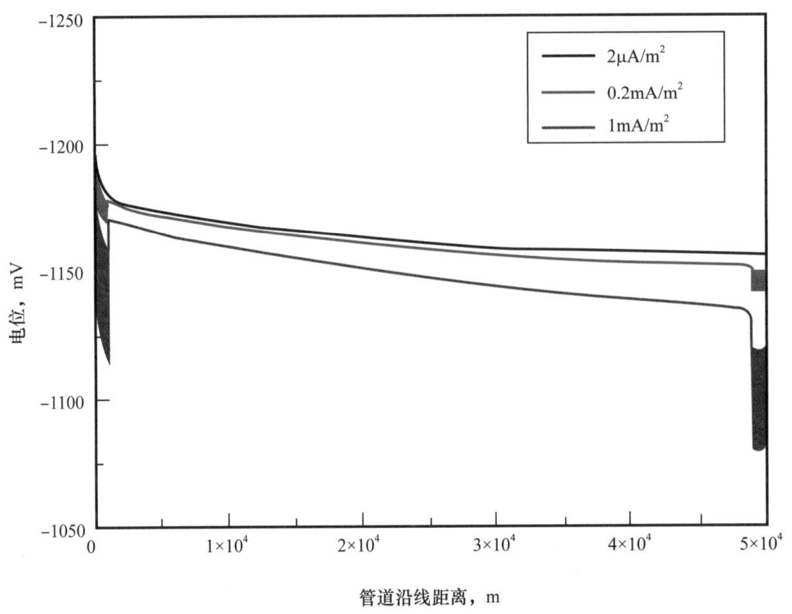

图 3-87　管道沿线电位计算结果

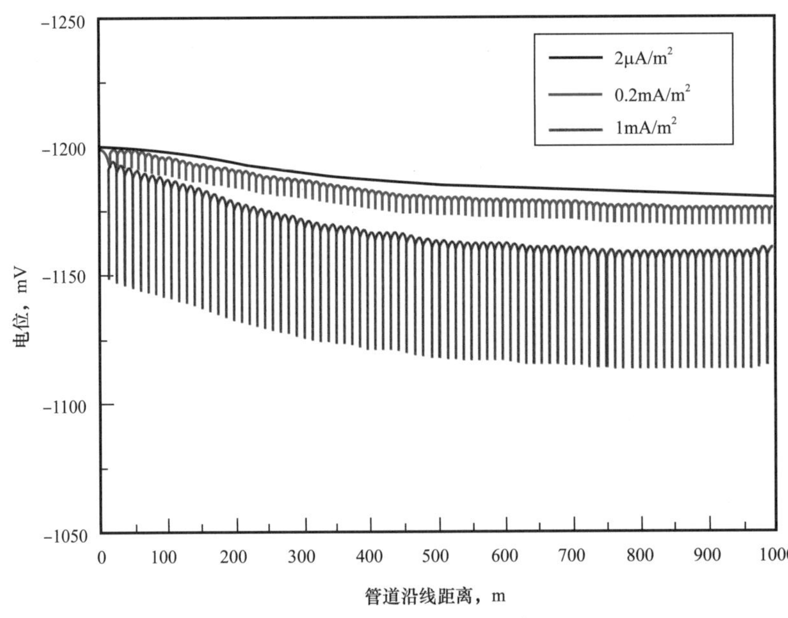

图 3-88　0～1km 管道局部电位计算结果

对在役输气站场新增区域阴极保护工程中阳极位置和分布设计进行了数值模拟[59]，站场接地系统包括扁钢接地系统、25 处石墨接地模块以及 12 处锌包钢接地棒，对比多种设计方案的计算结果表明，受到站内多处石墨接地模块的影响，需要在站场西南侧排污池附近设计 4 口深井才可满足保护效果，如图 3-90 所示。在区域阴极保护投运后，现场恒电位仪控制电位 1.2V，总保护电流达到 3.5A，测量站内多处电位值分布在 -1.05～-0.95V 间，达到保护要求。

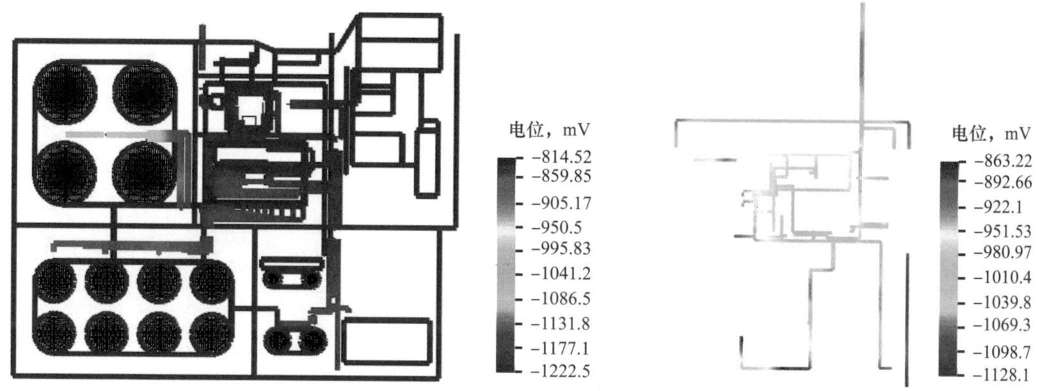

图 3-89　大型站场新接地系统阴极保护效果　　图 3-90　在役输气站场阳极系统设计模拟

此外，还开展过接地系统对储罐网状阳极保护的分流效应、罐基础存在很大的 IR 降计算分析、大型储罐库深井阳极区域阴极保护以及新、旧扁钢接地系统对区域阴极保护的影响等模拟计算工作。

3. 高压直流干扰数值仿真技术

随着我国高压直流输电线路和油气管道迅速发展，油气管道高压直流干扰问题日益突出，在某些地区已经严重威胁到管道运行安全。高压直流干扰强度受到接地极入地电流、大地电阻率分布、管道涂层、管道走向等因素影响，传统的依靠简化公式进行估算无法满足实际工程需要，高压直流干扰数值仿真技术为评价高压直流干扰强度和优化治理方案提供了一种重要技术手段。

高压直流干扰数值模拟技术主要有两个方面应用：（1）在设计阶段，评估直流接地极选址或者新建管道路由合理性，预先避免严重高压直流干扰事件；（2）对于已经存在的干扰案例，开展高压直流干扰防护措施效果评估，优化治理方案。如图 3-91 所示，可以在设计阶段，通过收集备选直流接地极附近管道基本资料，结合直流接地极相关参数，采用数值模拟技术计算对附近管道干扰强度分布规律。

经过近年来不断的工程应用和经验积累，高压直流干扰数值仿真技术已经成为一项成熟的技术，成功应用到山东高青、新疆准东、广东长翠村等直流接地极选址评估中。

4. 高压交流输电线路干扰数值仿真技术

高压交流输电线路对服役后埋地金属管道的干扰机理主要是感性耦合，通过电磁感应原理在埋地金属管道上感应出稳态的交流电压，容易引发交流腐蚀和人身安全问题。高压交流输电线路干扰强度取决于输电线路与被干扰管道间距、输电线路相线空间结构、输电线路负载、不平衡度、管道走向、管道涂层、土壤电阻等因素，借助数值仿真技术可以综合考虑各种因素影响，给出被干扰管道交流干扰电压分布、电流密度等关键指标，并可以对缓解方案开展合理性仿真，有助于减小排流点，降低治理投资。

通过建立管道模型，模拟干扰源位置及干扰大小，不断调整模型，使得软件计算的交流干扰电压分布与现场测量的管道沿线交流干扰电压分布接近，进而计算不同交流干扰缓解方案的排流效果，最后给出现场缓解实施方案的具体技术指标，如接地位置、接地规模、接地电阻等。计算结果如图3-92所示，模拟计算结果与现场测量的交流干扰电压分布接近，设计的缓解措施可大幅降低干扰水平，满足标准要求。模拟的交流干扰缓解方案在山东地区某管道上得到应用，效果良好[60]。

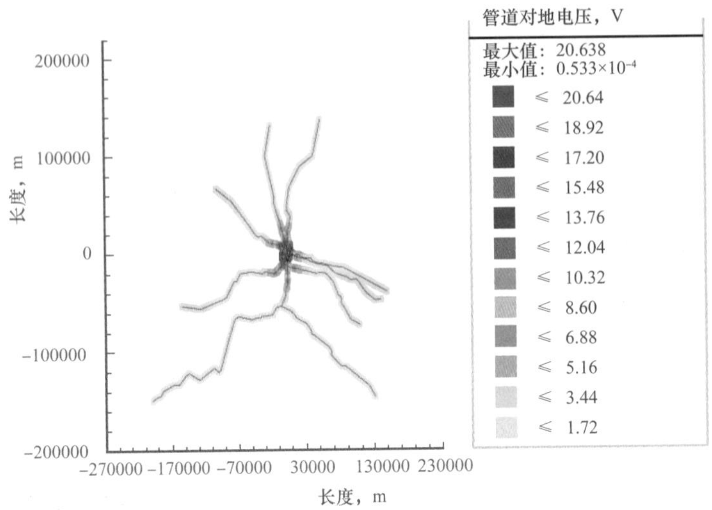

图3-91　某高压直流接地极附近被干扰管道电压仿真结果

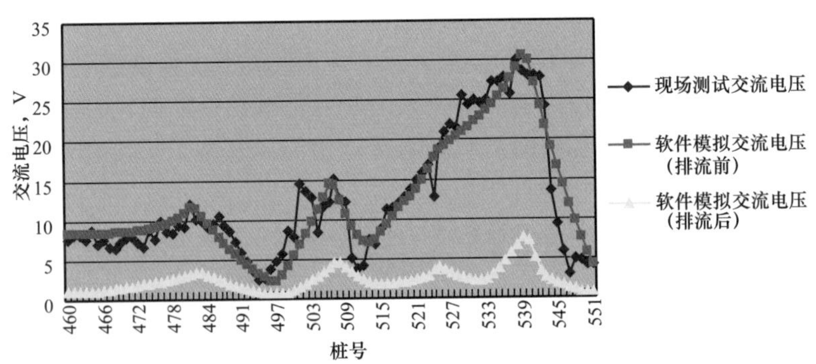

图3-92　某埋地管道受干扰情况的数值模拟结果

四、管道内腐蚀防护技术

管道内腐蚀防护技术是一种综合内腐蚀减缓技术，主要包括长输管道内腐蚀成因分析技术、管道投产前的内腐蚀防控技术和管道运行阶段内腐蚀防控技术。

2000年，首次针对马惠线内腐蚀开展了内腐蚀成因分析，并提出了防控对策。2006年，针对兰成渝成品油管道开展了清管杂质成因分析和腐蚀风险分析。2007年，开展了东北管道输送俄罗斯含硫原油内腐蚀影响研究，给出了俄罗斯原油内腐蚀风险评价方法和结果。2008年，开展了天然气管道内腐蚀直接评价技术研究，形成了天然气管道内腐蚀直接评价技术。2013年，开展了马惠宁线和兰成渝成品油管道内腐蚀防控技术研究，明确了管道的腐蚀成因，形成了液体管道缓蚀剂筛选评价技术和清管周期制订技术，形成了成品油管道内腐蚀高风险位置识别技术。2015年，开展了成品油管道内腐蚀防控技术和研究以及在役油气管道内腐蚀防控技术研究，形成了投产前管道内腐蚀成因和防控技术，完善了清管周期制订技术，形成了原油管道内腐蚀高风险位置识别技术、在役油气管道内腐蚀监测和防控技术。

1. 管道内腐蚀成因分析技术

2006—2015 年期间，中国石油针对兰成渝成品油管道、马惠宁管线、渭南支线、银巴线、日东原油管道、港枣线成品油管道、兰郑长长庆支线、新大线及工艺管网、乌兰成品油管道和呼包鄂成品油管道等管线的内腐蚀问题，开展了腐蚀原因分析，形成了内腐蚀成因分析技术。该技术包括腐蚀产物分析、腐蚀试验评价等室内失效分析技术、内腐蚀分布规律特征分析、管道内腐蚀介质分析和内腐蚀开挖验证等具体管线分析技术。

通过运用此技术，明确了兰成渝成品油管道、马惠宁管道和呼包鄂成品油管道腐蚀成因主要是由硫酸盐还原菌（SRB）导致的细菌腐蚀；渭南支线、银巴线、日东线和兰郑长长庆支线腐蚀主要由管道试压水残留导致；新大线及其工艺管网、乌兰成品油管道和港枣线内腐蚀成因主要为输送介质中的腐蚀介质在管道低点沉积形成腐蚀环境导致。通过运用此技术，可以实现管道内腐蚀成因分析，明确具体管线内腐蚀的主要影响因素，从而制订有针对性的减缓和防控措施。

2. 管道投产前的内腐蚀防控技术

中国石油通过综合考虑内腐蚀课题研究成果、国外标准和国内管线设计现状，形成了管道投产前的内腐蚀防控技术。该技术主要从管道材质、输送介质质量、输送流速、内涂层和内腐蚀监测等方面考虑，给出了管道内腐蚀设计措施；针对管道存放、建设、施工和试压期的内腐蚀，制订合适的管理措施规定，用于降低油气管道投产前的内腐蚀。

1）管道材质、输送介质质量、输送流速、内涂层和内腐蚀监测设计

管道材质在满足标准要求的前提下，应根据输送介质的特点进行腐蚀预测或实验评价，明确管道在输送介质可能出现的腐蚀环境中的腐蚀状态和腐蚀速率，评价方法可参考相应的腐蚀评价标准开展。

输送介质质量应满足相关的原油、成品油和天然气介质控制标准，需要测量的与腐蚀性相关的主要指标有水含量、细菌、二氧化碳、氯化物、硫化氢、有机酸、氧、固体或沉淀物和其他含硫的化合物，如果不能满足质量控制指标，可设计相应的介质处理措施，如深度脱水或脱盐装置等。

输送流速设计方面，管输介质的流速应满足工艺设计要求并应控制在使腐蚀降为最小的范围内。流速范围的下限值应使腐蚀性杂质悬浮在管输介质中，使管道内积存的腐蚀性杂质降至最少；流速范围的上限应使磨损腐蚀、空泡腐蚀等降至最小，使用缓蚀剂时应不影响缓蚀剂膜的稳定性。临界输送流速计算可以参考国外内腐蚀直接评价标准中的计算方法或者采用 Fluent 等商用计算流体力学软件进行数值模拟，结合实际输送要求给出最优的输送流速。

输送介质腐蚀性特别强或管道内腐蚀可能特别严重的管段，可考虑在管道设计阶段预评估管线内腐蚀程度，并设计内涂层防护措施。长输天然气管道条件允许宜采用管道内涂层。所选用的内涂层应具有抗管输介质、污物、腐蚀性杂质、添加剂等侵蚀的能力，而且不应损害管输介质的质量。

针对可能出现内腐蚀的长输管道或管段设计阶段应考虑内腐蚀监测措施。腐蚀监测可以实时掌握腐蚀动态，验证防腐措施的有效性，为腐蚀防治和管理措施的制订提供依据，对腐蚀控制有重要意义。内腐蚀比较严重的油田和炼化企业大多采用管内壁挂片或者安装管道内探头的形式监测腐蚀严重区的内腐蚀，虽然管道内置腐蚀探头的灵敏度较高，但存在安装技术复杂、安装风险高和对管道运行影响较大的缺点。从管道外部监测管道内腐蚀的技术，具有安装方便、灵敏度较高、数据采集方便、对管道运行影响小等优点，适合用于埋地长输管道，目前主要有超声测厚和场指纹法 FSM。腐蚀监测位置一般在管道容易积水的低点，在顶部形成水汽凝结的位置也需要考虑在顶部位置安装腐蚀监测设备，为验证化学添加剂的缓蚀效果，监测设备需要安装在加注位置的下游。

2）管道存放、建设和施工阶段内腐蚀防控技术

管道投产前腐蚀主要是大气腐蚀和试压水清扫不彻底造成的腐蚀。管道出厂时应检查管道内壁的腐蚀情况，采取封口保存等措施防止雨水或者泥土等杂质进入管道。现场堆放超过 3 个月时应检查管内存水、异物和腐蚀等情况，并进行必要的处理；存放超过一年后，使用前应请专业技术人员进行内腐蚀现场评估。

3）管道试压期间内腐蚀防控技术

管道试压期间的内腐蚀防控方面，首先应严格控制试压水的质量，水压试验采用的试压用水应满足表 3-10 中的水质要求，并出具水质检验报告，其中硫酸盐还原菌（SRB）和腐生菌（TGB）测量方法应按照 SY/T 0532 执行。试压结束后应及时排水，试压水在管道内的存留时间不应超过 30 天，应重点关注高程起伏较大管段的排水情况，合适选择排水口，建议采用干空气吹扫法排水干燥。对于液体管道，管内试压水的清扫应满足最后连续的两个泡沫清管器含水量不大于（1.5DN/1000）kg。天然气管道的扫水和干燥应按照 SY/T 4114—2008《天然气输送管道干燥施工技术规范》执行。试压完成后 3 个月内不投产的管道应及时注氮封存，氮气纯度应不低于 99.9%，管道应保持较小的正压力（0.016MPa），并定期进行密封性检查，直至管道投产。对于站间测径试压完成后 6 个月以内未投入使用的管道，应进行内腐蚀评估。

表 3-10　长输管道压力试验用水水质要求

控制指标	氯化物，mg/L	pH 值	悬浮物和机械杂质，mg/L	含盐量，mg/L	SRB，个	TGB，个
含量要求	＜250	6～9	＜50	＜2000	＜10	＜100

该技术已经形成企业标准 Q/SY GD 0308—2017《油气管道内腐蚀控制技术规范》，用于指导长输管道投产前内腐蚀的防控。

3. 管道运行阶段的内腐蚀防控技术

长输油气管道内腐蚀与管道输送工艺密切相关。中国石油通过研究制订了内腐蚀防控措施，主要包括控制腐蚀介质、提高清管频次、添加缓蚀剂和开展内腐蚀高风险位置识别等。

内腐蚀原因分析表明，部分管道内腐蚀原因为管道上游或储罐中的沉积水处置不当导致，例如从上游炼化厂出厂的成品油温度较高，在放置或输送过程中温度逐渐降低，导致

其所含少量水析出，在管道低洼点沉积，形成腐蚀环境，从而导致内腐蚀。原油输送一般在输送前会经过储罐，在储罐中静置时会有沉积水析出，而原油中所含的盐也一同析出，在储罐内形成腐蚀性较强的沉积水，而在原油输送过程没有考虑对储罐内沉积水的处理，导致在一些管线出现了储罐内沉积水直接进入输送工艺管网和长输管道的情况。如新大线，站内管线和主管线都发生了严重的腐蚀。因此，加强上游输送介质积水的控制，制订合适的处置措施从源头上控制腐蚀性介质是一项重要的措施。针对新大线和惠宁线的内腐蚀问题，已经采取了储罐定期放水，防治腐蚀介质进入管线的防控措施。

清管是目前减缓长输管道内腐蚀最经济有效的方法。针对如何选择合适的清管器和制订合适的清管周期的问题。通过室内试验，结合实际管线输送工艺和国外标准文献资料，提出了清管器选型时应考虑的因素：

（1）清管器清除沉积污物和内壁锈层的能力；

（2）挤过管道截面的能力；

（3）清管器构件用材与管输介质的相容性；

（4）运行的可行性，因为清管运行过程中可能存在毛刺、探头、腐蚀挂片等妨碍清管的物体；

（5）管道内是否存在内涂层和缓蚀剂膜；

（6）对有内涂层的管道不应采用金属或研磨类型的清管器，可采用非金属清管器。

在清管周期制订方面，需要依据管道的内腐蚀检测或监测数据计算内腐蚀速率。中国石油综合考虑长输管道内腐蚀实际情况和国外管道运营商的一般做法，提出了0.1mm/a的内腐蚀控制指标，内腐蚀平均速率超过0.1mm/a，宜立即进行加密清管；腐蚀速率低于0.1mm/a后，可根据实际情况调整清管周期。液体管线的清管周期的制订可以参考油品中水和杂质含量制定，见表3-11。天然气管线的清管周期可根据Kinder Morgan公司提出的天然气腐蚀速率制定针对不同内腐蚀速率的清管周期。运用该技术制定了马惠宁线、新大线和港枣线清管周期。

表3-11　液体管线内腐蚀清管周期制定依据

水和杂质含量，%	推荐清管周期
>6	两周
2～6	一月
<2	一个季度

添加缓蚀剂是一种常用的腐蚀减缓措施。目前在长输管线应用较少，中国石油针对马惠宁原油管线内腐蚀问题，通过数值计算、实验室合成、腐蚀评价和现场使用评价，筛选出了适应于马惠线的以油酸咪唑啉为主成分的复配缓蚀剂。结合国内外标准和缓蚀剂的特点，给出了缓蚀剂筛选和评价方法及加注推荐做法，并纳入企业标准中，用于指导长输油气管道内腐蚀减缓技术的实施。

内腐蚀直接评价技术可实现内腐蚀高风险位置识别，为内腐蚀监测、外部检测和减缓措施制订提供依据。中国石油针对兰成渝成品油管道开展了成品油携水能力数值模拟计算，给出了兰成渝成品油管道成品油携水临界倾角和高风险位置。针对原油管道内腐蚀，以俄罗斯原油为研究对象，通过数值建模计算和环道实验评价，建立了轻质原油携水能力数值计算模型，给出了18个工况下的原油携水临界倾角，并在新大线开展了实际验证。通过获取准确的实际管线参数、结合实验评价，通过数值计算可实现液体管道内腐蚀高风险位置的识别。

第六节　管道维抢修技术

2006—2015年期间，随着中国石油高钢级、大口径、高压力长输管道的陆续投运，管道路由地理和环境条件迥异，管道维抢修技术围绕不停输修复、高寒冻土地区抢险、非焊接管体缺陷修复、高钢级管道在役焊接等方面开展了技术攻关，取得了系列化管道维抢修配套技术，为油气资源管输系统提供重要的安全保证，减少了管道事故的发生，降低了已发事故的危害影响范围。

其中，在管道不停输修复技术方面开发了适用于多种类型的堵漏卡具、远程遥控堵漏履带车式机器人和ϕ159mm～ϕ1219mm、12MPa以下泄漏带压开孔封堵技术；在高寒冻土地区维修方面开发了高寒冻土区管道应急抢险配套技术；在非焊接管体缺陷修复方面开发了复合材料、环氧套筒、钢质内衬复合材料等缺陷修复技术，并形成了系列修复标准指导修复施工；高钢级管道在役焊接方面形成了X65—X80管道在役焊接工艺规程。

一、管体缺陷修复技术

截至2015年，中国石油在役油气管道总长度已超过12×10^4km，管材等级从X52级逐步提升至X80级，管径最大已达到ϕ1422mm、壁厚达到30mm以上，管体缺陷修复难度大，技术要求高。

中国石油常见的在役管道缺陷修复技术有补焊、补板、A型套筒、B型套筒、环氧钢套筒、复合材料、机械夹具、内衬、换管等管体缺陷修复技术。其中，补焊、补板、B型套筒以及换管属于焊接修复技术，采用该类修复技术在X60及以上使用时，需要按相应在线焊接工艺评定规定的程序进行修复。2006—2015年期间，围绕着高钢级管道、不停输管道的管体缺陷修复难题，中国石油管道运营企业开展了大量的技术攻关，陆续研制出了复合钢制套筒、新型复合材料等修复技术，特别在复合材料修复技术方面，开发出了拥有自主知识产权的玻璃纤维、碳纤维、芳纶纤维复合材料和环氧套筒修复技术，并通过4点弯曲、爆破试验、轴向拉伸、加速老化等检测方法，在技术的长期可靠性、稳定性方面开展了大量的研究工作，系统地测试修复技术的适用性和适用范围。

1. 钢制内衬复合材料修复技术

中国石油针对中俄东线大口径、高压力、大壁厚、高钢级管道特点，开发出的一种用于管道环焊缝缺陷修复修复技术。该技术无需焊接，使用高强度黏合剂将钢制套筒固定到管道表面，焊缝处带有环形焊缝压力平衡槽，并在套筒外部缠绕复合材料承担环向应力。通过在ϕ720mm × 8mm、X52级管道上开展的爆破试验、压力波动试验、4点弯曲试验验证了其修复效果整体优于复合材料修复技术。目前，该技术正在ϕ1016mm × 15mm、X70级管道上开展效果验证试验，其安装过程如图3-93所示。

图 3–93　钢制内衬复合材料修复技术系统安装顺序图

2. 复合材料修复技术

自 20 世纪 90 年代，随着碳纤维生产水平和产量的提高，其价格逐步下降，凭借其优异的综合性能，碳纤维复合材料迅速在国外管道修复工程中大规模使用。常见产品的有美国 Diamondwrap、英国 Furmanite 等几个品牌。该类产品已在 60 多个国家和地区使用，总量超过 500000 套。中国石油开发了拥有自主知识产权的碳纤维、玻璃纤维复合材料修复技术。开发出的复合材料修复技术采用湿法缠绕结合纤维预浸工艺，将浸有树脂的碳纤维布缠绕在管道外部，树脂固化后形成碳纤维复合材料与缺陷管道紧密结合，合理分布缺陷管道应力，从而达到补强目的（图 3–94）。产品已在陕京线、西气东输以及管道公司的多条管道修复工程中得到大量应用。与传统焊接修复相比，复合材料修复技术具有以下几方面优势：

（1）无需动火、作业简便、快速；

（2）可用于补强弯管、三通等不规则管道；

（3）铺设方法灵活，纤维可以轴向、环向、螺旋铺设；

（4）修复长度不受缺陷限制。

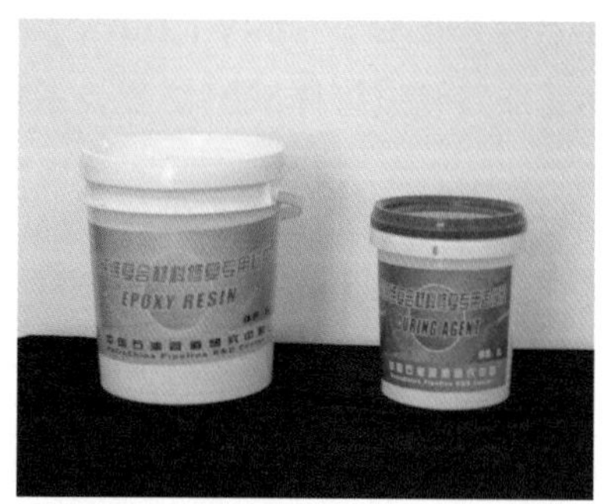

图 3–94　管道公司研发的碳纤维复合材料修复技术

国外该类技术可修复埋地、露天、海底、高温管道，并适用于腐蚀、焊缝、凹陷等多种缺陷类型。与之相比，国内复合材料修复技术仅局限于陆地埋地钢制管道腐蚀、凹陷类缺陷修复，对于该技术在其他方面的应用尚无技术支撑。

3. 环氧套筒技术

2007 年，西气东输、西南管道等多家管道运营企业引进国外 ClockSpring 玻璃纤维复合材料在役长输油气管道缺陷修复，随着对管道缺陷修复的深入了解，通过与国内管道修复专业公司合作研发了环氧套筒，并建立了功能相对齐全的修复技术评价实验室，开展了大量的缺陷修复评价工作。环氧套筒技术是利用两个尺寸大于管道的半环形钢套筒覆盖在管体缺陷外，通过焊接或者螺栓连接在一起，套筒与管体间隙填充高硬度的环氧树脂。相关技术和成果已在中国石油下辖管道公司、西气东输、西部管道、西南管道等多家运营企业的焊缝、金属腐蚀、凹陷等管体缺陷修复工程中得到应用。图 3–95 和图 3–96 所示为环氧套筒 4 点弯曲试验及管道 4 点弯曲有限元分析图。

图 3–95　环氧套筒 4 点弯曲试验

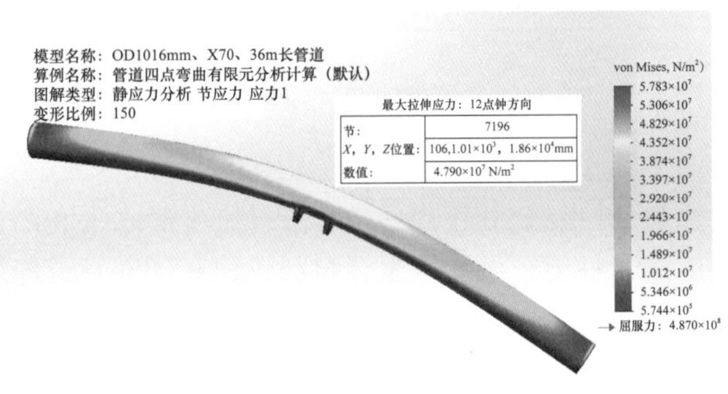

图 3–96　管道 4 点弯曲有限元分析图

4. 修复技术标准

近年来，随着中国石油逐步对复合材料、B 型套筒、环氧套筒等新型修复技术研发的投入，不仅形成了系列化的修复技术，还建立了相应的管道修复标准，并逐步完善标准内容，为管体修复工程提供技术支持。2009 年以来，管道缺陷修复方面编制的标准如下：Q/SY GD 0192—2009《油气钢制管道管体缺陷修复规范》、Q/SY GD 0215.1—2011《管道缺陷碳纤维复合材料修复技术规范》、Q/SY GD 0215.2—2012《管道缺陷碳纤维复合材料修复技术规范》、Q/SY 1592—2013《油气管道管体修复技术规范》、Q/SY GD 1033—2014《油气管道管体缺陷修复手册》、Q/SY GD 0302—2016《油气管道管体缺陷修复技术规范》、SY/T 6649—2018《油气管道管体缺陷修复技术规范》。

二、管道不停输修复技术

管道不停输修复技术可分管道不停输泄漏修复和非泄漏修复两种技术，均在油气管道含压且介质流动的状态下进行施工作业。目前，国内管道不停输修复技术已达到国外技术水平。管道不停输泄漏修复技术可分为泄漏点直接维修和间接维修两种方式。管道不停输非泄漏修复技术又包括：管体非至漏缺陷修复和正常管体的不停输改造两类修复方式。管道不停输修复技术能够最大限度地减少施工作业对管道运营的影响，但该类型施工仍是高危作业。2006—2015 年期间，中国石油管道维抢修施工结合新技术不断优化和改进，提升机械化水平，开展了遥控无人防爆抢险技术攻关，显著增强了管道不停输修复的安全性和工作效率。

1. 管道不停输泄漏修复技术

（1）管道不停输泄漏点的直接维修：一般需要管道降压至抢险人员能够靠近的压力（通常 1MPa 以下），直接对泄漏点安装卡具等堵漏装置，此时泄漏点油气介质处于喷发状态，作业人员需要穿戴专业的防毒、防静电、抗冲击的防爆服进行作业。堵漏卡具的形式一般包括对开护板式、顶针式、封头式、补板式、软带 / 凸型套袖式等，如图 3-97 至图 3-101 所示。

图 3-97　对开护板卡具（内部有隔漏胶垫）

图 3-98　顶针式堵漏卡具

图 3-99　封头式堵漏卡具

图 3-100　补板式堵漏卡具

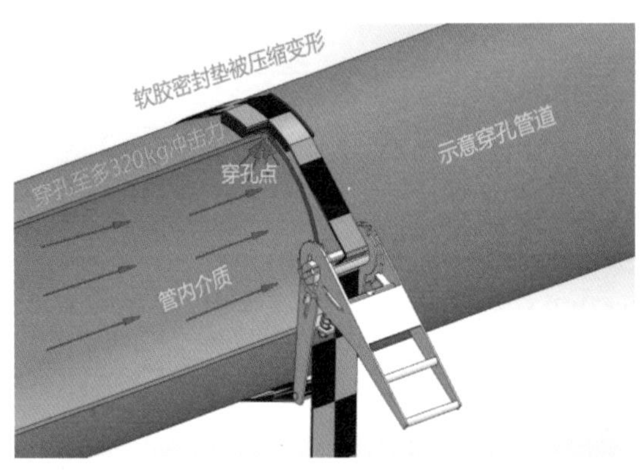

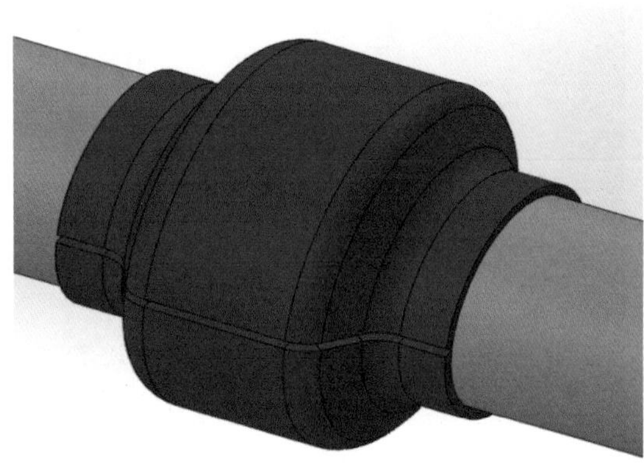
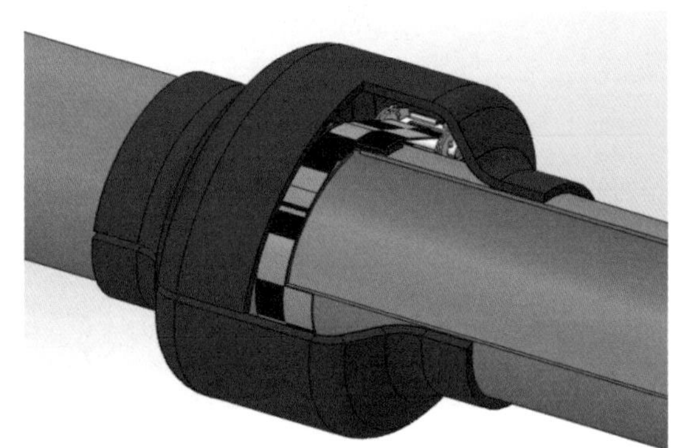

图 3-101　软带 / 凸型套袖式卡具

应用堵漏卡具实施彻底抢修的必要工艺是焊接，不停输管道的焊接对应的是管道带压焊接技术，中国石油在近年已经具备常规管道最小壁厚 4mm、最大压力 10MPa 不焊穿的带压焊接能力。

另外，在“十二五”期间，从增大施工作业安全，减少油气管道降压幅度方面，中国石油开展了智能应急抢修装备的研制工作。已开发出能够实现远程遥控堵漏的履带车式机器人（图 3-102），该机器人可携带封头式、补板式堵漏卡具对管道泄漏点进行抢修作业。

（2）管道不停输泄漏点的间接维修：针对发生泄漏事故的管道，计划不停输进行修复，可采用带压开孔封堵架支线的方式进行管道更换，如图 3-103 所示。带压开孔封堵技术源于美国，通过在泄漏点上下游焊接旁通/封堵三通实施带压开孔、架支线、封堵等工艺流程，完成对泄漏点管道的不停输断流截断，通过更换新的管道，实现彻底修复事故管道。2006—2015年，中国石油已全面掌握了带压开孔封堵技术的全套装备国产化设计加工，目前已达到ϕ159mm～ϕ1219mm、12MPa以下全系列管道的带压开孔封堵技术能力，如图3-104所示。

图3-102 远程遥控堵漏履带车式机器人

图3-103 带压开孔封堵工艺示意图

图3-104 国产化的ϕ1219mm规格带压开孔机

2. 管道不停输非泄漏修复技术

（1）管道不停输非漏缺陷修复：该类修复是针对管道发生腐蚀致使壁厚减薄而没有出现穿孔泄漏的缺陷，对于该类缺陷采取的方法有直接补焊、贴板 / 套管补焊和非刚性复合材料的缠绕补强等如图 3–105 所示。

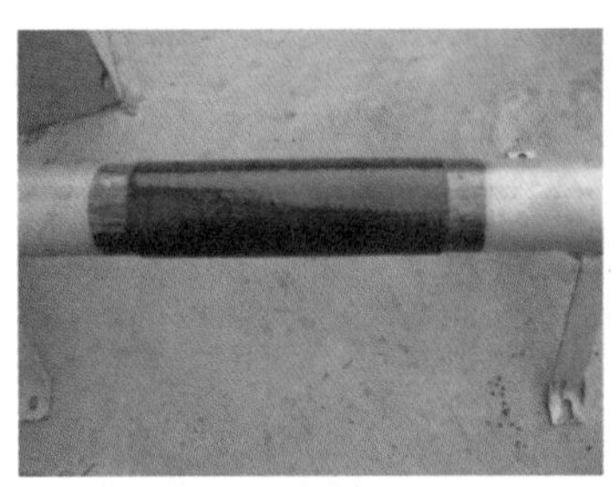

图 3–105　非刚性复合材料缠绕补强应用

（2）管道不停输正常管体改造：包括管道的改线迁移、增引支线等改造需求，常用带压开孔封堵技术来实施改造。该类改造通常是有计划性的，相比泄漏事故维抢修来说，通常具有充足的准备时间，较长的施工作业周期，关系国计民生较重要的管网线路，如图 3–106 至图 3–109 所示。中国石油近年在西气东输、漠大线等油气管道上进行了大量的改造施工，成熟的施工技艺有效地保障了国脉平稳运营。

图 3–106　利用开孔过封堵技术进行管道迁移示意图

图 3–107　利用开孔过封堵技术进行管道改造作业

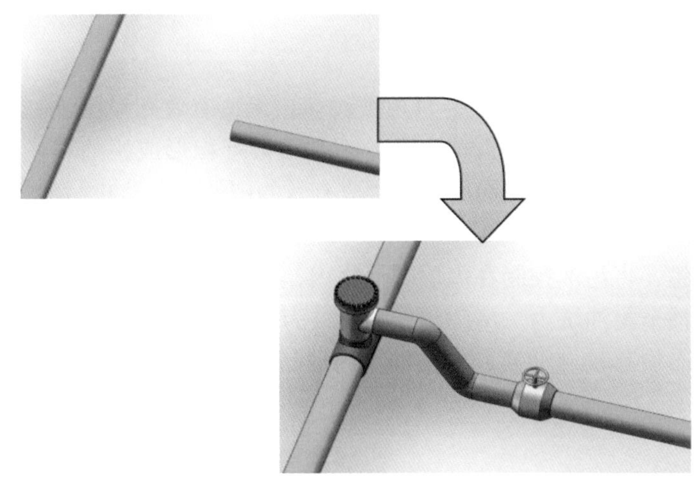

图 3-108　利用开孔过封堵技术进行增引支线示意图

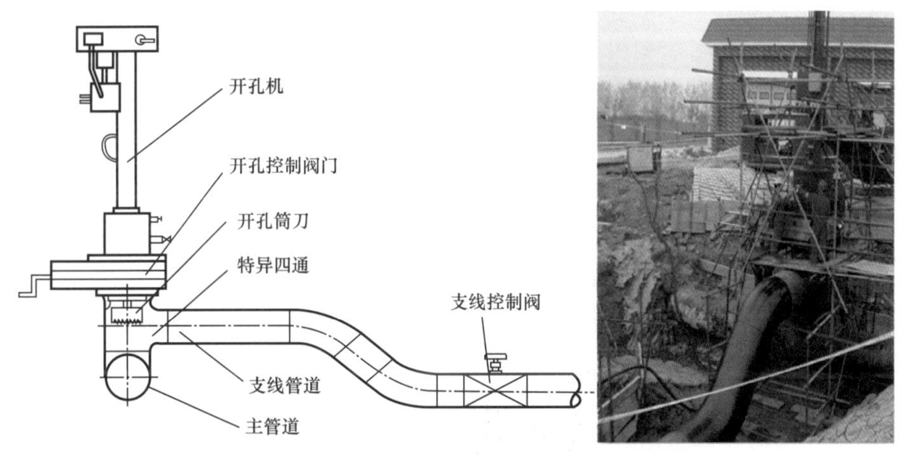

图 3-109　西气东输管道增引支线作业

三、高寒冻土区管道应急抢修技术

中国石油所属漠大线、漠大二线及西气东输三线北天备用段等管道均途径高寒冻土区，与其他管道相比其维抢修难点在于：冬季环境温度低（最低温度可达 -45℃以下）不利于管道维修作业，夏季冻土融化形成沼泽维修机组难于进场。“十一五”“十二五”期间，中国石油针对高寒冻土区夏季沼泽地的管道维装备进场开展了广泛研究，形成了一系列工艺方法。

高寒冻土区沼泽地进场工艺方法包括：挖渠布栏、浮船拖曳、彩钢板道路、沉箱支固的管道维抢修方法。其中，在拦油渠内布设围油栏，通过两层甚至多层挖渠布栏，在层间挖设集油坑将汇集的油品集中抽至储油囊回收的方法为国内外首次采用。结合管道冻土沼泽地区植被丰富，承载力强的特点，自行制作旱船，解决了大型设备进场难的问题。结合管道维抢修实际需求研制的新型钢制沉箱，可折叠、易运输，而且能够有效地支固作业坑和防水。

1. 污油收控

1）挖渠布栏

沼泽地区含水丰富，污油易扩散，且植被较多，无法有效布设围油栏。根据其特点，在污油范围外挖设深约 1m 的沟渠，挖出的於土和植被堆积形成拦油坝。由于含水丰富、沟渠迅速充满水，将围油栏布设在沟渠内，形成有效的围油带，防止污油扩散。

2）污油回收

布设两层围油栏，将污油控制在内层围油栏内，在内外层围油栏内挖设集油坑，将内层围住的油品用泵抽至集油坑内。清理内层油品，为内层围油栏内进行抢修作业提供安全作业环境。在外侧布设移动储油囊，将集油坑内油品抽至储油囊内进行回收，如图 3–110 所示。

2. 设备进场

1）浮船拖曳法

挖掘机更换 900mm 湿地专用宽履带。用 20# 槽钢，150mm 钢管为框架，外封 10mm 厚钢板，制作成长 8m、宽 3m、高 0.6m 的旱船。旱船（图 3–111）两端为坡比为 1∶1 的斜面，吊车上浮船，利用挖掘机拖曳的方式进场，可拖曳 12t 吊车进场作业。浮船拖曳法的优点在于不受距离限制，适用于表面植被未被破坏、地表水较少的冻土沼泽。

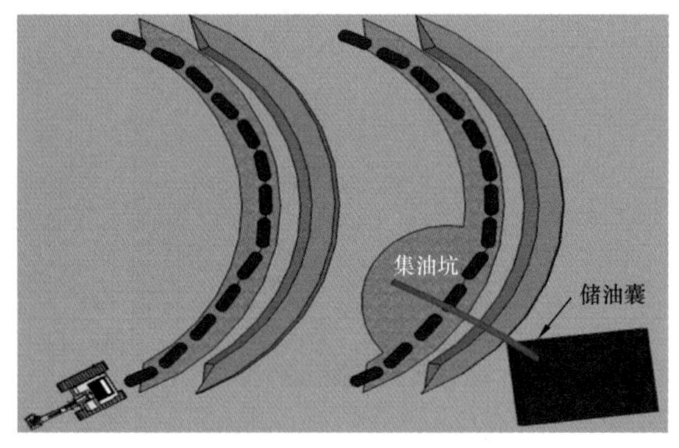

图 3–110　污油控制示意图

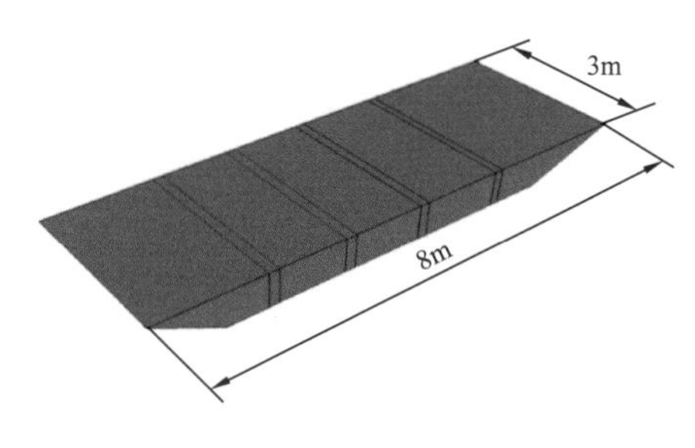

图 3–111　旱船示意图

2）钢排法和木排法

通过制作钢排或木排的方法进行进场道路铺设。其中，钢排（图 3–112）采用两端封闭的钢管并排焊接，在钢排上焊接两圈加强钢板，必要时可双层焊接增加浮载力。钢排上焊接吊耳，方便吊装铺设和连接。

木排（图 3–113）采用两层树干或枕木垂直捆绑而成，相邻树木之间用铁丝绑扎，两层木排垂直铺垫。木排上面铺垫钢板或厚木板，安装吊耳，方便铺设和连接。受运输、铺设距离限制，钢排法和木排法适用于距离较近管段的抢修。在森林资源丰富的地区，在应急抢险情况下可现场铺设进场道路。

3）彩钢夹芯板法

彩钢夹芯板是由两层热镀锌彩钢板与高聚氨酯发泡剂粘合经机器一次性压制而成。芯材选用 EPS 保温泡沫，保温、隔热、防火、阻燃，且质量小，仅为混凝土结构的 1/30。彩钢夹芯板轻便，运输铺设简单、浮力大、承载力大，能够实现快速铺设，可用于人员及小型设备的快速进场，能够快速完成较小事故的初期控制。

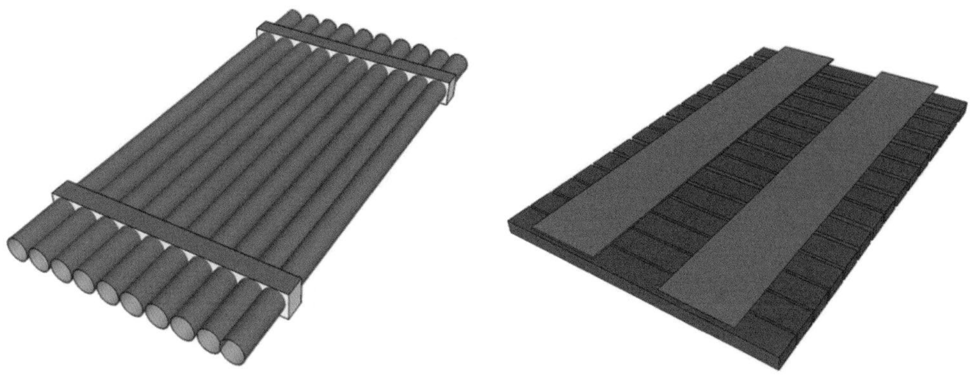

图 3–112　钢排示意图　　　　图 3–113　木排示意图

3. 作业坑支固

1）沉箱法

借鉴建筑施工中的滑模施工法，应用钢制沉箱施工解决淤泥坍塌问题。沉箱用厚 10mm 的钢板制作，长 5m、宽 5m、高 2.5m。四角用铰链活销连接，便于组装拆卸。中间的钢板由活叶连接，展开可成方形沉箱，施工完毕可折叠，方便运输和存放（图 3–114）。使用时先将作业坑挖至 0.8m 处，将沉箱放进作业坑内，挖取沉箱内土方，随着作业坑的加深，沉箱不断下沉，直至挖到要求的深度为止。由于外部泥土有钢板的阻挡，不会出现坍塌现象，既减少了工作量，又节省了时间，且能够保证作业坑内的施工安全。

2）拉森钢板桩法

拉森钢板桩（图 3–115）作为一种新型建材，可用于建桥围堰、铺设大型管道，也可作为临时的挡土、挡水、挡沙墙，在码头、卸货场，也可用作护墙、挡土墙、堤防护岸等。拉森钢板桩作为作业坑支固，强度高，能够有效防止作业坑坍塌，并具有良好的防水功能，便于作业坑排水。该方法适应性强，作业坑大小可灵活调节。但在两个钢板桩咬合的过程中，要注意存在摩擦起火花的现象。因此，该方法不适用于漏油状态下的应急抢险，可用于计划性的管道维护、换管等作业。

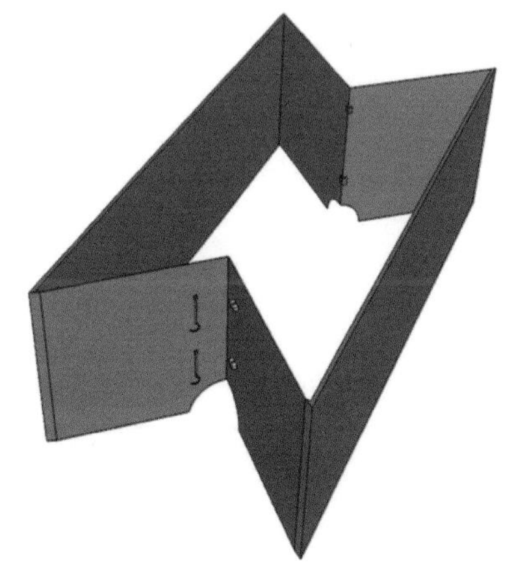

图 3–114　沉箱示意图

图 3–115　拉森钢板桩示意图

第七节　压缩机组维检技术

压缩机组维检技术主要包括状态监测技术和故障诊断技术。中国石油管道机组 90% 以上已经安装了基于机械振动的状态监测系统，技术和产品均较为成熟。燃气轮机由于主要部件在运行环境属于高温高压环境，尤其是其热端部件温度高，热疲劳大和时寿件多，易出现热疲劳失效，如叶片烧蚀、裂纹和断裂等，通过监测振动信号只能判断其机械性能。若需全面了解整个燃气轮机的运行状态实现视情维修，应监测燃机的关键热力学参数，通过采集燃机的压力、温度、转速等工艺参数，进行效率、功率和寿命等计算及相关组合分析，实现对燃机健康状况的判断。因此，针对燃气轮机监测应采用以热力性能参数为主，机械振动参数为辅的监测与诊断技术。

中国石油在用长输天然气管道压缩机组中，有燃驱离心式压缩机组 142 套，占比 46.1%。“十二五”期间，中国石油建设了管道压缩机组维检修中心，该中心是国内第一家专业从事美国通用电气公司 LM2500+SAC 和原英国罗尔斯罗伊斯公司 RB211-24G 燃气轮机大中修业务的企业，集材料、设计、工艺、制造等多个行业高端技术为一体，可提供两型燃压缩机组运行维护、大中修理和现场排故等技术服务，设计维修能力为 55 台 /a。目前已实现了 LM2500+SAC 和 RB211-24G 两型燃气发生器的修理工艺流程，现已具备每年维修能力 20 台。

一、机械振动状态监测系统应用

截至 2015 年 12 月，中国石油在用长输天然气管道压缩机组 205 台套，随着中亚管道、中缅管道和国内天然气管网的建成，预计到 2020 年，中国石油长输天然气管道压缩机组总量将近 400 套。压缩机组是天然气管道的心脏，其运行状况直接决定了管道的输气能力和生产安全，因此，提高压缩机组的可靠性和使用率十分重要。现阶段，中国石油管道机组 90% 以上已经安装了基于机械振动的状态监测系统。

目前，长输管道压缩机组在线监测系统（表 3-12）大多采集振动参数，原始信号从 Bently3300/3500 等二次仪表引入，故障诊断机理相似。利用振动的频率成分判断振源，进而判断机组运行是否异常。常规振动监测系统主要有博华信智 BH5000 系统、创为实 S8000 系统、本特利 Bently System1，但三者的系统功能有一定差别（表 3-13）。

表 3-12　中国石油管道压缩机组在线监测统计数据

压缩机组类型	监测系统名称	监测机组数，台	监测信号
离心式压缩机组	创为实 S8000 系统	29	振动
	博华信智 BH5000 系统	13	振动
	本特利 Bently System1	179	振动
	加拿大 CEHM 系统	44	热力学
	无	4	未知
往复式压缩机组	博华信智 BH5000 系统	26	振动、温度、沉降
	无	25	未知

表 3–13　三种常规管道压缩机组在线监测系统功能的比较

监测系统	系统架构		在线监测功能								
	C/S	B/S	离心压缩机	往复压缩机	机泵	燃气轮机	燃气发动机	自动专家系统	人机专家系统	智能预警	案例库
博华信智 BH5000 系统	有	有	有	有	有	有	有	离心压缩机、机泵	离心和往复压缩机、机泵	快、缓变预警	有
创为实 S8000 系统	否	有	有	否	否	有	否	否	离心压缩机	灵敏监测	有
本特利 Bently System1	有	否	有	有	有	有	有	否	离心压缩机	否	有

二、燃气轮机性能监测系统应用

目前，中国石油各管道地区公司仅有西气东输正在安装实施 Liburdi 公司的气路性能监测分析系统，对于地面使用的燃气轮机而言，燃机生产厂家一般都有气路性能监测系统，如 GE 公司、RR 公司、SOLAR 公司等都有自身开发的气路性能监测系统，但这些 OEM 厂家一般不愿意出售并开发其气路性能监测系统，主要原因是机组的维修维护费用较高、利润可观，OEM 厂家不愿意放弃维修业务。

三、远程监测与诊断中心建设

中国石油管道机组安装了不同厂家的监测系统产品，机组数据分散存储在各站场，缺乏数据备份机制，各厂家很难彼此开放数据接口，不利于统一管理建设。各地区公司没有专门的监测诊断部门和人员，现场人员基本不使用监测诊断系统，不利于资源和人才的合理利用。中国石油天然气股份有限公司天然气与管道分公司统筹考虑，2011 年决定建设统一的管道压缩机组状态监测信息平台，建立远程监测与故障诊断中心，有效提高压缩机组运行维护管理水平。建立统一的状态监测信息平台，实现数据共享，提高故障预判和诊断水平，依据机组远程监测和积累的数据信息为压缩机组提供维检修方案建议。远程监测与诊断中心于 2015 年底完成，压缩机组远程监测与诊断中心平台的功能包括：机械振动监测诊断、燃气轮机的气路性能监测诊断、油液分析。通过压缩机组远程监测与诊断平台，专业人士可以利用上述机械振动、气路性能和油液特性的分析诊断结果，必要时结合远程专家会诊，实现对机组故障或故障征兆的准确及时地识别、报警和预警，并给出相应的维检修建议。

压缩机组远程监测与诊断平台分为三个层次，由位于高层的远程监测与诊断中心、中间层的各地区公司数据中心和底层的各地区公司场站系统及相应的网络构成，如图 3–116 所示。

图 3–116 中，远程监测与诊断中心设置在中国石油管道压缩机组维检修中心，包括服务器、工作站等硬件及相应软件，主要功能是实现各地区压缩机组的集中监测、智能诊

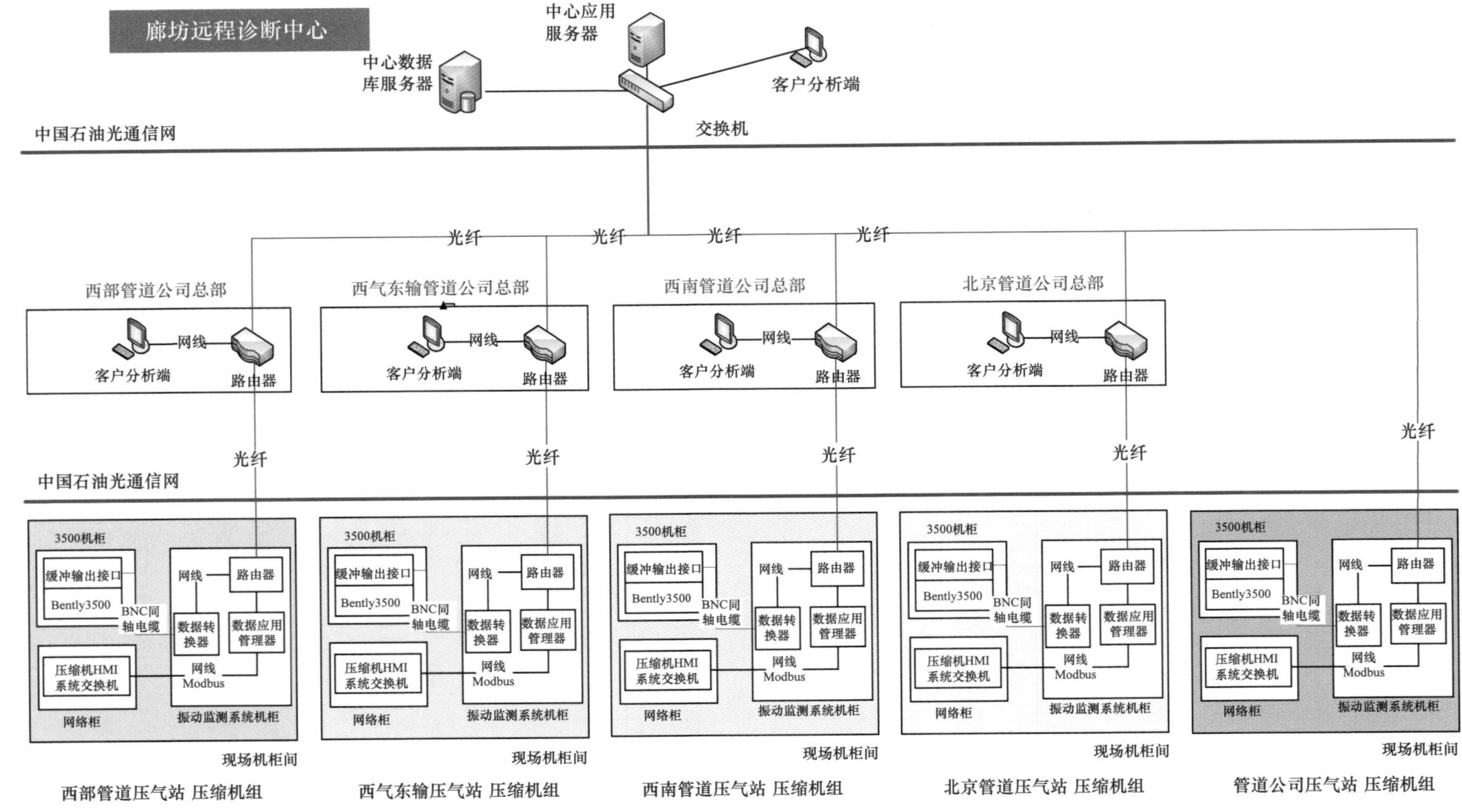

图3-116　压缩机组远程监测与故障诊断平台示意图

断、机组运行性能评估及维检修建议。数据中心目前共设置有 4 个，分别位于北京天然气管道公司以及西气东输、西部管道、西南管道等地区公司总部。各地区公司数据中心包括服务器、工作站等硬件及相应软件，主要功能是转发上传本辖区压缩机组的状态数据，并实现本地区压缩机组的集中监测、智能诊断、机组运行性能评估及维检修建议。各地区公司场站系统指安装在所辖压气站及储气库上的机组状态监测系统，包括机组上的各种检测仪表、数采系统等硬件及相应软件，主要功能是集中采集压缩机组的振动、工艺参数等信号，经过打包处理后通过通信网络上传至该地区公司数据中心。

第八节　管道节能与碳管理技术

近年来，国家经济由粗放发展向节能低碳可持续发展转型，对各行业的能源消耗和碳排放管控力度持续加大，各企业面临节能低碳运行的新挑战。随着油气管道建设的飞速发展，其运营过程中燃烧、放空以及逃逸损耗等造成的能耗及碳排放也在快速增长，油气管道企业作为重要的能耗和排放单位，面临日益严峻的国家能耗和碳排放管控。

2006—2015 年期间，中国石油围绕油气输送管道系统能源管理、节能技术改造以及碳排放管理等业务发展中的重大生产需求和难题开展了多项科技攻关，取得了多项技术突破，开发了天然气余热余压综合利用、碳排放核算方法等系列创新技术，参与了国家油气行业节能低碳多项政策及标准制定，填补了行业节能低碳管理多个技术空白，其中油气管道运营低碳管理实现了从无到有的突破，输油泵、压缩机、加热炉等重点耗能设备能效及能效监测水平不断提高，提升了中国石油节能低碳管理业务水平。

一、节能新技术

1. 输油管道节能新技术

输油管道节能新技术主要有燃料以气代油技术、原油热处理余热回收技术、输油管道常温输送技术、输油泵机组变频调速技术。

1）燃料以气代油技术

加热设备燃油燃烧器更换为油气两用燃烧器后，降低了烟气除尘设备、燃料油泵等辅助设施的损坏率和维护量，节约了维修成本；减少了加热炉的吹灰次数，降低了站场运行人员的工作强度；减少了大气污染物的排放；加热炉燃料由原来单一燃油变为使用管输原油或天然气，实现了油气之间的相互切换，提高了运行可靠性；同等热值的天然气较原油成本低，“油改气”项目带来了明显的经济效益。

中国石油在周边气源条件比较成熟的输油站实施了以气代油工程。加热炉和锅炉的“油改气”工程，投资回收期大约 5 年。通过烧气替代烧原油，减少二氧化硫和温室气体排放，节约能耗成本，为中国石油完成节能减排任务、控制输油气成本起到了积极的作用。

2）原油热处理余热回收技术

中国石油乌鄯兰原油管道按热处理工艺运行后，乌首站、鄯善站加热用燃料占该管道燃料的 95% 以上。热处理工艺要求将原油加热到 55℃加剂改性后常温输送。为了充分利用热处理后原油所携带的高温热能，通过改造，增加了油—油换热器，利用出站高温原油将进站的低温原油进行预热再进加热炉，减少加热炉负荷。乌鄯兰原油管道乌鄯两首站加热炉的余热回收装置投用运行后，当年节能量达 2000t（标准煤当量），周转量综合单耗下降到 40.0kg（标准煤当量）/（10^4t · km）。

3）输油管道常温输送技术

通过改变原油掺混比例，将原来原油需要使用加热炉加热的管道调整为常温输送管道，减少燃料的消耗。为推动乌鄯兰原油管道常温输送，开展了哈萨克斯坦油、北疆油、塔里木原油、吐哈原油大掺混输送研究，根据下游炼厂的需求，在鄯善输油站将油品按比例掺混，优化输送油品物性。实施后乌鄯兰管道未再运行加热炉，节约大量天然气。

4）输油泵机组变频调速技术

对低输量情况较为普遍的输送管道系统，继续使用原有的工频定速电动机很容易导致“大马拉小车”现象的发生，输油泵通过出口节流阀做了大量的无用功，浪费了大量的电能，缩短了输油泵机组的维护周期和使用寿命。变频调速装置则具有调速范围广、可恢复性好、对输油泵机组的机械损害小等优点，对低输量下的定速异步电动机进行改造时，应优先使用加装高压变频调速装置的方法。

管线增设高压变频调速装置后，机组的液体输送系统效率和机组效率有了明显的提升，尤其是节流损失率大大降低，减少了大量的电能浪费，变频设备的投资一般两年半即可收回。高压变频改造对于降低输油企业的运行成本有较大帮助，同时还具有较好的减少输油泵机组的机械冲击、磨损和噪声、延长输油泵机组的维护保养周期及使用寿命等方面的间接经济效益。

在输油泵加装变频调速装置的基础上，已经在输油生产中采用 1 套变频器对站场两套泵机组进行同步切换，实现了一拖二变频控制。一拖二变频控制系统的应用，使原本一套注入泵机组配备一套变频控制系统改变为两套注入泵机组配备一套变频系统，节约了生产设备的投资成本。在一拖二变频控制系统的试验当中，经初步测算，采用一拖二变频控制系统后，在同等工况下，设备变频运转所耗电量比工频运转平均每小时少耗电约 300kW · h，每年减少电量消耗约 200×10^4kW · h，减少电力成本 160 多万元，起到很好的节能减排作用，满足了企业发展对经济效益和环保效益的双向需求。

2. 输气管道节能新技术

输气管道节能新技术主要包括管网调控优化技术、余热利用技术、天然气在线排污技术、提高用电功率因数技术。

1）管网优化技术

优化管网运行是输气管道的重点节能措施，通过实际运行检验，优化运行节能。通过充分发挥大型天然气管道集中调控的优势，根据输油气管网的特点，合理匹配站场和设备，最大限度地推动管道优化运行；利用管道生产信息系统和 SCADA 系统的作用，对油气管道运行方案进行优化模拟，制订经济、合理、可行的优化运行方案。天然气管网优化运行后，管网联合运行，通过合理控制全线压缩机开机数量，减少燃料气消耗。

通过近几年的实践摸索和不懈努力，分别在管道运行和管网分析规划两个层面开展优化工作：管道运行层面主要是根据调控部门的工作重点，着力于管道运行调整，形成了月运行方案优化、周预测控制及日平衡调整的“三级优化管理模式”，总结了资源、销售、机组、管存、压力及流向的“六大优化控制要点”，建立了定期开展管网输气能力和系统分析的研究机制，开发了“管道仿真模拟”和“运行优化技术”两项技术支持平台；管网分析规划层面主要是逐年对管网输气能力和调峰适应性进行滚动评估和分析，查找管输瓶颈和潜在风险；针对专业公司的专项研究（如管道投产、站场改造等），结合管网整体运行情况，提出相应的优化建议。

随着西气东输管道运营里程不断增长，管网输气量增加，经调整进气结构，增加管网内转供方式，优化管道运行，利用西二线从薛店联合站和甪直联合站转供西一线东段，使西一线东段进气较去年减少 8.48%，西一线东段干线机组运行时间大幅降低，较 2012 年减少 3236h，机组耗气量减少 $2107\times10^4m^3$。

通过增加西二线东段进气量，减少西一线东段进气量，西一线东段（中卫）进气同比减少 22%，西一线东段干线压缩机组燃驱机组前三季度运行时间减少 20486h，电驱机组运行时间减少 6984h，兰长线东段通过甘塘下载量供给下游销售，长庆气田进气量同比减少 40%，长宁（靖边）机组基本无运行，而 2012 年同期运行 2282h。总的来说，在周转量增加 12.87%，输气量增加 1.42% 的情况下，耗气量全年减少 $8373\times10^4m^3$，综合单耗同比下降率近 1/3。2013 年西三线霍乌段投产后，采用模拟仿真技术对西二线、西三线联合运行进行技术研究，使霍乌段中停运两个压缩机站场，减少 4 台压缩机开机，节约压缩机用气约 $4400\times10^4m^3$。西一线、西二线、西三线联合运行，降低了西一线输量，使得得西一线、西二线、西三线系统运行更为经济，大幅降低了能耗，实现节约天然气 $1.48\times10^8m^3$。

2）余热利用技术

目前，燃驱压缩机铭牌效率仅为 38%～44%，大部分能量以热能的形式通过烟气排放，造成大量的热量浪费。对较大规模的燃气轮机驱动机组，余热利用目前有两种节能技术：一类是开展余热发电，利用燃机尾气通过余热锅炉产生高温蒸汽，通过蒸汽轮机发电机组发电，提高燃机整体的能源利用效率；第二类是加装余热锅炉，利用从燃气轮机排出的高温烟气热量对水进行加热，对站内生产及生活设施进行伴热，减少站场能量消耗；重点介绍余热发电技术。

燃机余热发电技术工作原理图如图 3–117 所示。

据估算，一台 30MW 的燃驱机组正常运行时，排烟余热产生的电量可达 7MW，按照电价 0.8 元 /（kW·h）计算，燃气轮机每天运行 24h，全年运行 10 个月计算，该站燃气蒸汽联合循环系统一年可发电 0.504×10^8kW·h，折合电费 0.4×10^8 元，机组的综合效率可提高至 50%～60%。

天然气管道站场燃气压缩机排烟温度较高（高达 420～500℃），能源浪费严重，可以利用燃气轮机的烟气余热进行发电，有不错的经济效益。通过采用合同能源管理的方式，与多家节能技术公司合作开展燃驱压气站余热发电项目，目前已经开展的有 5 座燃驱站场，其他燃驱站场正在陆续开展该项目。以西气东输二线首站霍尔果斯压气站燃驱压缩机余热发电项目为例，2013 年 6 月底余热发电装置投用，全年发电量 3694.78×10^4kW·h，折合节约实物 0.66×10^8kW·h/a，节能量 8111t（标准煤）/a，经济效益 1980 万元 /a，减排效果 56760t CO_2。

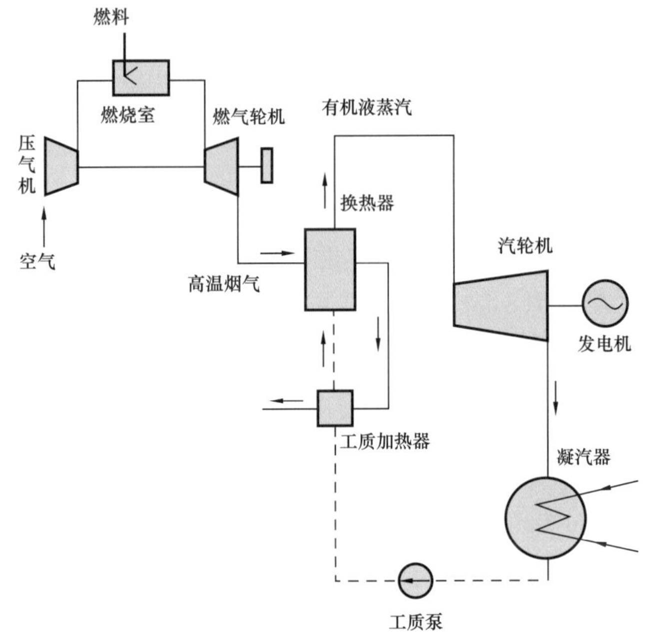

图 3-117 燃机余热发电技术工作原理图

3）天然气在线排污技术

天然气压气站站场分离器原来采用的离线排污模式不但工作量大，而且每次排污都须将分离器泄压到一定压力，造成大量天然气排放到大气中，既污染了环境又浪费了大量的天然气。经过试验采用高压在线排污装置，天然气不需要放空，不仅降低了过滤器前后球阀由于频繁开关导致内漏的风险，而且比离线排污所需的操作时间更短，更节能环保，符合当前国际社会提倡的低碳环保理念。每站改造费用 4 万元左右，单座站场每次排污放空 4356.64m^3 天然气，使用高压在线排污装置后每年可减少 $21 \times 10^4 m^3$ 的天然气放空损失。

4）提高用电功率因数技术

通过技术创新和管理创新，对功率因数较低的站场采取单回路供电、退出无功补偿装置等措施，提高了各站单条线路的运行负荷、功率因数及站的总功率因数，减少了低输量下的力调罚款，节约电费。

通过优化电驱天然气站无功补偿系统配置，节约力调电费。针对部分压气站机组长期备用，110kV 外电架空线路较长，无功补偿只能补偿 10kV 侧无功功率，无法补偿 110kV 侧无功功率而导致的功率因数低、力调电费高的问题，通过研究设备工作原理，分析数据规律，发掘出无功补偿系统的设备潜力，实现了站内设备与外电线路的双向补偿，系统配置优化使用至今，每年可节约 600 余万元。

二、碳管理技术

近年来，随着全球气候变暖、极端气候显现，温室效应不断加剧，有效管控温室气体排放成为世界各国的共识。于 1992 年签订的《联合国气候变化框架公约》是世界上第一个全面控制温室气体排放、应对全球气候变暖的国际公约。在全球低碳发展大背景下，国内外油气储运企业均对碳管理进行了不同程度的研究，以应对低碳政策和市场风险、把握低碳发展机遇，确保企业绿色可持续发展。

在国外，油气储运企业大都拥有成熟的低碳管理体系，开发了企业内部碳管理系统，Enbridge公司、Transcanada公司、Gazprom公司、Allice pipeline公司等均成立专门的碳管理机构，不同程度地开展了相应的低碳管理业务，如建立内部碳排放报告的标准化系统，长期参与美国、加拿大、俄罗斯等国家政府温室碳排放监测和报告制度等，API、INGAA、PRCI均开展了碳管理方面的方法标准制订，但油气储运低碳管理具体内容、如何构建以及相关方法涉及企业秘密，均未有文献详细报道。

在国内，国家正逐步建立健全碳管理标准与政策法规，2017年12月19日运行了全国碳交易市场，重点企业将分批被强制纳入碳排放管控体系，超额排放的企业需购买排放指标，具有减排竞争力的企业可通过出售多余碳排放配额获利，北京天然气管道有限公司、广东大鹏LNG、大港石化等多家油气公司已被纳入试点地区碳排放管控单位；暂未纳入全国碳交易市场的企业，可开发温室气体自愿减排项目上市获利。同时，中国石油、中国石化、中国海油三大集团公司对所属地区公司均开展了不同程度的碳排放管控，中国石油天然气集团公司要求“十三五”期间全面建立温室气体管控体系，印发了《中国石油天然气集团公司温室气体排放核算与报告工作方案》《关于贯彻〈“十三五”控制温室气体排放工作方案〉的意见》等一系列文件，明确碳排放指标纳入地区公司年度业绩考核。

中国石油率先在行业内开展了油气储运碳管理的探索研究，构建了油气储运企业碳管理体系，主要包括碳排放核算与上报、核查应对与数据分析、减排潜力和成本分析、低碳解决方案、碳排放权交易等5个环节，通过量化油气储运企业碳排放现状和发展趋势，对油气储运运营过程高碳排放环节和影响因素进行识别和评价，明确减排潜力和路径，在保证设施安全平稳运行的条件下，制订优化的企业节能低碳解决方案，以最低成本实现企业能耗和碳排放达标，同时积极开发碳交易项目，实现企业碳交易利益最大化，并研制行业低碳标准与政策（图3–118）。

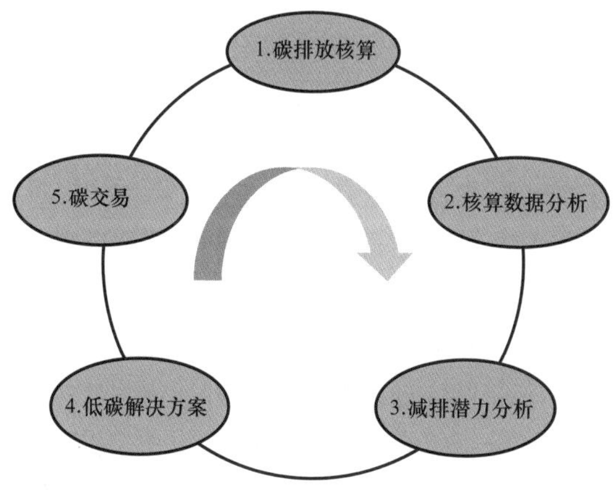

图3–118　油气储运企业低碳管理体系

1. 碳排放核算

碳排放核算是企业低碳管理的基础核心步骤。基于油气储运工艺及碳排放核算理论，建立了油气储运碳排放核算模型，主要包括化石燃料燃烧排放、火炬燃烧排放、工艺放空排放、甲烷回收、逃逸排放、间接排放等 6 个方面（图 3–119）。化石燃料燃烧排放是由加热炉、锅炉、压缩机、发电机、车辆等设备消耗油气导致的排放；火炬燃烧排放是指输气管线通过火炬燃烧引起的排放；工艺放空排放主要源于压气（增压）站、分输（计量）站、逆止阀、清管站等的放空活动；甲烷回收是指将放空气进行回收，该部分排放需在总排放核算中扣除；逃逸排放主要指从设备密封处、末端开口管线、阀门、法兰、排气口、连接器、计量仪表等处的微泄漏；间接排放主要是指企业净购入的电力和热力所对应的上游生产该部分电力和热力产生的排放。化石燃料燃烧排放、火炬燃烧排放、间接排放主要是二氧化碳的排放，而工艺放空排放、逃逸排放则主要是甲烷的排放。

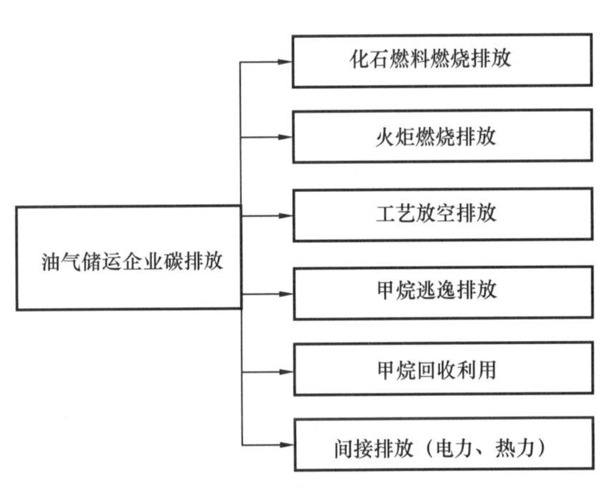

图 3–119　油气储运企业碳排放核算结构

中国石油编制了国内首个《油气储运行业温室气体排放核算与报告方法》，针对上述各种类型的排放，企业可结合自身生产实际和需求，选择仪器直接测量法、工程经验计算公式法、排放因子法等相应的核算方法或模型，利用碳排放量化公式计算温室气体排放量。通过该方法研究，中国石油管道科技研究中心作为专家支持单位参与了由国家首部油气行业低碳政策《中国石油天然气生产企业温室气体排放核算方法与报告指南》（发改办气候〔2014〕2920 号）的制订与发布。目前，油气储运企业均按照该指南进行企业温室气体排放核算并上报。

2. 核查数据分析

温室气体排放核查是按照国家相关文件标准要求，经国家或地方发改委备案的第三方核查机构对企业核算上报的碳排放数据进行核查，以确保数据真实有效，依据的主要文件准则包括《中国石油和天然气生产企业温室气体排放核算方法与报告指南》（发改办气候〔2014〕2920 号）、《碳排放权第三方核查参考指南》（发改办气候〔2016〕57 号）以及上述两个指南中涉及的相关标准，核查通过的排放数据是排放配额分配的主要依据。核查的具体内容主要包括三个方面：（1）核算边界的准确性；（2）核算方法的准确性；（3）活动水平数据的准确性。目前，中国石油管道公司、西南管道公司等部分油气储运企业已开展温室气体排放核查，从数据管理角度提出排放数据管理优化建议。

油气储运企业碳排放数据分析是企业制订低碳解决方案的基础。通过深入的数据挖掘分析，明确企业当前排放水平，厘清主要排放因素，为企业碳排放管理提供决策依据。一般碳排放数据分析主要包括：（1）企业历年碳排放量、各排放因素的变化趋势及原因分析，明确企业的节能减碳方向；（2）企业高碳排放源识别，即企业高碳排放环节与因素的确定及其原因分析；（3）对比分析国内外相关企业碳排放水平，并探究存在差异的原因。

3. 减排潜力分析

企业减排潜力与成本分析是企业低碳管理体系的重要组成部分，主要指企业在碳排放数据核算分析的基础上，结合企业未来业务发展规划，挖掘分析各排放源减排潜力，综合分析实施各种节能减排技措及组合情景下企业的减排潜力与相应投入的减排成本，能够帮助决策者透彻全面地了解企业减排路径，合理的规划企业减排目标，使企业能够以最低成本完成减排考核指标。

4. 低碳解决方案

在减排潜力分析的基础上，结合国内外油气储运行业节能减排技术及企业实际生产状况，编制企业节能减排技措项目清单，建立清单中各项目在企业实施后的减排效果、实施成本以及企业关注的其他参数指标并计算指标值。基于多目标规划理论，以计算得到的系列参数指标值为目标函数，以企业的节能减排指标为约束条件，建立多目标规划优选模型，筛选出节能减排项目的优选组合，形成最优的低碳解决方案。

低碳解决方案制订的难点在于节能减排技措项目参数指标的选取以及多目标规划优选模型的搭建。以中国石油管道公司为例，选取了项目投资费用、静态回收期、净现值、减碳量等指标为目标函数，上级下达的节能指标、减碳指标为约束条件，搭建了基于多目标规划的企业节能减排项目筛选模型，选出上述综合指标最优的节能减碳项目组合进行规划部署，形成企业低碳解决方案，实现企业节能低碳项目投资效益最大化，为企业每年节能项目的部署实施提供决策支持。

5. 碳交易

碳交易是指经政府备案的企业碳排放配额或减排量以资产形式在碳排放权交易所或线下协商进行的买卖交易。碳排放交易市场由碳减排项目交易和碳排放配额交易构成（图 3-120）。（1）碳减排项目交易（非控排企业与控排企业之间）：对于暂未纳入碳交易管控体系的企业，企业可将符合条件的节能减排项目产生的减碳量经开发备案成核证自愿减排量后卖给超额排放的控排企业。（2）碳排放配额交易（控排企业之间）：对于纳入碳交易管控体系的企业，政府确定碳排放总量目标并对排放配额进行初始分配后，企业之间以排放配额为标的进行的交易，一个履约周期后，若实际排放量大于核发配额量，则需到市场上购买配额或核证自愿减排量完成履约；实际排放量小于核发配额量，则企业可将多余的配额进行出售获利。

目前，大部分油气储运企业尚未纳入全国碳排放权管控体系，可积极把握碳交易市场发展机遇，将公司已经实施或即将实施的节能减排技措项目开发成核证自愿减排量上市获利，实现节能减排技措的再升值。

在国际碳交易市场，全球共有 22 项油气储运相关项目申请 CDM（Clean Development Mechanism，清洁发展机制），其中 3 项来自中国，分别是新疆霍尔果斯天然气管道压缩机站余热回收利用发电项目、西部管道公司鄯善原油首站热媒炉燃烧介质油改气项目以及乌鲁木齐首站、鄯善站原油综合热处理余热回收改造项目。

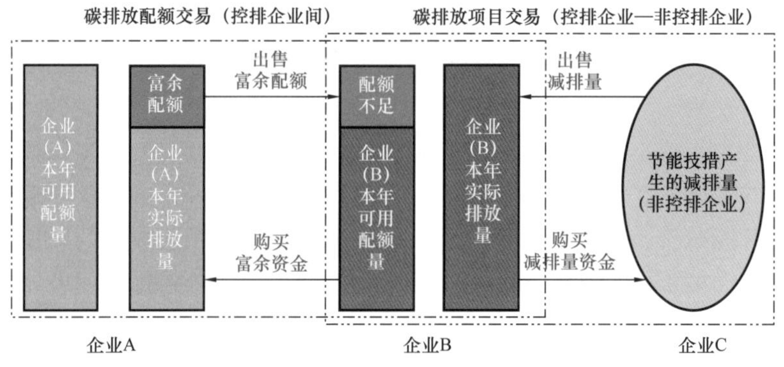

图3-120　企业参与碳交易示意图

第九节　管道运行与维护技术发展展望

“十三五”期间，中国石油油气管道业务仍将保持较高速度发展，新建中俄原油管道二线、中俄东线、中亚D线等油气管道，运行管道总里程将进一步增加。油气管道安全高效运行不但关系着企业自身的发展，也关系着国家发展能源供应的安全，在国际油价低位徘徊和国民经济结构转型的关键时期，科技创新是实现上述目标的重要保障。

中国石油提出了建设“智慧管网”的目标，通过与信息化技术、人工智能技术融合，实现全数字化移交、全智能化运营、全生命周期管理，建设成智能管道和智慧管网。以中俄东线为起点，标志着我国油气管道由数字管道步入智能管道建设阶段。智慧管网的建设，为管道运行维护技术升级带来了新的机遇。“十三五”期间，在坚持创新攻关的基础上，中国石油油气储运业务将在油气管网集中调控、储运工艺、完整性管理、管道监测与检测、管道腐蚀与防护方面持续加强技术集成与应用，在应用中提升技术水平和完善技术体系。预计在“十三五”末，中国石油油气管道运行维护技术总体上继续保持国际先进水平，在智慧管网支持技术、高钢级大口径天然气管道运行维护等方面将形成系列核心产品和重大配套技术。

一、油气管网集中调控技术

油气管网集中调控由自动化向智能化方向发展，应重点研发智能调控技术。以信息化和自动化为基础，将先进的传感测量、通信、工业控制、仿真模拟、优化、大数据和机器学习等技术与油气管网调度控制系统有机整合，实现“状态信息数字化、调度运行最优化、操作控制自动化、预警应急及时化”，并不断强化调控系统的“自学习、自适应、自决策”能力，保障油气管网安全、高效、经济运行。

二、储运工艺技术

储运工艺技术作为油气管道运行与维护技术的核心所在，未来应结合工业领域其他相关技术的不断更新，重点关于以下几个方面的技术应用，持续助力油气管道安全、高效和经济运行。

（1）运行阶段数字孪生体。将海量的油气管网运行数据附着在设计阶段数字孪生体之上，应用大数据分析技术提取运行数据的特征，构建可持续生长、具备智能分析并具有典型应用场景的运行阶段数字孪生体，动态反应油气管网生产工艺变化全过程，成为各种储运工艺技术的有效载体。

（2）原油管道管内介质流动安全性实时评测与安全预警。结合常规的运行和气象数据，实时预测和评价管道内介质的流动安全性，并给出基于可靠性的流动安全预警，以期实现对原油管道，尤其是含蜡原油管道流动安全的全面管理和风险控制。

（3）天然气管网在线运行优化技术。以高精度的天然气管网运行在线仿真技术为基础，结合运行过程中动态管存、系统能耗和运行经济效益等优化目标，开发天然气管网在线运行优化技术。经过生产验证后，将在线运行优化技术计算出的优化运行参数与控制系统融合，实现天然气管网系统的实时自动操作优化和控制。

三、完整性管理技术

随着完整性管理不断发展及其在管道安全运行中所起到的重要作用，其基于风险的理念和事先管控的做法将会不断被推广应用。管道完整性管理将进一步加强，并将进一步向站场、LNG、地下储气库和城市燃气管网等其他油气储运设施方面延伸。对于新形势下的管道完整性管理，还应当通过科研攻关，着力解决管道完整性管理面临的技术难题，深入研究事故致因与风险，完善管道完整性评价方法，拓宽完整性管理工作思路，深化完整性评价技术，为我国油气管道的完整性管理奠定坚实的基础，引领该领域在世界的发展方向。进一步加强管道完整性管理平台的智能化建设，应用大数据技术，建立面向决策支持的结构化、非结构化数据挖掘方法、管道多源异构数据模型，构建基于大数据的管道完整性智能决策支持平台，为管道完整性管理提供决策支持。

四、管道监测与检测技术

随着现代科学技术的发展和各学科间的相互渗透，尤其是新型高精度传感器、高速计算机、大数据技术等技术快速发展，管道监测与检测方式将更加智能化、自动化，管道监测与检测的精度、速度与可靠性将会进一步提高。“十三五”期间，中国石油将在原有技术的基础上，重点开展主动激励式输油管道泄漏监测技术、复杂环境下管道长距离光纤安全预警技术、地质灾害作用下管土耦合监测技术等多项新技术研发公关。管道泄漏监测系统采用主动激励的方式，能够更快更准地发现事故并进行定位，降低事故损失；光纤安全预警技术将结合大数据、人工智能技术进一步提高系统在复杂环境下的安全事件识别能力；管道地质灾害监测系统将管道与致灾体监测结果进行耦合分析，综合判断管道全风险。相关研究成果将全面提高管道监测与检测系统的适用性，提高油气管道及储运设施的监测防护水平，可为实际生产中管道安全状况评估提供技术支撑。

五、管道腐蚀与防护技术

以智慧管网建设为契机，围绕管道的内、外腐蚀机理和特点，建立以数据收集、识别、诊断和优化为核心的智能化管理系统，弥补人工测量和管理中存在数据不准确和时效性不够的缺点，提高管道腐蚀相关数据收集、管理和分析的效率，将带来腐蚀与防护技术更深层次的变革和提升。以目前的管道腐蚀与防护管理水平来看，应从硬件、软件和系统平台3个方面构建智能化的腐蚀与防护系统。总体可分为三个阶段：（1）初级阶段。建设管道腐蚀与防护数据采集、集成与管理平台结合物联网技术，智能接口技术和智能信息处理技术，将管道的基础数据线路地理信息系统相结合，实现管道内、外腐蚀数据的在线监测，如阴极保护电位和电流数据、杂散电流数据、土壤属性数据、管道防腐层类型、管道高程等多重数据和多点数据。（2）中级阶段。构建管道腐蚀风险评价和预测模型。建立一套可靠的管道内、外腐蚀风险评价模型，给出管道沿线管道腐蚀风险分级和风险的实时监测，同时为系统智能监测系统的安装布点提供指导。（3）高级阶段。开发全面感知和智能管理功能。根据管道腐蚀风险分布情况，对智能化腐蚀与防护系统实施远程控制，故障诊断和分段管理，同时为管道的维护维修计划制定科学合理的指导方案，可全面提升油气管道腐蚀与防护管理水平。

六、管道维抢修技术

维抢修技术方面，应进一步系列化钢制环氧套筒、夹具堵漏、带压注剂封堵、管道智能封堵、水淹区管道抢险等管道维抢修技术，建立管道维抢修的技术体系，重点研发高性能开孔机，确保开孔作业的安全可靠性，研发大口径高强度管道的开孔技术。针对在役高钢级管道管体缺陷焊接修复质量现场检测及复合材料修复技术无损检测技术空白问题，开展大壁厚角焊缝质量检测方法研究、复合材料无损检测技术研究，完善高钢级管道修复技术体系，为管体缺陷智能管理提供技术支持。随着智能/智慧管道的建设，“十三五”以及更长一段时间，管道不停输修复技术智能化与信息化的研发，将使中国石油管道不停输修复技术从追赶者向领跑者转变。

七、压缩机维检技术

未来通过对中国石油管道压缩机组的运行状态集中监测和诊断分析，梳理压缩机组故障模式，建立适用于中油管道压缩机组的故障模式库和诊断标准库。开展大数据分析，利用深度学习神经网络、支持向量机等先进人工智能模型开展压缩机组大数据智能诊断与早期预警技术研究，实现管道压缩机组的智能预警和故障诊断。开展压缩机组的智能维修技术研究，实现预知性或预测性维护目标，节约运行维护成本，提高压缩机组运行管理水平。

八、管道节能与碳管理技术

随着油气管网的发展，油气输送管道系统节能技术发展下一步重点应关注：（1）建设能源管控中心，把数据采集、处理和分析、控制和调度、平衡预测和能源管理等功能进行有机集成，将自动化与信息化技术服务于能源平衡优化，促进能源管理水平的稳步提升；（2）压气站余热利用技术需要进一步加强，应对余热利用进行科学统一的规划部署；（3）天然气管道有大量分输站场余压没有得到充分利用，分输站压差发电有待攻关；（4）加强压缩机放空、大型作业放空的天然气回收力度，减少天然气损失。

在碳管理技术方面，结合国家低碳战略大背景，积极参与国家层面低碳相关工作，开发油气储运行业系列低碳政策与标准。今后应重点开展以下几方面的工作：（1）短期，完善温室气体排放数据管理，识别开发碳交易项目。通过不断改进和完善公司温室气体排放数据管理，确保今后基础排放数据符合国家低碳管理的要求，并开发碳交易项目上市获利/储备碳资产，同时，针对油气储运行业特点开发具有行业特色的碳减排项目开发方法学，挖掘碳减排项目开发潜力。（2）中期，实现排放数据精细化管理。搭建温室气体排放数据管理及管控平台，实现数据管理的信息化以及对重点排放源的动态监测；公司被纳入国家碳排放管控后，针对企业碳资产实施管理，建立排放履约与碳交易制度，实现排放配额及履约管理，为高效管理碳资产奠定基础。（3）长期，实现碳配额资产效益最大化。完善碳排放配额履约和碳交易制度，建立公司碳资产管理体系及平台，高效开展碳排放配额管理及履约，通过碳交易市场使公司碳资产效益最大化，实现碳资产的保值增值，提升公司经营质量效益。

参考文献

［1］许康，张劲军，陈俊，等．预测模型可靠性的模糊数学评价方法［J］．石油大学学报：自然科学版，2004，28（4）：102-104.

［2］范华军，张劲军．埋地含蜡原油管道流动安全评价研究［J］．油气储运，2007，26（5）：1-4.

［3］范华军，张劲军，侯磊．原油管道停输再启动安全评价基准研究［J］．石油化工高等学校学报，2007，20（4）：72-75.

［4］苗青，等．油气管道流动保障技术［M］．北京：石油工业出版社，2010：135-155.

［5］苗青，闫锋，徐波，等．基于可靠性的原油管道流动安全管理体系构建［J］．油气储运，2013，32（8）：805-808.

［6］艾慕阳，柳建军，李博，等．天然气管网稳态运行优化技术现状与展望［J］．油气储运，2015，34（6）：571-575.

［7］黄亚魁，李博，康阳，等．天然气稳态运行优化的混合整数模型及其算法［J］．运筹学学报，2017，21（2）：13-23.

［8］张冬敏，姜保良，张立新，等．复合纳米材料对含蜡原油析蜡特性的影响［J］．油气储运，2011，30（4）：249-254.

［9］张冬敏，等．地上含蜡原油储备库降温储存可行性及关键技术//中国国际管道会议组委会．第四届中国国际石油天然气管道会议论文集［M］．北京：石油工业出版社，2011.

［10］支树洁，张冬敏，张立新，等．油温回升对含蜡原油添加纳米降凝剂改性影响［J］．石油化工高等学校学报，2011，24（4）：13-16.

［11］霍连风，丁艳芬，张冬敏，等．NPZ 纳米降凝剂对石蜡晶粒电性能的影响［J］．油气储运，2014，33（12）：1317-1325.

［12］李国平，刘兵，鲍旭晨，等．天然气管道的减阻与天然气减阻剂［J］．油气储运，2008，27（3）：15-21.

［13］王弢，帅健．管道完整性管理标准及其支持体系［J］．天然气工业，2006，26（11）：126-129.

［14］杨祖佩，王维斌．油气管道完整性管理体系研究进展［J］．油气储运，2006，25（8）：7-11.

[15] 张明.油气管道完整性管理环节[J].管理创新，2015，(24)：35.

[16] 冯庆善，王学力，李保吉，等.长输油气管道的完整性管理[J].管道技术与设备，2011(6)：1-5.

[17] 黄维和，郑洪龙，吴忠良.管道完整性管理在中国应用10年回顾与展望[J].天然气工业，2013，33(12)：1-5.

[18] 赵新伟，李鹤林，罗金恒.油气管道完整性管理技术及其进展[J].中国安全科学学报，2006，16(1)：129-135.

[19] Kent W Muhlbauer. Pipeling Risk Assessment[M].Expert Publishing，LLC，2015：35-45.

[20] 张华兵.基于失效库的在役天然气长输管道定量风险评价技术研究[D].北京：中国地质大学(北京)：2013.

[21] 张华兵，王新.基于风险评价的管道安全距离确定方法[J].油气储运，2018(1)：1-4.

[22] 黄维和.大型天然气管网系统可靠性[J].石油学报，2013，34(2)：401-404.

[23] 赵众.可靠性工程[M].北京：石油工业出版社，1997.

[24] 艾慕阳.大型油气管网系统可靠性若干问题探讨[J].油气储运.2013，32(12)：1265-1270.

[25] CSA Z662-2007 Oil and Gas Pipeline System [S].

[26] Sigitas Rimkevicius，Algirdas Kaliatka，Mindaugas Valincius. Development of approach for Reliability Assessment of Pipeline Network Systems [J].Applied Energy，2012，94(6)：22-33.

[27] Nessim W，Zhou W，Zhou J，et al. Target Reliability Levels for Design and Assessment of Onshore Natural Gas Pipelines [J].Journal of Pressure Vessel Technology，2009，131(6)：2501-2512.

[28] Ahmed W，Hasan O，Tahar S，et al. Towards the Formal Reliability Analysis of Oil and Gas Pipelines [J].Intelligent Computer Mathematics，2014，8543：30-44.

[29] Chang L，Song J. Matrix-based System Reliability Analysis of Urban Infrastructure Networks：A Case Study of MLGW Natural Gas Network [C].The Fifth China-Japan-US Trilateral Symposium on Lifeline Earthquake Engineering，Beijing，2007.

[30] Kong Fah Tee，Lutfor Rahman Khan，Li Hongshuang. Reliability Analysis of Underground Pipelines Using Subset Simulation [J].International Scholarly and Scientific Research & Innovation. 2013，7(11)：507-513.

[31] 温凯，张文伟，宫敬，等.天然气管道可靠性的计算方法[J].油气储运，2014，33(7)：729-733.

[32] 帅健.油气管道可靠性的极限状态设计方法[J].石油规划设计，2002，13(1)：18-21.

[33] 帅健.腐蚀管线的剩余寿命预测[J].石油大学学报：自然科学版，2003，27(4)：91-93.

[34] 方华灿，赵学年，陈国明.海底管线腐蚀缺陷的安全可靠性评估[J].石油矿场机械，2000，30(6)：1-4.

[35] Pandey M D. Probabilistic Models for Condition Assessment of Oil and Gas Pipelines [J].NDT&E International，1998，31(5)：349-358.

[36] 裴峻峰，朱勇，任名晨，等.大型压缩机组的运行可靠性、维修性及可用性分析[J].石油化工设备技术，2000，21(1)：5-8.

[37] 金光熹，杨绍侃.压缩机可靠性[M].北京：机械工业出版社，1989.

[38] Li M，Chen J，Lei Z. Reliability Assessment of Gas Pipelines with Corrosion Defects Based on In-line Inspection [J].Applied Mechanics & Materials，2017，853：478-482.

［39］白路遥，施宁，李亮亮，等．基于蒙特卡洛法的埋地悬空管道结构可靠度分析［J］．西安石油大学学报：自然科学版，2016，31（5）：48-52.

［40］艾慕阳．天然气管网多状态可靠性及天然气市场满意度计算［J］．油气储运，2016（11）：1141-1147.

［41］冯庆善．在役管道三轴高清漏磁内检测技术［J］．油气储运，2009，28（10）：72-75.

［42］王富祥，冯庆善，王学力，等．三轴漏磁内检测信号分析与应用［J］．油气储运，2010，29（11）：815-817.

［43］Sharon C，Stephen W. Tri-axial Sensors and 3-Dimensional Magnetic Modeling of Defects Combine to Improve Defect Sizing from Magnetic Flux Leakage Signals［C］.

［44］王富祥，冯庆善，张海亮，等．基于三轴漏磁内检测技术的管道特征识别［J］．无损检测，2011，33（1）：79-84.

［45］冯庆善，张海亮，王春明，等．三轴高清漏磁检测技术优势及应用现状［J］．油气储运，2016，35（10）：1050-1054.

［46］王富祥，玄文博，陈健，等．基于漏磁内检测的管道环焊缝缺陷识别与判定［J］．油气储运，2017，36（2）：161-170.

［47］关卫和，沈纯厚，陶元宏，等．大型立式储罐在线声发射检测与安全性评估［J］．压力容器，2005，25（1）：40-44.

［48］Kang Yewei，Lin Mingchun，Xiong Min，et al. A Combined Method For Analysis of the Acoustic Emission Signals from Aboveground Storage Tank Bottom［C］.China International Oil &Gas Pipeline Conference，2009.

［49］康叶伟，林明春，王维斌，等．罐底板声发射在线检测影响因素与评价可靠性［J］．油气储运，2011，30（5）：343-346.

［50］Kang Yewei，Wang Weibin，Lin Mingchun，et al. Factors Influencing the Acoustic Emission Inspection of above Ground Storage Tank Floor and its Countermeasures［C］.Proceedings of World Conference on Acoustic Emission- 2011，Beijing.

［51］Lin Mingchun ，Kang Yewei，Wang Weibin，et al. Research on Acoustic Emission In-service Inspection for Large above-ground Storage Tank Floors［C］. Proceedings of the 8th International Pipeline Conference，2010.

［52］Guo Zhenghong，Kang Yewei，Chen Hongyuan，et al. The Reliability of Acoustic Emission Inspection on the Storage Tank Floor［C］. Proceedings of the 2014 10th International Pipeline Conference，2014.

［53］林明春，康叶伟，王维斌．等．护卫传感器在拱顶储罐罐底声发射检测中的应用［J］．无损检测，2010，32（8）：620-622，652.

［54］张丰，郑军，彭鹏，等．电流密度与管中电流对阴极保护的影响［J］．油气储运，2014，33（8）：882-884，890.

［55］杜炘洁，张丰，宋晓琴，等．基于数值模拟的两种断电电位测量方法对比［J］．全面腐蚀控制，2013，27（1）：46-48.

［56］Zhang Feng，Xue Zhiyuan，Wang Weibin，et al. Study on the Effect of Equalizing Cable Bridging Toparallel Pipes by Numerical Simulation［C］. 2010 WCOGI，Beijing，2010：378-381.

［57］张丰，陈洪源，李国栋，等．数值模拟在管道和站场阴极保护中的应用［J］．油气储运，2011，30

（3）：208-212.

[58] Zhang Feng，Bi Wuxi，Jin Hong，et al. Study on numerial Simulation of Region CP System in Large Pipeline Station [C]. 2012ICPTT，Wuhan，2012：96-100.

[59] Hu Yabo，Zhang Feng，Zhao Jun.Regional Cathodic Protection Design of a Natural Gas Distribution Station [C]. 2014ICC，Australia，2014：11.

[60] 赵君，姜云鹏，徐承伟，等. 埋地管道交流干扰及其缓解模拟 [J]. 油气储运，2013，32（8）：895-898.

第四章　油气管道重大装备国产化

针对油气管道多种关键设备由国外企业垄断，一旦遇到战争、外交困境或其他不可抗拒的紧急情况，可能面临油气管道瘫痪的危险。2006 年前后，国家为推动装备制造业发展出台了一系列规划纲要和措施性文件。为响应国家相关政策、保障能源输送安全，促进民族工业发展，在 2006—2015 年期间，中国石油相继采用“1+*N*”协同创新模式，联合国内设备生产厂家，开展了压缩机组、大功率输油泵机组等设备和 SCADA 系统软件的国产化工作，取得了多项技术突破。通过科技攻关，中国石油形成了国产化工作方法、技术条件、设计制造技术、试验技术、检测与评价技术等共计 5 大系列 53 项特色技术，并成功研制了燃驱压缩机组、电驱压缩机组、输油泵、电动机、变频装置、高压大口径全焊接球阀、调压装置关键阀门、旋塞阀、轴流式止回阀、强制密封球阀、调节阀、泄压阀、电动执行机构、气液执行机构、电液执行机构、超声流量计、涡轮流量计、快开盲板等 6 大类 18 种油气管道关键装备 130 余台套和开发了管道控制系统软件，将中国油气管道关键设备国产化率从 5% 以下提高到 90%，投资节约 20% 以上，对带动中国民族制造业发展及中国石油油气管道降本增效具有重要意义。

第一节　油气管道设备国产化意义及方法

随着中国管道建设的快速发展，对油气管道设备的需求急剧增加，但多种关键设备由国外企业垄断，为提高设备保障能力和降低政治风险等，中国石油开展了关键设备国产化工作。

一、国产化背景及意义

1. 国家政策推动

近年来，国家为推动装备制造业发展出台了一系列规划纲要和措施性文件，并在油气管道建设项目批复文件中明确提出逐步实现管道钢管、输油泵机组、压缩机组、大口径阀门等设备国产化的要求。

2006 年，国务院发布《关于加快振兴装备制造业的若干意见》(国发〔2006〕8 号)，提出以重点工程为依托，推进重大技术装备自主制造，以装备制造业振兴为契机，带动相关产业协调发展。

2011 年，国家能源局发布《国家能源科技“十二五规划”》，明确要求“加强攻关，增强科技自主创新能力，提高能源装备自主化发展水平”。

2. 保障国家能源安全

多种关键设备依赖进口，在正常的贸易往来中，可以比较容易地获取保障管道平稳运行的技术装备、售后服务、备品备件等；但若出现非常情况，管道技术装备、售后服务、备品备件等保障难度就会增大。因此，推进油气管道装备国产化具有保障国家能源安全的战略意义。此外，由于历史和国际政治原因，中国的海外投资地理分布表现出特殊性：海外油气项目很多集中在中亚和南美等区域，该区域很多国家经常受到欧美的经济制裁，在相关区域只能依靠国产装备保障油气管道的建设，因此，开展管道设备国产化也是中国石油企业走向世界的需要。

3. 油气管道行业降本增效

推进管道设备国产化，对于油气管道行业降本增效具有重要意义，主要体现在以下几个方面：

（1）显著降低建设成本，国产设备投资相比进口设备可降低 1/3 ～ 1/2。

（2）显著缩短供货周期，供货周期可缩短 1/2 ～ 2/3。

（3）售后服务响应及时，可及时解决出现的问题。

（4）备品备件价格优势明显，显著降低运行成本。

4. 带动国内相关产业发展

油气管道设备国产化是系统工程，涉及多个行业。随着国内管道建设的快速发展，依托重点工程，实施国产化工作，可以带动国内机械、电子、冶金、建材等相关产业的发展，并带动相关产品升级换代，从而促进民族装备制造业的发展。

二、管道设备国产化工作方法

近年来的国产化工作实践表明，采用“政、产、学、研、用”1+N 模式是确保中国石油装备国产化工作顺利推进和取得实效的重要组织保障，也是全面深入推进国产化进程应该坚持的组织模式。

“政”，是政府主导国产化工作。由国家能源局负责总策划、总指挥、总协调，集合中国石油和国内重点装备制造企业整体优势，从国家层面给予相应的政策扶持，形成国产化工作的重要推动力量。

“用”，是指用户引导国产化方向。中国石油作为油气长输管道关键设备的最终用户，积累了丰富的设备运行及管理经验，对设备技术指标、技术条件等最为了解，在国产化工作中发挥技术标准起草、技术把关等引导作用。

“产、学、研”，是指包括相关装备制造企业在内的生产及研究单位，是国产化研制工作的具体承担者和实施者，瞄准国际同类产品先进标准，发挥自身科技创新驱动能力，努力提升国内产品的装备制造水平。1+N 模式，是指以中国石油业务需求为主导，联合产学研等相关行业共同进行科技攻关，以核心技术突破为重点，以工程应用为目标，确保研制工作取得实效（图 4-1）。

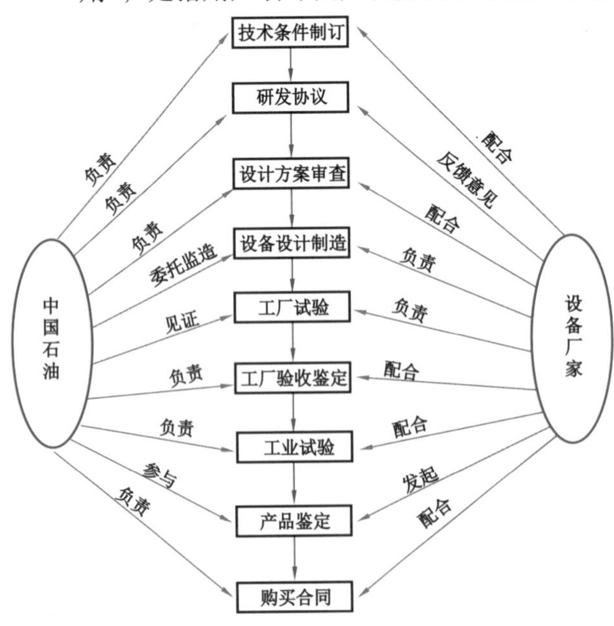

图 4-1　中国石油管道设备国产化工作实施路线图

第二节　压缩机组国产化

2009 年之前，中国石油天然气管道上在用的压缩机组除了中国石化第三机械厂制造（配套）的三台往复式压缩机组和株洲南方动力集团公司成套的靖边站压缩机组外（这些机组的驱动机均为国外制造），其余压缩机组均系外国公司生产制造，主要供货商有 Rolls-Royce 公司（已被西门子公司收购）、GE 公司、MAN 公司、Solar 公司。

输气管道的运行可靠性和经济性在很大程度上取决于其所采用的压缩机组的性能。天然气管道工程的很大一部分资金用于购买国外设备上，且运行维护成本居高不下，在国家战略能源输送上受制于人。据测算，压气站的投资占输气管道总投资的 20% ～ 25%，运行费用占管道总运行费用的 40% ～ 50%，而其中压缩机组的投资占压气站投资的一半以上，压缩机组的能耗占压气站运行费用的 70% 左右。因此，在输气管道设计中选择技术上先进、经济上合理的压缩机组是至关重要的。

国内设备厂家起初在天然气长输管道成套压缩机组产品开发应用上因受技术水平低、经验不足、业绩几乎为零的现状限制，很难与国外厂家竞争。为振兴民族工业，国务院在《装备制造业调整和振兴规划实施细则》中明确提出坚持装备自主化与重点建设工程相结合以及坚持发展整机与提高基础配套水平相结合两项原则。国家能源局也在国能油气〔2009〕136 号文件《国家能源局关于西气东输二线工程服务、施工和物资采购方式的复函》中，明确提出了压缩机、大功率电驱机组、大功率燃气轮机等国产化要求并做出了安排部署。为此，中国石油站在维护国家能源输送安全、全力推动国家装备制造业技术水平的高度，开展天然气长输管道关键设备国产化新产品研制和工业性应用研究，主要包括“20MW 级电驱压缩机组新产品研制及应用”和“30MW 级燃驱压缩机组新产品研制及应用”装备国产化研制与应用。

为使国产化管线压缩机组具有先进性，中国石油对标 API 614 和 ASME PTC 等国际先进标准和国际先进压缩机组相关技术指标，并结合现场运行条件以及国产化设备研制厂家实际情况，制订了 20MW 级电驱压缩机组和 30MW 级燃驱压缩机组的技术条件、工厂试验大纲、工业试验大纲等一系列规范，以指导压缩机组研制、试验等。

最终，这两项产品于 2014 年全部通过国家能源局组织的新产品工业应用鉴定。该项目的成功研制应用，打破了国外厂家垄断的地位，填补了国内空白。对解决国家能源输送安全问题，对发展民族工业，提高装备制造业的技术水平和国际竞争力起到了积极作用。

一、管线压缩机组国产化主要技术条件

1. 管线压缩机本体主要技术条件

（1）压缩机应按 API 617 要求进行设计与制造。

（2）机壳内腔不得有排污和清洗的接管开孔；除测温和测压接口外，所有工艺气、干气密封气和润滑油接管应为法兰连接；应把排污管接至底座边缘区域，排污管末端应安装法兰连接的截止阀，并清晰标注。

（3）叶轮轴向固定防止任何位移，止推盘应能更换，并通过液压安装在轴上。

（4）转子和所有旋转部件应设计成在机组最大超速停车（跳闸）转速下工作不发生损

坏，能在压缩机最大连续运行转速下连续运行。

（5）轴承座内应无压力，轴承和密封腔应隔开，以防止润滑油进入密封腔；径向轴承和止推轴承上应有温度传感器，位于轴承的高温区。

（6）叶轮及平衡鼓的密封为阶梯铝合金迷宫式密封；轴密封应设计为可以密封高于最高进气压力、压缩机停车后的自平衡压力或进气安全阀的设定压力。

（7）干气密封系统在厂内预制的自成系统的干气密封控制盘，集中控制干气密封主密封气过滤、压力控制、放空量监视、压力表、关断设备、调节和测量干气密封主密封气的供应和密封气的泄漏量。

（8）压缩机和电动机共用一套润滑油系统，压缩机使用方应与电动机试制方沟通，确定相关技术参数，统一设计和试制；其界面在电动机驱动端、非驱动端、励磁端润滑油管路连接法兰处，压缩机试制方配管到该法兰处；润滑油系统应按 API 614 以及本技术条件进行设计。

（9）管线压缩机组联轴器按 API 671 以及本技术条件规定的要求设计和制造；明确联轴器的各项技术参数，联轴器应是高性能、柔韧性、无润滑、膜盘式。

（10）防喘振系统包括：防喘振控制阀、执行机构、阀位变送器、限位开关、配对法兰和其他附件。

（11）提供低压电气控制中心和电气设备；提供控制电动机、加热器和其他电气设备的电机控制中心；MCC 将安装在站 MCC 机房内，约距离压缩机房大于 100m。

（12）管线压缩机组所有配线，包括用于电气控制、报警、停车、保护等线缆应接至接线箱；压缩机配带接线箱是防爆的；无电弧产生的装置应是不锈钢，防护等级 IP55/54，并带有联锁门装置；每个接线箱内至少应有 20% 备用接线端子，且备用端子应不少于 5 个，电缆留有 20%的备用芯。

（13）管线压缩机组额定设计转速和额定设计流量下的压头误差在 0 ～ 5%。喘振线测试取 5 个点，测试转速分别为 105%，100%，90% 和 80% 及最低连续运行转速。实测喘振线上的任一流量不应有正偏差。在设计流量下的喘振裕量至少为 25%。从额定流量到喘振线的实际压头的误差应为 -2% ～ 2%。在额定转速下，从额定流量到喘振流量的压头应连续上升。在额定条件下，设计和实际消耗功率的最大误差为 +4%。

2. 燃气轮机主要技术条件

燃驱压缩机组包括：燃气轮机及其附属系统、离心压缩机及其附属系统、压缩机与燃气轮机之间的联轴器和护罩、机组控制系统（UCS）和不间断电源系统（UPS）、压缩机组辅助配电单元 MCC（马达控制中心）等。

（1）燃气轮机性能参数为：动力涡轮额定转速为 5000r/min，转向为顺时针（顺空气流动方向看）；在 ISO 条件下，燃气轮机额定输出功率不低于 26.7MW，热耗率不高于 9863kJ/（kW · h）。

（2）燃气轮机第一次大修前的平均寿命以及两次大修之间的平均寿命为 25000 当量运行小时，燃气轮机供货商对其技术状态确认后可视情延长大修期间隔时间；燃气轮机的平均无故障间隔时间不少于 5000h；燃气轮机的平均全寿命不少于 100000h，总使用年限为 20 年；燃气轮机箱装体壁面 1m 远、距地表 1m 高处测得噪声不超过 85dB（A）。

（3）压缩机的正常设计转速范围为额定转速的 70% ～ 105%，根据 API 617 标准的要求，压缩机应能在最高连续运行转速（105% 额定转速）下安全连续运行；压缩机制造商应向燃气轮机制造商提供完成相关设计所需资料，并对相关资料进行澄清，以方便开展压缩机轴、部件和联轴器的设计以及对机组进行轴系的扭振分析。

（4）燃气轮机需进行轴 / 转子平衡测试、振动测试、机械运行测试、全负荷测试、性能测试；整套机组的无负荷联机测试，包括实际的驱动机、压缩机、机罩、控制系统等以检查并确认机组各系统工作的协调性和完整性。

（5）燃驱压缩机组采用一套控制系统（UCS），由燃气轮机制造商负责成套集成，压缩机制造商提供压缩机控制所需的一次仪表、元件和执行机构；压缩机的控制由 UCS 完成，压缩机制造商应将所有编制完成的压缩机控制软件包提供给燃气轮机制造商，将其植入 UCS 系统。

（6）除操作员指令、上位机监测等中断后不影响机组安全的信号可采用网络通信连接方式外，涉及机组控制的相关信号（如转速、振动、压力、温度、执行机构动作等）及紧急停车系统（ESD）信号采用硬线连接；燃气轮机箱体内安装的火灾及消防系统接入压缩机组消防系统中，并与机组 ESD 系统间采用硬线连接。

（7）燃驱压缩机组监视控制系统包括所需的检测仪表和控制设备，应完全具有进行压缩机组启动、停车、监视控制、连锁保护、紧急停车等功能；同时，应可靠地与本工程 SCADA 系统进行信息交换。

（8）燃驱压缩机组远程控制是根据调控中心对压气站的远程控制包括对单台压缩机进行启 / 停操作和对压气站的多台机组进行远程调整操作。

（9）对于单机启 / 停功能的要求：

① 一键式启动，即机组启动命令发出以后，系统自动完成自检、空载、加载，并与已在运行压缩机自动并机和负荷分配。

② 一键式停机，即停机命令发出以后，系统自动完成负荷调整、卸载和停机，其他在运行的压缩机自动完成负荷分配调整。

3. 变频驱动系统主要技术条件

变频驱动系统（Power Drive System，简写 PDS），包括电动机、变频器及控制系统。以下从 PDS 的性能、PDS 控制系统、变频装置和电动机等 4 个部分的技术条件展开说明。

1）PDS 的性能主要技术条件

（1）PDS 应与被驱动设备（天然气压缩机）的负载特性和运行方式互相匹配。

（2）PDS 应能够承受短路发生时的动应力、热应力和瞬时机械扭矩，电动机 / 被驱动设备应能够承受短路发生期间的瞬态扭矩。

（3）应保证变频器具有 1.2 倍的过载能力（持续 1min，每隔 10min 重复 1 次）。

（4）在电压不大于 ±10%、频率不大于 ±2% 下，应保证 PDS 的运行性能正常。在电源电压为 -10% 额定电压时，变频器应能输出额定电压。

（5）任何情况下功率因数不得超前，在公共连接点（Point of Common Coupling，简写 PCC）的功率因数：65% ～ 80% 转速时不小于 0.9；80% ～ 105% 转速运行工况点的情况下不小于 0.95。

2）PDS 控制系统主要技术条件

（1）PDS 设置专用、可靠的整体控制、保护和报警系统 / 装置，ESD 控制命令优先于任何操作方式。

（2）PDS 控制保护系统主要功能及要求：变频器控制采用无速度传感器的矢量控制系统，使用基于微处理器的控制系统自动顺序控制。硬件及软件冗余配置并具有自检功能和停电保护措施。

（3）保护及报警系统 / 设备：采用全电子保护系统，控制和报警单独设置，具有单独的后备保护和防干扰措施。根据管道压缩机的特性，变频器不对电动机采取电气制动，变频器不向电网反馈电能。

（4）保护及报警系统 / 设备的基本功能：至少应配置基本的保护和报警功能并具有过流保护和防触电措施。

① 显示功能 PDS 上传运行参数至 UCS 系统，以满足监视控制和查询。

② 在变频装置上能在线检测变频器的运行状态和曲线。

③ 电动机旁安装就地操作箱，能紧急停机及转速显示等。

④ 变频器功率元件及其他辅助用电设备具有灯光显示。

3）变频装置

变频器功率单元和整机按 A 类电磁环境考虑采取电磁兼容（EMC）措施，并符合 IEC 61000 和 IEC 61800–3 要求。

（1）功率器件。

① 优选功率器件，优化变频结构设计，与电动机结合，使输出电压等级和器件数量最优；谐波电流 THD、最大的 du/dt 值和共模电压满足电动机要求，明确允许的最大输出电缆长度。

② 变频器输出电能满足电动机能承受的电能质量要求，负序电压对电动机轴电流、转子温升的影响满足要求。

③ 变频装置在额定工作制时的运行效率不应低于 98.0%。

（2）冷却系统。

主回路功率器件采用去离子水冷却。冷却系统主要组成部分：

① 水泵。两台水泵，一台运行，另一台热备用，能自动切换和自动 / 手动运行。

② 换热器。利用水—水换热器进行热交换，有 20% 以上裕量。

③ 膨胀箱。用于压力补偿，具有液位显示、报警及停机保护。

④ 去离子水水质处理系统。能在线自动检测、自动处理。

⑤ 控制和监视仪表。监控去离子水的温度、压力和电导率。

（3）电容器。

① 电容器采用膜电容，应符合 IEC–60871 要求；变频装置电容器应适合运行条件，不应过热。

② 具有电容器故障保护停机和报警显示及停机时电容放电设计。

4）电动机

（1）高速电动机应符合 API 617 和 API 546 规定。

（2）电动机的临界转速与运行转速的隔离裕度应不小于 15%，并与压缩机共同保证整个管线压缩机组轴系的动态稳定性。

（3）PDS 的设计，应使其能在最短的时间内迅速通过电动机—压缩机组的第一临界转速。

（4）保证在额定功率及压缩机组的最大运行工况下连续运行。

（5）采用与压缩机组转速相匹配的直接连接方式。

（6）空—水冷却器的密闭循环通风冷却方式，换热能力预留 20% 的裕量。

（7）根据压缩机的工况，确定电动机的效率曲线，在变频驱动条件下额定工况下的运行效率不应低于 97.0%。

（8）绕组端部支撑、轴和有效铁芯系统能承受三相和两相短路电流。

（9）电动机本体设计应满足最大噪声限制的要求，噪声水平按 ISO 1680-2 标准设计。

（10）空—水冷却器配置 20% 的管束裕量，并带汇流槽。

（11）冷却水中断或换热器失效时，应保证电动机安全停机。

（12）换热器水管应便于拆除和管路清洁，设置检漏报警 / 停机装置。

（13）加热器应采用全绝缘设计，有温控器和温度保护。加热器元件的表面温度及电动机外壳温度不能高于爆炸性气体混合物的引燃温度。

（14）对用于危险场所 1 区的电动机附加要求：

① 电动机应遵循 IEC 60079-2 的要求。

② 对于防爆类型为“Exp”的电动机的温度限制，应符合 IEC 60079 条款要求；

③ 安装在电动机上的接线盒防爆类型应为“Exd”或“Exp”型。

④ 机壳内任何一点应保持相对于外部大气压力最低 0.05kPa 的正压。

二、设计制造技术

1. 压缩机本体结构设计

天然气管线压缩机型号为 PCL800 系列，主要由定子（机壳、隔板、密封、平衡盘密封、端盖等）、转子（轴、叶轮、隔套、平衡盘、轴套、半联轴器等）及支撑轴承、推力轴承、轴端密封等组成。

（1）压缩机进、出风口法兰与天然气管道方向一致，便于压气站设计和布置。

（2）结构上采用垂直剖分结构，将压缩机轴承箱与压缩机端盖完全分开，装配时轴向把合；端法兰与机壳筒体之间采用卡环形式，该结构有效地减小了机组的重量，最大限度地节省了材料成本。

（3）机壳设计上采用了将压缩机机壳与底座合成为一体的典型的管线压缩机单层布置结构；增加了沿轴心方向的立键和垂直于轴心方向的横键，满足 8 X NEMA 标准力和力矩的要求。

（4）平衡盘密封采用防激振结构设计，应用一种特种工程塑料——PEEK 制造，在高性能聚合物中 PEEK 具有其他通用塑料无法比拟的综合性能，适用各种苛刻环境，用 PEEK 制造的平衡盘密封，具有耐高温、耐腐蚀、耐磨损、高强度、自润滑、尺寸稳定等特有的优越性能。

（5）对进、出气蜗室采用喷涂光滑外层，减小了气流损失，提高了机组效率。

（6）压缩机采用干气密封，干气密封系统特有的加热功能更好适应在压气站现场恶劣环境的运行。

（7）转子与电动机采用了膜盘式联轴器进行联接，确保机器安全运转。

2. 燃气轮机设计制造

国产30MW级燃气轮机的型号确定为CGT25-D，以下称为30MW级国产燃气轮机，根据长输天然气管道增压用燃气轮机的使用条件和要求，开展了30MW级国产燃气轮机的研制，研制过程是在充分借鉴船用GT25000燃气轮机的成熟技术和结构的基础上进行的。

国产30MW燃气轮机的主要研制内容如图4-2所示。

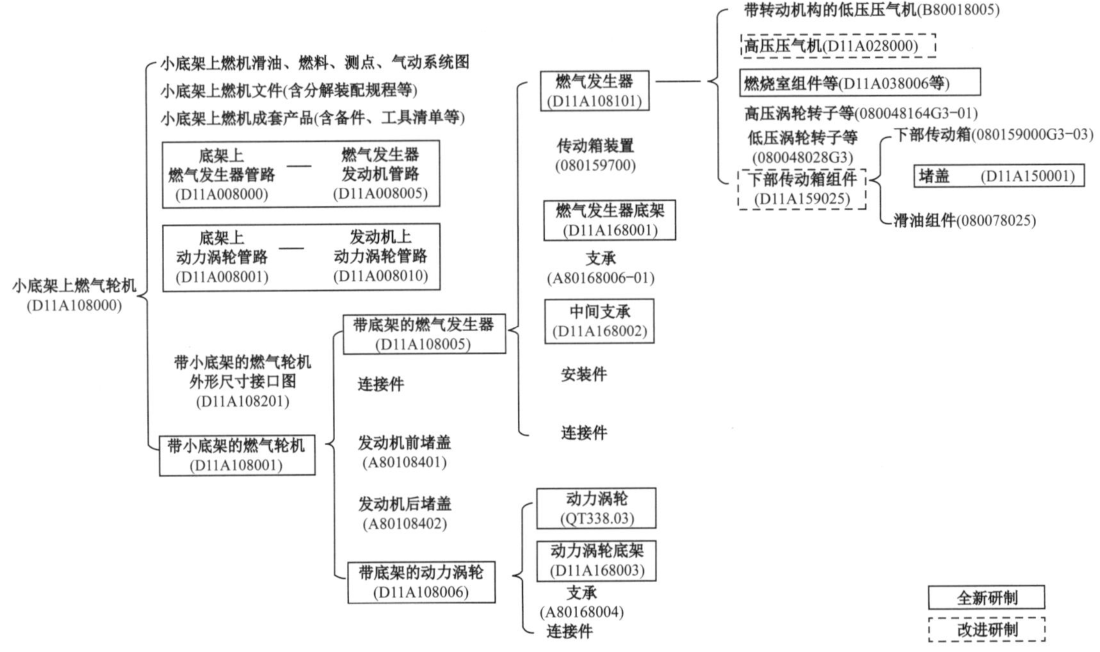

图4-2 国产30MW燃气轮机研制内容

30MW燃气轮机组成包括：燃气发生器、动力涡轮、燃气轮机传动箱、燃气轮机的底架与支承、燃气轮机辅助系统（包括机带燃料气系统、机带润滑系统、起动系统）等。

1）燃气发生器设计

燃气发生器由轴流式高、低压压气机，高、低压涡轮和环管燃烧室组成。轴流式高、低压压气机各9级，轴流式高、低压涡轮各1级，分别驱动高、低压压气机。燃烧室是干式低排放型，回流环管式结构，由罩壳、16个火焰筒、2个等离子点火器、16个燃料喷嘴等组成。

天然气燃料低排放燃烧室设计是根据总体对燃烧室的设计要求，将船用GT25000燃气轮机液体燃料燃烧室改为工业驱动型燃气轮机天然气燃料燃烧室后，主要技术指标和要求如下：在0.8～1.0工况范围内（大气温度15℃，压力0.1013MPa）NO_x排放量不高于39ppmvd（15%含氧量）；确定燃烧室设计时通过贫燃预混燃烧技术实现对排气NO_x的控制。天然气燃料低排放燃烧室研制主要工作内容包括：低排放燃烧室贫燃预混燃烧技术研究、燃气轮机不同运行工况两路燃料供应分配规律研究、燃气喷嘴结构设计及试验技术研究、低排放燃烧室结构设计及优化、燃烧室模化试验研究等。

在研制过程中重点突破和掌握了低排放燃烧室贫燃预混燃烧技术、低排放燃烧室燃料喷嘴结构设计技术、低排放燃烧室燃烧数值模拟技术、不同工况燃料匹配技术等低排放燃烧室关键技术。

2）高速动力涡轮设计

根据 30MW 级国产燃气轮机总体的设计要求，高速动力涡轮功率：27MW；效率：92%；设计转速：5000r/min；最大工作转速：5250r/min；在结构设计上，主要对机匣、导向叶片、隔板、护环、轴承座、支承环等静子部分，涡轮轴、涡轮盘、涡轮叶片、密封环等转子部分，轴承供油系统、封严系统构件、冷却和密封供气系统等进行结构设计。

动力涡轮为 2 级轴流式结构，由第 3 级和第 4 级导向器、动力涡轮转子以及动力涡轮支承环组成。动力涡轮转子的转向为顺时针（顺气流方向看）。

3. 强制润滑电动机设计

依照中国石油制定的技术条件及相关标准，对 20MW 高速变频调速防爆同步电动机进行国产化设计制造。电动机由同步电动机（定子、转子）、交流励磁机、旋转整流器、轴承、空水冷却器、正压通风控制器、顶升油泵、防爆出线盒、端盖、外罩、底架和检测元件等组成，交流励磁机和旋转整流器与主电动机同轴配置，IM7513 安装型式，三轴承轴系的卧式结构，与压缩机通过联轴器直联驱动。

主电动机定子机座为优质钢板 Q235-A 焊接件结构，铁心由低损耗的冷轧硅钢板分段叠压而成的外压装结构，两端外侧的通风槽板采用非磁性材料，定子绕组由多股半组式 360° 换位线圈组成，导线采用涤玻烧结铜扁线；绕组采用 F 级真空压力整浸（VPI）的绝缘规范。

主电动机转子磁极为隐极式，F 级绝缘，内部采用空气的冷却方式；整个轴系的临界转速有效地避开电动机的工作转速 20% 以上；转轴采用整锻的优质合金钢锻件加工而成，具有良好的导磁和机械性能；转子采用深浅槽分布结构，使气隙磁势更接近正弦波，有利于运行平稳，增强了系统的稳定性。

无刷励磁系统：主要由异步励磁发电机、旋转整流器和静止励磁装置三部分组成，异步励磁发电机和旋转整流器安装在电动机上。

电动机共 3 个绝缘轴承，其中同步电动机采用防爆型座式滑动轴承 2 个，励磁机尾部滑动轴承 1 个，每个轴承配置温度、整振动检测元件，主电机轴承配置了高压顶升装置。

4. 高压变频装置设计制造

高压变频装置依据技术条件及相关标准，设计了 2 种高压变频装置。

1）设计方案一

变频器输入电压 10kV，输出电压 10kV，每相 8 个总共 24 个功率单元，二极管整流，将三相交流电压变为直流电，并通过电容器来保持直流电压稳定。直流母线电压通过 IGBT 逆变单元向电动机输出电能。逆变单元采用 PWM 逆变控制，实现不同频率和电压的输出到电动机的定子绕组。变频器输出侧谐波电流 THD 小于 3%、du/dt 小于 1000V/μs。

2）设计方案二

变频器输入电压 10kV，输出电压 10kV，每相 4 个总共 12 个功率单元，二极管整流，将三相交流电压变为直流电，并通过电容器来保持直流电压稳定。直流母线电压通过 IGBT 逆变单元向电动机输出电能。逆变单元采用 PWM 逆变控制，实现不同频率和电压的输出到电动机的定子绕组。变频器输出侧谐波电流 THD 小于 5%、du/dt 小于 2500V/μs。

输出电缆长度在 3km 以内无须任何特殊处理。超出 3km，需考虑配置输出滤波器。

三、压缩机组工厂试验

1. 电驱压缩机组

为解决将缺乏验证和成熟度的研制产品直接应用于大型天然气管道输气系统带来的输气运行风险问题，区别于传统及国外只进行单体设备工厂单机测试模式，中国石油带领各研制方创新性首创形成了 20MW 级电驱机组分阶段试验体系和评价技术，开发了包含 2 大项 14 分项试验的 PDS 工厂联调试验技术、包含 5 种组合 4 大项 73 分项试验的机组整机工厂联机带负荷综合试验技术以及包含 20 大项试验的现场 4000h 工业性应用试验技术，以全面检验评估分系统和成套机组的安全性、可用性和可靠性。三阶段试验顺次支撑、逐项控制、持续改进，确保了国产化研制成功、成套完善、整体先进和快速成功推广。

2. 燃驱压缩机组

30MW 燃驱压缩机组在正式投入运行之前需完成工厂单机测试、现场联调测试。

工厂单机测试的目的是为了检查燃气轮机组装的正确性和质量；进行燃气轮机组件及零件的调整和磨合运转；检查燃气轮机及其各部件在各规定工况下的工作状态；检查燃气轮机的特性和参数；确定提交验收试验的可能性。

工厂单机测试系统主要由测试设备和试验台系统组成。测试设备包括燃气轮机本体、箱装体；整机试验台系统主要由燃气轮机进气系统、排气系统、天然气燃料系统、润滑油系统、供电系统、压缩空气系统、循环水系统、水力测功器以及试验台的测试系统等组成。燃气轮机整机试验过程中，通过测试系统对燃气轮机特性参数进行测量。

四、压缩机组现场测试

中国石油在总结压缩机组运行维护经验，结合国产化首台套电驱、燃驱试制机组的特点、工厂联机带负荷综合试验的具体情况和高陵、黄陂、衢州压气站现场实际，按照确定的分阶段试验评价体系要求，制定了《20MW 级高速直联变频电驱压缩机组现场调试及工业性应用试验大纲》《30MW 级燃驱动压缩机组场调试及工业性应用试验大纲》，规范了调试及应用试验方案，确定了试验原则、项目和考核标准。共制定了专项试验项目，详细制定了每项试验的方法、使用仪器仪表、试验步骤、标准等。

中国石油在高陵站进行了首台套电驱压缩机组的 4000h 工业性应用试验工作、在衢州站进行了国产燃驱压缩机组的 4000h 工业性应用测试工作，为全面考核评价国产电驱压缩机组、国产燃驱压缩机组研制成果提供依据。

第三节　SCADA 系统开发与应用

油气管道 SCADA 系统软件是国际上普遍采用的对油气管网进行实时过程监控的自动化控制系统。SCADA 系统软件从 20 世纪 70 年代产生以来，经历了基于专用硬件和操作系统的 SCADA 系统、基于通用计算机的 SCADA 系统、基于分布式网络和关系数据库的 SCADA 系统三代技术。在我国，油气管道 SCADA 系统的发展起步于 20 世纪 80 年代，以东黄线、铁大线 SCADA 系统应用为代表，开始推广应用。自东黄线、铁大线之后，SCADA 系统在油气管道得到了普遍应用，绝大多数后期设计投产的大型输油气管道基本采用了 SCADA 系统，如鄯乌、陕京、涩宁兰天然气管道，以及库鄯、兰成渝等原油和成品油管道，SCADA 系统几乎成为油气长输管道的标准配置。但是这些 SCADA 系统都是基于国外公司产品基础上搭建而成，如施耐德公司的 OASYS 和 CITECT、Rockwell Allen-Bradley 公司 RSview32、西技莱克公司 VIEWSTARICS、Honeywell 公司的 Honeywell HS、GE 公司 IFIX 等。中国石油经过三年研发，于 2014 年成功研制完成国产化油气管道 SCADA 系统软件——PCS（Pipeline Control System）管道控制系统。这套软件打破了国外在油气管道 SCADA 技术领域的垄断，标志着中国石油在 SCADA 系统软件国产化方面取得重大进展。

一、SCADA 系统软件设计与开发

油气管道 SCADA 系统以覆盖全部油气管道设备为基本考虑，实现信息、操作及资源的分流分区调度，对油气管道调度、运行、管理、服务等各方面的功能进行一体化设计。在充分研究最新的 SCADA 标准和先进技术基础上，设计一个符合标准要求的系统集成框架和实时信息系统集成服务平台，提供系统管理、商用数据库、实时数据库、人机界面、权限、告警、报表服务、安全控制等全面的服务，为数据采集、监视与控制、油气管道的高级分析等方面应用功能的实现提供强大的技术支持，使系统在开放性、可靠性、方便性等方面有显著的提高。

1. 总体架构设计

油气管道 SCADA 系统一般由调度控制中心系统、站控系统和现场设备等层级组成。中心的调控系统提供给调度人员在中心对整条管道进行监视、控制和调度管理的窗口。站控系统则提供给站场操作人员在站控室进行远方控制的接口；就地手动的方式就是指操作员到现场直接手动操作现场设备，只要求在就地手动方式时，SCADA 系统应屏蔽中心和站控发出的任何操作命令，对 SCADA 系统的结构没有特殊要求。根据这些生产管理的需要，SCADA 系统设计成中心和站控的结构模式。

从系统运行的体系结构看，油气管道 SCADA 系统是由硬件层、操作系统层、集成服务平台层和应用层共 4 个层次构成。其中，硬件层包括 SUN，IBM，HP 和 PC 等各种硬件设备，能支持 UNIX 服务器与 PC 机的混合使用。

在操作系统这一层面，系统应支持多平台和跨平台，包括 SUN，IBM 和 HP 等主流 Unix 平台，如基于 SUN SPARC 的 Solaris、基于 IBM Power 的 AIX、基于 Itanium 的 HP-UX 以及基于 PC 的 Linux 和 Windows 等平台。选用 Unix/Linux/Windows 混合平台的优点是：服务器运行 Unix/Linux，使得系统更加稳定，客户端运行 Linux/ Windows，具有良好的人机交互界面，整个系统的性能 / 价格比较理想。

在软件上，系统由集成服务平台和应用软件通过符合国际标准的接口构成，集成服务平台包括数据库、图形、报表、告警、权限、计算等服务，应用软件包括人机界面、数据采集、管道工艺基础应用、WEB 发布等。系统的软件架构示意图如图 4-3 所示。

2. 集成服务平台

油气管道 SCADA 系统集成服务平台是整个 SCADA 软件开发和运行的基础，负责为各类应用的开发、运行和管理提供通用的技术支撑，为整个系统的集成和高效可靠运行提

供保障。集成服务平台主要包含系统管理、集成总线、实时数据库、历史数据库、模型管理和公共服务等几个功能模块。

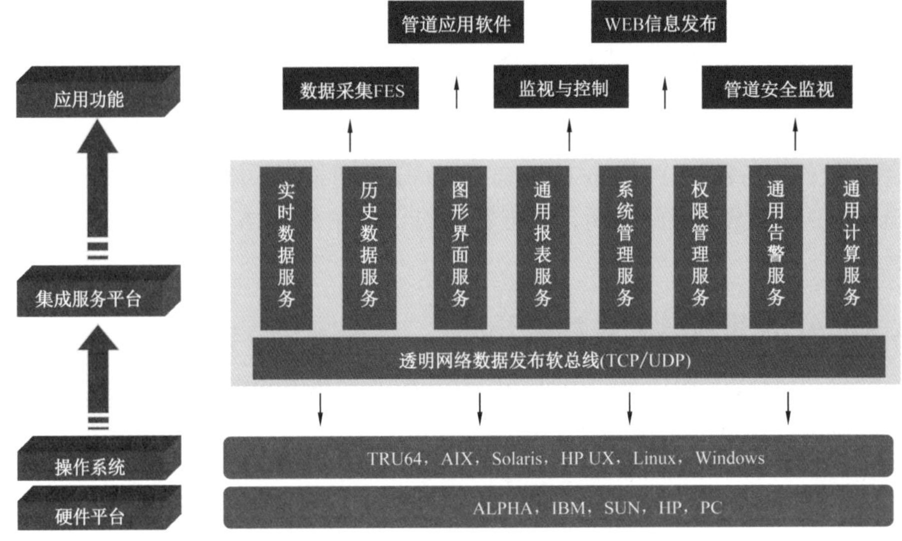

图 4-3　SCADA 系统软件架构示意图

3. 数据采集

数据采集子系统基于集成服务平台进行研发。数据采集子系统的后台常驻程序和人机监视维护工具通过数据库的丰富功能，实现采集配置、数据监视、状态监视、参数维护。数据总线作为应用间实时通信的途径，高效、简便，使数据采集子系统既可以与其他应用进行交互，又相对独立。

数据采集子系统采用模块化设计，各模块功能相对独立，功能结构清晰，便于功能扩展。

数据采集子系统包含通信模块、采集管理模块、采集预处理模块和离线工具、监视工具等。

4. 人机界面（HMI 与 Web）

HMI 与 Web 子系统软件功能结构如图 4-4 所示，画面展示的数据来自实时库、关系数据库、历史数据库。人机系统软件包括组态工具、权限管理、界面管理、操作控制、画面编辑、图库模一体化、画面浏览、拓扑着色、趋势分析工具、报表工具、报警工具等。

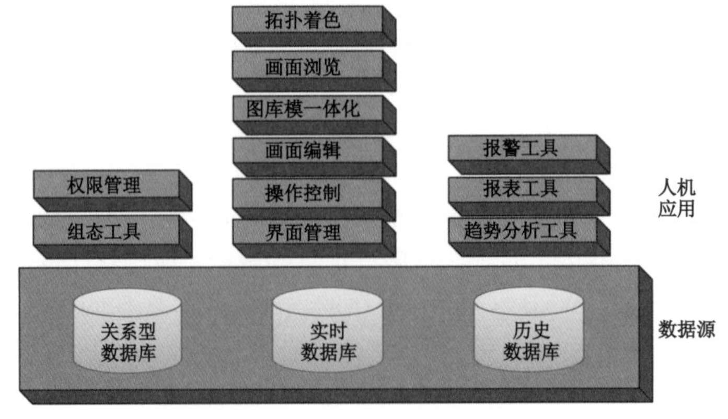

图 4-4　HMI 与 Web 人机子系统软件功能结构

二、国产油气管道 SCADA 系统软件试验与应用

经过 3 年的科技攻关，2014 年 5 月中国石油成功研发出国内首套中控级大规模数据管理的国产化油气管道 SCADA 系统软件——PCS（Pipeline Control System）管道控制系统 V1.0（简称：PCS V1.0）。中国石油选择大港石化—济南—枣庄成品油管道（简称：港枣线）和冀宁天然气管道（简称：冀宁线）苏北段作为试验现场。

1. 试验系统搭建

利用 PCS V1.0 软件建设中控试验系统和典型站的站控试验系统。在北京主控中心和廊坊备控中心各搭建一套中控试验系统，接入港枣线和冀宁线苏北段工艺数据，实现对所辖站场和阀室的监视和控制。在港枣线德州分输泵站和冀宁线苏北段扬州分输站各部署一套 PCS 站控试验系统，实现对站内的监视与控制。在地区公司及管理处部署中控试验系统的远程监视终端，通过试验系统监视其所辖站场和阀室生产运行情况。

工业试验项目工程建设内容主要包括实验室工程开发与调试，试验系统硬件安装调试、现场系统联调测试和系统运维等。试验系统将充分依托在役 SCADA 系统的物理环境、供电环境、网络环境，通过配置、扩容以实现试验系统的接入。

1）主调中控试验系统

主调中控试验系统部署在北京油气调控中心，与在役中控 SCADA 系统平行运行。在中心机房部署 2 台 SUN Unix 服务器，采用双机热备冗余，使用 Oracle 作为历史数据库，利用现有通信链路，接入两条管线生产数据；部署 1 台 OPC 工作站与中间数据库交换数据；在调度大厅西部—港枣成品油与华东天然气调控台各部署 1 套三屏客户端工作站；在中心运维室部署 2 套运维工作站；并在地区公司及管理处部署远程监视终端。

2）站控试验系统

站控试验系统部署在港枣线德州分输泵站与冀宁线扬州分输站，与在役站控 SCADA 系统平行运行。分别在德州分输泵站和扬州分输站部署 2 台服务端 Linux 工作站，采用双机热备冗余，使用 PostgreSQL 作为历史数据库；利用现有通信链路，接入本站场与监控阀室数据；分别部署 1 台双屏客户端工作站。

3）备调中控试验系统

备调中控试验系统部署在廊坊备控中心。在备控中心机房部署 2 台国产 Linux 服务器（华为、曙光），采用双机热备冗余，使用 Oracle 作为历史数据库，利用现有通信链路，接入港枣线和冀宁线苏北段管道生产数据；应用 5 台工作站模拟压力测试数据；在中心运维室部署 1 台远程运维工作站。

2. 运行测试内容

1）PCS 软件部署环境适用性试验

测试验证 PCS 软件在实际管道生产环境适用性，主要包括：气体与液体两种介质管道应用环境、典型站场与中心应用硬件环境、光纤与卫星通信网络环境、Unix（Solaris）、Linux 与 Windows 不同操作系统环境、Oracle 与 PostgreSQL 不同数据库应用环境。

2）PCS 软件互操作性试验

测试 PCS 软件实际应用中与现场设备及第三方系统的互联互通能力，包括：

（1）测试了PCS软件通过Modbus TCP/IP、CIP、IEC 60870-5-104协议从试验管道现场设备采集数据；

（2）测试了PCS软件与中间数据库通过OPC协议传输日指定数据；

（3）测试了PCS软件报表通过JDBC获取历史数据。

3）PCS软件关键性能测试

测试了PCS软件在典型管道调控工业应用环境下的关键性能，主要包括：试验系统数据点管理规模；不同工况下实时数据并发处理性能；不同工况下实时数据采集、处理、存储到发布的实时性；画面调用与动画响应性能（站控本地画面、中控本地画面、地区公司远程画面）；德州站控系统、扬州站控系统与中控系统运行可用率。

4）核心功能测试

在工业试验各阶段，由工程开发人员、调度操作人员、系统维护人员等不同用户的实际业务操作，完成PCS软件工程开发、现场调试、调度操作与系统维护等功能的测试验证，覆盖软件核心功能，验证了PCS核心功能满足油气管道调控应用需求。包括：数据采集管理、管道常用通信协议数据采集与下行、实时数据处理与发布、报警管理、历史数据入数与查询、人机交互、Web、故障恢复等。

5）PCS软件油气管道调控业务应用试验

通过气体与液体两种介质管道站控与中控试验系统的建设与运行监测，完成管道调控业务应用的验证工作，验证了调控业务应用满足工业现场调度业务需求。PCS软件调控业务应用测试主要内容见表4-1。

表4-1　PCS软件调控业务应用测试表

<table>
<tr><td rowspan="8">油气管道监控画面</td><td rowspan="4">成品油</td><td>一级画面</td><td>管网地理图</td></tr>
<tr><td>二级画面</td><td>总参表、工艺流程图、泵参数表、阴保参数表</td></tr>
<tr><td>三级画面</td><td>站参数表</td></tr>
<tr><td>四级画面</td><td>控制面板</td></tr>
<tr><td rowspan="4">天然气</td><td>一级画面</td><td>管网地理图</td></tr>
<tr><td>二级画面</td><td>日指定导入、日指定下发、流量综合图、工艺综合图</td></tr>
<tr><td>三级画面</td><td>计量图、控制流量图、配置图、压缩机流程图、压缩机远控图、流量表、站报警图、站操作图、站参数表</td></tr>
<tr><td>四级画面</td><td>控制面板</td></tr>
<tr><td>油气管道设备模型定义与实例化</td><td colspan="3">电动阀、调节阀、定速泵、变频泵、流量计、储罐、变送器</td></tr>
<tr><td>油气管道设备控制面板组态功能</td><td colspan="3">电动阀控制面板、调节阀控制面板、定速泵控制面板、变频泵控制面板、变送器控制面板、开关量控制面板、模拟量控制面板</td></tr>
<tr><td>管道调控辅助应用</td><td colspan="3">通断检测、报表、压缩机性能曲线</td></tr>
<tr><td>油气管道调控基础应用</td><td colspan="3">顺序输送分析（液体管道）、水力坡降（液体/气体管道）、管道输差（液体管道）、压差流量计算、管存计算（液体/气体管道）、日指定分析（气体管道）</td></tr>
</table>

6）PCS 软件加压稳定性试验

在主调中控试验系统工程的基础上，按照港枣线和冀宁线实际数据分布情况，在备调中控试验系统增加 10 条压力管道 17 个压力测试站场，工程总数据规模达 20 万点，重点进行了采集加压测试、实时告警加压测试、命令下置加压测试和客户端加压测试，以及系统异常、切换操作时的冗余验证。加压测试 77 天，实际调控运行 10 天，备调中控试验系统运行稳定。

第四节 输油泵机组

我国从 20 世纪 60 年代末开始生产长输管道输油泵，由于设计和铸造水平低，国产泵的使用寿命及可靠性较差，特别是泵运行效率低，严重制约了其推广应用。而国内长距离管道离心泵主要被鲁尔、苏尔寿、福斯等国外著名输油泵产品所占据。随着我国油气管道建设的快速发展，实现油气管道关键设备国产化的必要性日益迫切。鉴于此，我国于 2008 年颁布了《“十一五” 重大技术装备研制和重大产业技术开发专项规划》，专门将长输管道成套设备列入 8 项国家重大技术装备研制的行列。中国石油积极响应国家提出的重大装备国产化政策，在推进长输管道输油泵国产化工作方面出台了包括通过依托重点工程项目加强技术联合攻关等一系列有效措施，并组织了相关的长输管道输油泵国产化项目。

为使国产化输油泵机组具有先进性，中国石油对标 API，ASME 和 IEC 等国际先进标准和国际先进输油泵机组相关技术指标，结合现场运行条件以及输油泵机组制造商实际情况，制定了长输管道输油泵机组技术条件、工厂试验大纲、工业试验大纲等一系列规范，以指导压缩机组研制、试验等。

最终成功研制了国内首批 6 台双额定工况的 2500kW 级输油泵机组，并于 2014 年投运。输油泵机组的成功研制与应用，对解决国家能源输送安全问题，对发展民族工业，提高装备制造业的技术水平和国际竞争力起到了积极作用。

一、输油泵机组主要技术条件

1. 输油泵主要技术条件

（1）按 25 年使用寿命的标准进行设计制造。泵机组应是重载型，无故障连续运行寿命至少 3 年。

（2）卧式单级双吸水平中开结构（API 610 BB1），配径向导叶，能通过更换叶轮和导叶实现同一壳体两个额定工况功能，采用滚动轴承支撑和集装式机械密封。

（3）泵应能至少达到在 105% 的额定转速下连续运转，泵的特性曲线从零流量到最大流量应该平滑变化，且满足振动指标要求，进口和出口应位于水平方向。

（4）典型 2500kW 级泵适应两种额定工况，额定流量（工况一 3100m^3/h，工况二 2100m^3/h）设计压力 10MPa，功率等级 2500kW。

2. 自润滑电动机技术条件

配套电动机的功率 2500kW/6kV 等级，极数为 2 极，全封闭式异步电动机。润滑方式为滑动轴承自润滑，采用空—空冷却方式，可以降低润滑油站、外水冷却系统及其控制、防爆等方面的要求。主要技术要求为：

（1）电动机保证效率：>96%。

（2）当电压为额定，且电源频率为 48.5 ～ 50.5Hz 时，电动机应能输出额定功率。

（3）电动机应有 1.1 倍额定功率的过载能力。

（4）驱动泵电动机冷态允许连续起动不少于 3 次，热态允许连续起动 2 次，起动时电动机端头最低电压为 70%～ 80%的额定电压。

3. 中压变频装置技术条件

与 2500kW 级输油泵机组配套变频器主要技术要求如下：

（1）变频器为直接高—高结构，直流环节采用电容器，为电压源型。

（2）变频器在不加任何功率因数补偿手段的前提下，输入端功率因数达到 0.95 以上。

（3）变频器系统效率大于 96.5%。

（4）变频器频率分辨率 0.01Hz。

（5）变频功率单元采用模块化设计，各单元相互之间可以互换，单元更换时间小于 10min。

（6）变频器满足 100ms 掉电不停机功能。

二、输油泵机组设计制造技术

1. 输油泵

自主设计了输油泵高效水力模型，提高了 2500kW 级双额定工况输油泵工作性能，采用了叶轮蜡模 3D 打印、导叶整体铣制等先进工艺，满足了现场大功率、变工况要求。

1）结构设计及关键部件选型

输油泵主要由转子部件、导叶、泵盖、泵体、轴承部件、集装式机械密封部件、电伴热系统及仪控系统等组成。

泵体采用卧式水平中开式结构，配导叶，实现同一壳体不同工况参数的目的。上泵体设有温度变送器检测孔。排气孔设在泵盖最顶端。泵的进出口设置在下泵体上，其轴心线与泵轴线垂直，配带加长节的挠性联轴器。输油主泵三维图如图 4-5 所示。

叶轮采用单级双吸封闭式结构，并在过流表面打磨处理。叶轮三维图如图 4-6 所示。

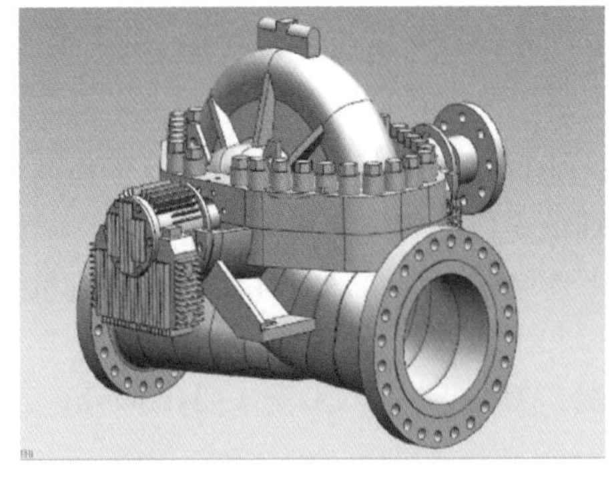

图 4-5　输油主泵三维图

图 4-6　叶轮三维图

导叶采用焊接件，导叶与叶轮配合使用，可降低径向力。

主轴承及平衡残余轴向力的轴承均采用滚动轴承及自润滑方式。在非驱动端设置有两个角接触球轴承组成的集装式轴承和一个单列圆柱滚子轴承，在驱动端设置一个单列圆柱滚子轴承。

机械密封采用国产大连华阳密封股份有限公司和四川日机密封件股份有限公司的机械密封，并在冲洗管路上配置了浮子流量变送器。同时，还设有密封泄漏检测装置和机封测温元件。

2）制造

（1）叶轮的精密铸造。

离心式叶轮，其叶片为空间曲面，要求其叶片工作面及流道的光洁度很高，故采用熔模精密铸造技术。

（2）动平衡。

旋转零件如叶轮、转子工作时，常由于重心和旋转中心的偏移，产生离心力，造成转子不平衡，产生振动。为了消除这种振动，必须对这些零件作平衡试验并加以调整，达到平衡状态。

2. 自润滑电动机

1）设计选型

（1）轴承结构。

采用法兰偏置式轴承，轴承内部带端盖，很好地满足了自润滑电动机的设计需要。根据特定使用环境需求，开发了自控式轴承加热器，能够实现低温条件下轴承润滑油的热备状态。

（2）护环结构。

电动机转子采用薄壁护环结构。端环焊接在导条内侧，导条外圆安装薄壁护环。采用该结构，既有效地固定端环和导条，又让整体结构紧凑，且减少材料使用。

（3）国内领先的绝缘系统。

采用先进的 F 级绝缘系统，VPI 整浸结构。有效地提高了线圈的绝缘耐受寿命和可靠性，满足电动机在变频或频繁启动工况下的使用要求。线圈端部采用防电晕包扎方法，有效杜绝线圈端部电晕产生，满足无火花防爆电动机的防爆要求。

（4）全封闭空—空冷却方式。

电动机冷却方式为 IC611，采用径向和轴向相结合的混合风路结构，为两端进风、中间出风的对称风路，有效地避免了电动机内部局部过热现象。

2）制造

（1）线圈制造。

电动机的心脏——定子线圈的制造水平达到国际一流水平。线圈从绕制、拉型到绝缘包扎均由全自动数控设备完成。

（2）定子嵌线。

定子线圈嵌入铁心完成后，通过绑扎以及适形毡的使用，使定子线圈端部与端箍之间垫实、绑牢；通过由热膨胀玻璃毡、适形毡组成的“间隔垫块”以及绑扎固定绳的使用，将线圈端部之间垫实、垫紧，经过 VPI 浸渍处理后整个线圈端部形成一个整体，确保电动机的安全运行。

（3）VPI 浸渍。

全自动全过程真空度、压力、温度、电容值检测，保证了线圈浸渍工艺。电容测量工艺开创了电动机 VPI 整浸的技术先河，可全面监测电动机浸漆质量，使电动机浸渍完全处于监控状态。

（4）转子制造。

采用高精度的转轴加工中心，转子铁心档和两端轴承档的同轴度，确保定转子气隙的均匀度，减少不平衡磁拉力及轴电流。转子导电排和端环的焊接采用中频焊接技术，转子导电排在转子槽内固定由专用设备——数控铜排胀紧机强化固定，保证转子导电排与转子铁心的可靠固定。

3. 中压变频装置

功率单元的基本拓扑为交—直—交电压源型变频结构，三相全桥整流输入、单相 H 桥逆变输出。

1）移相变压器

隔离变压器为干式变压器，具有长寿命、免维护的特点。

导体采用耐热指数 220℃的优质无氧铜电磁线，为了提高线圈的抗冲击能力，采用高导磁冷轧硅钢片，450 全斜接缝，冲孔结构，整体性强，损耗低，铁芯表面经耐高温树脂黏结，并经防潮防腐处理，噪声较低。

2）直流电容

直流支撑滤波板电容器采用的是新型无级性金属化聚丙烯自愈式安全膜式电容，与传统的铝电解电容器相比，该种电容使用寿命长，整个寿命器件完全免维护，并全面改善原有的铝电解电容器容量偏差大、电压低、电流小、损耗大及频率特性差等在应用中的缺陷，基本性能比较见表 4–2。

表 4–2　滤波电容性能比较

性能	金属化膜电容器（电力电容）	铝电解电容器
容量偏差	一般 ±5%	标准偏差 -10% ～ +50%
额定电压	单台电压已经达到 20kV DC 荣信股份采用单只耐压 1200V	主要为 400 ～ 450V DC 以下
过电压倍数	1.3 ～ 1.5 倍额定电压	最高 1.2 倍
是否能承受双向电压	是	否
快速放电	可以	否
承受有效电流	40 倍铝电解电容器能力以上	约 20mA/μF
温度频率特性	基本无影响	影响非常严重
结构形式	干式或油浸式（荣信股份采用干式）	浸渍电解液（受温度影响大）
可靠性及寿命	高，可靠性 100000h 以上	差，1000h，85℃
储存	无要求	有时间及环境要求
损坏后现象	轻微故障可自愈，不爆炸	无自愈能力，爆炸

三、试验与应用

按照分开制造、统一测试的原则，中国石油组织输油泵厂家，利用同一测试平台、同一标准进行性能比对测试，国产化输油泵额定效率达到88%以上，最高效率达到90.35%。国产化输油泵在庆铁四线运行稳定，与进口泵进行了效率和振动等方面的对比测试，相关指标达到了进口泵的技术水平，为国产化输油泵推广应用创造了条件。

1. 出厂测试

1）输油泵出厂测试

为了比较不同国产化厂家产品性能差别情况，中国石油按照分开制造，统一测试的原则，三个参与国产化工作的输油泵厂家，利用同一测试平台、同一标准进行性能比对测试。并由国家工业泵质量监督检验中心开展第三方见证。

（1）输油泵通过挠性膜片联轴器和扭矩仪与电动机相连接，鉴于该泵的汽蚀余量高于10m，故采用闭式循环系统，由水罐供水给输油泵，以保证输油泵能够进行带载试验。

（2）测试系统采用自动检测采集：采用泵产品参数测量仪与测试仪表相连接。测试完成后对参数进行分析、判断、自动绘制性能曲线。在各参数测试完成后，调整至额定工况点，开始进行连续稳定性试验。

测试结果见表4–3，试验介质为水。试验完成后，中国机械工业联合会和中国石油在北京组织召开2500kW级国产化输油泵机组出厂鉴定会议，输油泵机组顺利通过鉴定。

表4–3　国产化输油泵同一平台性能测试情况

指标		辽宁恒星	上海阿波罗	沈鼓石化泵	技术条件规定
额定流量，m^3/h		3100	3100	3100	3100
效率，%	额定点	90.35	88.43	89.86	87
	70%流量点	75.6	76.3	75.5	—
扬程，m	额定扬程	232	233	224	230，220
	死点扬程	287	290	280	< 额定点 +30%
额定点气蚀余量，m		17.5	19.1	16.4	<20
轴承温度，℃	驱动端	37.3	53.9	41.0	<80
	自由端	38.4	46.1	45.3	
振动，mm/s		<4.5	<4.5	<4.5	<4.5
机械密封		未见泄漏	未见泄漏	未见泄漏	<5mL/h

2）电动机出厂测试

试制电动机通过试验，定子温升、轴承温度、振动、噪声等主要性能指标均满足要求，电动机容量可由2500kW升容至2800kW，可满足输油管线电动机要求。该类型高速自润滑电动机已实现量产并广泛应用，电动机出厂主要参数见表4–4。

表 4–4　电动机出厂主要参数

制造商	中心高 mm	额定功率 kW	效率 %	功率因数	防爆等级	质量 kg
上海电机	500	2500（2800）	96.9	0.90	ExnA Ⅱ T3	7920
某进口商	560	2400	94.8	0.87	ExnA Ⅱ T3	7550

3）中压变频装置出厂测试

（1）测试回路搭建。

共模电压测试回路如图 4–7 所示。

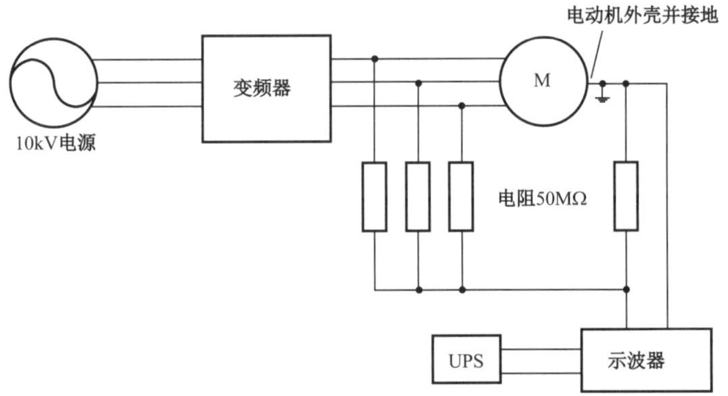

图 4–7　中压变频装置共模电压测试回路

（2）主要测试。

共模电压测试如图 4–8 所示。变频器的共模电压约为 81.9V。

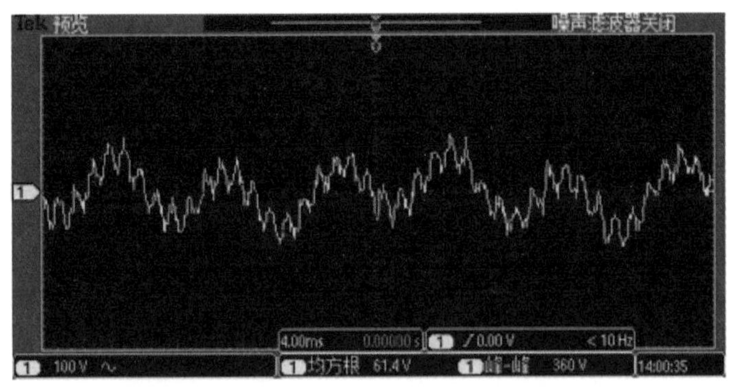

图 4–8　中压变频装置共模电压测试

2. 现场应用与测试

经过充分风险评估，选择“以运代试”模式进行国产化输油泵工业性现场试验，且在同等条件下优先运行国产化输油泵，对其进行充分考核。“以运代试”模式具有以下特点：

（1）工业试验基本不增加现场运行人员工作量。

（2）工业试验完成后，试验机组可直接转换为正常运行机组，不进行工程改造。

（3）站场是 3 用 1 备设置，短期故障不会影响生产运行，输油泵工业现场试验安全性和可靠性能够得到保障。

2014 年 9 月，安装于庆铁四线林源站、新庙站、农安站、梨树站的 6 台国产化输油泵投产一次成功，运行稳定。运行期间，中国石油组织有资质单位对国产化输油泵和进口输油泵进行了对比测试。结果表明，在输量 3100m^3/h 和 2100m^3/h 下，国产化输油泵机组效率均高于进口产品，且国产化输油泵机组振动偏小。为后续国产化输油泵机组的推广应用起到了良好的示范效应。

第五节　关 键 阀 门

随着我国石油管道建设的快速发展，对油气管道设备的需求也急剧增加。在 2006 年之前，输油气管道阀门以进口为主，增加了建设和运营成本，而且进口产品一般供货周期较长，制约了管道建设的快速发展。中国石油于 2013 年开展了长输管道关键阀门国产化，包含的阀门有：调压装置、压力平衡式旋塞阀、轴流式止回阀、轨道式强制密封阀、高压大口径全焊接球阀、氮气轴流式泄压阀、套筒式调节阀、防喘阀等 8 种。

为使国产化关键阀门具有先进性，中国石油对标 API，ASME，ISO 和 NACE 等国际先进标准和国际先进阀门相关技术指标，结合现场运行条件以及阀门制造商实际情况，制定了长输管道关键阀门技术条件、工厂试验大纲、工业试验大纲等一系列规范，以指导关键阀门研制、试验等。为试验和验证阀门性能、可靠性等，中国石油建立了衢州、黄陂、昌吉、烟墩等阀门工业试验场及试验规范，对国产油气长输管道关键阀门性能的验证与提升和为油气长输管道关键阀门全面国产化奠定了坚实的基础。

从 2013 年至 2015 年，中国石油陆续成功研制了国产化样机输油调节阀 2 台、输油泄压阀 2 台、轴流式止回阀 6 台、压力平衡式旋塞阀 6 台、调压装置关键阀门 12 台等，并分别应用于庆铁四线、西二线等管线及昌吉阀门试验场。经工业运行考核，国产化产品各项性能达到技术条件要求，工作可靠，满足实际生产需要。

一、主要技术条件

1. 高压大口径全焊接管线球阀关键技术条件

（1）阀门应能满足连续运行 30 年以上，且相关性能（操作与密封）长期满足工况要求。

（2）球阀应为全焊接结构。球阀与管线的连接采用焊接形式，56in 球阀两端配管为 ϕ1422mm，壁厚为 30.8mm，并保证球阀两端在现场焊接操作时不会对密封材料产生影响。

（3）干线球阀应是全通径（球体通径不小于管道内径）、固定球结构，能满足清管操作的需要。

（4）球阀应为双截断—泄放（DBB）功能球阀，并配有双隔断和泄放阀座（DIB-1 双向双密封阀座），每一侧都能承受 15MPa（Class900）的全压差。阀座应为金属密封和非金属密封双重密封结构，金属密封要求做表面镀镍硬化处理。

（5）球阀均应为防火安全型，且能满足 API 6FA/607 的要求，且应根据 ISO 17292 做防静电设计。

（6）阀体主焊缝同一部位最多只能返修 1 次，与袖管连接焊缝仅允许返修 1 次。

（7）需第三方权威部门安全评估阀体焊缝焊报告。

2. 输气管道调压阀装置关键阀门

1）安全切断阀

（1）国产化安全切断阀为自力式的直通翻板结构。

（2）安全切断阀应具有为超压、欠压和远程切断功能，阀门弹簧动作响应时间应不大于 2s，设定压力的允许偏差应不大于 ±2.5%。

（3）安全切断阀应具有远方控制及远方和现场阀位指示功能，能够接收来自控制系统的控制命令，自动关断安全切断阀。当安全切断阀打开或关断时，其配带的位置开关应能输出无源触点信号至站控系统进行阀位指示，触点容量不小于 24V DC，1A。

（4）正常运行时，安全切断阀安装处不应有泄漏。安全切断阀在阀门关闭时，阀座的泄漏等级应能够达到 ISO 5208 A 级标准。

2）监控调压阀

（1）在指挥器的入口处应随设备配套带有精细过滤器，精度不低于 5μm。

（2）自力式调压阀调节范围应在最大流通能力的 5% ～ 100%，其流通能力及可调比应满足工艺要求。

（3）阀内件需有足够的阻力通道或减压级，在最恶劣的工况下，在距阀 1m 处的噪声不得超过 85dB。

（4）监控调压阀调节准确度应优于 ±2.5%。

（5）自力式调压阀阀座的泄漏等级应能够达到 IEC 60534-4 标准中的第Ⅳ级。

3）工作调压阀

（1）工作调压阀采用轴流式电动调压阀。

（2）电动执行机构和阀门配套后的整体调节准确度应保证优于 ±1.0%，回差小于 1.0%。

（3）调压阀的尺寸应按照在最小最大流量条件下，阀的开度在 5% ～ 90% 进行计算。所有的计算应符合 ISA75 标准。计算基础数据和结果应以书面方式说明。在工艺系统中，调节阀的调节范围应满足所有定义的流量条件。定义的最小流量条件也应为可控制的。流量计算必须以最大流量的 110% 为基础。

（4）调压阀内件需有足够的阻力通道或减压级，在最恶劣的工况下，距离阀门 1m 处的噪声不得超过 85dB，阀门下游的噪声也不得超过 85dB。

（5）调压阀的流量特性选用等百分比或近似等百分比。

（6）调压阀应具有正向调节功能及反向流通能力。

3. 输气管道压力平衡式旋塞阀技术条件

（1）阀门应能满足连续运行 30 年以上，且相关性能（操作与密封）能长期满足工况要求。

（2）阀门都应是耐火安全型的。阀门的耐火设计执行 API Spec 6FA /API Spec 607 标准。

（3）旋塞阀应采用压力平衡结构。

（4）流通面积：规则型阀门（最窄）通孔的横截面积不应小于接管横截面积的 60%，

文丘里型阀门（最窄）通孔的横截面积不应小于接管横截面积的 50%。

4. 输油管道泄压阀关键技术条件

（1）应保证水击泄压阀的阀体、阀芯等不易更换部件以及水击泄压阀的整体使用寿命至少 30 年。

（2）氮气水击泄压阀的阀体结构应为轴流式。

（3）氮气水击泄压阀为零泄漏阀门（ISO 5208 中相应规定的 A 等级）。

（4）氮气水击泄压阀为快开型的，快速响应时间应小于 0.1s。氮气式水击泄压阀的设定精度不低于 ±1%。

5. 输油管道调节阀关键技术条件

（1）调节阀为直通套筒式调节阀。

（2）调节阀的流通能力应满足在最大的流量条件下，阀的开度不大于 85%。最小的流量条件下，阀的开度不低于 5%。出站压力调节阀门在全开的工况下阀门的压降应在 0.05MPa 以下。

（3）对于压差不小于 3MPa 的工况，为防止间隙流对阀门内件的破坏，泄漏等级必须为 V 级。

（4）调节阀内件需有足够的阻力通道或减压级，对于油品介质，保证在最恶劣的工况下阀门出口介质流速必须不大于 6.0m/s。

（5）在最恶劣的工况下，距离阀门 1m 处的噪声必须小于 85dB。对于油品介质，噪声计算应符合 ISA 75.17 标准。

二、关键阀门设计制造

1. 高压大口径全焊接管线球阀

采用了轻量化球形阀体设计和独特的复合阀座结构，保证了球阀的可靠性和使用寿命。成功实现全球首台套高压、大口径阀门在中国生产制造。

1）壳体的强度设计

根据 ASME Ⅷ—（1）和（2），球形壳体强度设计计算程序是：按 ASME Ⅷ—（1）UG27 计算最小理论壁厚；按 ASME Ⅷ—（1）UG36 至 UG38 对阀颈和流道开孔进行补强；按 ASME Ⅷ—（2）第 4.5.15 节提示，用 WRC-107 公报的应力叠加原理，计算在内压与外载荷复合作用下的壳体局部应力，并按第三应力强度理论对应力给以限制。最后，用按 ASME Ⅷ—（2）第五篇“按分析法设计”用数值分析法，对结果进行线性化处理，并用第三强度理论计算当量应力，用锅炉压力容器应力分类法则来进行分类和限制。全面校核阀体强度，确保阀体安全服役。

2）壳体强度的实验应力测试

球形阀体的实验应力测试的内容是测得在工作压力（12MPa）和阀门磅级压力（15MPa）下阀体在特征点上的压力、应变值。试验在大型液压试验机上进行，壳体上分布了 16 个应力测试点，在压力为 15MPa 时，阀体上最高应力为 124.92MPa，最大应变为 534.9×10^{-6}，证明阀体在弹性变形范围内，小于阀体材料的许用应力 166MPa，阀体强度是安全的。测试值与有限元分析值有 5% ～ 25% 的偏差，总的趋向是一致的。按 ASME Ⅷ 设计的阀体重量为 15000kgf，如果按 B16.34 设计阀体重量为 22000kgf，在保证阀体强度的基础下，有效地降低了阀门整机重量。

3）球体的变形分析

56in Class900 的管线球阀的规格已超出 API 6D 的规范。因此，标准没有给出最小流道尺寸，这样球体的外径不能按传统设计来确定，需重新设计球体的外径，来保证球体在工作压力作用下的变形，能满足阀门的密封要求。其方法是用数值分析法计算已成功应用的 56in Class600 和 48in Class900 球体在工作压力下的变形值，然后对 56in Class900 的球体外径作为变量，计算不同球体外径下的不同球体变形值，当获得的变形值与 56in Class600 和 48in Class900 球体变形一致时，这一球体外径作为 56in Class900 阀体的球体外径。经有限元分析这一数值的球径为 2080mm，在产品试制中证明是正确的。为超大口径阀门提供一个重要的设计参数和计算方法。

4）密封阀座结构的研究

56in Class900 的阀座开始采用进口的标准阀座，在产品试验时发现金属阀座发生变形引起大量泄漏，经测定其内径发生了缩小变形，这是由于在中腔试压时，薄壳结构的金属阀座发生屈曲失稳，是一个圆筒形壳体在外压作用下稳定性问题。因此，放弃选用该进口设计产品，而自行设计制造。金属阀座的结构设计根据 ASME Ⅷ—（1）UG26“外压壳体厚度”来计算最大许用工作压力，但是其设计参数已落入标准提供的图表范围之外，不再适用。在研究中采用弹性力学中拉美公式计算金属阀座的厚度，在外压作用下，其环向应力与轴向应力满足许用应力的限制条件，重新确定阀座内径为 1345mm，并采用更高强度的 LF6 作为阀座材料，解决阀座的变形问题，通过了各项密封试验，达到国际先进水平。

2. 输气管道调压阀装置关键阀门

工作调压阀采用 45° 斜齿齿条啮合型的阀杆、推杆传动机构，提高机械传动效率和调节精度。监控调压阀采用承压能力强的钢制活塞结构，提高使用寿命。安全切断阀采用旋启式自对中密封翻板机构，实现自对中密封功能。

1）工作调压阀

（1）轴流式设计，通道流畅，噪声低，振动小。

（2）平衡活塞设计使阀门所需扭矩与阀门前后压差无关，可以选择相对较小的电动执行器。

（3）精确的 45° 斜齿条设计减小了超程和滞后。

（4）多层套筒设计可减小介质流速，降低噪声。

2）安全切断阀

（1）直通式流通结构，压力损失小。

（2）顶装式结构可在线维修，更换阀内件无须拆下阀体。

（3）配套阀门开启压力平衡阀。

（4）具有超压、欠压、远程、就地切断功能。

3）监控调压阀

（1）轴流式阀体结构，流通能力大。

（2）调节范围大，适用于大压差，调节精度高。

（3）套筒特殊涂层减小滑动阻力。

（4）可配出口变径减噪装置或内部减噪装置。

3. 输气管道压力平衡式旋塞阀

对 3 种结构（图 4-9）的三维模型采用有限元分析方法，施加相同的边界条件和约束条件进行分析，以对比其在相同条件下的应力状态，从而得出最优设计。对于结构 C 来讲，其最大等效应力、最大主应力、第一主应力均小于材料的屈服强度极限 275MPa，说明结构 C 的阀体在强度试验时是安全的。

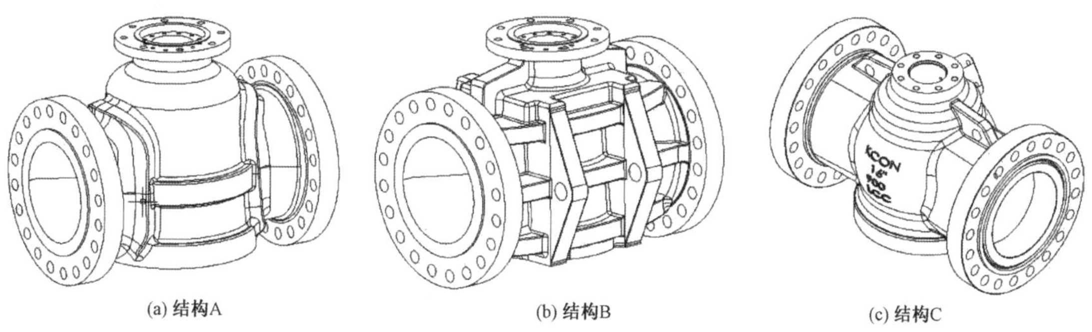

图 4-9 输气管道压力平衡式旋塞阀结构图

4. 输油管道泄压阀

根据结构设计和有限元分析优化后的结构研究工艺，主要对以下关键部分做工艺评定和工艺研究：

（1）加工工艺性。对设计图纸加工工艺性进行研究，规划最优工艺路线，研究工艺的适用性。

（2）热处理工艺研究。对阀体材料、活塞体材料做热处理研究，以保证材料金相组织、力学性能和耐蚀性。

（3）焊接工艺研究。对活塞体和阀座堆焊耐磨层做堆焊工艺评定。

（4）组装工艺研究。主要是泄压主阀及控制系统的组装工艺。

5. 输油管道调节阀设计制造

通过三维仿真软件形成调节阀三维视图，主要包括阀芯结构、阀芯与阀座密封结构、阀芯与套筒密封结构、阀芯导向结构、阀杆导向结构、填料密封结构以及阀芯与阀杆结构、上阀盖压紧结构、填料压紧结构等。调节阀三维视图如图 4-10 所示。

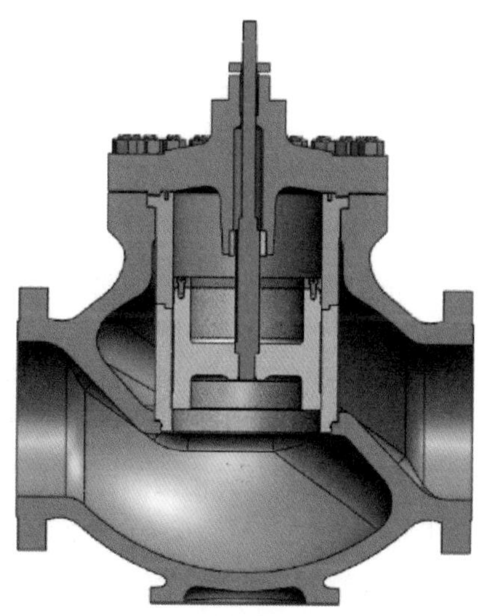

图 4-10 输油管道调节阀三维视图

继零件设计完成后，首先应基于 ANSYS 平台，对调节阀承压零件（阀体、上阀盖等零件）进行实体建模，通过 Te-tmesh 完成对流道网格划分，使用 CFD 专业模拟软件对阀体组件进行流体流场模拟分析（图 4-11），判断流体流场的流动稳定性及流量调节的准确性是否符合技术条件要求。该阶段至关重要，直接关系到调节阀的调节性能。

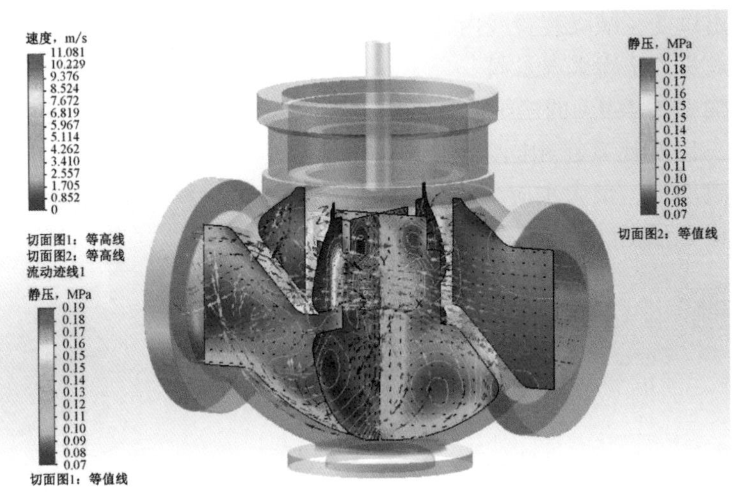

图 4-11　输油管道调节阀流体流场模拟

三、试验与应用

关键阀门试验与应用分为：出厂试验、工业性试验、试验结论和应用推广等 4 个环节。

1. 高压大口径全焊接管线球阀试验与应用

1）出厂试验

全焊接球阀完成样机制造后，在工厂内试验项目如下：

（1）阀座水压密封试验；

（2）双截断—泄放功能试验（DBB）；

（3）阀座双向双密封试验（DIB-1）；

（4）开关阀转矩测试试验；

（5）全压差开关 75 次试验；

（6）阀体和焊缝硬度、金相、腐蚀试验（SSC，HIC）、-46℃ CTOD 和 -46℃低温冲击试验。

2）工业性试验

56in Class900 全焊接球阀分三个批次在新疆哈密烟墩阀门试验场完成了现场工业性试验测试工作。试验现场照片如图 4-12 所示，试验内容如下：

（1）阀门开关动作测试。工况条件下，开关阀门 3 次，验证是否有卡组、泄漏现象。

（2）密封性检查 -1（DBB 测试）。开启、关闭阀门一次后，对阀腔进行放空，静置 2h，观察阀腔压力变化判断是否有泄漏。

（3）密封性检查 -2（DIB 测试）。开启、关闭阀门一次后，保持阀腔带压，放空阀门上下游管道，静置 2h，观察阀腔压力变化，判断是否有泄漏。

（4）全压差测试（重复 5 次）。关闭阀门，阀腔放空，阀门上游充压（≥ 10.5MPa），阀门下游放空，开启阀门，观察阀腔压力变化，判断是否有泄漏。

（5）复核试验。全压差试验结束后，再次进行 DBB 和 DIB 密封测试。

依据国产化产品工业性试验大纲要求，结合生产实际，在烟墩国产阀门试验场完成国产化 56in Class900 系列球阀 6 台样机产品工业运行试验考核，试验结果证明，国产化产品工作性能稳定可靠，操作方便，各项性能参数指标满足生产运行工况要求，达到了项目试制技术条件及工业性试验大纲的技术要求，具备现场工业性试验验收条件。

图 4-12　烟墩压气站阀门工业性试验现场

3）应用推广情况

国产化 56in Class900 系列球阀产品主要用于长输天然气管道站场的站场、线路截断位置，根据中国石油统一安排，完成工业性试验验收的国产化 56in Class900 系列球阀将在已经开建的中俄东线项目进行应用推广。

2. 输气管道调压阀装置关键阀门试验与应用

1）出厂试验

安全切断阀出厂试验和检验内容至少应包括：

（1）壳体强度测试（试验压力 1.5 倍额定压力）；

（2）外密封试验（试验压力 1.1 倍额定压力）；

（3）内密封试验（试验压力 0.1MPa 和 1.1 倍额定压力）；

（4）超压切断压力精度；

（5）响应时间；

（6）超压切断复位压差；

（7）阀门可靠性试验（100 次切断动作）。

监控调压阀出厂试验和检验试验内容至少应包括：

（1）壳体耐压强度测试（试验压力为 1.5 倍额定压力，试验介质为水，无可见泄漏和变形）；

（2）外密封测试（试验压力 1.1 倍额定压力，试验介质为空气或氮气）；

（3）工作膜片耐压差测试；

（4）流量系数测试；

（5）特性曲线和滞后带测试；

（6）关闭压力的测试和内密封的确认；

（7）在给定进口压力范围下的精度等级、关闭压力等级、关闭压力带等级、最大流量和最小流量的确认；

（8）噪声测试（噪声不得超过 85dB）。

工作调压阀出厂试验和检验试验内容至少应包括：

（1）壳体耐压强度试验（试验压力为 1.5 倍额定压力，试验介质为水，无可见泄漏和变形）；

（2）外密封试验（试验压力 1.1 倍额定压力，试验介质为空气或氮气）；

（3）阀座泄漏测试（分别进行高、低压试验。符合 IEC 60534 中泄漏等级Ⅳ级）；

（4）基本误差试验（精度应保证优于 ±1.0%）；

（5）回差和死区试验（回差小于 1.0%。）；

（6）额定流量系数；

（7）固有流量特性；

（8）动作可靠性试验（开关 400 次）；

（9）阀门最大转矩测试；

（10）噪声测试（噪声不得超过 85dB）。

2）工业性试验

中国石油在西二线及上海支干线输气站场（洛阳分输站、黄陂压气站及萧山分输站，见图 4–13），结合实际生产系统，创建了调压装置关键阀门现场工业性试验考核系统，为检验 DN250mm/10MPa 和 DN300mm/12MPa 系列规格的国产化新产品的安全性、可靠性及适应性等提供了保障。

(a) 洛阳站阀门工业性试验现场

(b) 黄陂站阀门工业性试验现场

(c) 萧山站阀门工业性试验现场

图 4–13　阀门现场工业性试验

安全切断阀试验项目如下：

（1）周期性检测项目。外漏检查，外观质量检查。

（2）操作检测项目。内泄漏检测，响应时间测试，电气信号测试，关断功能检验，内件质量检验。

监控调压阀试验项目如下：

（1）周期性检测项目。外漏检查，噪声测试，质量检查。

（2）操作检测项目。内泄漏检测，开关动作灵敏性检验，调节性能检验，内件质量检验。

工作调压阀试验项目如下：

（1）周期性检测项目。外漏检查，噪声测试，质量检查。

（2）操作检测项目。内泄漏检测，阀门开度检验，远控状态指示检验，调节性能检验，内件质量检验。

依据国产化产品工业性试验大纲要求，结合生产实际，分别在西气东输二线洛阳分输站、萧山站黄陂压气站，完成了对国产化 DN250mm/10MPa 和 DN300mm/12MPa 系列调压装置关键阀门（安全切断、监控调压、工作调压）12 台样机产品的 4000h 的工业运行试验考核，试验结果证明，国产化产品工作性能稳定可靠，操作方便，各项性能参数指标满足生产运行工况要求，达到了项目试制技术条件及工业性试验大纲的技术要求，具备现场工业性试验验收条件。

3）调压装置关键阀门应用推广

调压装置关键阀门产品主要用于长输天然气管道站场的分输系统，调节控制分输到下游用户的天然气压力和流量，是分输站场的关键设备之一。2015 年，根据国产化项目计划安排，中国石油组织完成了 2 套调压装置关键阀门国产化新产品的推广应用。分别为 DN250mm PN10MPa 系列调压装置关键阀门（包括：安全阀、监控调压阀和电动工作调压阀）和 DN300mm PN12MPa 系列调压装置关键阀门（包括：安全阀、监控调压阀和电动工作调压阀）各一套。其中，DN250mm PN10MPa 系列调压装置关键阀门应用于西气东输二线洛阳分输站，替代了国外同类产品，自 2015 年 1 月投入运行以来，设备运转良好。DN300mm PN12MPa 系列调压装置关键阀门应用于西气东输二线黄陂压气站。2015 年 2 月 6 日完成 3 台国产化关键阀门的安装调试，自投入使用以来，设备运行平稳。

调压装置关键阀门已经在西气东输站场改扩建工程及新建管道工程全面推广应用。调压装置关键阀门国产化产品取代同类进口产品后，有效降低了工程成本，节省建设周期，全面提升油气管道设备的保障能力，给国家带来显著的经济效益。

3. 输气管道压力平衡式旋塞阀

1）工厂试验

依据技术条件旋塞阀应进行抗静电试验、壳体水压强度试验、阀座水压密封试验、低压气密封试验、高压气密封试验、开关阀门转矩测试试验（设计压力 15MPa 下）、全压差开关 100 次试验（允许注脂的次数不大于 20 次）、动力电源 10% 波动范围内动作试验、注脂试验、耐砂冲刷试验等。

其中耐砂冲刷试验是本次国产化特别依据现场工艺条件制定的试验项目，其主要内容如下。试验介质：压缩空气；试验压力：0.6MPa；阀门连续开关次数：100 次；砂粒状态：

20目砂粒+焊渣；检测要求：连续开关完成后，重新注入密封脂后检测阀门密封性能；验收准则：无可见泄漏。

2）工业性试验

依据国产化产品工业性试验大纲要求，结合生产实际，在昌吉阀门试验场完成了对国产化6in Class900、16in Class900压力平衡式旋塞阀6台样机产品的30次工况下全压差开关考核，试验结果证明，国产化产品工作性能稳定可靠，操作方便，各项性能参数指标满足生产运行工况要求，达到了项目试制技术条件及工业性试验大纲的技术要求，具备现场工业性试验验收条件。

其中现场阀门内漏检测，中国石油自主开发了声发射阀门内漏检测仪，其检测原理主要是：阀门由于内部密封性能不好而造成内漏时，阀体内介质会从密封面的缝隙喷射而出，形成紊流，此紊流在阀门内部会产生冲击而激发弹性波，即泄漏时的声发射信号。将声发射传感器贴在阀门外壁，接收阀门泄漏时产生的弹性波，然后再将其转化为电信号，由仪器来分析阀门是否泄漏，从而达到阀门泄漏检测的作用。声发射阀门内漏检测仪器进行现场检测如图4-14所示。

图4-14 阀门内漏声发射检测

3）应用推广情况

压力平衡式旋塞阀产品主要用于长输天然气管道站场的放空系统，应用于干线天然气放空、站场内ESD全站放空和站场流量调节，是输气管道系统的关键设备之一，2015年，根据国产化项目计划安排，中国石油组织四川精控等单位研制旋塞阀（4in Class600）已在西一线红柳压气站（1台）、柳园压气站（2台）、玉门压气站（2台）、酒泉压气站（1台）、雅满苏压气站（1台）工业性应用7台国产化新产品的推广应用，运行情况良好。

近三年来，国产化压力平衡式旋塞阀产品，已陆续应用于：中国石油西气东输一线4座压气站、西气东输二线广深支干线、西气东输三线14座压气站、锦郑线廊坊输气站、西气东输蒲县/中卫/彭阳压气站、克乌成品油管线；中国石化的榆济线、济青二线、川气东送一线、涪陵页岩气、加纳近海天然气、重庆天然气管道；山东天然气管道、气化邯郸天然气管道、陕西天然气管道、湖南天然气管道；埃及GASCO世界最大联合循环发电厂燃气计量加热调压项目；孟加拉国家天然气管道公司 Chittagong-Feni-Bakhrabad 平行管道等工程项目。

4. 输油管道泄压阀试验与应用

1）出厂试验

国产化泄压阀完成样机制造后，在工厂内主要试验项目如下：

（1）氮气控制系统，高压气密封试验。

（2）温度对氮气控制系统的影响。

（3）流通量试验。

（4）低温试验。

2）工业性试验

氮气式水击泄压阀在中国石油庆铁四线梨树泵站和农安站进行现场工业性试验，试验内容如下：

（1）检测阀门密封试验。关闭泄压阀前截断阀门，憋压，通过阀门上游压力表观测阀门是否内漏。

（2）检测阀门设定值精度。关闭泄压阀前截断阀门，憋压，通过阀门上游压力表观测阀门，记录泄压值偏离设定值不大于 1%。

（3）稳定性测试。关闭泄压阀前截断阀门，阀门上游加压（5 次），测试阀门设定值的稳定性。

（4）氮气控制系统测试。现场模拟氮气系统超压、低压等状况，记录压力远传及故障报警。

（5）模拟水击试验。根据现场实际运行压力，降低氮气控制系统压力至实际运行压力，直到氮气泄压阀动作。

两台国产化样机在大流量试验后分别安装于庆铁四线梨树泵站和农安泵站，从 2014 年 10 月 26 日运行以来，运行平稳、启闭稳定、密封可靠。运行两年后，对国产化氮气式水击泄压阀实施验收和现场试验。产品各项性能指标满足技术规范和要求，具备推广应用条件。

3）应用推广情况

国产化泄压阀一系列产品已经在中国石油中俄原油管道二线工程、鞍大线等工程推广应用。

5. 输油管道调节阀试验与应用

1）出厂试验

国产化调节阀完成样机制造后，在工厂内主要试验项目如下：

（1）阀座泄漏试验。

（2）基本误差试验。

（3）额定流量系数。

（4）固有流量特性。

（5）阀门最大转矩测试。

2）工业性试验

中国石油在庆铁四线林源输油站和梨树输油站进行调节阀现场性能试验，试验内容如下：

（1）外泄漏检查。检测阀体、连接处泄漏。

（2）噪声测试。用分贝仪，距离阀门 1m 处噪声小于 85dB。

（3）绝缘性能测试。在不同天气下测试执行机构的绝缘性能。

（4）外观质量检查。各表面无损害、腐蚀、涂层脱落、电动执行机构内无水蒸汽。紧固件不得有松动、损伤等现象。

（5）阀门开度检验。所有工况下，阀的开度在 5% ～ 85% 范围内。

（6）远程状态指示检验。站控系统中阀位、开、关、故障和就地远控状态指示应和执行机构指示相符。

（7）调节性能检验。调节阀出口压力稳定，波动范围 ±1.0%。

（8）阀内件质量检验。阀门拆解检查，要求阀内部不应有不适当的磨损、黏结物、腐蚀、损坏或其他影响调压阀长期性能的缺陷。阀笼窗口无堵塞。

（9）压降试验。最大流量的工况下阀门全开时压降小于 0.05MPa。

两台国产化样机在工厂试验后分别安装于庆铁四线林源输油站和梨树输油站，从 2014 年 10 月 26 日运行以来，运行平稳、启闭稳定、密封可靠。

第六节　执 行 机 构

经过多年发展，电动执行机构技术相对成熟，多数产品实现了智能化，国内不少厂家具备一定规模的生产能力和研发能力。但国内产品主要还应用于市政、电力、冶金等普通场所，在核电的核岛、火电厂的关键阀门以及长输油气管道的大多数阀门电动执行机构还是依赖进口。特别是在大口径高压力的长输管道干线阀门上，由于其大扭矩、快开关速度的特性要求及使用环境和高可靠性的要求，也基本上使用进口产品。气液执行机构在国内刚刚起步，而且国内生产厂家不多，国产气液执行机构的性能及可靠性还有待总结提高。国内自 20 世纪 90 年代起，部分厂家开始研制电液执行机构，但发展至今，与国外先进产品的差距依然较大，输油管线应用的电液执行机构多为 REXA 公司生产的调节型（XPAC）和开关型（MPAC）执行机构。因此，在“十二五”期间，中国石油为满足管道业务快速增长对关键设备的需要，全面提升油气管道设备的保障能力，紧密结合油气管道工程建设，联合国内优势设备制造商对选定的进行攻关，提出油气长输管道的高压大口径特种阀门配套的电动执行机构、气液执行机构、电液执行机构产品国产化目标。

为使国产化执行机构具有先进性，中国石油对标 API，ASME，ISO，ISA 和 IEC 等国际先进标准和国际先进执行机构相关技术指标，结合现场运行条件以及执行机构制造商实际情况，制定了执行机构技术条件、工厂试验大纲、工业试验大纲等一系列规范，以指导执行机构研制、试验等。

从 2013 年至 2015 年，中国石油相继成功研制了国产化样机电动执行机构 12 台、气液执行机构 6 台、电液执行机构 4 台，并分别应用于西二线、西三线、庆铁四线。经工业运行考核，国产化产品各项性能达到技术条件要求，工作可靠，满足实际生产需要。

一、关键技术条件

1. 电动执行机构关键技术条件

（1）研发试制的电动执行机构与最大 56in Class900 大口径全焊接球阀上配套，电动执行机构应为开关型。

（2）执行机构应包括电动机、齿轮减速器、联轴器、限位开关、扭矩限制开关、手轮、手轮自动断开装置、就地阀位显示以及安全平稳运行所需的其他部件。

（3）电动执行机构涡轮蜗杆的机械传动效率不小于 35%，内部控制器的精度应不大于 1%，电动执行机构和阀门配套后的整体精度应保证不大于 1.5%，使用寿命不低于 8000 次。

（4）执行机构在外部电源断电时仍然可以就地 / 远传显示阀位状态及相关报警，并可实时反映因就地手轮操作而使阀位发生的变化。阀门断电后再通电时，应保持阀位。

（5）电动执行机构包括电动机启动器、就地控制和远程控制；应具有就地和远方开 / 关 / 停止的控制能力。电动执行机构应有带锁的就地 / 停止 / 远控选择开关。启用 ESD（Emergency Shutdown Device，紧急停车装置）命令时，应不受就地 / 远控开关的限制。

（6）电动执行机构应具有限位保护、过力矩保护、正反向联锁保护，电动机过载、过热保护，防冷凝的加热保护和控制回路过载及短路保护，相位自动校正能力。

2. 气液执行机构关键技术条件

（1）输气管道线路截断阀配套的执行机构使用的动力气源应从阀门所在位置上游地面旁通管道取气；站场进站 / 出站截断阀配套的执行机构使用的动力气源应从站场内侧地面管道取气。执行机构动力气源进口处应设置过滤器，过滤器应满足设备正常工作及使用周期的要求。

（2）线路截断阀配套的执行机构应能检测截断阀下游压力和压降速率信号；当压力或压降速率检测信号超过设定值后，执行机构应能接受控制命令自动关闭截断阀；应具有在现场设定压力或压降速率动作阀值的设定值和延时值，具备完成压力和压降速率检测和自动关闭截断阀的功能以及阀位反馈功能；同时，应具备接受远程（开启、关闭阀门）命令的功能。当压力或压降速率检测信号超过设定值（且延时）后，执行机构均能自动关闭截断阀。

（3）站场配套的执行机构用于进出站的执行机构，具备接受远程（开启、关闭、ESD 关）命令的功能，同时提供阀门全开、阀门全关、就地 / 远控状态信号；执行机构应有带锁的“就地 / 远控”选择开关。

（4）气动模块零泄漏的研制，确保 0 ～ 15MPa 范围内无泄漏；高压低功耗电磁阀研制，承压 0 ～ 15MPa，功耗低于 3W。

（5）执行机构配套的电磁阀在功能上应独立。用于阀门正常开启、关闭的电磁阀应按非励磁方式设计；用于阀门 ESD 关闭的电磁阀应按励磁方式设计，具有不低于 SIL2 认证。

3. 电液执行机构关键技术条件

调节型电液执行机构主要在输油管线上用于控制调节阀的开度，在原油及成品油密闭输油生产过程中，起到稳定管道压力及缓和水击现象的作用。

（1）调节型电液执行机构应包括集成型电液动力装置、蓄能设备（适用于进站调压带有ESD功能的控制阀）、联轴器、手动操作装置、电磁阀、按钮、接线盒、电控箱以及其他设备。

（2）执行机构具有就地手动、就地自动和远程控制选择开关。在就地手动位时，由执行机构手轮操作；在就地自动位时，由就地按钮操作；在远程控制位时，由远方控制按钮或站控制系统程序自动控制操作。就地自动控制或远程控制时，手轮应能自动脱离操作位置，不应随执行机构的动作而动作。

（3）带有ESD功能的执行机构执行ESD关断后，开启需要现场人工复位。当执行ESD关断时，无论选择开关置于远程控制，还是就地控制状态，都能使阀门迅速关断。

（4）执行机构的定位死区应可调。电液执行机构应保证控制阀的全行程时间10～30s可调。

（5）对于直行程的执行机构机械式位置指示器的最小刻度为1mm；维护间隔：250000个全行程；使用寿命：216000h/1000000个全行程；控制精度：优于0.2%；半年运行稳定性：优于2%；重复性：优于0.15%；响应时间：小于0.2s；频响：大于3Hz。

二、设计制造技术

1. 电动执行机构设计制造

通过对电动执行机构技术条件的分析和参照GB/T 28270—2012《智能型阀门电动装置》标准，并根据国外产品参数对比，确定了机座分挡和各级传动的转矩。按照机械设计过程对各传动件进行了详细的计算，并辅助以数字样机的有限元分析，对箱体及主要传动零件进行了强度校核和结构优化。机械工程图纸采用计算机辅助绘图软件完成，嵌入式控制电路板图纸均采用Protel软件完成。所有的图纸设计均采用规范化标准。

2. 气液执行机构设计制造

气液执行机构主要设计包括：

（1）气控阀组计、电磁阀的结构设计满足模块式总装要求，满足防爆/防护等级要求；气控阀组、电磁阀强度设计满足工作压力不大于15MPa下SIL2要求。

（2）扭矩生成机构设计，油缸设计，包括缸体、缸盖、活塞、活塞杆和连接螺栓等。拨叉机构设计，包括滑块、传动销、导向块、拨叉和轴套等。

（3）储气罐、气液罐经具有设计资质的压力容器制造厂完成储气罐、气液罐设计，满足阀门在工况下的两个行程（包括关闭1次和打开1次阀门）的耗气量要求。

（4）按照特殊工况进行设计，能适应–46～70℃的恶劣环境。

为了保证国产化项目关键部件的加工精度，使用进口数控镗铣加工中心解决拨叉、拨叉箱等关键零件的加工精度，为执行机构输出扭矩稳定性提供零件保障。针对此次项目执行机构工件尺寸大，焊接量多的特点，有针对性地制定了《焊接工艺卡》规范，保证材料的低温适应性、焊接工艺可行性，并严格按热处理规范进行消除焊接应力处理。针对各个部件，制定了各部件的装配工艺文件和《气液联动执行器部件生产工序路线单》，按文件化固定组装工艺以保证各部件机械结构组装精度高，组装辅料（如润滑脂、密封脂）可靠并受控，接头/接管密封可靠布局美观一致。每个部件的制造过程通过跟踪记录表、检查表进行记录确认。针对整机装配，制定了《气液联动执行器配管及附件安装作业指导书》《气液联动执行器整体装配生产工序路线单》等相关文件，按文件化固定组装工艺保证气液执行机构的功能质量（机械功能、控制功能）可靠稳定。

3. 电液执行机构设计制造

调节型电液执行机构液压系统采用自容式双向液压泵换向，省去了换向电磁阀，使油路更为简洁高效；动力系统采用一定流量比的两套动力系统协调工作，大流量动力系统提供高速度，小流量动力系统用以精确定位，这样有效扩展了动力系统的动态范围，较好地解决了速度和定位精度的矛盾；电控系统采用高性能单片机配合优化的控制软件能实现优良的控制效果和丰富的操作功能，是最优的解决方案。调节型电液执行机构在设计中吸收和更新的技术主要有：

（1）精密伺服配流技术。液压系统采用伺服配流技术作为执行器的核心动力单元实现了高精度的定位控制，动作时可不受负载变化而轻松实现无级调速，在峰值负载情况下，执行机构能极低速稳定运行，轻松实现对阀芯“匀减速”定位控制。

（2）集成油路设计。采用了集成油路设计理念，采用了自容式液压回路、加速泵双动力系统、非接触式高精度传感器、光电隔离信号接口，实现了高集成度的阀块结构，减少了复杂的外部管路和外漏密封点，降低了油液泄漏的可能性。

三、试验与应用

1. 电动执行机构试验与应用

根据工厂试验大纲，制定了详尽的试验细则。根据试验细则对电动执行机构进行整机检验，其中包括外观检验、电气接线与绝缘电阻检查、防护等级检查、输出力矩检测、力矩控制重复精度检测、行程控制重复精度检测、承受载荷检测、寿命试验、噪声检测、耐振检测、环境温度适应性检测、电磁兼容性检测、防爆等级检查等。

2015 年，中国石油组织生产厂家对 4 台 56in Class900 大口径全焊接球阀配套电动执行机构分三个批次在烟墩阀门试验场完成了现场工业性试验测试工作。电动执行机构试验内容包括：测试端与外壳、隔离端绝缘性能测试；手动 / 电动就地切换，就地 / 远程开关阀门测试；就地手动开关阀门时间测试；全压差下测试阀门动作状态，阀位信号反馈，执行器的电流、电压、扭矩等参数。最终结果都满足技术条件要求。

2. 气液执行机构试验与应用

由于气液执行机构对安全性、可靠性要求很高，进行了电磁兼容性、电子控制单元检测精度、防爆 / 防护等级、功能安全完整性等级（SIL）、电子控制单元交变湿热、整机高低温适应性、整机振动老化等型式试验后，中国石油在烟墩阀门试验场对两台 56in Class900 大口径全焊接球阀配套气液执行机构进行现场工业性试验测试工作。试验内容：气液回路密封检查（静态、动态）；就地 / 远程气动开关阀门测试；液压泵手动开关阀门测试；全压差下测试阀门动作状态，阀位信号反馈，执行器的电流、电压、扭矩等参数；ESD、高压 / 低压、压降速率保护紧急关断测试。

3. 电液执行机构试验与应用

调节型电液执行机构工厂内测试内容包括：蓄能罐壳体水压强度试验、蓄能罐水压密封试验、液压回路泄漏试验、机械运行及行程测试、执行机构推力测试、绝缘测试、控制精度测试、行程时间测试、振动试验、交变湿热试验、远程行程功能测试、基本误差试验、回差试验、死区试验、限位装置调整测试和电子限位信号反馈的检测、整体测试等。

第七节 流 量 计

流量计是油气长输管道油气计量的关键设备，超声流量计、涡轮流量计主要用于天然气计量，质量流量计主要用于成品油计量。上海中核维思仪器仪表有限公司（以下简称中核维思公司）是国内唯一一家高压气体超声流量计的仪表生产企业，当时生产的时差法气体超声流量计有二声道和四声道两种型式，口径范围 DN100mm ～ DN400mm，耐压等级 10MPa，计量准确度等级优于 1.0 级，但产品远程诊断功能不够完善，长期运行的稳定性较差。国内生产气体涡轮流量计的生产厂家较多，生产的气体涡轮流量计口径范围 DN50mm ～ DN300mm，耐压等级最高 6.3MPa，计量准确度等级优于 1.0 级，但在耐压等级、准确度等级、诊断等方面与国际先进水平有较大差距。成品油管线使用的质量流量计基本都为国外产品，美国 EMERSON 公司和德国 E+H 公司产品应用最为广泛。因此，为满足管道业务快速增长对关键设备的需要，全面提升油气管道设备的保障能力，中国石油联合国内优势设备制造商对气体超声流量计、涡轮流量计、科氏质量流量计进行技术攻关。

为使国产化执行机构具有先进性，中国石油对标 API，EN，A.G.A 和 ISO 等国际先进标准和国际先进流量计相关技术指标，结合现场运行条件以及流量计制造商实际情况，制定了流量计技术条件、工厂试验大纲、工业试验大纲等一系列规范，以指导流量计研制、试验等。

从 2013 年至 2015 年，中国石油相继成功研制了国产化样机超声流量计 6 台、涡轮流量计 8 台、质量流量计 1 台，并分别应用于西一线、西二线、西三线、港枣线。经工业运行考核，国产化产品各项性能达到技术条件要求，工作可靠，满足实际生产需要。

一、关键技术条件

1. 超声流量计关键技术条件

（1）天然气超声流量计型式为时间差法气体超声流量计，由超声流量计、流量计算机及相关的附属设备组成的流量计量系统能够适合天然气流量的连续测量，适应管道内介质的组分、流量、压力、温度的变化，满足现场安装、使用环境的要求。

（2）流量计应为四声道及以上气体超声流量计，声道数量为探头的对数。

（3）所有设备的压力等级应不低于管道的设计压力 12MPa。

（4）性能要求。分辨力：0.001m/s；速度采样间隔：≤ 0.5s；零流量读数：每一声道不大于 6mm/s；流量计的重复性不得超过相应准确度等级规定的最大允许误差绝对值的 1/5；准确度等级应达到 1.0 级。

（5）超声流量计的口径为 DN400mm，DN200mm 和 DN80mm，各口径超声流量计测量范围为：DN80mm，14 ～ 420m^3/h；DN200mm，55 ～ 2750m^3/h；DN400mm，125 ～ 10000m^3/h。

2. 涡轮流量计关键技术条件

（1）气体涡轮流量计及相关的附属设备能够适合天然气流量的连续测量，适应管道内介质的组分、流量、压力和温度的变化，满足现场安装与使用环境的要求。

（2）所有设备的压力等级应不低于管道的设计压力 12MPa。

（3）流量计的口径为 DN50mm 和 DN80mm，各口径气体涡轮流量计测量范围为：DN50mm，10 ～ 100m^3/h；DN80mm，13 ～ 250m^3/h。

（4）准确度等级应达到 1.0 级；重复性：≤ 0.2%（$q_t \leq q_i \leq q_{max}$）或≤ 0.4%（$q_{min} \leq q_i < q_t$），且每台流量计各流量点操作条件下流量的重复性应不超过流量计最大允许误差的 1/3。其中，流量计的分界流量 $q_t=0.2q_{max}$。（q_{max}，q_{min} 分别为流量计的计量范围的上、下限；q_i—瞬时流量）

3. 质量流量计关键技术条件

（1）质量流量计系统应包括质量流量计及信号处理单元（流量变送器）、及配对法兰、垫圈、螺栓、螺母和垫片。流量计及其相关的附件应适合原油、成品油流量的连续测量，适应被测介质流量、压力和温度的变化，满足现场安装与使用环境的需求。

（2）质量流量计的信号处理单元（流量变送器）是可将被测介质的流量准确、稳定、可靠地转换为标准的高频脉冲信号、数字信号（RS–485）、模拟信号（4 ～ 20mA）。传感器、信号处理单元的供电电源应优先采用 24V DC。

（3）质量流量计信号处理单元的脉冲发生器输出频率范围 0 ～ 10.0kHz，输出信号为双脉冲信号。

（4）流量基本误差：10∶1 量程内 $E_{0i}=\pm 0.1\%$，10∶1 量程外 $E_{0i}=\pm 0.1\% \pm q_0/q_i \times 100\%$；流量重复性误差：10∶1 量程内 $E_{0i}=\pm 0.05\%$；10∶1 量程外 $E_{0i}=\pm 0.05\% \pm q_0/2q_i \times 100\%$。其中：$E_{0i}$ 为第 i 点的流量基本误差；q_0 为该表的零点稳定性；q_i 为第 i 点的质量流量。

二、设计制造技术

1. 超声流量计设计制造技术

按照整体锻件的加工工艺重新梳理表体长度，并根据换能器试验结果适当调整测量探头的入射角度，使得高流速状态下系统运行更稳定。换能器为适应高工作压力的要求，改进换能器的整体结构，去除外露的减振用非金属材料，外壳采用耐腐蚀的钛合金材料。表体上换能器安装孔位的机械结构进行调整，以适应新型换能器的安装配套要求，换能器及传输信号线整体设计成隐蔽式安装结构。

通过技术攻关，中核维思公司完成了 CL–1–4S 型气体超声流量计和 FCL–3 流量计算机整机的设计、制作和测试工作，编制了设计图纸、样机调试和测试大纲，并依据测试大纲进行各项功能和性能测试。工厂试验完成后，按照鉴定大纲的要求，委托第三方对 CL–1–4S 型气体超声流量计和 FCL–3 型流量计算机进行全性能测试，并进行了相关软件的认证。

2. 涡轮流量计设计制造技术

根据国际先进的气体涡轮流量计制造厂商的技术水平，通过消化创新，并根据原有设计与生产基础对气体涡轮流量计的整体结构进行具有自主知识产权的内部结构设计和整机外观设计。采用新型高频脉冲信号传感器和滤波技术，有效地通过检测涡轮叶片旋转进行信号采集的高频脉冲信号，提高了流量计的抗干扰能力和分辨力，并解决了涡轮高速旋转时的信号丢失难题，提高了流量计小流量检测的灵敏度和测量精度，更便于用户检定操作等。将原有的中低压下油泵结构改进，增加两个单向阀，并将 O 形密封圈固定在基座上，与活塞接触密封，通过活塞反复运动实现供油润滑，能大幅度提高油泵抗回流性能并延长油泵的使用寿命。将主轴的前后轴承作用力分开，前轴承为径向旋转作用、后轴承为轴向推力作用，这样有效地抑制了流体瞬时冲击力，配合涡轮形成反向推力并能较快地将涡轮调整至平衡状态，从而改善气体涡轮流量计的寿命与准确度。

2013 年 8 月，完成了流量计整机外观结构设计、叶轮与机芯等核心零部件的设计以及工装夹具、壳体等其他零件模具设计等工作，并多次对整机结构等关键问题进行探讨与改进，并完善了全套图纸和工艺等技术文件的输出。于 2013 年 10 月全面进入样机试制阶段。项目组制订了详实的试制计划，严格按计划进度节点全面执行。完成试制后，按技术要求进行初步测试，检验设计样机整体的外观、强度、密封性和计量性能。在此过程中进行了大量反复的测试—调整完善—测试，经过不断改进与调整，克服技术上的每一个难点，最后所有试制样机全部达到设计要求。

3. 质量流量计设计制造技术

在质量流量计设计过程中，优化结构参数、改进传感器和电路性能；提高激振幅度、改进信号处理方法，同时考虑结构与传感器和电路的关系，并从节能和降低系统成本的角度设计合理的激振幅度。

质量流量计传感器制造工艺流程：

（1）弯管。按管径大小分别在小型、中型、大型弯管机上弯成 C 形或 U 形敏感管。

（2）装夹。敏感管，线圈支架和磁铁支架。

（3）钎焊。进真空炉焊接。

（4）加工。加工敏感管的工艺留量。

（5）体焊 A。支承管、分流体、法兰的焊接。

（6）镗孔。分流体镗孔。

（7）体焊 B。敏感管和分流体的焊接。

（8）压力试验。系统的试压。

（9）体焊 C。壳框的焊接。

（10）电装配。检测部件和驱动部件装配、输出输入检测。

（11）点壳。外壳初焊。

（12）封壳。外壳终焊。

（13）表面光饰。喷丸处理。

（14）检定。流量计流量检定（领取成品变送器和传感器）。

（15）终装。功放接线部件。

（16）入库。流量计入库。

三、试验与应用

1. 超声流量计

1）工厂测试

超声流量计在完成生产制造后，主要测试内容包括：零流量检验测试、耐压强度测试、气密性试验、绝缘电阻试验、绝缘强度试验、诊断功能测试、噪声试验、干标、信号处理单元测试、修正功能测试、计量性能试验、重复性试验、小信号切除功能测试等。

2）出厂检定

经过在国家石油大流量计量站南京分站实流检定，自主创新开发的高压力气体超声流量计产品样机，通过了产品的型式批准认证，流量计的计量性能也达到了研发目标的要求。

配套开发的 FCL-3 型流量计算机采用主频为 400MHz、存储容量为 256M 的高级 ARM 系列核心模块，接口单元引入 FPGA 可编程逻辑芯片，集成化程度更高，可靠性大大提高；采用开源的 Linux 操作系统，功能扩展更加灵活便捷。FCL-3 型流量计算机的样机通过了第三方鉴定机构上海仪器仪表自控系统检验测试所的全性能测试和软件认证，各项性能指标达到设计要求。

3）现场应用

DN400mm 超声流量计在中卫站进行现场应用，并于与 Elster 同口径超声流量计通过比对流程进行比对测试，现场工况流量在 q_t 以上。DN200mm 超声流量计在角直站进行现场应用，并与 Daniel 同口径超声流量计直接串接比对测试，现场工况流量在 q_t 以上。DN80 超声流量计在长沙站进行现场应用，与进口 SICK 超声流量计比对，由于试验计量回路对应下游用户为 CNG 用户，每天间断分输，用气不规律，瞬时流量波动较大，日分输量为 $2\times10^4\sim4\times10^4m^3$，且试验期间流量计长期工作在最小流量点以下。委托上海仪器仪表自控系统检验测试所对国产化超声流量计的声速核查、小时累计量、日累计量测量以及指定流量下的重复性、稳定性测试，测试结果良好。

2. 涡轮流量计

1）工厂测试

涡轮流量计在完成生产制造后，按照测试要求进行型式试验、防爆认证及生产许可取证，并进一步试制与监造。研发的国产化样机性能测试试验（含最大允许误差、重复性、线性度等）以及包括出厂测试与实流检定，先后通过了浙江省计量科学研究院的新产品全性能试验与南阳国家防爆电气产品质量监督检验中心的防爆试验测试，分别取得型式批准证书与本安型防爆合格证；同时，也完成了浙江省苍南县质量技术监督局对该新产品制造计量器具许可的审查。

2）出厂检定

气体涡轮流量计样机在进行小批量生产过程中，由上海仪器仪表自控系统检验测试所负责监造和记录。完成制造和厂内全性能的试验后，按要求将检验测试合格后的样机送往国家石油天然气大流量计量站南京分站进行实流检定，检定结果合格。

3）现场应用

DN80mm 气体涡轮流量计在滁州站、镇江站、利辛站、如皋站进行现场应用，并与 ElsterDN80mm 气体涡轮流量计通过比对流程进行比对测试，现场工况流量均在 q_t 以上。DN50mm 气体涡轮流量计在青山站、南通站、如皋站进行现场应用，与 Elster 气体涡轮流量计进行比对测试，现场工况流量在 q_t 以上。委托上海仪器仪表自控系统检验测试所对国产化超声流量计的声速核查、小时累计量、日累计量测量以及指定流量下的重复性、稳定性测试，测试结果良好。

3. 质量流量计

按照试验大纲，委托西北流量测试中心对成品油质量流量计进行了出厂性能测试，主要有以下方面：流量及密度误差测试、过程温度影响测试、压力影响测试、振动及环境和电磁兼容测试、耐压和气密性试验、第三方流量计测试。经西北国家计量测试中心进行测试，质量流量误差不大于 0.1%，重复性不大于 0.05%，产品主要性能指标达到了国际先进水平。

第八节　油气管道设备国产化展望

中国的管道建设仍然处于战略机遇期，未来一段时间中国石油将规划建设中俄输气管道（东线）、中俄原油管道复线、中俄输气管道（西线）、西气东输四线、西气东输五线、陕京四线等管道。管道建设的快速发展，带来了对油气管道设备的巨大需求，中国石油提出了“十三五”末实现管道设备全面国产化的目标。

持续推动油气管道相关设备国产化研制和应用，带动装备制造行业发展，提升核心竞争力和促进相关产业转型升级，包括以下几个方面：

（1）持续跟踪已应用和正在应用的国产化设备，加快油气管道设备技术支持体系建设。依托管道建设项目，充分发挥用户的主导和牵头作用，联合优势设备制造企业，形成国产化设备推广应用机制，加快推动国产化设备规模应用。

（2）进一步消化吸收国外成熟的设备及材料的研发、生产、装配技术，达到设备所用材料国产化；同时，持续提升产品质量和服务水平，通过参与竞争，由国产化走向国际化。

（3）在国家层面进一步研究相关政策，调动制造企业积极性，进一步提升国产化水平和国产化优势产品得到应用。

第五章　储气库建设运行技术

我国地下储气库发展始于20世纪90年代。2000年，第一座商业储气库——大张坨气藏储气库投入运行；2005年，第一座盐穴储气库——金坛储气库投入建设；2010年，中国石油第一批商业储气库陆续投入建设。截至2015年底，中国石油在役的储气库10个库群、23座储气库（气藏型储气库22座，盐穴型储气库1座），设计总工作气量$274\times10^8m^3$，建成调峰能力$51\times10^8m^3$，储气库在平衡区域管网供气、调节季节峰谷差等方面均发挥了重要作用，并已成为保障国家能源安全的重要组成部分。尽管国内储气库发展速度迅速，在建设规模和技术、运行管理经验等方面都取得了很大进步，但与国外储气库百年发展历程相比，国内储气库整体上仍处于快速上升的初级阶段。国内建库地质体主要为陆相沉积，普遍存在库址埋藏深度大、非均质性强、建库条件不理想等问题。因此，“十一五”期间在储气库运行数量不多的背景下，中国石油对库址资源进行了系统梳理和筛选，并对投运库的运行情况进行了跟踪评价。“十二五”期间，为了满足储气库不断增加的调峰需求，解决储气库建设中的技术难题，在前期研究、建设及运行经验的基础上，开展了储气库技术的总结和攻关，初步形成了地质评价与方案设计、钻完井工程、注采工程、地面工艺、井筒完整性等系列技术，可有效指导后续储气库建设，为储气库业务可持续发展奠定了坚实基础。

第一节　储气库地质评价与方案设计技术

储气库地质评价技术的内涵是选址与建库条件评价，是储气库建设的基础，建库方案设计是针对不同建库目标，以其地质条件为依据，完成建库技术指标与建库进度的设计。虽然世界上现役储气库有气藏型、盐穴型、含水层型及废弃矿坑型四种类型，但截至2015年底，中国石油乃至中国已建的储气库仅有气藏型与盐穴型两种类型。在“十二五”期间，中国石油研发了气藏型储气库盖层动态密封性与储气库建设及运行物理模拟实验装置，建立了盖层动态密封性评价实验方法，创建了盐穴型储气库多夹层含盐地层造腔控制与稳定评价方法，并在两类储气库的方案设计中获得良好的应用效果。

一、气藏型储气库地质评价与方案设计技术

气藏型储气库因其特有的地质与地面配套条件等优势，成为储气库建设的首选目标，我国自2000年首座气藏型调峰气库——大张坨储气库投产之后，先后建设了呼图壁储气库等22座气藏型储气库，基本形成了储层精细描述、库容参数与方案设计的技术与方法，但在针对多周期注采运行下的密封性评价研究方面还缺少技术手段，建库机理研究需要加深研究，因此在“十二五”期间，中国石油研制了多周期交变应力盖层物理模拟设备，创建了盖层密封性评价实验技术；研发了气藏型储气库建设及运行物理模拟实验装置，创建了气藏型储气库渗流机理研究实验技术，应用于砂岩和碳酸盐岩建库机理研究，分析了影响库容参数的主要因素，科学地指导了储气库方案设计。

1. 多周期交变应力盖层模拟实验装置

储气库盖层密封性评价通常沿用油气藏开发中的静态评价方法，即盖层宏观特征研究和微观特征研究，盖层微观密封性研究主要是室内实验，评价参数如盖层孔隙度、渗透率、突破压力与扩散系数等。但从储气库多周次注采的特殊工况来看，上覆盖层承受着由高低压力变化引起的交变应力的变化，静态的密封性评价方法已经无法预测交变应力下盖层性质的变化，为了满足不同注采运行工况交替压力变化盖层密封性评价的要求，研制了多周期交变应力盖层模拟实验装置。该装置不仅能对储库盖层样品（多规格尺寸）的封闭性参数进行测试，而且可以实现模拟多周期交变应力条件下样品的应变状态等，并进行实时连续监测。该套设备由注入系统、模拟室系统、检测系统与控制系统组成（图5-1）。可以采用地层真实岩心及大尺度模型，对其进行多周期交变应力条件下封闭性参数测试，研究多周期交变应力运行条件下的盖层封闭性能，研究不同注采运行工况下盖层密封性变化规律。该装置主要技术指标：（1）测试岩心样品规格为2.5cm×（5～10）cm，10cm×（10～20）cm，20cm×（15～20）cm；（2）模拟压力为0～50MPa；（3）实验温度为室温至120℃。

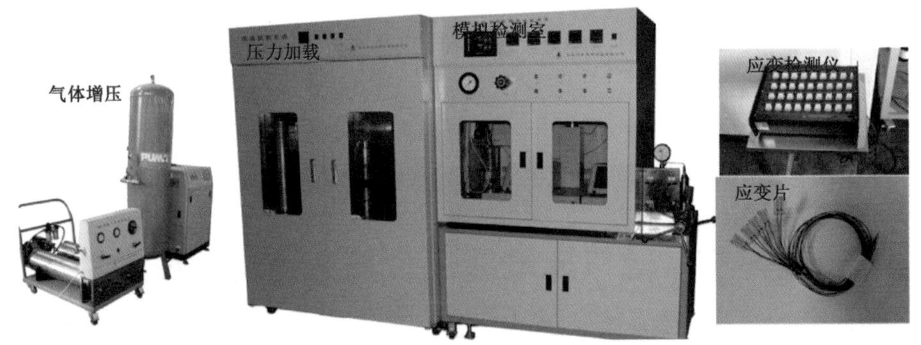

图5-1　多周期交变应力盖层模拟实验装置图

2. 地下储气库建设及运行物理模拟系统

在地下储气库实际运行过程中，储层中多相流体分布及渗流关系十分复杂，库容、工作气等参数指标变化规律无法预测[1]，为了研究气藏型储库的渗流机理等，针对地下储气库建库及运行特征，研发了“地下储气库建设及运行物理模拟系统”，可实现地层条件下建库及周期运行的全程仿真模拟，并为建库孔隙空间动用效果及其主控因素分析、建库及注采运行效率评价及建库以及地下储气库运行机理研究提供了可靠的技术支持（图5-2）。

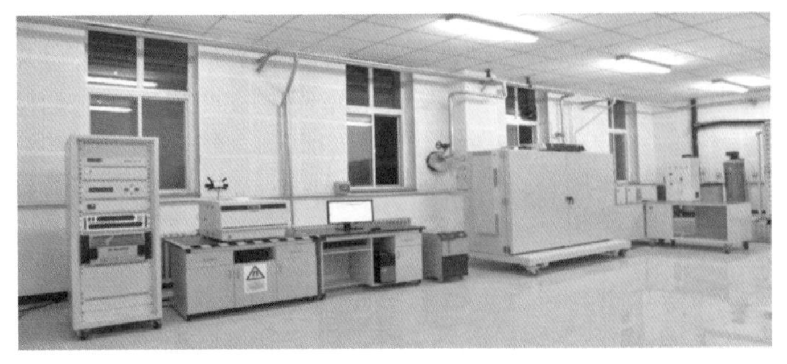

图5-2　地下储气库建设及运行物理模拟系统照片图

“气藏型储气库建设及运行物理模拟系统”针对气藏型储气库多周期注采运行特点，考虑储层非均质性、水侵状况等影响因素，模拟地下储气库建库及周期注采运行规律，并可全程智能化仿真模拟建库及周期注采运行过程，研究地层条件下气库运行多相渗流规律、分布特征及其作用机理，评价建库效果及注采气能力。设备主要技术指标：（1）测试岩心规格为2.5cm×（5～10）cm，3.8cm×（5～10）cm；（2）实验环境温度为室温至180℃；（3）实验压力为0～70MPa。

3. 水侵砂岩建库气水多相渗流机理

基于地下储气库建设及运行物理模拟实验系统，以水侵砂岩气藏型储气库为研究对象，从储层渗流机理出发，深入研究复杂地质条件储层气水多相渗流机理，基于室内物理模拟实验结果，综合评价地下储气库建库及运行渗流机理。

砂岩气藏型储气库建库及运行的室内仿真模拟实验研究在国内尚无经验可循，理论研究基础薄弱，而砂岩气藏型储气库建设及运行机理的研究对于储气库建设方案的正确制订和气库后期的合理运行都具有重要指导意义。该项研究涉及砂岩气藏型地下储气库微观可视化模拟（气水互驱及注采仿真模拟实验）、仿真物理模拟实验等多个方面。

1）水侵砂岩地下储气库微观可视化模拟

针对水侵砂岩气藏型地下储气库，设计了地层条件下微观可视化模拟流程及实验，并利用该实验开展储气库微观渗流模拟研究，主要目的是通过分析水淹砂岩气藏型储层微观孔隙中气、水两相的运动及分布规律，从微观角度研究储层孔隙中气、水两相的作用机理和分布规律及其对水淹砂岩气藏型储气库建库及运行效果的影响。

（1）注气模拟。

在注气初期，气相优先沿左上部注入口周围孔喉发育区孔道中心流动，并快速成为连续相，首先占据近左上端入口附近的高渗透区，液相被排驱进入右下侧远端区域［图5-3（a）］，这个过程模拟了建库初期的快速扩容阶段。当微观模型在从低压注气到上限压力的状态时，受孔隙空间限制，气相无法进入周边小孔喉低渗透区域，孔道中的气、水分布状态与建库初期相比变化不大［图5-3（b）］。此现象与水淹砂岩储气库排驱扩容末期，库容增幅减缓的趋势相一致。

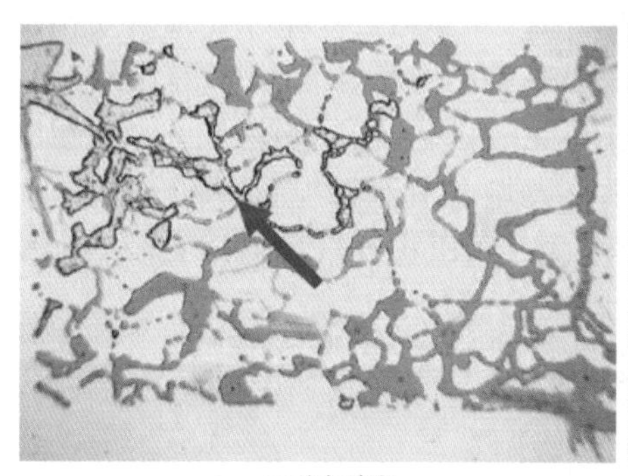

(a) 注气阶段　　(b) 注气结束

图5-3　水侵砂岩地下储气库微观可视化模拟注气模拟实验结果图

（2）采气模拟。

采气过程中，部分孔喉发育区的液体被采出，同时，细喉中的水膜由于强水湿作用趋向于向较大孔喉处聚集，气相所能占据的孔喉数量趋向增多［图 5-4（a）］，储层可动孔隙空间逐步提高，库容动用程度随之增加。在高速采气过程后，由于细孔喉的快速剪切作用，细喉盲端出现气、水互锁［图 5-4（b）］，造成气、水过渡带气相渗流能力降低，束缚水、残余气增加，影响库容动用效果。

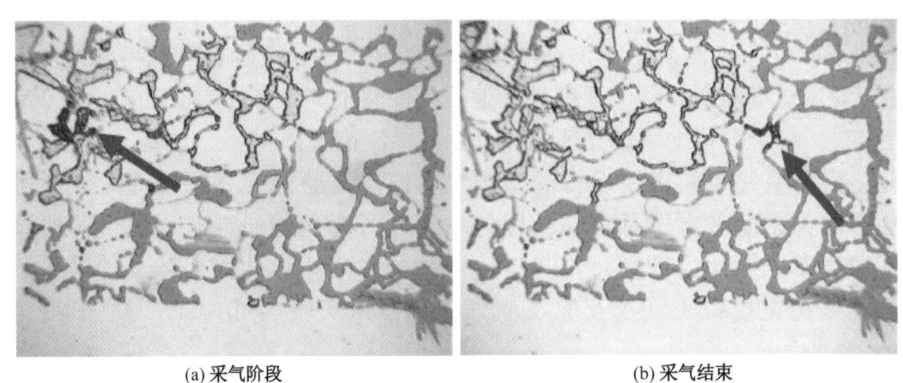

(a) 采气阶段　　(b) 采气结束

图 5-4　水侵砂岩地下储气库微观可视化模拟采气模拟实验结果图

2）水侵砂岩地下储气库仿真物理模拟

水侵砂岩气藏建库及注采运行效果受地质构造特征、储层物性条件及注采制度等多因素的影响，实际运行中储层流体分布及渗流关系十分复杂，导致库容参数指标无法准确预测。基于注采仿真模拟实验系统，分别开展层间非均质注采仿真模拟及径向非均质注采仿真模拟，进一步分析在地层条件下，气库多周期注采运行库容动用特征，并研究影响扩容效果的因素。

在相同的注采仿真模拟条件下，层间及径向非均质储层的孔隙空间可动用程度都不高，其中径向非均质储层各周期的含气孔隙空间利用率略低于层间非均质（图 5-5）。气库在注采运行过程中，由于受储层孔喉分布非均质性、驱替压力梯度限制等影响，部分含气孔隙空间不可动用，影响气库储层动用效果，其中径向非均质储层的低渗透区距离生产井较远，气体波及效果较差，动用程度更低。随着注采周期增加，气相在孔喉发育区快速流动不断携带和干燥液相，同时，细喉中的水膜由于强水湿作用向较大孔喉处聚集，随注采周期增加逐渐释放被地层水和死气区占据的储集空间，不断向可动孔隙空间转化。但在有限的注采条件下，仍然有大量含气孔隙空间不可动用，无法有效利用。建议在注采波及效果不佳区域布置加密井，用以提高气库储层孔隙空间整体动用效果。

总结水侵砂岩不同类型储层渗流机理，造成目前水侵砂岩气藏型储气库运行效率低的主要因素包括以下几点：

（1）受复杂沉积环境影响，储层非均质性强烈，低渗透区在强的气水毛细管力作用下，气驱水阻力较大，水侵区难以形成有效驱替。同时，低渗透区由于注采井网布置的缺失，注气驱替压差相对较小，导致气体波及效果进一步变差。

（2）即使是在储层相对发育区，由于受微观孔隙结构特征复杂性影响，一方面，在气藏水驱结束后，水侵区仍然存在较多的封闭气；另一方面，受气库注气过程气体突进以及气水过渡带微观封闭气形成机理作用，进一步增加了无法动用的死气空间。

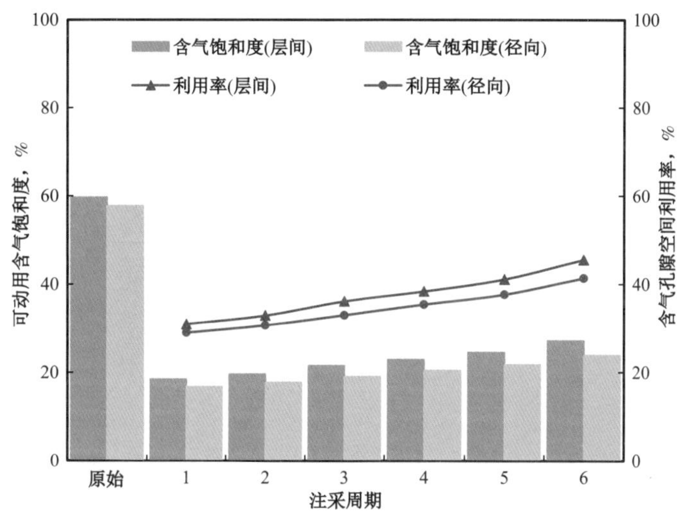

图 5-5　非均质储层含气孔隙空间利用率对比效果图

（3）由于气水流度比的显著差异，导致气体在强的驱替压差作用下，沿压力梯度最大方向，超越水而发生向水域气窜，从而形成新的水锁区和现有井网无法控制区域。

（4）在气库高速采气过程中，气水高速流动经过细喉后，将产生剪切作用，会在一定程度上导致气体水锁，形成新的死气区，同时降低气相渗透率。

（5）气体在孔喉中的高速流动，也将产生携液、干燥和去湿作用，加之亲水岩石的较强润湿性作用，库内在气体反复注采后，气驱波及效果逐渐提高，但提高幅度非常缓慢。

针对以上的综合分析结论，提出以下两点注采调整建议：（1）有选择地在较低渗透区补打调整井，以改善低渗透区驱替效果，提高库容动用率；（2）在气库强采过程中，采气速度应有所限制，以控制气水过渡带宽度，降低水侵造成的负面影响，从而提高气库整体库容动用率。

4. 水侵砂岩气藏型储气库库容参数设计方法和设计模式

通过总结国内现役气藏型储气库运行经验，结合在建气藏型储气库特点，提出了影响气藏建库有效孔隙体积的主控因素和量化评价方法，建立了有效库存量预测数学模型，在此基础上完善水侵砂岩气藏型储气库库容参数设计方法，并形成了相应的设计模式和技术流程，为老库调整挖潜、新库指标优化设计和论证奠定了重要的理论基础。

1）库容参数设计方法

库容参数设计以建库有效孔隙体积及其库存量为物质基础，充分考虑圈闭密封性、注采系统完整性、建库气驱效率及技术经济性，论证合理的地层压力运行区间，进而确定气库的库容量、工作气量、垫气量及补充垫气量，为建库规模及注采运行指标优化提供科学依据。

（1）建库有效孔隙体积预测模型。

在现役储气库运行效率主控因素分析的基础上，结合国内在建与待建气藏目标库址的地质特点，认为影响气藏建库效率的主控因素主要包括 5 方面：储层物性及非均质性、地层水侵入、井网对砂体控制程度、应力敏感和混气后地层流体性质变化等。鉴于储气库多周期注采运行过程中，可以逐步调整注采井网，以实现注采井对有效储层的合理控制，因此本次研究过程中不考虑注采井网的合理性对建库孔隙体积的影响，由此得到影响气藏建库有效孔隙的 4 大主控因素，分别是储层物性及非均质性、地层水侵入、应力敏感和混气后地层流体性质变化。

结合储气库建库机理研究成果，细化了不同区带建库有效孔隙体积的主控因素（图 5-6）。

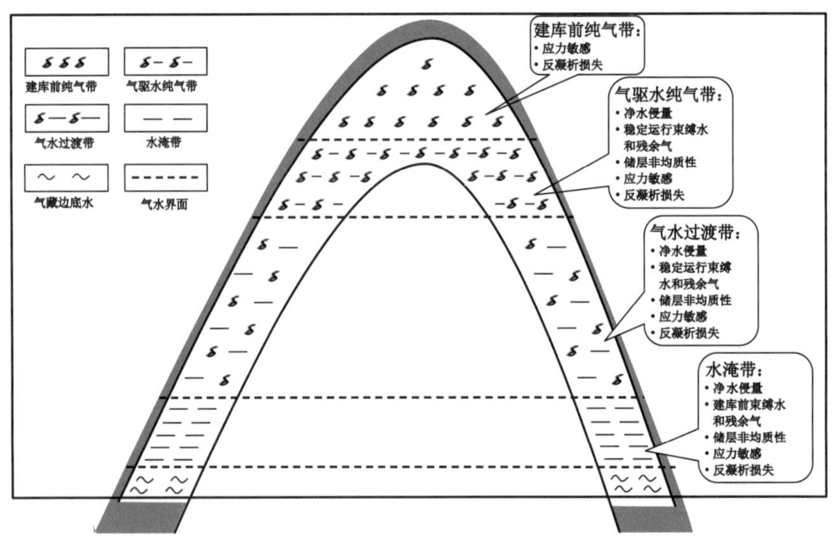

图 5-6　影响储气库不同区带建库孔隙体积的主控因素示意图

储气库在经过多周期注采运行稳定后，可形成有效库容的可动含气孔隙体积应扣除水淹带、气水过渡带及气驱水纯气带等不同区带不可动含气孔隙体积，同时考虑储层应力敏感塑性变形量和凝析油反凝析后占据含气孔隙空间的影响。

有效孔隙体积 = 气藏动态法原始含气孔隙体积 − 建库不可动孔隙体积 = 气藏动态法原始含气孔隙体积 −（水淹带不可动含气孔隙体积 + 气水过渡带不可动含气孔隙体积 + 气驱水纯气带不可动含气孔隙体积 + 储层应力敏感塑性变形量 + 凝析油反凝析孔隙体积变化量），即：

$$V_{gm}=V_i-V_{gmr}=V_i-\left(\Delta V_1+\Delta V_2+\Delta V_3+\Delta V_4+\Delta V_5\right) \tag{5-1}$$

式中 V_{gm}——建库有效孔隙体积，10^8m^3；

V_i——气藏原始含气孔隙体积，10^4m^3；

V_{gmr}——建库不可动有效孔隙体积，10^8m^3；

ΔV_1——水淹区不可动含气孔隙体积，10^4m^3；

ΔV_2——过渡带不可动含气孔隙体积，10^4m^3；

ΔV_3——纯气区不可动含气孔隙体积，10^4m^3；

ΔV_4——储层因应力敏感减小的孔隙体积，10^4m^3；

ΔV_5——凝析油反凝析减小孔隙体积，10^4m^3。

（2）建库有效库存量预测数学模型。

① 有效库存量数学模型。对于弱—中等水侵砂岩气藏建库，以原始含气孔隙体积为基准，扣除建库储层不同区带储层物性及非均质性、边底水侵入、储层应力敏感性和混气后地层流体性质改变等因素对建库有效孔隙体积的影响；同时，引入束缚水和岩石弹性形变量，得到某运行压力 p_u 下建库的有效孔隙体积。储气库由建库前地层压力 p_{u0} 增加到 p_u 时，地层内储存的天然气量等于建库前剩余可动天然气量和累计注入气量，即建库前有效库存量 G_{r0} 和天然气注入量 G_{inj} 之和。根据地下孔隙体积平衡原理可知，注气地层压力增加 Δp 后，有效库存量在压力 p_u 下的地下体积应等于该压力下有效孔隙体积，进而建立有效库存量预测数学模型。

地层压力 p_u 对应的建库有效孔隙体积 =（建库前有效库存量 G_{r0}+ 累计注气量 G_{inj}）的地下体积，即：

$$V_{gm} + \Delta V_6 = 10^4 \left(G_{r0} + G_{inj(p_u)} \right) B_{gm(p_u)} \tag{5-2}$$

式中　V_{gm}——建库有效孔隙体积，10^8m^3；

ΔV_6——束缚水和岩石弹性形变量，10^4m^3；

G_{r0}——建库前有效库存量，10^8m^3；

G_{inj}——气藏建库注气量，10^8m^3；

p_u——储气库建库运行压力，MPa；

B_{gm}——储气库天然气体积系数，m^3/m^3。

② 束缚水和岩石骨架变形量。在储气库多周期注采气过程中，随着压力增加，束缚水和岩石骨架压缩，储气空间增大；另外，随着压力降低，束缚水和岩石骨架膨胀，储气库空间减小。为了科学合理地确定气藏建库及注采运行过程中视地层压力与可动库存量的函数关系，有必要建立储气库运行过程中不同压力下束缚水和岩石骨架变形量预测数学模型。

$$\Delta V_6 = V_{gm} \sum_{j=1}^{N_{wr}} \varepsilon_j \left(\frac{C_w S_{wc(lmt)} + C_p}{1 - S_{wc(lmt)}} \right)_j \left(p_u - p_{u0} \right) \tag{5-3}$$

式中　ΔV_6——束缚水和岩石弹性形变量，10^4m^3；

V_{gm}——建库有效孔隙体积，10^8m^3；

ε_j——储层非均质系数；

C_w——束缚水压缩系数，MPa^{-1}；

$S_{wc(lmt)}$——多周期运行稳定后束缚水饱和度；

C_p——岩石有效压缩系数；MPa^{-1}；

p_u——储气库建库运行压力，MPa；

p_{u0}——储气库建库前地层压力，MPa。

③ 建库前有效库存量。在气藏开发动态法计算的地质储量基础上，扣除建库储层不

同区带储层物性及非均质性、边底水侵入、储层应力敏感性和混气后地层流体性质改变等因素的影响，得到建库前有效库存量。

$$G_{r0}=V_i-\left(\Delta V_1+\Delta V_2+\Delta V_3+\Delta V_4+\Delta V_5\right)/10^4 B_{g(p_{u0})} \tag{5-4}$$

式中 G_{r0}——建库前有效库存量，10^8m^3；

V_i——气藏原始含气孔隙体积，10^4m^3；

ΔV_1——水淹区不可动含气孔隙体积，10^4m^3；

ΔV_2——过渡带不可动含气孔隙体积，10^4m^3；

ΔV_3——纯气区不可动含气孔隙体积，10^4m^3；

ΔV_4——储层因应力敏感减小的孔隙体积，10^4m^3；

ΔV_5——凝析油反凝析减小孔隙体积，10^4m^3；

B_g——气体体积系数，m^3/m^3；

p_{u0}——储气库建库前地层压力，MPa。

④ 有效库存量。储气库有效库存量等于建库前有效库存量与建库过程的累计注气量之和，即：

$$G_r=G_{r0}+G_{inj(p_u)} \tag{5-5}$$

（3）库容参数预测数学模型。

在建库有效库存量预测模型建立的基础上，根据储气库上下限运行压力，得到库容量、垫气量和工作气量等库容技术指标。

① 库容量。以有效库存量预测模型为基础，取储气库运行压力 p_u 等于设计的上限压力 p_{max}，得到的有效库存量即为库容量。即：

$$G_{max}=G_{r(p_{max})}/10^4 B_{gm(p_{max})} \tag{5-6}$$

② 气垫气量。以有效库存量预测数学模型为基础，取地层压力 p_u 等于设计的下限压力 p_{min} 时，得到的有效库存量即为气垫气量。即：

$$G_{min}=G_{r(p_{min})}/10^4 B_{gm(p_{min})} \tag{5-7}$$

③ 工作气量。工作气量的大小等于库容量与气垫气量之差。即：

$$G_{wg}=G_{max}-G_{min} \tag{5-8}$$

④ 附加垫气量。附加垫气量大小等于气垫气量与建库前有效库存量之差。即：

$$G_{add}=G_{min}-G_{r0} \tag{5-9}$$

2）库容参数设计模式

在库容参数预测数学模型建立的基础上，提出了气藏型储气库库容参数设计模式。库容参数设计模式主要包括建库有效库存量预测、运行压力优化设计及库容参数设计三部分。

（1）建库有效库存量预测。

从气藏动态法原始含气孔隙体积出发，通过建库精细评价和气藏动态特征研究，动静结合建立三维精细地质模型，预测单砂体孔隙体积，分析地层流体运行及分布特征，进而确定建库孔隙体积及地质主控因素。再利用建库机理物理模拟和数值模拟等手段，评价不同储层建库效率及其渗流主控因素。进而综合地质、动态及机理研究成果，为建库有效孔隙体积量化评价提供重要的基础参数，实现不同地层压力下建库有效库存量科学合理预测，为库容参数设计奠定重要基础。

（2）运行压力优化设计。

首先是考虑盖层、断层、溢出点及周边储层封堵性，地面系统及井完整性等方面，确定合理的上限压力。然后利用建库机理物理模拟结果，进一步修正产能方程，评价不同地层压力下单井合理注采气能力，并结合多周期注采过程水侵特征及其对配产影响、井口外输压力限制、技术经济最优化等诸多方面，优化设计下限压力。气库合理运行压力区间的确定，为建库规模设计提供了科学依据。

（3）库容参数设计。

在储气库不同地层压力下有效库存量预测的基础上，根据上下限运行地层压力，最终确定了库容量、垫气量和工作气量。

二、盐穴型储气库地质评价与方案设计技术

我国首座盐穴型地下储气库——金坛储气库于2007年调峰开始运行，2015年底形成工作气量$2\times10^8m^3$左右。2007年以后又陆续开始了河南平顶山等5个目标的评价，基本形成了选址与建库条件评价技术与方法，但由于国内各盐矿地质条件受多夹层、低品位的影响，在造腔方案设计与稳定性评价以及建库方案设计方面还需要进一步攻关研究，“十二五”期间重点开展多夹层密封性研究、多夹层盐岩造腔与形态控制、多周期注采运行稳定性评价技术攻关，在上述研究的基础上，总结金坛储气库建设、运营与淮安盐矿造腔先导性试验的经验，初步建立单腔运行压力及库容参数设计技术。

1. 多夹层密封性评价方法

盐穴型储气库需要在盐腔顶部预留一定厚度盐层作为稳定性的保证，这段预留盐层可作为盐腔的直接盖层，密封性好，因此造腔段非盐夹层成为盐穴型储气库密封性评价的重点对象，夹层的性能决定着储气盐腔的横向封闭性。下面将综合夹层的地质特征、微观封闭性参数、现场工程试验来评价夹层对盐腔密封性的影响。

1）夹层的地质特征

造腔段非盐夹层的地质特征主要包括夹层的岩性、厚度、纵横向展布特征，主要通过地震解释成果、钻井资料和测井资料等，利用地质统计学分析方法进行研究。

国内盐矿的含盐地层以陆相湖泊沉积为主，目前在建的金坛与在研的河南平顶山、江苏淮安等盐穴型储气库均为多夹层的含盐地层，受沉积环境的影响，虽然在局部减薄或加厚，但夹层在纵向和横向上的分布都比较稳定（图5-7），盐穴型储气库一般是由多个盐腔组成的腔群，夹层在横纵向上的稳定分布对盐腔密封性影响不利，因此需要对夹层的微观特征参数进行深入研究。

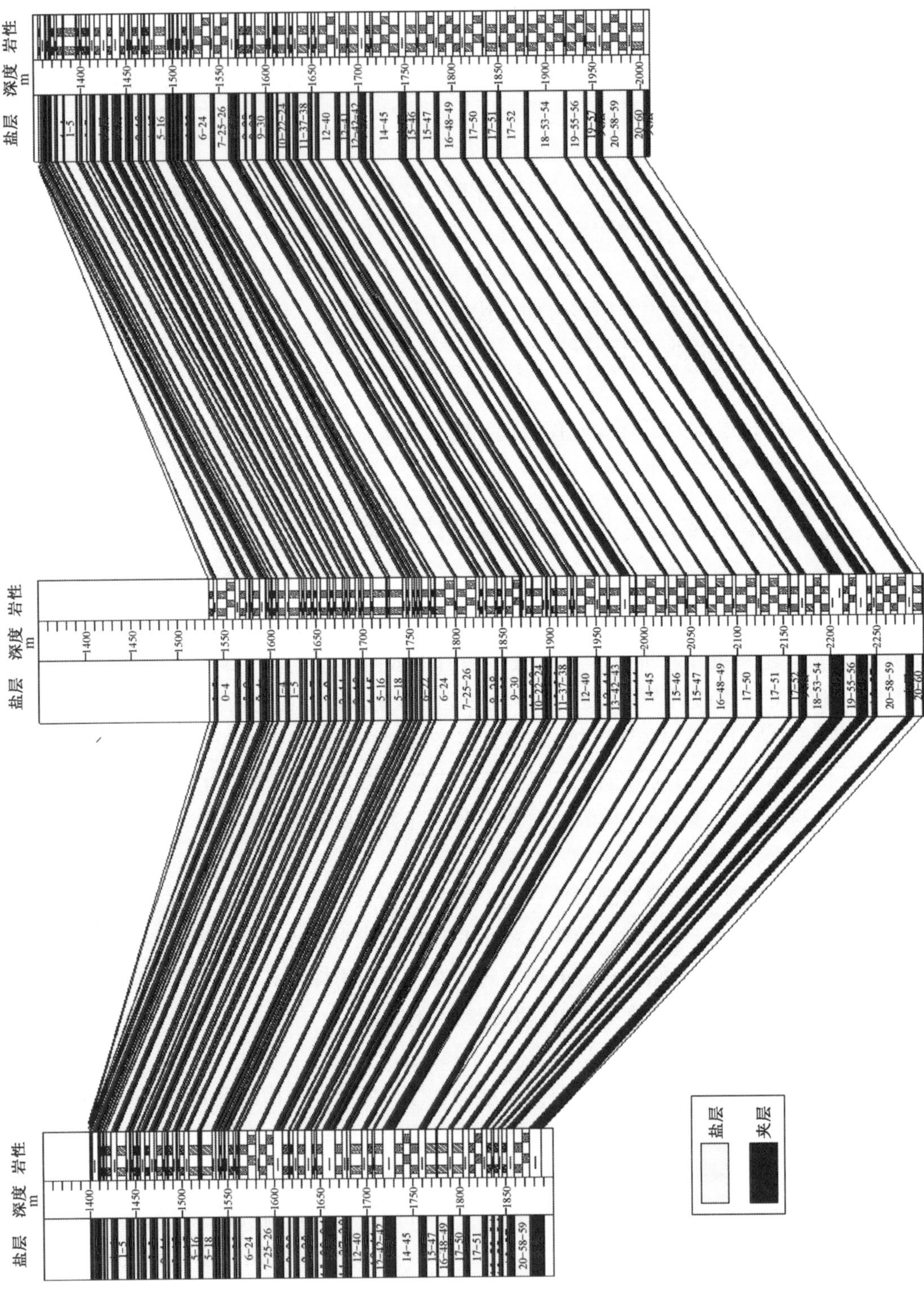

图5-7 含盐地层展布连井剖面图(以平顶山盐矿为例)

2）微观封闭性参数

对夹层岩样开展微观参数实验研究分析是评价夹层密封性最直接的方法，实验分析项目包括物性参数、突破压力、微孔分布及比表面、扩散系数和毛细管压力等。

（1）物性参数测试。岩石的基本物性参数包括孔隙度和渗透率，是反映夹层封闭性能的直接参数。

（2）突破压力测试。封闭层定量评价优劣的标准就是封闭层封闭能力的大小，可以通过获得的突破压力进行评价。

（3）微孔分布及比表面测试。夹层的孔隙结构是决定其密封性的关键因素，了解孔径分布是夹层研究的重要内容。

（4）扩散系数测试。扩散是气体分子由高浓度区通过各种介质向低浓度区自由迁移以达到浓度平衡的一种过程。可以通过实验获得的扩散系数进行评价。

（5）毛细管压力测试。当不互溶的两相流体在孔隙内相互接触时，由于界面张力和润湿性作用，分界面两测流体的压力差为毛细管压力，主要应用压汞法测量。通过压汞毛细管压力曲线，换算为孔喉大小及分布曲线。

3）现场工程试验

现场测试方法主要是指地层承压试验和地层岩石破裂压力的测试。承压试验结果对评价盐腔密封性有一定参考作用。岩石破裂压力测试不仅是评价密封性的有效手段，也是地下储气库确定运行上限压力的重要依据。随着储气库研究评价工作的不断深入，破裂压力测试方法也在不断完善，由金坛储气库金资 1 井的单次压裂、井口读数折算破裂压力，到淮安等地区的多级压裂，并下入井下压力计来直接读取破裂压力值[2]。

2. 多夹层盐岩造腔与形态控制技术

盐穴型储气库造腔过程是一个水溶过程，在盐层中造腔，无法直接观测管柱及排量变化对盐腔形态的影响，需要建立一套方法用于设计盐腔在不同工作状态下的发展过程。造腔设计技术中主要包括造腔物理模拟技术和造腔数值模拟技术[2]。

1）盐腔形态影响因素分析

国内盐腔主要建造在多夹层含盐地层中，该类地层不溶或微溶夹层较发育，盐岩品位较低、造腔过程中的盐腔形态预测较难。而造腔核心就是通过人工控制腔体形态的发展，形成稳定的盐腔形态。

多夹层含盐地层中盐腔形态受到诸多地质条件的影响，如盐层与夹层的厚度、分布、构成等。对于内部的泥质及硬质夹层，厚度较小的夹层，由于内部含少量可溶的 NaCl 以及颗粒脱落等，以沉渣的方式堆积在盐腔底部，这种情况重点是研究夹层的存在对造腔速度与有效体积的影响。而厚度较大的夹层，由于 NaCl 含量的降低，是否会脱落或垮塌、厚度多大的夹层可以脱落或垮塌是未来研究的重点。

（1）不溶物含量对造腔速度影响分析。

泥质及硬质夹层中主要矿物成分是难溶的 $CaSO_4$ 和 Na_2SO_4、不溶的黏土矿物等，另外还有少量的 NaCl。由于不溶物含量以及不同矿物溶解度的差异，造成溶蚀速度存在较大差异。一般来说，不溶物和难溶物含量越高，溶解速度越慢。从某储气库 1 井盐岩水溶试验结果来看，溶蚀速度随不溶物百分含量的增大迅速减慢（图 5-8）。对于含盐钙芒硝、含盐硬石膏以及含盐泥岩等，由于 NaCl 百分含量一般小于 25%，水溶时以斑点或斑块状溶蚀为特征，溶蚀速度很低。

造腔过程中，泥质及硬质夹层的存在一方面延缓了腔体内流体的对流扩散过程，导致盐腔内的流体不能充分交换，另一方面降低了采盐速度，从而增加了盐岩储气库的建腔时间。从统计资料来看，随着不溶物含量的增加，平均采盐速度明显降低。

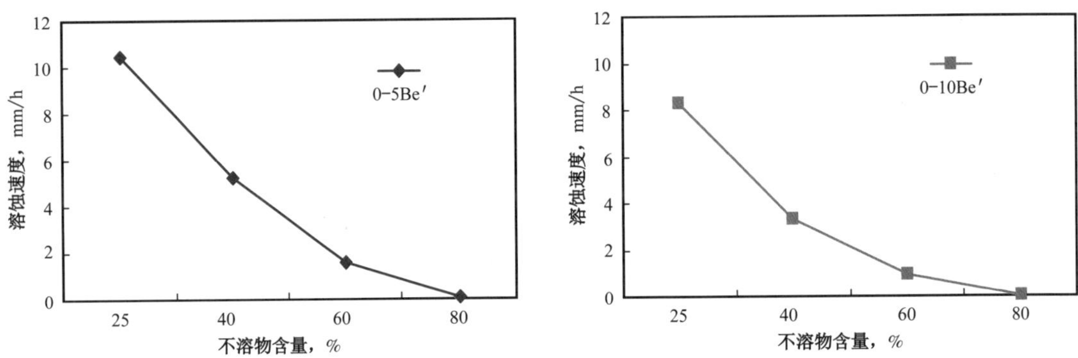

图 5-8　储气库 1 井不溶物含量与溶蚀速度的关系

在相同的造腔工艺条件下，通过数值模拟发现，建造 $20\times10^4m^3$ 体积的盐腔，造腔时间会随着夹层数量的增加而延长（表 5-1）。

表 5-1　夹层数量与造腔时间关系表

盐腔体积，10^4m^3	夹层数量	造腔时间，d
20	0	605
	1	641
	2	668
	3	683

（2）不溶物含量对盐腔有效体积的影响。

由于卤水的携带能力有限，绝大部分不溶物无法被携带出盐腔，最终以沉渣的形式堆积在盐腔底部。不溶物沉渣堆积存在孔隙空间，以及黏土矿物的膨胀效应，导致盐腔的有效体积减小，成腔率降低。例如，盐岩地层不溶物含量从 5% 增加到 20%，盐腔体积从 $40\times10^4m^3$ 减小到 $25\times10^4m^3$，盐腔利用率由 94% 下降到 76%（图 5-9 和图 5-10）。

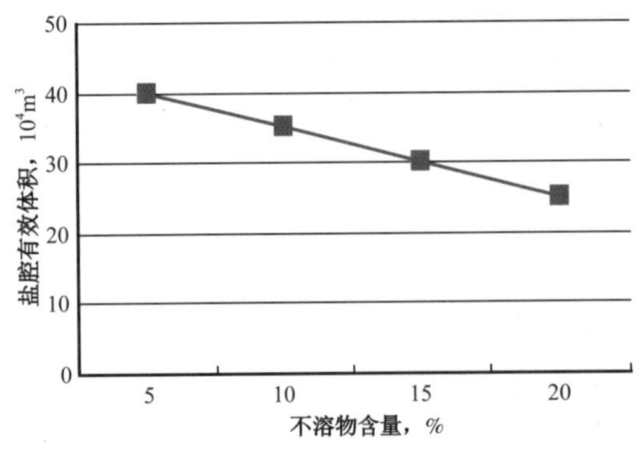

图 5-9　盐腔有效体积随不溶物含量变化

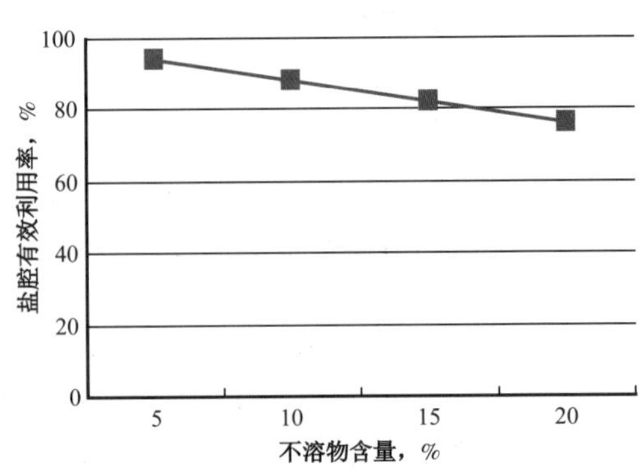

图 5-10　盐腔利用率随不溶物含量变化

（3）夹层及不溶物含量对盐腔形态的影响。

从造腔物理模拟结果来看，夹层的数量及垮塌性直接影响盐岩储气库水溶建腔形态的发展变化。溶蚀作用受夹层的影响底部呈倒三角形，向上夹层影响逐步减小且形态较均匀，呈串珠状；无夹层时，腔体形态较规则、形状易控制。

但从目前采卤老腔声呐检测结果来看，小于6m的夹层对盐腔形态影响不明显，分析原因认为，盐矿开采排量较小，夹层有充分浸泡在水中的时间，各种矿物成分有充分的时间脱落。

① 金坛于2003年由声呐检测的老腔形态除茅1井外，均为规则形态（图5-11），而茅1井不规则形态处并未对应夹层发育段，金坛地区最厚的夹层为5号与6号盐层之间的夹层，厚度为5～6m。

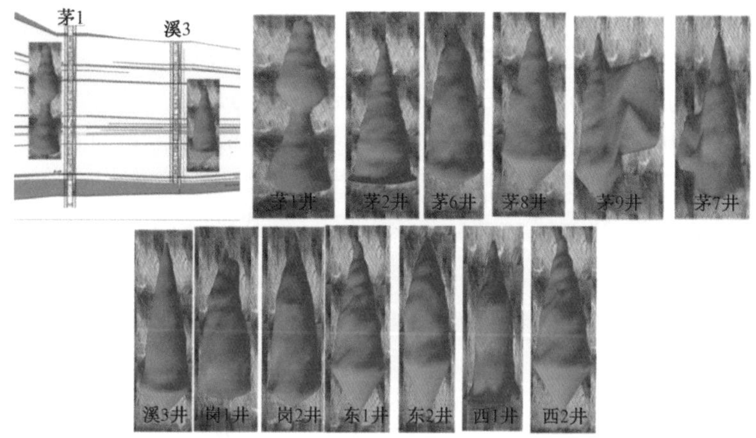

图5-11　金坛2003年采盐老腔声呐检测图

② 平顶山盐矿的两口老井分别于2011年和2013年进行了声呐测腔，这两口井投产时间分别为2009年和1993年，声呐检测显示夹层位置盐腔形态比较规则。这两口井测腔段最大夹层厚度分别为3.3m和5.9m（图5-12）。

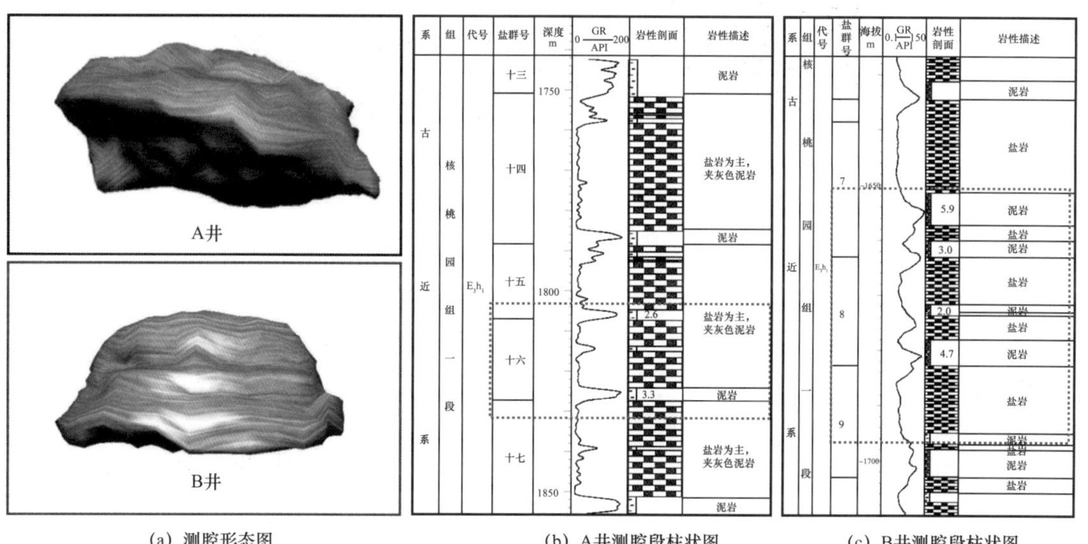

(a) 测腔形态图　(b) A井测腔段柱状图　(c) B井测腔段柱状图

图5-12　平顶山老腔声呐检测结果分析图

综上，虽然从物理模拟结果以及现有软件数值模拟预测盐腔形态中看出，夹层对盐腔的形态影响较大，但从采盐老腔与新建盐腔声呐检测结果来看，夹层性质与夹层厚度对盐腔的影响还需要结合造腔过程的工艺过程综合分析。

2）多夹层盐岩造腔物理模拟实验装置

为了更好地仿真模拟多夹层盐岩造腔水溶过程，研制了多夹层盐岩造腔物理模拟实验装置，该装置由试验装置框架、多场耦合模拟系统、注采循环系统、注采动态参数测量控制系统和盐腔形态动态数据采集系统等组成（图 5-13），可实现多夹层造腔过程实时监测物理模拟，进行多夹层盐岩在多场耦合条件下的盐穴造腔模拟与形态控制研究，可以控制地应力、温度、注水流量和内外水管高度、顶板保护液高度以及探头的高度和旋转角度等参数，对造腔过程中盐腔形态进行实时监测[3]。实验装置主要技术指标为：（1）可进行多夹层盐岩在地应力和地层温度等多场耦合条件下，造腔过程中盐腔形态变化规律的物理模拟，模拟地应力为 0.1～20.0MPa；（2）可模拟注采水过程，并能控制注采速度，注水和出水管为内、外同心管，可模拟正、反循环，可模拟的注水流量为 0.1～100.0 mL/min；（3）具备顶板保护液注采和液位探测功能，可控制造腔高度过程形态；（4）模型最大尺寸为 400mm × 400mm × 800 mm，适应 200mm × 400mm 柱状试件；（5）可实时测量卤水浓度变化规律及盐腔形态，可研究施工工艺与参数对盐腔形态的影响。

图 5-13　多夹层盐岩造腔物理模拟实验装置系统照片

1—模型反力框架；2—多场耦合模拟系统；3—注采动态参数测量控制系统；

4—盐腔形态动态数据采集系统；5—注采循环系统

造腔物理模拟即是将加工好的盐心放入加持器中，放置设备顶盖，上螺栓。将注采管柱下入钻孔中。连接注采循环系统及阻溶剂控制系统。调节注采管柱至实验需求位置。进行地应力的加载。通过注采循环系统，验证设备的密封性。待密封性合格后，即可根据已设计好的实验流程开始物理模拟实验（图 5-14）。

按照设计的造腔流程，根据需求注入清水，采出卤水，利用可视化系统，监测盐腔形态变化（图 5-15）及内部溶蚀情况。根据盐腔形态变化调整造腔工艺[4, 5]。

通过调节测距系统的高度，得到不同平面的盐腔形态轮廓，通过 CAD 软件可形成盐腔形态的三维图形（图 5-16）。

图 5-14　多夹层盐岩造腔物理模拟实验前准备

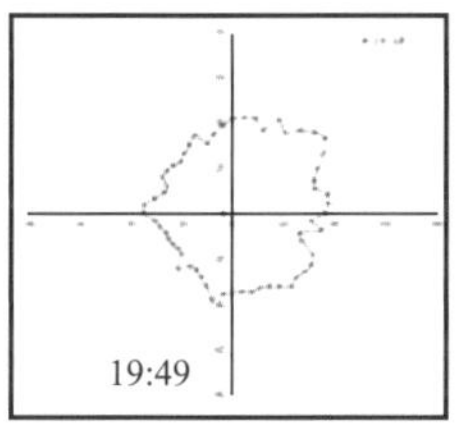

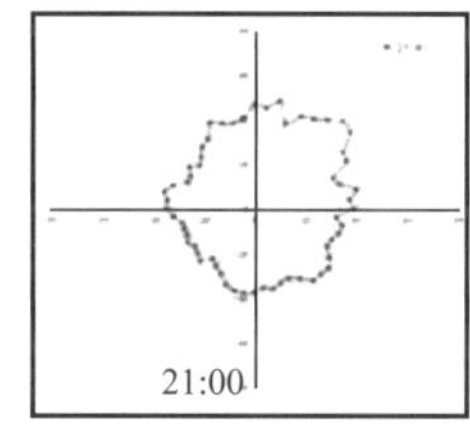

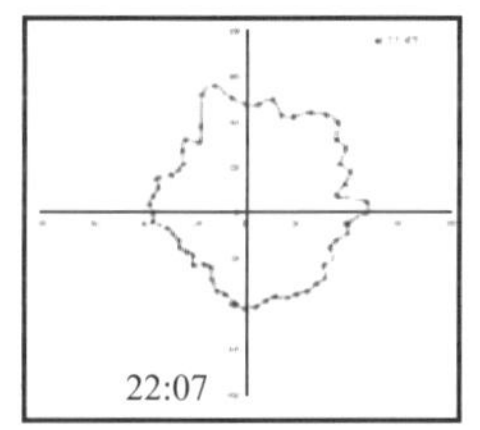

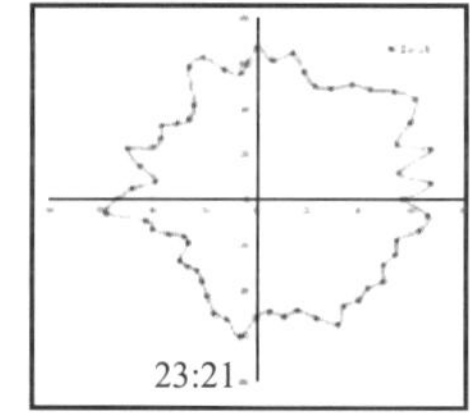

图 5-15　不同时刻同一高度盐腔形态变化

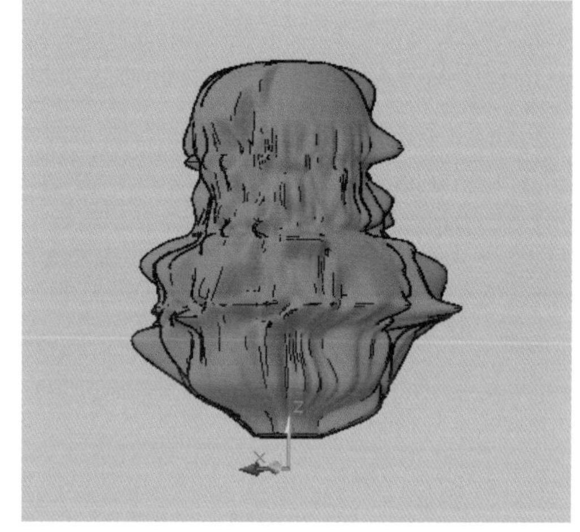

图 5-16　盐腔形态的三维图形

为了估算造腔过程中腔体形状的发展及每阶段大致的造腔时间，在实验过程中，每隔一段时间测量一次排出卤水的浓度，观察卤水浓度变化，同时，测量排出卤水的质量（每次取 100mL）。利用程序来进行相关估算和预测，最后得到的盐腔发展剖面图如图 5-17 所示。

试验结果表明，该实验装置各系统性能可靠，结合盐腔发展预测及注油量估算程序，能较好地模拟盐穴造腔过程，获得造腔参数。该实验装置实现了多夹层盐穴造腔模拟与形态控制可视化真实模拟，实验得到的造腔工艺参数和形态控制技术对现场造腔施工工艺的优化有重要意义。

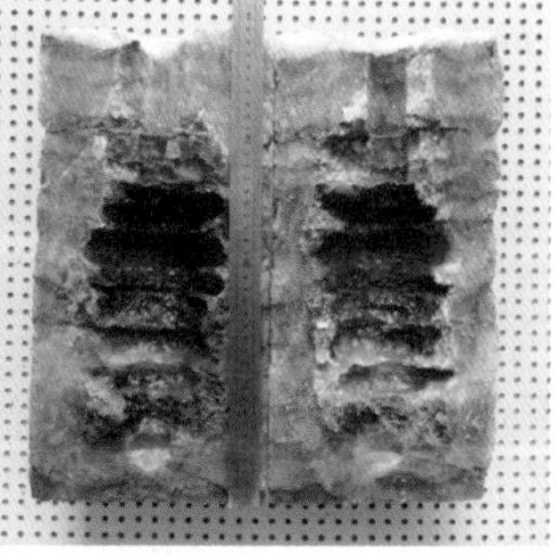

图 5-17　盐岩物理模拟结果剖面

3）夹层垮塌控制技术

以“多夹层盐岩造腔物理模拟实验装置”开展的物理实验结果为依据，开展夹层垮塌数值模拟预测研究。

（1）数值模型及参数。

以国内某盐穴型储气库为例，通过对盐腔的地质及盐腔尺寸参数进行分析后，通过比对找到具有代表性的盐腔模型作为基础模型对夹层的垮塌情况进行分析。该储气库埋深1600m，盐腔形状似氧气瓶形，其具体的模型尺寸参数见表5-2和表5-3。

表5-2　模型的尺寸参数

项目	位置，m	数值，m
腔体最大半径	1760	37.5
腔体最大夹层厚度	1790～1795	5
腔体高度	1600～1830	230
盐层厚度	1321～2126	805

表5-3　模型材料参数

岩性	密度 g/cm^3	弹性模量 E GPa	泊松比 μ	单轴抗压强度 MPa	单轴屈服强度 MPa	抗拉强度 MPa
灰色盐岩	2.19	15	0.15	28.17	20	1.38
泥岩夹层	2.66	21.48	0.31	50.46	30	3.19

（2）数值模拟结果分析。

在建立的盐腔基础上，对难溶夹层对盐腔稳定性的影响及夹层自身的垮塌进行了分析，分别对夹层厚度、夹层埋深、夹层跨度、腔体高度、夹层在腔体中的位置对夹层垮塌的影响进行了数值模拟。通过数值模拟预测得到以下认识：

① 夹层的垮塌一般首先开始于夹层的中心以及边缘部位。夹层中心部位破损区从夹层中心向夹层的边缘及夹层的上部发散状扩展；夹层边缘破损区从边缘底部开始，继而发展到边缘上部，然后从底部和上部同时向边缘内部以及夹层中心方向呈收敛状扩展。

② 夹层的厚度越小，夹层越容易发生垮塌；夹层的位置越靠近腔体中部，夹层越容易发生垮塌。对于某些较厚夹层，其下部基本溶蚀完成后并不垮塌，当上提管柱继续对上部盐层进行溶蚀时，掏空体积越大，夹层对腔体支撑越大，受到腔体收缩压力越大，夹层就可能会在一定时候垮塌。

③ 夹层跨度及夹层附近的腔体直径越大，夹层越容易发生垮塌；夹层的埋深越大，夹层越容易发生垮塌；腔体的高度越大，夹层越容易发生垮塌。这表明，越靠近造腔后期，夹层越容易发生垮塌。

3. 单腔多周期注采运行稳定性评价方法研究

岩石力学参数是盐穴型储气库稳定性的基础，在岩石力学参数测定和规律分析的基础上，再开展盐穴型储气库稳定性评价方法研究。

岩石力学参数测定包括单轴抗压、三轴抗压、抗拉、剪切与蠕变试验分析。通过单轴压缩试验，获取了相应岩样的单轴抗压强度、弹性模量和泊松比；通过单轴抗拉强度试验，测定了各类岩样的单轴抗拉强度；采用三轴压缩试验，确定了不同围压条件下的三轴抗压强度和不同岩性的黏聚力与内摩擦角；利用界面直接剪切试验，得到了夹层界面的法向变形刚度、剪切变形刚度以及界面的抗剪强度指标；根据单轴和三轴蠕变压缩试验，测试确定了不同岩性岩样的蠕变力学参数。与此同时，由试验测定给出了各种力学指标或变形参数的试验全过程曲线，不仅可为各盐穴型储气库稳定性评价提供基础数据与参数，还为力学规律的研究提供了基础。

1）单轴抗压强度试验

通过43块样品的单轴抗压试验认为，三种岩石样品的单轴破坏形式均为沿着轴向的多个劈裂面张拉性破坏（图5–18），含夹层盐岩的破坏与其他两种样品的区别非常明显，自身强度较高的泥岩夹层沿轴向首先劈裂破坏，然后裂纹扩展到盐岩层部分，带动盐岩层的张拉破坏。这是由于夹层虽然自身抗压强度较高，但其弹性模量较大，变形能力较低，和变形能力较大的盐岩协调变形时，相当于受到了附加的拉伸围压，故而首先张拉破坏。此外，在盐岩层与泥岩层的交界面处没有发生滑移破坏，这说明界面黏合良好。

图5–18　三种岩石样品单轴压缩破坏示意图

通过对试验测得的单轴抗压强度、弹性模量、泊松比等与各样品的化学成分分析进行对比分析发现，随NaCl含量增加和水不溶物含量递减，样品单轴抗压强度减小，弹性模量也递减，但泊松比递增，表明水不溶物含量对盐岩力学特性和变形有较大影响。随水不溶物含量增加，力学强度增加，但变形破坏过程中的变形量却减小（图5–19至图5–21）。

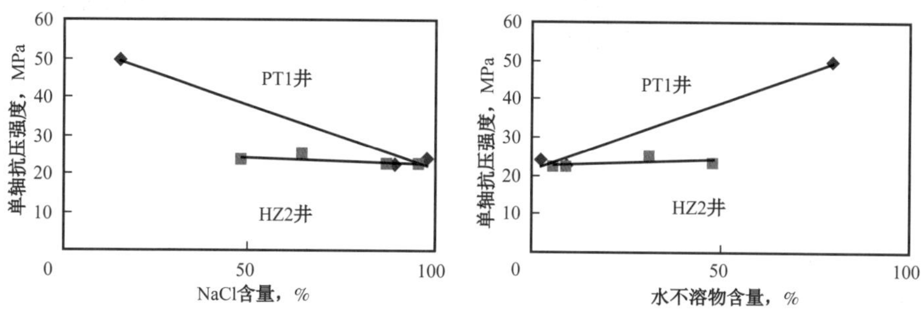

图5–19　NaCl含量和水不溶物含量与单轴抗压强度关系图

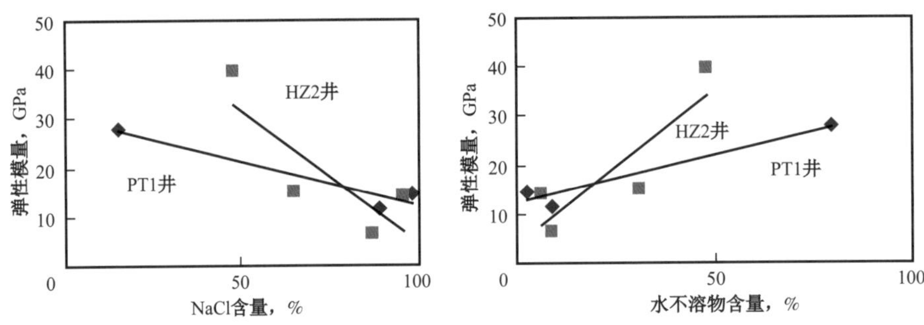

图 5-20　NaCl 含量和水不溶物含量与弹性模量关系图

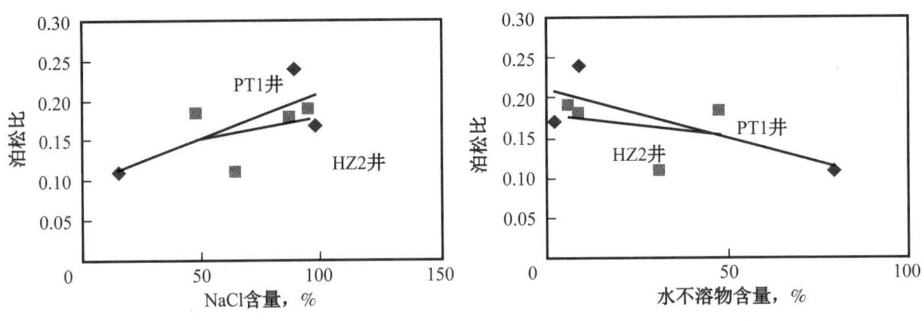

图 5-21　NaCl 含量和水不溶物含量与泊松比关系图

2）三轴抗压强度试验

（1）三轴抗压强度试验分析。

通过 100 块三轴抗压试验试验样品试验结果分析发现，当围压压力低于 10MPa 时，破坏呈典型的剪切破坏特征，当围压压力大于 10MPa，盐岩呈无显著剪切破坏面的塑性大变形特征，塑性大变形特征随围压压力增加而增加，轴向压缩量可达 40%，横向膨胀量可达 30%（图 5-22）。通过试验，可获得应力—应变曲线以及内聚力和内摩擦角等参数。

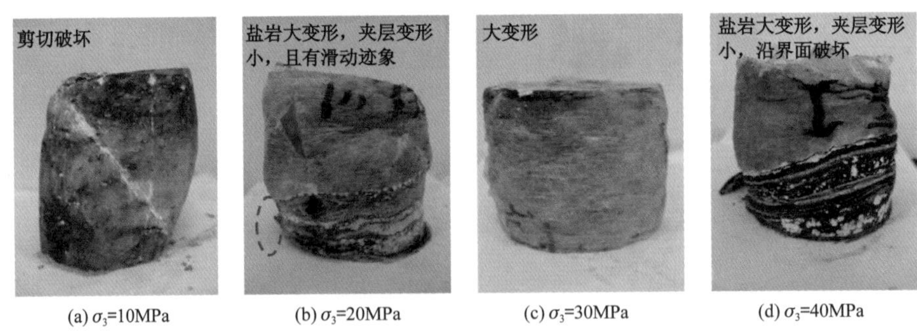

(a) σ_3=10MPa　(b) σ_3=20MPa　(c) σ_3=30MPa　(d) σ_3=40MPa

图 5-22　库 B 黄白色盐岩不同围压三轴抗压变形图

通过对三轴压缩试验得到的内聚力、内摩擦角等平均值与主要成分（NaCl 和水不溶物）含量研究发现（图 5-23 和图 5-24），受水不溶物含量影响，随 NaCl 含量增高和水不溶物含量降低，内聚力升高、内摩擦角变小，主要是由于盐岩在三轴应力状态下发生了大变形。围压越高，大变形特征越显著，盐岩的轴向压缩变形也越大。当围压压力大于

10MPa 后，随围压压力增加，盐岩并无显著破坏面，这导致的对的内聚力 C 值随 NaCl 含量增加而增加，内摩擦角 φ 值却相反。

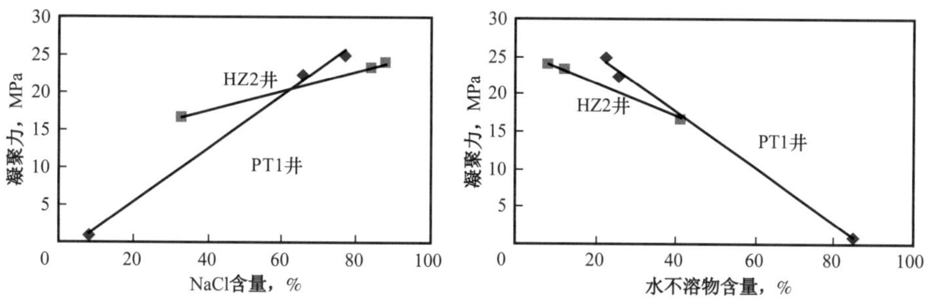

图 5-23　NaCl 含量和水不溶物含量与凝聚力关系图

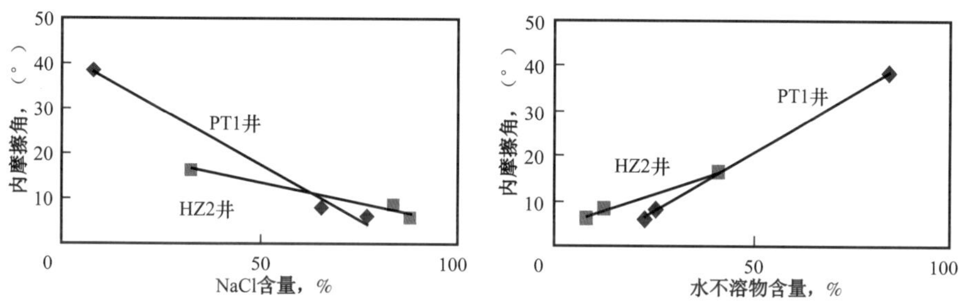

图 5-24　NaCl 含量和水不溶物含量与内摩擦角关系图

（2）地层温度对盐岩力学参数的影响试验。

由于建库深度较深，为了得到地层温度对岩石力学参数的影响，对 9 块岩样进行高温下三轴压缩试验。除常规试验温度为 29℃外，根据盐样所在地层深度的地温，将温度分为 41℃，53℃和 65℃三个等级，而围压同常规三轴压缩试验。通过三轴峰值强度随温度的变化曲线（图 5-25）可以看出，在高温 65℃条件下，围压 30MPa 时，三轴强度为常温下的 63%；围压 20MPa 时，三轴强度为常温下的 71%。不论围压如何，三轴强度均随温度的提高逐渐降低，53℃后降低幅度逐渐减缓。分析原因可能是由于当温度提高到一定程度后，再与围压相互协调作用，表现为岩样强度随温度的衰减趋势变缓。由于试验样品有限，这一认识还需要更多的试验来验证。

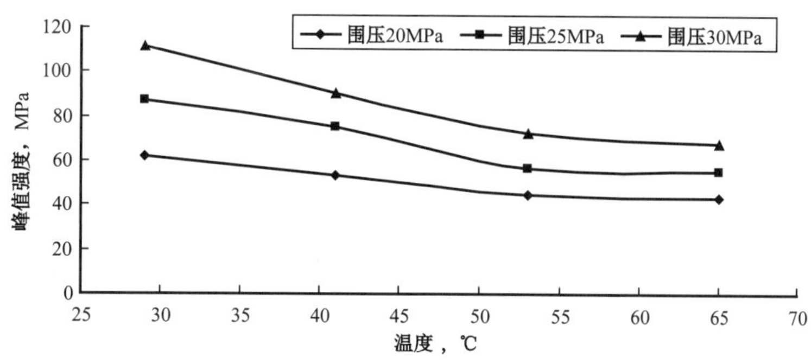

图 5-25　盐岩三轴峰值强度随温度变化曲线

3）抗拉强度试验

通过 110 块样品的抗拉强度试验表明，抗拉强度由高到低依次是泥岩、含盐泥岩、含泥盐岩、钙芒硝盐岩、盐岩。

通过拉伸试验得到样品的抗拉强度，结合各样品的化学成分分析，得到样品主要化学成分平均值（NaCl 和水不溶物）含量与其抗拉强度平均值关系（图 5-26），随 NaCl 含量降低，水不溶物含量升高，盐岩的抗拉强度呈增大趋势。

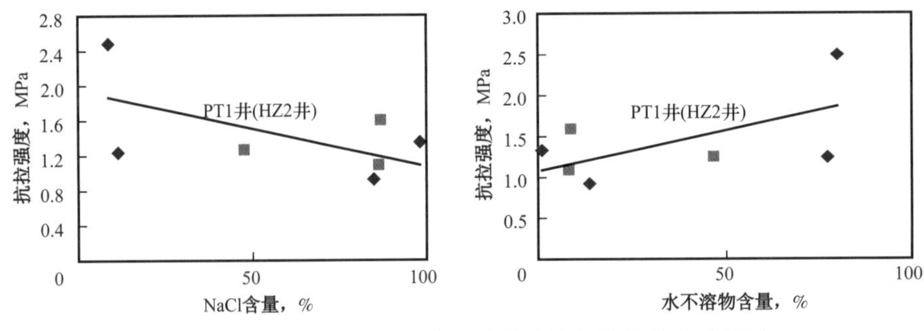

图 5-26　NaCl 含量和水不溶物含量与抗拉强度关系图

4）界面剪切试验

试验共测试界面剪切样品 45 块，得到了各个测试样品的抗剪强度及各个测试样品的抗剪强度和剪切位移曲线（图 5-27）。

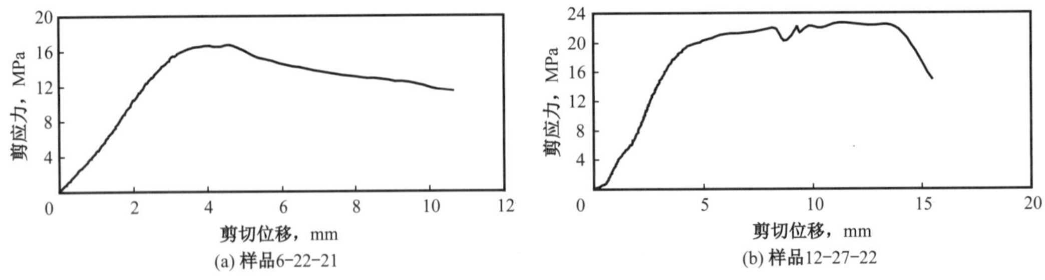

图 5-27　剪应力与剪切位移关系图

5）蠕变试验

工程建设的实践与研究表明，岩体的应力和变形会在长期荷载作用下，随着时间不断调整、发展和变化，这种现象常常需要延续较长的时间周期才能趋于稳定。对于盐穴型地下储气库，盐腔的稳定性往往体现在注采运行工况下的长期稳定，因此在评价稳定性时，需要把围岩的蠕变特性考虑在内。同时，岩石的蠕变特性和长期强度则显得尤为重要，与工程项目的长期安全、稳定密切相关。盐穴型储气库稳定性的分析，当所涉岩石需要考虑该岩石的蠕变特性时，则需取该岩石的长期强度作为基本的计算参数。以平顶山的蠕变试验为例来论述。

岩石长期强度是其在长期荷载下发生破坏时的承载能力，常通过分级加载试验得到。等时曲线是指在一组不同应力水平的蠕变曲线中，相等时间所对应的蠕变变形与应力的关系曲线，等时曲线法确定岩石的长期强度是目前普遍采用的方法。

（1）单轴蠕变条件下的长期强度。根据盐岩在单轴应力下的等时曲线可知，样品 A

对应的长期强度为8.2MPa，约为对应短期强度22.93MPa的35.76%。

（2）三轴蠕变条件下的长期强度。从三轴应力状态下等时曲线上看（表5-4），长期强度均低于对应围压时的短期强度，为短期强度的60%～80%。

表5-4　库B盐岩蠕变测试样品及类型

围压，MPa	短期抗压强度，MPa	长期抗压强度，MPa	长期抗压强度/短期抗压强度，%
10	63.44	37.60	59.3
20	83.22	53.60	64.4
30	93.41	73.00	78.2

（3）长期强度与围压的关系。盐岩长期抗压强度随围压增加而增加；盐岩长期剪切强度参数均低于短期剪切强度参数，C 和 φ 分别为短期强度参数的29.26%和75.16%（图5-28，表5-5）。

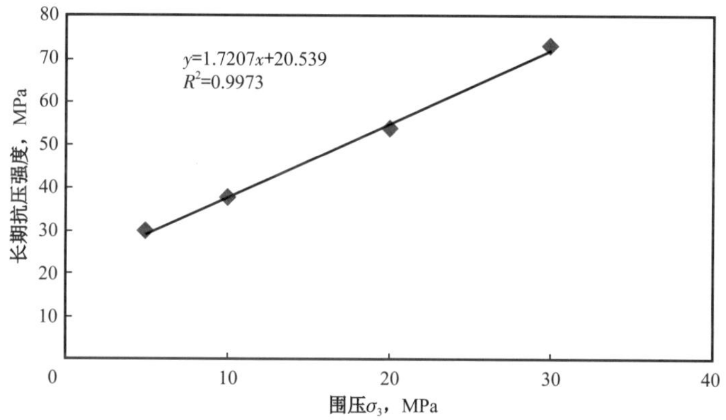

图5-28　长期抗压强度与围压关系

表5-5　长期剪切强度参数与短期剪切强度参数对比

长期剪切强度		短期剪切强度	
C，MPa	φ，（°）	C，MPa	φ，（°）
7.6	15.07	25.97	20.05

4. 盐腔合理运行压力及单腔参数设计

盐腔运行压力是指盐腔运行过程中套管鞋处所允许的压力，包括上限压力和下限压力。对于层状盐岩中建造的盐腔，确定合理的运行压力是保证盐腔长期稳定运行的关键所在。而决定盐腔运行上限和下限压力的基本地质力学过程包括：盐层内盐岩和非盐夹层的破裂压力；盐腔注采运行中压力变化导致的地层应力引发的非均质地层的水平位移和力学破坏；下限压力过低引发的盐腔顶部失稳或闭合。从运行压力对盐腔可能产生的破坏出发，采用现场工程测试、室内试验、数值模拟以及经验法等综合分析，形成了一套有效的盐腔合理运行压力确定方法，为盐腔稳定运行并最大限度地利用盐腔有限的体积提供了可靠参数。

盐腔的单腔参数设计是否合理不仅关系到如何充分利用有限的盐岩资源，而且对盐腔的稳定性影响极大。例如薄盐层建库时，顶底板的预留厚度及盐腔形态直接影响到腔体大小和储气库规模；多夹层盐岩建库时，盐腔的直径、顶部形态对于其稳定性有明显影响。通过实验分析及数值模拟技术，结合盐腔运行压力，建立了一套适用于多夹层薄盐层的盐腔形态及参数设计方法，满足了多夹层盐岩单腔设计要求。

1）运行压力确定方法

（1）上限压力确定。

上限压力是指盐腔在稳定运行过程中套管鞋处允许的最大压力。上限压力主要受盐层中盐岩和泥质夹层及硬质夹层的破裂压力限制；此外，还受到多周期注采过程中盐层内泥质夹层及硬质夹层应力大小和变形趋势的影响。目前，上限压力的确定方法主要包括现场测试、测井解释、上覆地层压力计算、稳定性评价和经验法等。

① 现场测试方法。根据地层承压试验和地应力测试结果，综合分析确定合理的上限压力。为保障储气库运行安全，上限压力通常按地层承压试验或地应力测试中测得的破裂压力的 80% 计算。

② 测井解释法。钻井过程中，井眼周围原始的地应力状态受到扰动形成应力集中，此外若钻井液密度和配方不合适，会使得井眼形成近似于椭圆的形状。椭圆长短轴的方向恰好分别与水平方向最小的和最大的主地应力方向相吻合。因此，利用地层倾角测井方法可以确定实际地应力方向，利用测井资料可以计算地层破裂压力。

③ 上覆地层压力折算法。利用上覆岩层密度计算套管鞋处所受上覆地层压力，上限压力按照上覆地层压力的 80% 考虑。

④ 稳定性评价法。稳定性评价是根据实钻地质剖面和盐腔形态建立地质模型，通过设定不同上限压力和运行工况进行数值计算，在保障盐腔稳定性的情况下，优选出合理的运行上限压力。前文已有论述，不再重复。

⑤ 经验法。根据国外已经运行的盐穴型储气库经验，在保证盐腔密封性的情况下，上限压力取值一般为静水柱压力的 1.5～2.0 倍。通过类比分析，确定研究区的上限压力。

（2）下限压力确定。

下限压力是指储气库稳定运行时套管鞋处的最小压力。当储气库处于下限压力时，既要保证盖层不发生坍塌，又要使盐腔体积不发生大幅度减小。下限压力的确定通常采用稳定性评价和参考已有储气库运行下限压力经验。

① 稳定性评价法。主要是通过岩石力学实验获取其力学参数，在地质及盐腔形态模型建立的基础上，通过设定不同下限压力和运行工况，开展腔体稳定性评价，优选出满足要求的下限压力。该方法可以与上限压力的优选同时进行评价，优选出满足盐腔稳定性和库容要求的最佳运行上限压力和下限压力。

② 经验法。从国外已有储气库运行上限压力与下限压力的经验比值来看，该比值的范围通常是 2：1～6：1，将研究区地层岩性特征及力学性质与已有储气库进行类比，进而对储气库下限压力开展合理预测。

2）单腔参数优化设计

（1）盐腔形态设计。

在盐岩地层中，确定有效建腔的厚度，应首先保证储气库的安全性，保证盐腔与顶板、底板之间有足够厚度的盐层。从盐层总厚度中去掉盐腔与顶板、底板之间预留厚度之后，即可得到有效建腔的厚度，并以有效建腔的厚度作为盐腔基本尺寸。合理地确定盐穴型储气库有效建腔厚度，能够满足安全性准则的要求。

盐腔形态设计主要包括腔体顶部高度、高宽比、顶部预留厚度、套管鞋位置等，这些参数均以稳定性评价为依据，稳定性评价已经在前文有论述，这里不再重复。

（2）单腔参数设计。

在盐腔形态设计基础上，根据造腔层段地层特征、运行压力范围等参数，确定盐腔的各种参数，主要包括盐腔顶底部预留厚度、单腔体积和有效体积、库容量和工作气量等。

（3）淮安储气库运行压力优化。

淮安储气库在先导性试验井钻井过程中进行多级压裂测试的方法，获得地层的破裂压力，利用多夹层盐穴型储气库稳定性的评价技术，通过60余套稳定性数值模拟（图5-29），创新提出高宽比小于1的单腔形态，优化盐腔运行压力等各项单腔参数设计，使得单腔有效体积增加了$7\times10^4m^3$、工作气量增加了$958\times10^4m^3$，降低了储气库的建设成本，具有了更好的经济效益。

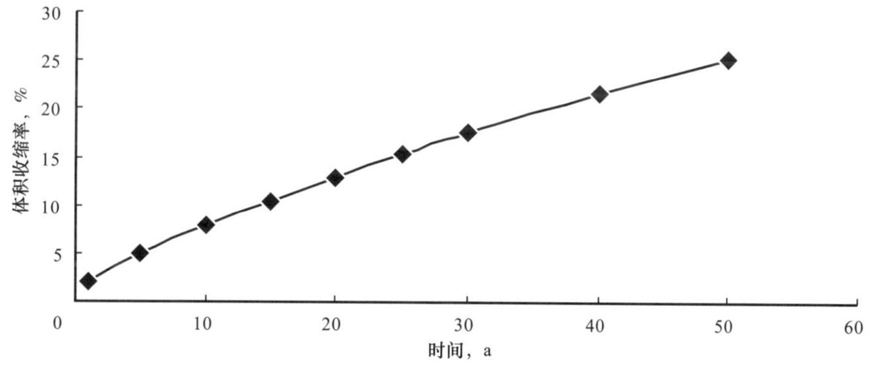

图5-29　稳定性注采运行50年塑性区和应力变形分布图

第二节　储气库钻完井工程技术

储气库钻完井工程是根据方案设计要求的位置及层位完成钻井与完井工程，是储气库工程建设的第一步。钻完井工程主要包括钻井工程、完井工艺以及老井处理三个方面，对于气藏型盐穴型储气库来讲，钻井工程与完井工艺两个过程基本相同，但由于地质对象不同，技术上会各有特色。在老井处理方面，气藏型储气库主要是将老井进行封堵与处理作为监测井来利用；而盐穴型储气库对于未水溶开采的井眼可以进行封堵，但已经开采的只能改造为监测井，另外对于可以利用的老腔进行改造利用。“十二五”期间，针对中国石油气藏型储气库埋藏深、压力系数低、老井井况多且复杂，盐穴型储气库建腔周期长等难题攻关研究，在储气库井身结构优化研究、地层防漏堵漏和固井评价、老井封堵和利用以及盐穴型储气库优快建库技术等方面取得一定的进展。

一、气藏型储气库井身结构及井眼轨迹优化技术

1. 井身结构优化

所谓合理的井身结构，就是按照地质要求，根据地质分层岩性剖面及地层孔隙压力、破裂压力、坍塌压力三条曲线，综合考虑当前钻井设备现状、工艺技术水平及施工能力等一系列因素，设计出能满足地质、钻完井、注采管柱及注采工艺要求的井眼尺寸与套管程序。

储气库注采井为满足季节调峰和应急供气的功能，需要较高的采气速度，所以应尽量采用较大尺寸的井身结构[6]。

1）井身结构优化原则

生产套管尺寸以及井眼尺寸的选择需要根据储层的产能、油管尺寸后期工艺的需要来确定。套管尺寸和井眼尺寸的优化原则是从下到上、由里到外，倒退确定各层套管与井眼尺寸，并应尽量使用成熟技术。从苏桥储气库群、相国寺储气库的建库经验来看，对于低压油气藏型储气库注采井的井身结构设计，应以保证固井质量为中心，实现两个专打、一个保护、一个保障，即盖层专打、储层专打、保护储层、保障井筒完整密封性。

2）井身结构设计原则

（1）储气库井表层套管下深必须充分考虑生活水源、地层稳定性等因素。

（2）储气库井技术套管可以采用分级箍固井，生产套管原则上不采用分级箍固井，特殊情况下可以考虑分级固井，但分级箍放在上一级套管内。

（3）储气库井技术套管作为生产套管使用时，技术套管的设计钢级和壁厚应适当加大 1～2 级，并在设计中提出防磨技术措施。

（4）根据国内外储气库建设经验，管柱中应配套下入井下安全阀。因此，为满足各尺寸井下安全阀的下入，油层套管的选择及下深需考虑井下安全阀的外径尺寸及下深。

（5）储气库使用周期为 30～50 年，井筒要能承受频繁注气和采气的交变作用影响，因此，为确保生产套管固井质量，应采用悬挂回接固井方式，确保盖层以上井段水泥环优质段大于 25m，整个井段水泥浆返至地面，保障固井质量达到合格。

（6）储气库井套管头、生产套管及附件必须采用气密封扣，套管头额定工作压力的 70%，必须大于储气库最大运行工作压力，保证套管头的安全性。

（7）储气库井井身结构设计，盖层井段不采用小间隙（环空间隙大于 25.4mm）固井，盖层井段的水泥环厚度要大于常规井水泥环厚度。固井水泥要全部返至地面，盖层顶部 800m 不采用低密度水泥浆固井，上部可采用低密度水泥固井，且全井的固井质量均达到设计要求。

（8）储气库井非稳定地层必须采用套管固井完井；潜山泥质含量较高易垮塌层位、砾岩体地层采用下筛管完井；不含泥质的潜山地层采用裸眼完井。

（9）储气库井完井后，水泥返至井口，若水泥凝固后出现下沉现象，不允许再注入水泥。

3）苏桥储气库群井身结构设计

华北苏桥储气库群为潜山深井建库，实施深度和难度为国际仅有。其中苏 1 储气库垂深为 4100m，苏 4 储气库垂深为 4600m，苏 49 储气库垂深为 4900m。潜山裂缝型油气藏及垂深在 4000m 以上井深建储气库在国内外均属首次。

苏 4 储气库定向井、水平井均采用四开井身结构，如图 5-30 所示。

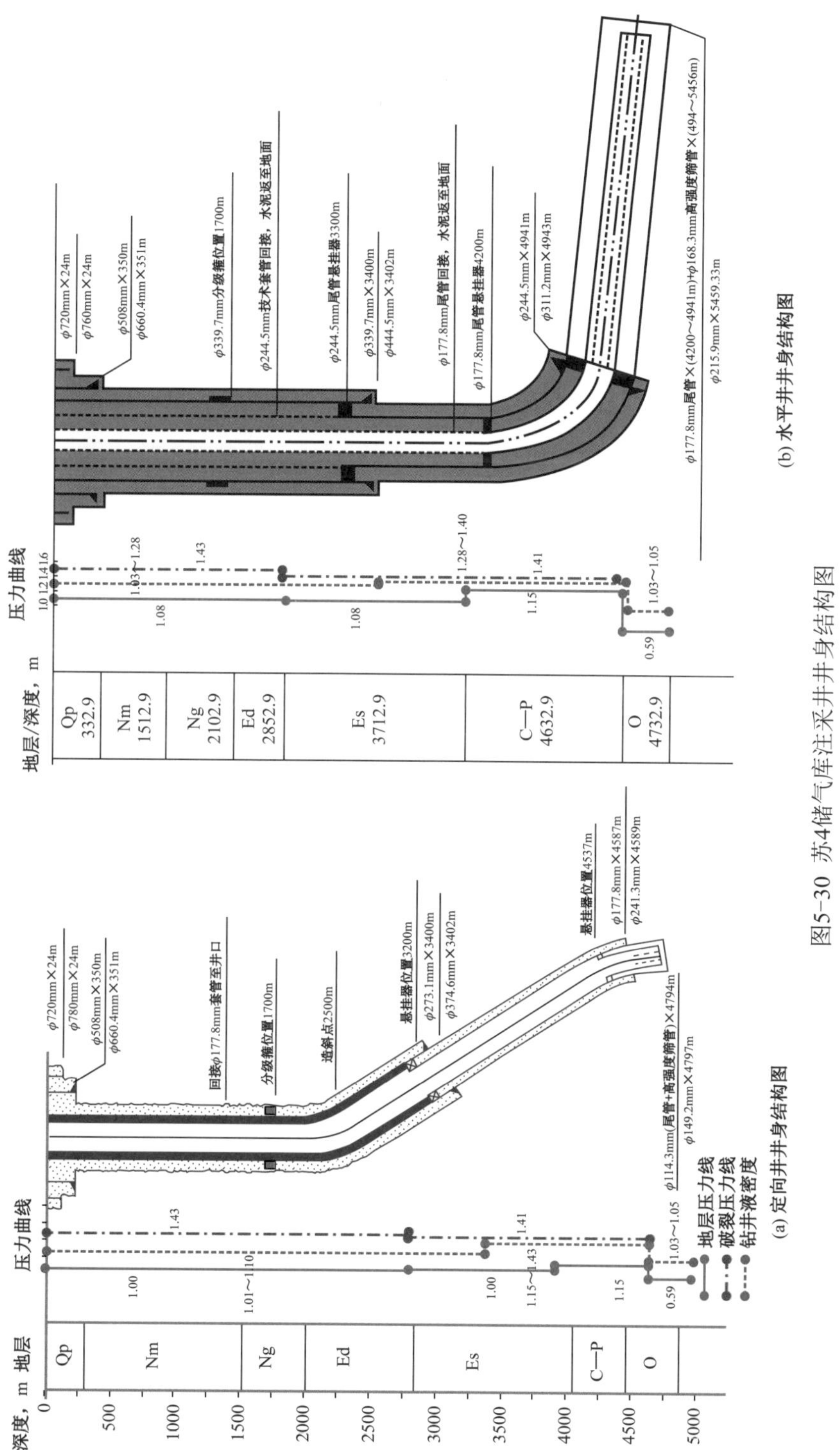

图5-30 苏4储气库注采井井身结构图

（1）定向井井身结构，ϕ720mm 导管下深 24m。

① 一开 ϕ660.4mm 钻头钻深 351m 左右，下入 ϕ508mm 表层套管 350m 左右，主要目的是封固平原组上部松软地层。

② 二开使用 ϕ374.6mm 钻头钻至沙河街上部地层，下入 ϕ273.1mm 技术套管下至 3400m 进入 Es 顶部；主要目的：封隔上部疏松地层；提高钻开下部 C—P 地层时井眼的井控能力；减少下次开钻 ϕ177.8 尾管的长度，利于保证固井质量。

③ 三开使用 ϕ241.3mm 钻头钻进奥陶系风化壳 3～5m，下入 ϕ177.8mm 气密封尾管，封住沙河街组、石炭系—二叠系复杂岩性地层。同时，为保证固井质量，封固好盖层，采用尾管悬挂，四开完钻后再回接 ϕ177.8mm 气密封套管至井口的完井方式。

④ 四开使用 ϕ149.2mm 钻头钻开潜山目的层至完钻井深，采用尾管 + 高强度筛管的完井方式，重叠段的套管不进行固井。

（2）水平井井身结构：ϕ720mm 导管下深 24m。

① 一开 ϕ660.4mm 钻头钻深 351m 左右，下入 ϕ508mm 表层套管 350m 左右，主要目的是封固平原组上部松软地层。

② 二开使用 ϕ444.5mm 钻头钻至沙河街组上部地层，下入 ϕ339.7mm 技术套管至 3400m 进入 Es 顶部。主要目的：封隔上部疏松地层，提高钻开下部 C—P 地层时井眼的井控能力；减少下次开钻尾管的长度，利于保证固井质量。

③ 三开使用 ϕ311.2mm 钻头钻进奥陶系风化壳 3～5m，下 ϕ244.5mm 技术套管，封住沙河街组、石炭系—二叠系，为下步使用低密度钻井液钻开潜山目的层打下良好基础。

④ 四开使用 ϕ215.9mm 钻头钻开潜山目的层至完钻井深，水平段长 400m 左右，下入 ϕ177.8mm 气密封套管 + ϕ168.3mm 高强度筛管 + ϕ177.8mm 回接气密封套管至井口完井。

2. 井眼轨迹优化

井眼轨道的设计根据地质目标参数对造斜点、造斜率、井斜角和防碰措施进行优化，结合目前施工技术水平，合理设计造斜率。为减少套管磨损和确保套管顺利下入井底，造斜率设计应在套管允许通过的最大曲率范围内。

（1）造斜点选择。造斜点应选在比较稳定的地层，避免在岩石破碎带、漏失地层、流沙层或容易坍塌等复杂地层定向造斜；应选在可钻性较均匀的地层，避免在硬夹层定向造斜；造斜点的深度应根据设计井的垂深、水平位移和选用的剖面类型决定，并考虑满足注采井后期作业要求。

（2）最大井斜角。大量定向井钻井实践证明，井斜角小于 15°，方位不稳定，容易漂移。井斜角大于 45°，测井和完井作业施工难度大，扭方位困难，转盘扭矩大，并容易发生井壁坍塌等现象。所以，储气库定向井的最大井斜角尽可能地控制在 15°～45°。

（3）井眼曲率。井眼曲率不宜过小，以免造斜井段过长，增加轨迹控制工作量。井眼曲率也不易过大，以免造成钻具偏磨、摩阻过大和键槽以及其他井下作业的困难。储气库的定向井应控制其值为（5°～12°）/100m，最大值不超过 16°/100m。储气库水平井优选长曲率半径水平井，即井眼曲率（7°～20°）/100m。长曲率半径水平井可以使用常规定向钻井设备、工具和方法，其固井和完井也与常规定向井相同，只是施工难度大。若使用导向钻井系统，不仅可以较好地控制井眼轨迹，也可以提高钻井速度。

该项技术成果应用于苏桥储气库的钻井工程中，从苏 4-9X 井的实钻井眼轨迹与设计井眼轨迹数据对比（表5-6）可看出，直井段设计轨迹与实钻轨迹差别不大，但从造斜后，实际井眼轨迹与设计井眼轨迹井斜相差2.36°，闭合距相差24.2m，A靶井斜相差达3.41°，闭合距相差31.17m，由此说明大井眼井斜控制比较困难，尤其是深井钻进。

表5-6　苏4-9X井实钻井眼轨迹与设计井眼轨迹数据对比

井段	设计				实钻			
	测深 m	垂深 m	井斜 （°）	闭合距 m	井深 m	垂深 m	井斜 （°）	闭合距 m
直井段	2100.00	2100.00	0.00	0.00	2100	2099.94	1.68	3.19
增斜段	2382.23	2374.98	22.58	54.89	2382.23	2368.9	24.94	79.09
稳斜段	3987.91	3857.59	22.58	671.39	3987.91	3851.85	21.72	689.77
A靶	4693.14	4530.00	12.00	880.68	4693.14	4529.30	8.59	849.51
井底	4947.83	4780.00	10.00	929.28	4885.00	4719.36	7.87	832.69

二、气藏型储气库固井技术

气藏型储气库固井主要技术难点包含以下两个：

（1）易漏。储气库固井时要求全井段封固，相对于常规固井，各层次套管固井发生漏失的风险大大增加，固井作业时难以实现平衡压力固井，易发生漏失、气窜等；另外，气藏型储气库由于天然气的开采，地层压力逐年降低，如相国寺储气库经过多年开采，石炭系气藏建库时压力系数仅为0.1，华北苏桥储气库压力系数为0.18～0.95，这进一步增加了固井漏失风险。

（2）水泥环易裂。储气库注采井生产强注强采，周期循环，水泥石需要承受反复的交变应力作用，影响水泥石长期密封性能，很容易产生微裂缝、微环空，产生气窜和套管带压风险。

针对以上固井技术难点，研究了韧性水泥浆体系，提高了水泥石抗交变应力的能力。优化防漏堵漏固井工艺技术，提高顶替效率固井工艺技术，提高环空水泥环长期密封完整性的固井配套工艺技术，优化完井方式等。

1. 韧性水泥浆体系

开发了各种水泥石增韧材料，如DRT-100L，DRT-100S，DRE-100S和SD77等材料，最高使用温度可达200℃。开发的柔性自应力水泥浆体系和DRE韧性膨胀水泥浆体系，水泥石弹性模量较常规水泥石降低20%～50%。韧性水泥技术总体水平国内领先，替代了进口产品，该项技术在中国石油28口井中应用，固井质量均合理。

1）柔性自应力水泥浆体系

（1）柔性自应力水泥浆功能材料。

水泥石自应力值的确定需优选性能优良的柔性防窜材料、水泥石基体内部微筋限制材料、自应力水泥浆体主要的特种功能外加剂，在此基础上进行防窜用自应力水泥浆体系设计。

① 柔性防窜剂。在80℃恒温水浴养护条件下，测试了油井水泥柔性防窜剂（SD77）掺量为0.0，7.0%，8.0%和9.0%时（外掺）水泥石的膨胀性能，实验结果如图5-31所示。

从图5-31可知，在水泥水化过程中，混合水与水泥熟料发生水化反应致使水泥石体积减小，掺有减阻剂和未掺柔性防窜剂的水泥石在整个养护龄期出现收缩，7d前收缩速率较大，7d以后收缩速率趋于平缓，曲线上出现“平台”。随着柔性防窜SD77的掺入，其早期膨胀特性较好，在1d以后就发挥出来，到28d时膨胀趋于稳定。当柔性防窜剂SD77的掺量增加时，水泥石膨胀量增大，柔性防窜剂SD77掺量为7.0%时，净浆水泥石体积收缩得到部分补偿，继续加大柔性防窜剂的掺量至8.0%时，水泥石在整个养护龄期内处于膨胀状态。

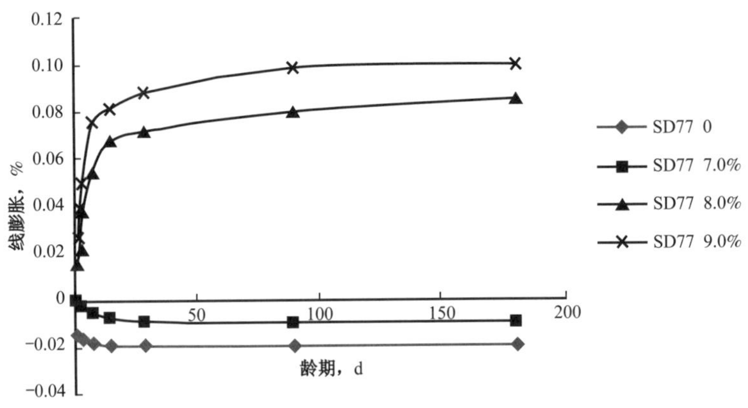

图5-31 柔性防窜剂抑制水泥石收缩的作用（80℃）

② 加筋增韧剂。由于纤维具有“拉筋”作用，阻止微裂纹的进一步形成和发展，吸收能量，使水泥环韧性增加。优选合适的加筋增韧剂来提高水泥石的韧性、抗冲击性能、阻裂性能，防止射孔对水泥环完整性的破坏。用于自应力水泥的加筋增韧剂的要求为：能够均匀分布在水泥基体中形成网络，有合适的弹性模量，有较高的抗拉强度，纤维应该具有亲水性，与水泥界面黏结较好。本实验选择的加筋增韧剂SD66为不同弹性模量的混杂纤维群，具有加筋和增韧的双重功能。

（2）柔性自应力水泥浆性能。

柔性自应力水泥石的泊松比、弹性模量达到了斯伦贝谢公司Flexstone水泥的水平，较原浆水泥有较大程度的改善，而抗拉强度、胶结强度和膨胀率则明显高于Flexstone水泥（表5-7）。

表5-7 水泥浆性能对比实验

编号	密度 g/cm^3	泊松比	弹性模量 MPa	抗压强度 MPa	抗拉强度 MPa	胶结强度 MPa	膨胀率 %
斯伦贝谢Flexstone水泥	1.70	0.385	6600	42.9	2.34	1.92	0.174
柔性水泥	1.90	0.366	5018.8	34.1	3.17	3.86	0.323
原浆水泥	1.90	0.217	9632.7	62.6	1.86	2.716	—

2）DRE韧性膨胀水泥浆体系

DRE韧性膨胀水泥浆体系主要从降失水剂、降低渗透率材料（乳胶）、弹性材料与水泥浆配伍及水泥浆凝固后水泥石的力学性能方面入手进行优化改进，最终形成的水泥浆体系与国外水泥浆体系对比（表5–8），在使用范围内水泥石的综合性能明显优于国外产品。

表5–8　水泥浆性能对比实验

关键技术指标	国内	国外
使用温度，℃	200	250
韧性水泥弹性模量较常规水泥石降低率，%	20～50	30～50
膨胀率，%	0～2	0～2
水泥浆密度，g/cm^3	1.5～2.5	1.2～2.2

2. 固井工艺及工具

1）防漏堵漏固井工艺技术研究

（1）地层承压实验。地层承压试验分两步进行：第一步，完钻后，套管鞋按水泥浆当量密度，采用井口憋压的方式做套管鞋处承压试验；第二步，若套管鞋承压试验成功，则全井替入与水泥浆密度相同的钻井液，模拟固井设计注替排量循环，做地层承压试验。若出现漏失，则进行堵漏作业提高地层的承压能力，直至满足固井需求。

（2）下完套管后，先小排量顶通，然后逐渐提排量至施工排量循环洗井；并调整钻井液密度、性能，加入处理剂逐步降低钻井液黏度、切力，减少施工过程中环空动态当量密度。

下套管前调整钻井液流变性能，依靠高流性指数和适当结构强度，清除钻井液中的钻屑，预防下套管遇阻；降低钻井液的屈服值、塑性黏度与初/终切力，降低流动摩阻压耗，防止顶替过程中出现因泵压变化压漏敏感薄弱地层；降低钻井液的黏切便于形成流变性级差，为提高顶替效率创造条件。

（3）对于井底无油气显示且无复杂的井，固井前适当降低钻井液密度，为大排量注替中防止井漏，确保返高创造条件。

（4）长封固段固井时，为了防止注水泥过程中发生漏失，水泥浆采用双密双凝水泥浆：下部采用常规密度水泥浆，上部采用低密度水泥浆。

2）提高顶替效率固井工艺技术

（1）冲洗隔离液体系优化。

研究成功了具有乳化冲洗作用、渗透作用及含特殊呈不规则棱形加重材料的冲洗隔离液。

① 乳化冲洗作用。DRE韧性膨胀水泥浆体系具有亲水、亲油分子结构，亲油端可对钻井液中的“油”相分子链产生分子间力、亲和力，对钻井液中的有机高分子链或油基成分（如沥青、柴油、重油等）形成定向吸附排列于表面，“包裹”着油相，迅速卷缩形成乳状胶束；同时，另一头亲水基（极性基团）伸向水相，把胶束“拉”入水中，而产生润湿、乳化亲水增溶作用，形成水包油状胶束分散悬浮于冲洗液中的水相中。

② 渗透作用。DRE韧性膨胀水泥浆体系具有分子链较短、分子量较小且亲水、亲油分子结构。它通过配合水作为介质，迅速与钻井液中的“油相”的烃链分子形成分子间力，降低界面表面张力，形成对界面上的油膜有非常强的浸透力，再配合乳化增溶作用，可大大加快界面上钻井液和滤饼的溶解分离。

③ 特殊加重材料。加重材料中圆度较高的颗粒悬浮能力虽然较好，但对界面冲刷力

不强。为此，改进加工工艺，通过特殊工艺技术措施，研制了一种颗粒形状（150 目）呈不规则棱形加重材料，在冲洗隔离液体系中，在流动过程中，通过颗粒碰撞，增大颗粒棱形边角的作用力，配合冲洗隔离液体系中的其他成分，会极大地增强冲洗隔离液体系对井下环空界面剪应力，提高冲刷和顶替能力，达到瞬时有效冲洗和顶替的效果。

④ 冲洗隔离液的性能。采用六速旋转黏度计进行钻井液冲洗效率实验，研究的冲洗隔离液的冲洗性能优于国内外常规冲洗液。

（2）套管居中度优化设计技术。

采用固井工程设计软件进行套管扶正器安放设计，则可以根据实钻井眼的井斜、方位数据进行设计，针对某一具体井段调整扶正器密度及类型，确保在满足居中度要求的前提下又不至于扶正器下入密度过大，具有很好的针对性及灵活性；该固井工程设计软件考虑了扶正器在三维井眼中的桡曲变形，计算方法更加科学、合理；设计结果输出数据化、图像化，更加直观。

3）提高环空水泥环长期密封完整性的固井配套工艺技术

（1）管外封隔器应用技术。

为提高技术套管、油层套管与地层环空的封闭性，固井时还应用了管外封隔器。管外封隔器是接在套管柱上，通过液压膨胀坐封，使套管与裸眼环空形成永久性桥堵的装置，可有效地封隔层间窜流，也可防止钻井液及水泥浆漏失。

（2）套管气密封性检测技术。

由于油套管的加工公差、运输过程中的磕碰、微腐蚀等因素，特别是在下油套管作业过程中如上扣扭矩不合理等，极易造成密封性能失效。因此，及时检测油套管密封性，是杜绝安全隐患的必要手段。为最大限度降低特殊气密封性螺纹泄漏而造成事故的潜在风险，注采井技术套管、油层套管进行套管气密封检测，确保每根入井套管螺纹密封性。其检测原理是利用氦气分子直径很小、在气密封螺纹中易渗透的特点，精确地检测出油套管的密封性。检测工艺是从管柱内下入有双封隔器的测试工具，向测试工具内注入氦氮混合气，工具坐封，加压至规定值，稳压一定时间，后泄压，通过高灵敏度的氦气探测器在螺纹外探测氦气有无泄漏，来判断螺纹的密封性。

（3）预应力固井技术。

采用预应力固井技术，通过施加外挤压力使套管、地层具备弹性能，在水泥石发生径向体积收缩时，释放弹性能，弥补体积收缩产生的微间隙，使地层—水泥环—套管结合更紧密，从而提高固井质量，保障水泥环长期整体密封性能，消除环空气窜通道。现场应用表明，该技术行之有效，能够显著提高固井质量和减缓环空带压。因此，在现场井下和装备条件允许的情况下，顶替液宜全部采用清水和环空憋压候凝。

4）完井工具及完井方式

（1）定向井采用高强度筛管完井。对于筛管的悬挂，常规悬挂器在坐挂成功后继续打压至 20MPa，利用液压使丢手丢开，由于高强度筛管相对于整个下入管柱来说质量小，称重判断丢手困难，给完井带来风险。研发的双向悬挂密封一体筛管悬挂器，解决了筛管安全悬挂问题。该项工具已在试验井苏 4-9x 井、苏 4-10x 井、苏 4K-2x 井、苏 4K-3x 井、苏 4K-4x 井、苏 49K-4x 井和苏 49K-2x 井上成功应用。

（2）通过进一步的研究和论证，水平井设计的管外封隔器由原来的单密封改为目前的双密封，此管串结构能更有效保证储气库盖层的密封性。水平井采用底部筛管悬空固井完井方式，然后再回接ϕ177.8mm 套管，针对悬空固井完井方式，国外只用液压式封隔器固井时存在水泥向下渗漏的风险，研发水力扩张与压缩双作用式封隔器，满足了悬空固井作业要求。该项工具已在霸 33 平 1 井、霸 33 平 2 井、霸 33 平 3 井、苏 4K–P4 和苏 49K–P1 井上成功应用。

三、气藏型储气库防漏堵漏及储层保护技术

井漏是钻井过程中经常遇到的井下复杂问题，它不仅影响钻井作业的正常进行，而且往往会衍生出其他类型的井下复杂问题，造成钻井成本的大幅度上升，因此，随钻堵漏材料和快速堵漏技术是非常必要的。同时，气藏型储气库储层因开采枯竭，压力系数普遍较低，而进入储层前技术套管要求进入下部易漏储层，固井作业又要求地层具有一定的承压能力，承压堵漏技术也是一项关键技术。储气库必须注得进、采得出，储层保护技术也必然成为工作重点。

1. 气藏型储气库防漏堵漏技术

华北地下储气库地层层序为：第四系更新统平原组、新近系上新统明化镇组、新近系上新统馆陶组、古近系渐新统东营组、古近系渐新统沙河街组、上古生界石炭系—二叠系、下古生界奥陶系。发生漏失的层位主要为石炭系—二叠系。该层含黑色碳质泥岩及煤层，密度窗口窄，钻井中易漏。奥陶系为储层因长期开采地层压力极低，在钻进中也容易发生漏失。另外，三开套管要求坐入潜山 3～5m，为满足固井要求，承压堵漏是关键工序。

1）钻进工程中的堵漏技术

（1）石炭系—二叠系密度窗口窄引起的漏失。

① 研究出了针对渗透性漏失的随钻堵漏材料（钻井液随钻堵漏剂 BZ–ACT）可在进井壁处形成保护层，提高地层承压能力，扩大安全密度窗口，相比单封等常用随钻封堵剂具有更好的防漏堵漏效果。

现场加量 2.0%～3.0%，可将钻井液及其滤液与地层完全隔离，达到零滤失效果。可通过 80 目筛布，满足净化系统的要求，实现循环使用的要求。

② 发生漏失采用水化膨胀复合堵漏剂 BZ–STA Ⅰ和 BZ–STA Ⅱ，进行钻井液静止堵漏。根据现场情况，BZ–STA Ⅰ和 BZ–STA Ⅱ堵漏剂及随钻堵漏材料剂 BZ–ACT 单用或复配使用，总加量在 20%～30%，对 1～5mm 的裂缝均有较好的封堵效果。

（2）潜山地层压力低引起的漏失。

① 潜山钻进中采用低密度无固相钻井液体系，加入 2.0%～3.0% 可酸溶的随钻堵漏材料剂 BZ–ACT。

② 发生漏速为 10～50m^3/h 的漏失采用 BZ–STA 系列水化膨胀复合堵漏剂进行钻井液静止堵漏。同样，根据现场情况，BZ–STA Ⅰ和 BZ–STA Ⅱ堵漏剂及随钻堵漏材料剂 BZ–ACT 单用或复配，总加量在 20%～30%，进行堵漏。

③ 发生溶洞或较大裂缝漏失，采用静胶凝溶洞堵漏技术（BH–CFS）。该技术专用的可酸溶凝胶水泥浆体系，酸溶率在 95% 以上，抗水稀释能力强，在水中不分散，可迅速固化，封堵地层。

无固相钻井液体系苏桥储气库应用于苏 4–10x 井、苏 4–9x 井、苏 4K–3x 井、苏 4K–4x 井、苏 4K–P4 井、苏 49K–4 井、苏 49K–2x 井和苏 49K–P1 井等 8 口潜山石灰岩储

层井和苏 20K–P1 砂岩储层井，均未出现复杂情况及事故。在储层保护、井眼净化能力及抑制井壁垮塌方面都获得了很好的效果。

随钻堵漏技术在华北地下储气库苏 4–9 井、苏 4–10 井、苏 4K–2x 井、苏 4K–3x 井、苏 4K–6x 井、苏 4K–P2 井、苏 4K–P4 井、苏 49K–P1 井和苏 49K–2x 井等应用，成功钻穿石炭系—二叠系，进入潜山，没有发生垮塌、漏失等井下事故。

2）承压堵漏技术

复配不同粒径、不同类型、不同封堵作用的堵漏材料（15～20 种），形成的“一袋化”系列堵漏产品承压堵漏剂（BZ–PRC），对 0.5～5mm 裂缝有非常好的封堵效果。除“桥堵材料”外，开发了固化流体，固化液的 24h 的抗压强度大于 1MPa，48h 的抗压强度大于 5MPa、小于 12MPa，保证固化液的承压能力及具有较好的可钻性，与钻井液有很好的相容性，满足现场施工要求。现场加量 20%～25% 的承压堵漏剂 BZ–PRC 具有较高的封堵承压能力，对于 1mm 以下的裂缝，封堵材料能深入到裂缝内部，形成致密的封堵层，承压能力最高可达 6MPa，同时，反排压力可以达到 2.6MPa 左右，具有较强的抗“返吐”能力。

堵漏技术在苏 20K–P1 井完成应用，不但能够有效地封堵漏失地层，而且对钻井液携岩、润滑没有不良影响。更重要的是阻隔了钻井液液柱压力的传导，大大降低了压差卡钻的风险。在苏桥储气库三开进山井段成功应用了 8 口井，提高了承压能力，通井作业后，压力普遍提高 2～3MPa，满足了固井需求。

2. 储层保护技术

储气库储层因长期开采存在异常低压，普通钻井液体系无法满足正常钻井及储层保护需求。华北储气库除苏 20 储气库为砂岩储层外，其他均为潜山石灰岩储层。通过大量室内实验研究优选，无固相钻井液适合储气库石灰岩储层保护需要，强抑制无固相钻井液满足砂岩储层保护要求。同时，针对潜山石灰岩储层制定了钻遇大的裂缝和溶洞，堵漏无效的前提下，提前完钻的完钻原则。

在研制和筛选得到核心处理剂的基础上，优选得到新型强抑制无固相钻井液基本配方：6%～8%KCl+2%～4% 聚胺 +0.3%～0.5% 包被剂 +0.3%～0.5% 流型调节剂 +0.7%～1.2% 改性降滤失剂 +1%～1.5% 防塌剂 +1%～1.5% 成膜降滤失剂 +2%～4% 润滑剂 + 适量消泡剂（表 5–9）。

无固相钻井液配方：Na_2CO_3：1～2kg/m^3；NaOH：1～3kg/m^3；高效提切剂：2～5kg/m^3；快弱凝胶剂：2～5kg/m^3；高温稳定剂：30–50kg/m^3；流型调节剂：5～15kg/m^3；抗高温护胶剂：5～15kg/m^3；消泡剂：5～15kg/m^3；极压润滑剂：10～30kg/ m^3。根据现场条件可选用碳酸钙、有机盐加重到所需密度。

表 5–9　强抑制无固相钻井液性能

编号	实验条件	密度 g/cm^3	AV mPa·s	PV mPa·s	YP Pa	FL_{API} mL	pH 值	黏附系数	极压系数
①	热滚前	1.05	19.5	11	8.5	—	9.5	—	—
	120℃，16h	1.05	24	12	12	5.0	9.5	不黏	0.08
②	热滚前	1.10	27.5	16	11.5	—	9	—	—
	120℃，16h	1.10	34.5	19	15.5	4.9	9	不黏	0.08

续表

编号	实验条件	密度 g/cm³	*AV* mPa·s	*PV* mPa·s	*YP* Pa	FL_{API} mL	pH 值	黏附系数	极压系数
③	热滚前	1.13	25	14	11	—	9	—	—
	120℃，16h	1.13	31	16	15	4.4	9	不黏	0.08
④	热滚前	1.15	27	15	12	—	9	—	—
	120℃，16h	1.15	34	18	16	4.8	9	不黏	0.08

室内实验和现场应用表明，强抑制无固相钻井液具有很强的抑制性，携岩能力强，抗盐、抗钻屑污染能力强，润滑性良好，抗温达到 150℃。采用高温高压动失水仪模拟井下条件对该钻井液油层保护效果开展了评价。所选用岩心为高 20 井沙河街组天然岩心，伤害前的渗透率为 92mD，伤害后的渗透率为 83mD，渗透率恢复值为 90.2%，表明该钻井液体系对砂岩储层也具有良好的油层保护效果。

无固相钻井液，由于无固相，且加入的随钻堵漏剂可酸溶，不得不加重时采用有机盐加重或石灰石粉加重，对潜山石灰岩储层伤害小，且可以通过酸化解堵，因此具有良好的储层保护能力。

四、气藏型储气库老井封堵及利用技术

储气库多数为枯竭油气藏改建而成，而储气库中的老井是按采油采气的标准进行设计建造的，不一定满足储气库注采井的要求，且这些老井一般运行多年，井况条件复杂。如不对储气库已有的老井进行处理，会直接影响储气库的运行安全。因而必须建立合理的老井评价体系，对老井实际情况进行分析研究，从而准确判断老井是重新利用或封堵，为储气库建库决策提供参考[7, 8]。

1. 老井评价

老井评价主要包含油层套管评价和固井质量评价两部分。套管评价主要是油层套管是否存在变形、破裂、腐蚀等情况以及校核套套的强度、螺纹类型是否满足储气库注采井的要求；固井质量评价主要是评价储层上部是否有可以有效封固的优质固井段和全井封固要求。

1）老井油层套管质量评价

（1）用与套管直径相配套的通径规通井，从通径时的难易程度判断套管变形程度。

（2）如果无变形，则进行电磁探伤 + 多臂井径测井，对套管破损位置及其特征，包括机械磨损、管柱完整性等情况进行检测，根据测试结果对管柱剩余强度进行校核。

（3）如果强度达到要求，对生产套管采用清水介质试压至储气库最高运行压力值，30min 压降不大于 0.5MPa 为合格。

2）套管外环空固井质量评价

（1）声波—变密度固井质量测井（CBL-VΦL）+SBT 测井，评价套管外水泥与地层和套管的胶结质量以及套管外水泥石缺失情况。

（2）自然伽马 + 中子伽马测井，判断气顶以上地层是否会由于天然气渗漏而聚集（次生气）。

（3）高灵敏度井温 + 噪声测井，用于判断储气库盖层套管外是否存在气窜。

（4）陀螺仪测井眼轨迹，为管柱和工具的顺利下入提供参考依据。

3）老井评价结果及对策

（1）若老井油层套管质量和环空固井质量均合格，储气层及顶部以上盖层段水泥环连续优质胶结段长度不少于25m，且固井质量良好以上胶结段长度不小于70%的老井，可作为采气井或监测井使用。

（2）若老井油层套管质量合格，且整体固井质量合格，只有部分盖层段固井质量不合格，可锻铣盖层段井段不少于50m至露出裸露的地层，重新挤水泥固井后可作为盖层监测井使用。

（3）对于套管质量和固井质量均不合格，且根据地质要求不需要利用的老井，全部封堵处理。

2. 老井封堵

1）老井封堵工艺

（1）对于盖层固井质量合格，井下条件良好的老井，用超细堵漏水泥浆分别挤注各井目的层的射孔井段，在目的层上方留有50～100m的水泥塞，并实行“带压候凝”。用常规水泥浆打一个500m长的水泥塞。在正试压与负试压合格后，在水泥塞上面打一个长度约600m的亚稳定塞。亚稳定塞以上至井口用高效缓蚀溶液压井。

（2）对于井底有落物或套管变形的老井，先进行落物打捞或磨铣，然后进行挤水泥作业。再按照正常井封堵工艺进行封堵。

（3）对于盖层段固井质量不好的老井，则在目的层上方至少50m开始锻铣到目的层，露出裸露的地层，然后进行挤水泥作业，再按照正常井封堵工艺进行封堵。

2）老井封堵用超细高温堵漏水泥浆

超细水泥浆中的超细水泥粒度主要分布在3～15μm内，平均粒径只有普通水泥的1/10左右，能够深入地层裂缝实现有效封堵。水泥浆配制简单，现场施工便于操作和掌握。水泥浆技术指标能够满足下列指标要求：抗温160℃以上，水泥石抗压强度不小于12MPa；水泥浆失水量不超过150mL；水泥浆的游离水不超过0.5mL。

3）苏401井封堵作业

（1）储气库潜山目的层封堵（封堵井段4528.73～4756.19m）。

第一次封堵，正替密度1.76g/cm^{3}水泥浆3.7m^3，关井侯凝，探水泥面深度为4587.45m。正试压5MPa，10MPa，15MPa和20MPa，各稳压30min，无压降试压合格。第二次封堵，正替密度1.76g/cm^{3}水泥浆0.7m^3，关井侯凝，探水泥面深度为4528.73m，正试压20MPa，30min压力不降，试压合格。

（2）储气库潜山目的层上部井段封堵（20～4528.73m）。

打亚稳定塞（封堵井段3902.18～4528.73m）：正替密度1.8g/cm^{3}重晶石钻井液拉运10m^3，深度为4528m，关井候沉。

注水泥塞（封堵井段2189.88～3902.18m）：正替密度1.80g/cm^{3}水泥浆16m^3，深度为3786.88m，正替密度1.85g/cm^{3}水泥浆16m^3，深度为2940.03m，关井候凝，探水泥面深度为2189.88m。

注高效缓蚀液（封堵井段20～2189.88m）：正替高温缓蚀液42m^3，深度为2189.38m。

储气库潜山目的层上部井段一次封堵成功，达到了储气库封堵要求。封堵前后井筒情况如图5-32所示。

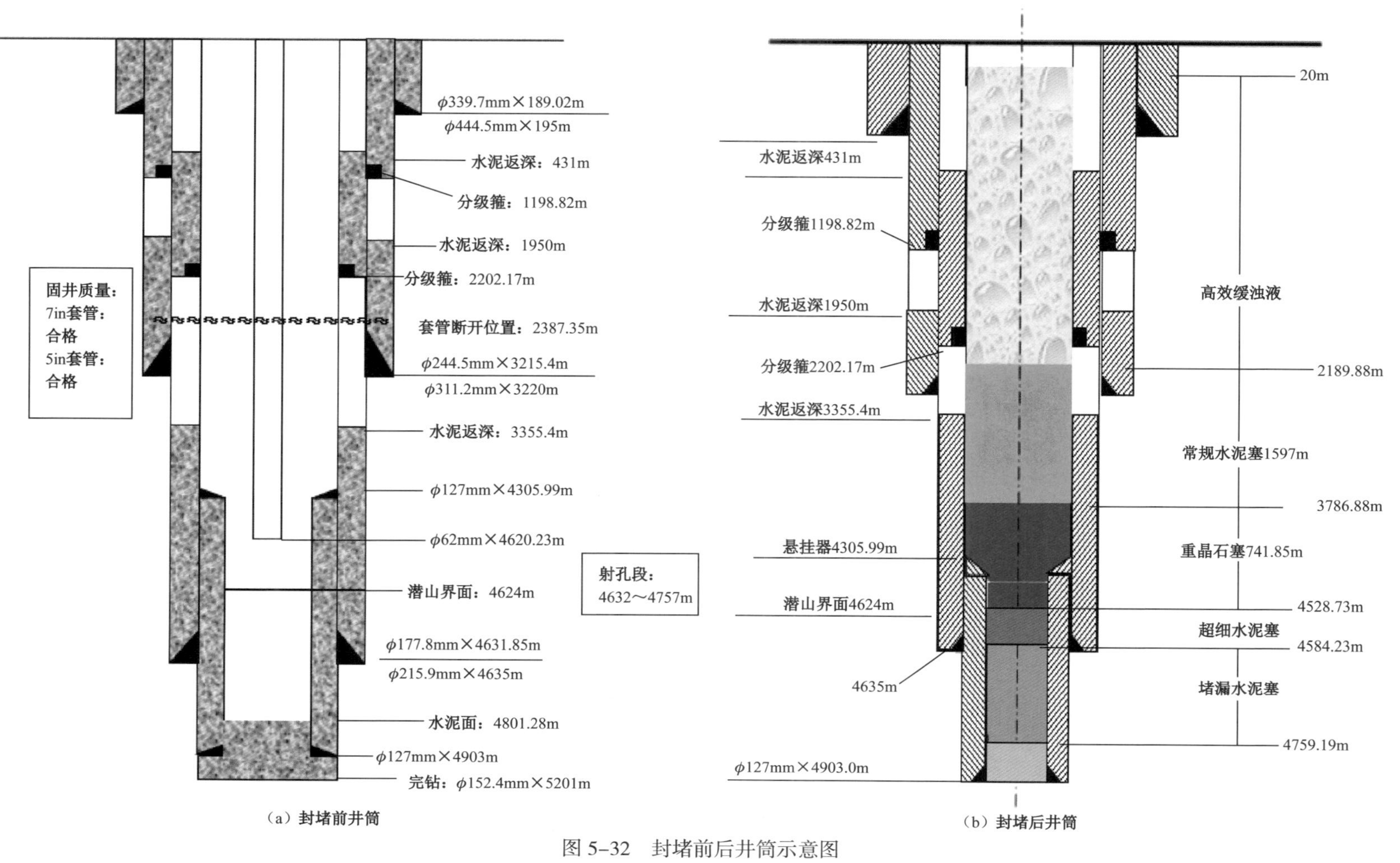

图 5-32　封堵前后井筒示意图

3. 老井利用

老井利用遵循以下几项原则：套管为气密封套管，无腐蚀变形，固井质量较好，可以作为注采气井；套管为非气密封套管，无腐蚀变形，固井质量较好，可以作为采气井；固井质量较好，套管无变形，区块边界部位老井，可以作为监测井。

对于拟作为采气井利用的老井，按要求试压后合格，若复测固井质量也合格，在通过一系列测井后，可作为采气井使用；对于拟作为监测井利用的老井，按要求试压后合格，若复测固井质量也合格，在通过一系列测井后，可下监测管柱作为监测井使用；对于拟作为盖层监测井的老井，先对储层进行封堵作业，再下监测管柱监测盖层的压力情况。

五、盐穴型储气库优快造腔技术

我国盐穴型储气库为层状盐层建库，地质条件苛刻，盐层厚度60～250m，盐岩品位低，盐岩不溶物含量15%～35%，夹层多且厚，部分建库目标埋藏较深，目的层埋深700～2200m。目前，中国石油主要采用单井对流法水溶造腔（图5-33），生产套管ϕ244.5mm，造腔管柱组合为造腔外管ϕ177.8mm+造腔内管ϕ114.3mm，以正循环为主，柴油作为保护液，从生产套管ϕ244.5mm及造腔外管ϕ177.8mm环空注入，造腔管柱调整次数每年2～3次，造腔形成的盐穴腔体形态复杂多样；造腔周期长，单井造腔时间大约5～7年[9, 10]。

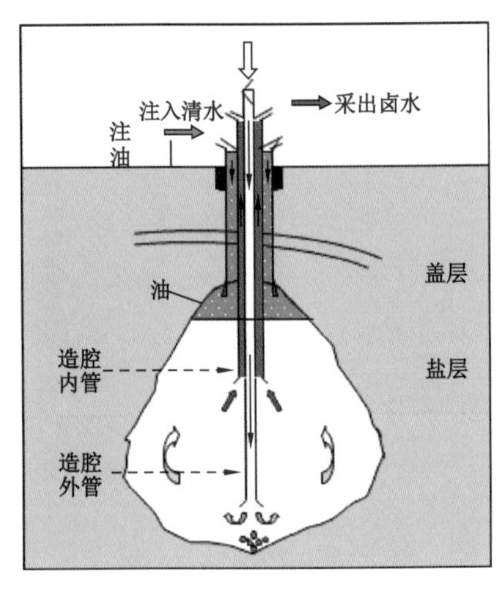

图5-33 盐穴储气库单井对流法造腔示意图

盐穴型储气库在国外已有50多年的历史，为了加快盐腔的溶漓速度，国外已开发使用了多种促溶工具和工艺方法，如利用潜流能量造腔、利用流体动力学转换造腔、喷射式逆流水力装置造腔及采用音响发生器造腔等促溶工具和工艺措施。我国盐穴建库刚刚开始，在加快造腔速度方面，盐穴型储气库建槽阶段主要采用快速造腔工具加快造腔速度；在盐穴造腔主体阶段，采用反循环造腔技术加快造腔速度；大井眼造腔、双井造腔、双管柱造腔是盐穴型储气库发展的主要趋势，可有效提高造腔速度，降低建库成本。

1. 快速造腔工具

在水射流中人为地引入空化和空蚀作用，利用其强大的冲蚀能力和振动噪声冲击波可以提高水射流清洗、切割、破岩的效率，即空化射流。根据这一理论，研制出可以在腔底围压条件下产生强烈压力脉动和空化作用的快速造腔工具。该造腔工具根据射流作用范围分为喷射式造腔工具和软管式造腔工具两种（图5-34）。

造腔初期，喷嘴式造腔工具在水力作用下由旋转主轴旋转，淡水在经过喷头上的喷嘴后形成断续涡环流，并产生高频振荡水力波和空化噪声，从而实现水力冲蚀腔壁。同时，也有效地改变了井腔内流体流态，加速了岩盐的溶解。当腔体尺寸达到一定直径时，喷嘴式造腔工具的有效作用距离达不到腔壁时，即可采用软管式造腔工具来加速岩盐的溶解。

软管式造腔工具由于在喷头上喷嘴布置方位的不同，使其围绕旋转主轴旋转，同时，射流产生的反作用力使软管产生弯曲，促使喷头靠近腔壁并改变腔壁周围卤水浓度，提高岩盐溶解速度。

对于盐穴型储气库总体造腔过程，建槽体积约 $2\times10^4m^3$，仅为腔体总体积的 10% 左右，快速工具促溶方法仅适用于建槽期，虽然能在一定程度上加快造腔初期速度，但对整个储气库的造腔周期影响不大。

在江苏金坛地区试验 A 井进行了快速造腔工具的现场实验，相邻 B 井不实施快速造腔工具。试验井 A 建槽期内日造腔速率是井 B 造腔速率的 2.54 倍。现场应用效果表明，造腔工具可以将建槽期的盐岩水溶速度提高 2 倍以上，同时有利于提高返出卤水浓度，满足盐化企业的处理要求。

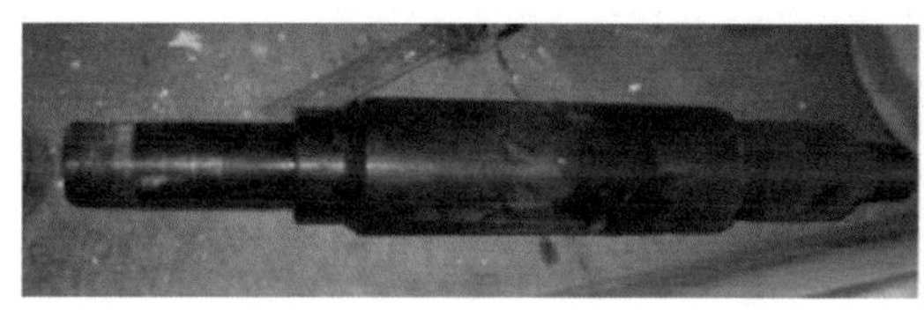
(a) 旋转主轴

(b) 喷头

(c) 软管

图 5-34 盐穴快速造腔工具

2. 反循环造腔技术

反循环造腔是在盐穴型储气库建槽后采用反循环为主的造腔方式，技术上汲取了国外盐穴建库、国内采盐经验，腔体控制及检测技术成熟，已成功应用于现场，同比正循环为主造腔，具有以下特点：

（1）反循环为主。盐穴造腔中后期阶段采用以反循环为主的造腔方式，部分时间采用正循环用于腔体修复、淡水冲洗结晶解堵。

（2）较大的注水排量。反循环造腔方式能提高造腔速度，返出的卤水浓度较大，在确保返出卤水浓度一样的情况下，反循环造腔能采用较大的注水排量，后期最大注水排量达 $150m^3/h$。

（3）较低的管柱提升次数。盐穴型储气库在造腔过程中，尽可能减少管柱提升次数，较高频率的管柱提升次数会增加作业费用和造腔时间，同时，频繁的提升管柱，腔体抬升次数也较多。

（4）较高的造腔速度。反循环造腔能明显提高腔体溶蚀速度，缩短建库周期。金坛 3 口井反循环造腔现场应用表明，反循环造腔注水排量 $60m^3/h$，反循环造腔速度 $143m^3/d$，同比正循环 $100m^3/h$ 情况下，造腔速度 $85m^3/d$，反循环造腔速度明显高于是正循环。

3. 双井造腔技术

盐穴型储气库双井建库方法如图 5-35 所示，按照以下步骤进行：

（1）钻 2 口直井，两口直井水平井间距离为 15～30m。

（2）双井连通，两口井循环造腔。造腔管柱组合：第一阶段 2 口井连通分别采用 ϕ177.8mm 造腔外管 +ϕ114.3mm 造腔内管组合造腔，第二阶段双井连通后两井中各下入 ϕ177.8mm 套管，一口井注入清水，另一口井排出卤水造腔。

（3）注气排卤，注采气运行。注气排卤管柱组合 ϕ177.8mm 注气管 +ϕ177.8mm 排卤管，一口井注气，另一口井排卤。

盐穴型储气库双井建库方法，适合我国多夹层盐穴型储气库建库，具有多方面优点：①能够增大注水排量，提高造腔速度，缩短建库周期；②能够充分利用盐层建库，增大腔体溶蚀体积；③实现了储气库双井筒同时注采，提高了注采气速度；④腔体形态及稳定性好，确保储气库安全运行。

盐穴型储气库双井建库方法的推广应用，对于解决我国建库过程中存在的造腔速度较慢、腔体体积小等问题，具有十分重要的意义。然而，目前国内盐穴型储气库双井造腔无成熟技术方案，缺少理论模型和模拟手段；注采完井工艺方案无借鉴经验，许多关键技术需要深入研究。

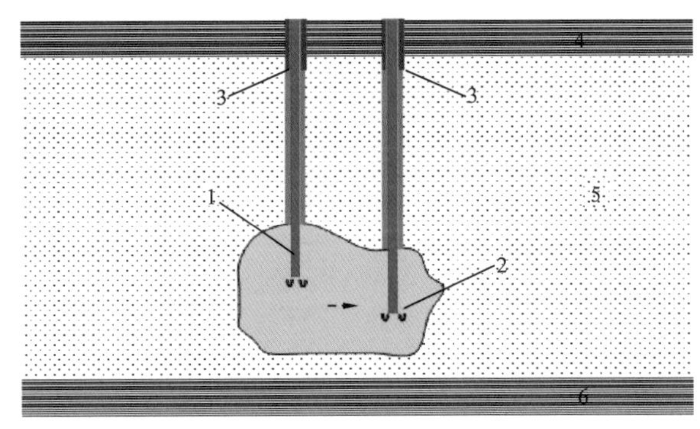

图 5-35　盐穴型储气库双井造腔示意图

1—ϕ177.8mm 注水管；2—ϕ177.8mm 排卤管；3—ϕ244.5mm 生产套管；4—顶板；5—盐层；6—底板

4. 大井眼造腔技术

盐穴型储气库大井眼建库首先钻 1 口直井，生产套管 ϕ339.7mm，井中下入造腔内管和造腔外管，采用单井对流法水溶造腔，是一个复杂的流体动力学和化学动力学过程，其实质是在浓度差下依靠分子扩散作用实现溶腔，是一种静态盐溶机理。在盐岩溶蚀过程中，溶液中存在扩散和对流现象，在溶蚀边界层内，流体输运主要表现为溶质的扩散作用；在循环管柱附近，流体输运主要靠强迫对流作用；而在两者之间，流体输运以自然对流为主，表现为在重力作用下的沉降扩散平衡。

盐穴大井眼造腔管柱组合为 ϕ273.05mm 造腔外管 +ϕ177.8mm 造腔内管，注水排量的选择综合考虑地面配套的最大注水泵压、井深、造腔管柱组合、注入水质浓度、返出卤水浓度、地面管线压力损失等因素，注水排量高达 350m^3/h。因此，大井眼造腔过程中能降低循环压力损耗，提高注水排量，与常规造腔方法比较，能缩短造腔周期 30%～50%，大井眼建库国内无借鉴经验，深盐层（2000m）大井眼井身结构优化、ϕ339.7 mm 生产套管及注采管柱配套选型等关键技术需要深入研究。盐穴大井眼造腔提速效果明显，降低造腔成本，对于缩短我国盐穴建库周期，节省建库资金，提高建库效益具有重要的意义。在我国，盐穴大井眼造腔技术研究起步较晚，还没有应用的先例，许多关键技术需要进一步攻关。

第三节　储气库注采工程技术

注采运行在储气库全生命周期中所占的比例最大，直接发挥着储气库的应急和调峰功能，注采管柱是确保安全注采运行最根本的保障。中国石油在役储气库的注采工程设计多借鉴气藏开发的标准规范、基于静态条件设计，而针对地下储气库多周期交变载荷条件下，注采管柱设计还未有标准规范可参考、同时缺乏交变载荷下储气库注采井套管设计优化技术。通过“十二五”期间的攻关研究，完善了气藏型储气库注采工艺优化设计，建立了交变载荷条件下储气库注采井套管设计参数化模型，在此基础上，完善了交变载荷作用下套管设计技术。

一、气藏型储气库注采工艺优化设计技术

注采管柱是储气库注采的唯一通道，是注采井设计的关键。注采管柱的设计要做好尺寸、强度、防腐以及结构的设计工作以保障注采井的安全运行。

1. 注采管柱尺寸设计

注采管柱要求确保满足方案设计的注采能力，可强注强采以满足调峰的需求；要求满足携液的要求，确保在后期潜在的出水情况下，不会导致井筒积液；要求在强注强采过程中不会发生冲蚀；要求在合理经济的条件下，尽可能减少注采气的压力损失。注采管柱尺寸设计需要综合考虑临界携液流量、临界冲蚀流量、压力损失以及注采气量等影响，优化管柱尺寸[11]。

2. 注采管柱强度校核与优化

储气库需要进行周期性的注气、采气，导致管柱内外的温度、压力也发生周期性的变化，进而导致管柱承受周期性的交变载荷，对管柱安全影响大，需对储气库注采管柱进行强度校核，确保其在储气库运行工况下安全、可靠。注采管柱的强度校核既应考虑抗拉、抗外挤、抗内压等影响，又应考虑管柱的三轴应力影响。在管柱设计过程中，既要保证管柱的安全性，又要考虑经济性，就必须确定合理的安全设计系数。在生产实践过程中，应制订适应各储气库的管柱安全系数[12]。

3. 注采管柱防腐方案设计

借鉴 NACE MR 0175《油田设备用抗硫化物应力腐蚀断裂和应力腐蚀裂纹的金属材料》等标准，当 CO_2 分压超过 0.21MPa 时，属于严重腐蚀；当 H_2S 分压超过 0.0003MPa 时要考虑 H_2S 腐蚀。首先应分析储气库的腐蚀环境，以判断是否需要采用防腐措施，然后根据不同情况，设计不同防腐方案。目前，储气库多采用材质防腐，主要材质包括：耐蚀合金、普通抗硫管材、高抗硫管材、内涂层油管等。

4. 注采管柱结构优化设计

储气库注采管柱设计应遵循以下原则：坚持安全第一的原则，管柱的结构合理，能在预定的工况条件下实现长期安全生产；坚持联作的原则，直井中管柱尽可能具有射孔—投产—生产的功能，减少动管柱施工作业，降低对储层的伤害；在注采全过程尽量保持管柱受力均衡、避免管柱受力伸缩变形趋势过大；坚持保护生产套管的原则，储层上部油套环空实现封闭，使生产套管不承受井筒压力，不接触腐蚀性气体[13]。

1）井口

针对气体容易渗漏的特性，储气库注采井应选择能承受高温、高压的气密封井口。为确保井口的密封，井口装置还需满足以下条件：（1）生产套管与油管头有金属密封装置，保证在高压条件下密封良好；（2）油管悬挂在带有金属密封的油管头上；（3）采气树闸阀采用气密封性能良好的金属对金属密封和法兰式连接；（4）井口安装高低压安全控制装置，在井口压力偏离气库运行压力区间时自动关井，避免发生事故。

2）安全系统优选

天然气易燃易爆，生产安全要求非常高，而地下储气库长期处于高压状态，安全问题更加突出。储气库注采井的有效安全保障措施是储气库安全运行的前提，防止注采井生产设备发生泄漏，安全系统必须满足以下要求：要确保套管、油管、井口装置等生产设备的密封性，防止天然气从井筒泄漏造成事故；可靠的控制安全系统，防止突发事件造成井下或（和）地面设备损坏时发生天然气泄漏，引起火灾、爆炸等，在洪水、火灾、雷电等突发自然灾害和人为破坏活动或突发事件将地面生产设备破坏或摧毁的情况下，可以实现井下自动关井，防止发生无控井喷。

（1）封隔器。

封隔器主要分为永久式封隔器和可取式封隔器。永久式封隔器结构简单，胶筒厚度大，可靠性高，不存在受管柱附加载荷影响提前解封的风险，但需要磨铣解封。可取式封隔器结构较复杂，可靠性相对较低，中途有上提解封的风险，正常情况下可通过上提解封，但如果上提解封失败，则需要增加油管切割、磨铣封隔器工序，成本更高。

首先，对于可利用的老井，这些井按气藏工程要求分布在储气库的不同部位，只用于监测气层压力、温度，不注不采，运行周期要短，可靠性、密封性低于新井，修井作业概率比新井高，可取式封隔器处理时比较方便，一般上提或旋转即可解封，提出井筒。

其次，毛细管测压系统的毛细钢管需要穿越封隔器，如果使用永久式封隔器，在需要起出封隔器时，要先起出封隔器以上油管，上提或旋转油管时，会把毛细管拉断，封隔器以下气体将沿毛细管上窜，不利于安全作业。基于以上原因，安装毛细管测压系统或永久电子压力计的井，选用可取式封隔器。

最后，对于注采井，坐封性能要求高，长寿命 / 长期不动管柱要求高（10 年以上寿命），注采工况恶劣，可选用永久式封隔器；对于未揭开产层的盖层监测井和断层监测井，由于其不生产，可选用可取式封隔器。

（2）井下安全阀及地面控制系统。

井下安全阀及地面控制系统是确保注采井安全生产的重要设备，主要包括：井下安全阀、高低压传感器、易熔塞、井口安全阀（或紧急截断阀）、单井控制盘和（或）井组总控制盘。

① 井下安全阀。目前多用油管起下地面控制安全阀，液压控制，安装在井口以下 100m 左右。选用的安全阀要满足以下要求：在关闭状态下阀板与阀座为金属对金属密封，确保关井安全；中心流动管与活塞为一体性设计，保护安全阀内部部件不受井内流体冲蚀；具有自平衡功能，开关操作简单方便；部件材质要耐 CO_2 和 H_2S 腐蚀；本体与接头连接均为金属对金属的气密封螺纹。

② 高低压传感器。高低压传感器相当于压力检测装置，检测到压力高于或低于设定值时，向执行机构发出指令关闭井下安全阀或（和）井口安全阀。

③ 易熔塞。采气树上方安装易熔塞，当井口区发生火灾或温度高于易熔塞的设定值时，易熔塞融化，井口控制盘回路泄压，自动关闭井下（和地面）安全阀。

④ 井口安全阀。储气库井的井口安全阀一般与采气树翼阀串联安装，地面管线在井口附近也设计紧急截断阀，达到双保险的目的。大量生产实践表明两种做法都能满足安全生产的要求。因此，可以根据具体情况，对井口和地面安全阀进行简化，只选用其中之一。

⑤ 安全控制系统安装方式。安全系统的安装有两种方式：单井控制、多井联合控制。单井控制就是每口井的安全设备自成系统，不与他井发生联系，特点是简单、有效。可以不安装控制盘，各设备直接控制井下安全阀和井口安全阀。多井联合控制就是通过一个控制盘控制一个井组的多口井。储气库井的井场一般有多口井，各井井口距离较近，如果一口井井口发生事故，很可能会影响邻近的井。因此，推荐采用单井控制和多井联合控制相结合的安装方式，在紧急情况下可以统一关井，如果个别单井发生小问题时也不会影响其他井的正常生产。

5. 管柱结构设计

根据注采实际，可推荐以下管柱结构：

（1）老井利用井，采用可取式封隔器，根据实际需要，选用井下温度压力计等监测系统。

（2）永久监测井，监测注采管柱主体结构由上到下为：油管挂、油管、地面控制井下安全阀、循环滑套、可取式封隔器、筛管、压力计悬挂工作筒（不安装伸缩短接）。

监测井注采管柱可通过井下安全阀（配合易熔塞）自动或实现远程控制井下关井，确保气井发生意外事故时不会威胁地面人员生命安全和设备安全；可通过循环滑套实现诱喷及循环压井；通过封隔器隔离油套环空，避免套管承受高压、接触腐蚀介质，保护套管内壁和油管外壁；配备压力计悬挂工作筒，进行温度、压力等参数监测。

（3）注采井注采管柱主体结构由上到下为：油管挂、油管、地面控制井下安全阀、循环滑套、永久式封隔器、坐落接头、筛管、仪表挂（不安装伸缩短接）。

注采井注采管柱可通过井下安全阀（配合易熔塞）自动或实现远程井下关井，当气井发生意外事故时，确保地面人员生命安全和设备安全；可通过循环滑套实现诱喷及循环压井；通过封隔器隔离油套环空，避免套管承受高压、接触腐蚀介质，保护套管内壁和油管外壁；通过座落接头坐放井下仪器设备，实现必要的井下测量工作。

（4）断层监测井和盖层监测井可采用光油管结构，不安装井下工具。

二、气藏型储气库注采井套管优化技术

地下储气库注采井具有强注强采、注采频繁转换的特点。交变的注采压力导致套管承受的应力也是交变的，且套管受射孔孔眼、水泥环和地层围岩的影响，局部会形成应力集中，当局部应力数值超过套管钢材屈服强度时，导致套管损坏，给储气库的安全运行带来隐患。因此，需要研究储气库注采井套管应力及变形趋势，分析套管尺寸和结构对套管应力的影响，形成套管优化设计方法和技术，保障地下储气库注采井长久安全稳定地运行。

目前，国内外缺乏储气库注采井套管强度评价及变形预测的方法和手段，相对而言，数值计算模拟在套管应力分析和强度校核方面是一种有效的方法。

1. 注采井套管优化数值模型

采用数值模拟的方法模拟和分析储气库注采井在生产过程中的套管、水泥环和地层的受力，建立的模型包括套管、水泥环和地层三个部分。采用有限元软件建立计算模型，图 5-36（a）为整体有限元模型，模型中包括套管（绿色）、水泥环（灰色）和地层（黄色）；图 5-36（b）为套管有限元模型，采用螺旋射孔作业；图 5-36（c）为单个射孔孔眼的有限元模型。

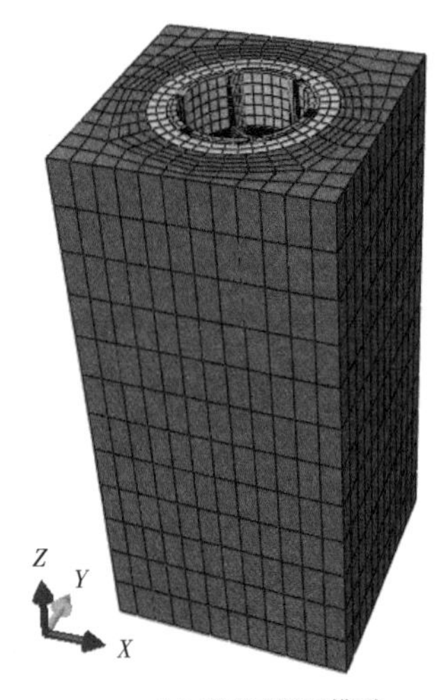

(a) 整体有限元模型

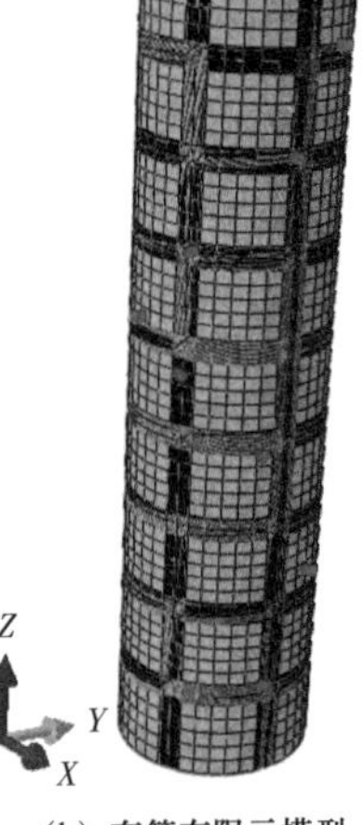

(b) 套管有限元模型

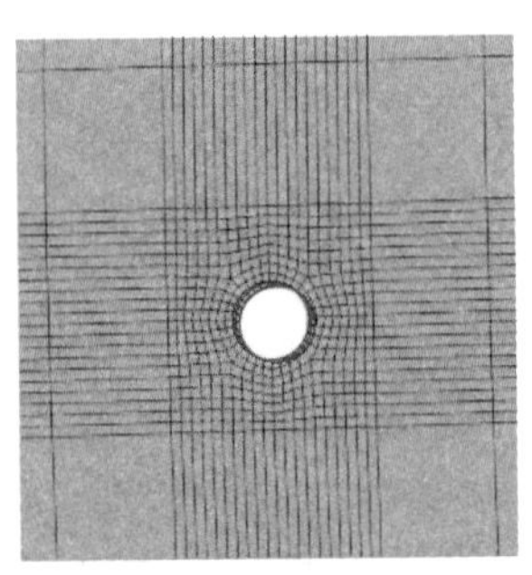

(c) 单个射孔孔眼有限元模型

图 5-36　储气库注采井有限元模型

计算模型的部分参数见表 5-10 和表 5-11。

表 5-10　储气库计算模型地层参数

储层深度 m	垂向（Z 向）主应力 MPa	水平最小（X 向）主应力 MPa	水平最大（Y 向）主应力 MPa	地层压力 MPa	地层渗透率 mD	孔隙度 %	杨氏模量 GPa	泊松比
4700	108	84.6	98.7	47.8	2	2.29%	35	0.2

表 5-11　储气库计算模型套管和水泥环参数

套管杨氏模量 GPa	套管泊松比	套管外径 mm	套管厚度 mm	射孔相位 （°）	孔眼密度 m^{-1}	孔眼直径 mm	水泥环杨氏模量 GPa	水泥环泊松比	水泥环外径 mm
210	0.3	177.8	9.17	60	16	8.8	25	0.25	215.95

图 5-37 为施加的套管内部压力及储层孔隙压力的变化，下降曲线表示采气，上升曲线表示注气。采气阶段储层孔隙压力大于套管和孔眼内压，注气阶段套管和孔眼内压大于储层孔隙压力，套管和孔眼内压在注采交替时刻有压力突变。共模拟了 2.5 个注采周期。图中数据亦来自现场储气库同一注采井。

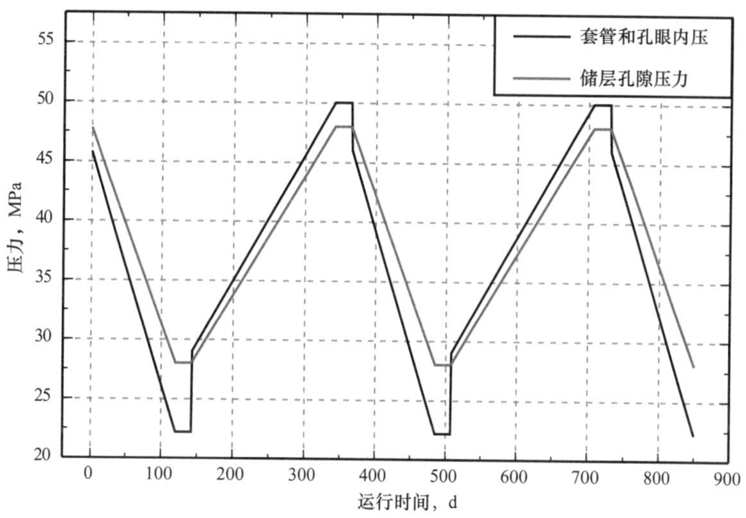

图 5-37 施加的套管内部压力及储层孔隙压力的变化

2. 模拟结果分析

从图 5-38 中可以看出最大 von Mises 应力位于水平最小主应力方向（X方向）上的孔眼内壁上。图中最大的 von Mises 应力为 616.6 MPa。P110 钢级套管的最低屈服强度为 758 MPa，抗内压安全系数取 1.125，则许用应力为 758/1.125 ≈ 673.8 MPa。616.6 MPa<673.8 MPa，因此在采气末期，套管承受的应力满足安全生产要求。

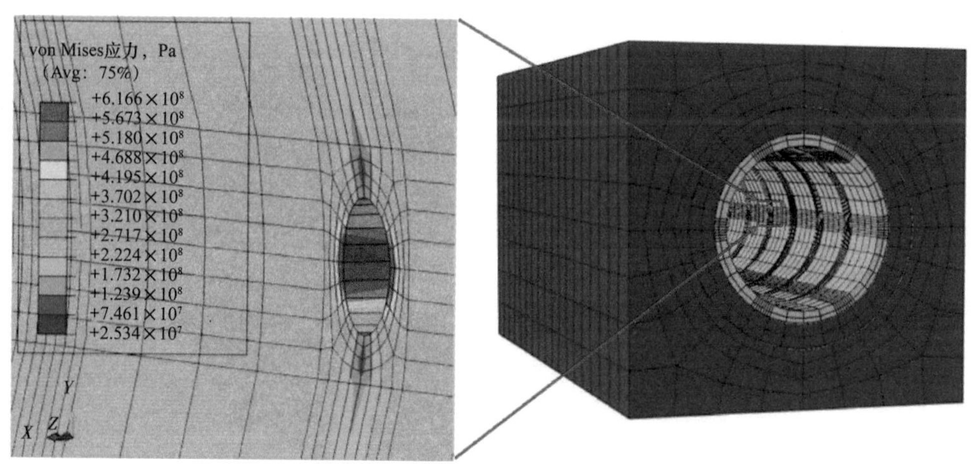

图 5-38 采气末期（850 天）时刻模型 von Mises 应力分布

图 5-39 为套管最大 von Mises 应力（位于X方向的孔眼内壁上）随注采过程的历史变化曲线。在采气过程中，套管最大 von Mises 应力逐渐增大，在注气过程中逐渐减小，在采气和注气交替时有应力突变。这是因为在储气库注采井运行过程中，由于原岩地层应力的存在，套管主要受到来自原岩应力的挤压变形，因此，套管内壁施加的气体压力越大，则作用在套管上的原岩应力被抵消得越多，套管管体承受的应力越小。在空间上，套管最大 von Mises 应力位于孔眼内壁上，在时间上，套管最大的 von Mises 应力出现在采气末期，因此只要套管采气末期时刻孔眼内壁上的 von Mises 应力小于此工况下

的许用应力，则可以判定套管满足安全生产要求，反之则不满足安全生产要求。通过对采气末期的套管孔眼内壁上的 von Mises 应力校核，整个生产过程套管应力都能满足安全生产要求。

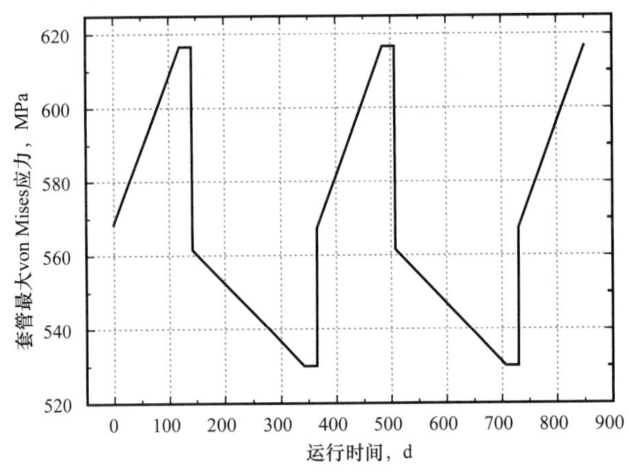

图 5-39　套管最大 von Mises 应力历史曲线

3. 基于套管应力的模型优化分析

以数值模拟为手段对套管应力进行强度校核，虽然满足安全生产要求，但套管的结构和尺寸不一定是最优的。对于不同的实际情况，如何在满足安全生产的情况下，使得套管的结构和尺寸最优化是实际生产过程中需要解决的问题。

通过不断修改模型参数并进行对比分析，可以求得不同参数对套管应力的影响，进而求得最佳的套管尺寸和结构。图 5-40 为套管结构和尺寸优化分析流程图。表 5-12 为直井工况下的模拟结果，表 5-13 和表 5-14 为两种水平井工况下得到的计算结果。

表 5-12　直井工况下不同套管参数模拟的结果

序号	套管厚度 mm	初始孔眼与 水平最小主应力的相位 （°）	采气末期套管 最大 von Mises 应力，MPa	是否满足 安全生产要求
1	7.72	0	670.4	是
2	7.72	30	639.6	是
3	9.17	0	616.6	是
4	9.17	10	591.7	是
5	9.17	30	546.3	是
6	9.17	50	587.9	是

表 5-13 水平井工况下（套管轴向为水平最大主应力方向）不同套管参数模拟结果

序号	套管厚度 mm	初始孔眼与 水平最小主应力的相位 （°）	采气末期套管 最大 von Mises 应力， MPa	是否满足 安全生产要求
1	9.17	0	694.9	否
2	9.17	30	647.3	是
3	10.54	0	646.9	是
4	10.54	10	625.4	是
5	10.54	30	578.3	是
6	10.54	50	621.3	是

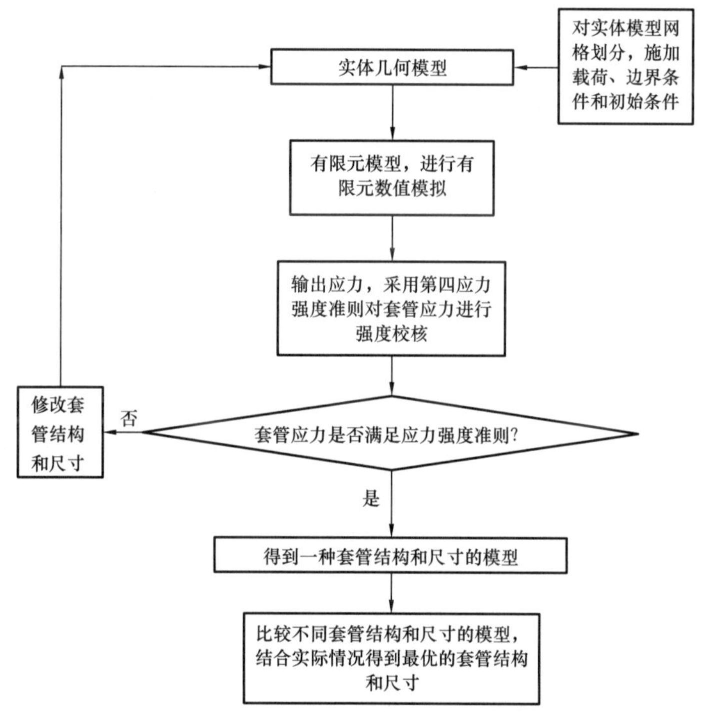

图 5-40 套管结构和尺寸优化分析流程图

表 5-14 水平井工况下（套管轴向为水平最小主应力方向）不同套管参数模拟结果

序号	套管厚度 mm	初始孔眼与 水平最大主应力的相位 （°）	采气末期套管 最大 von Mises 应力， MPa	是否满足 安全生产要求
1	9.17	0	698.0	否
2	9.17	30	679.0	否
3	10.54	0	649.0	是

续表

序号	套管厚度 mm	初始孔眼与 水平最大主应力的相位 （°）	采气末期套管 最大 von Mises 应力， MPa	是否满足 安全生产要求
4	10.54	10	630.4	是
5	10.54	30	606.4	是
6	10.54	50	626.2	是

地层初始应力分布为 $S_v > S_H > S_h$。地层应力的大小和方向保持不变，模型结构和参数都相同，不同工况的唯一区别只是套管的轴向发生了变化。直井工况情况下，套管轴向为垂向主应力 S_v 方向。水平井工况分为两种情况，分别为表 5–13 所示的套管轴向为水平最大主应力方向和表 5–14 所示的套管轴向为水平最小主应力方向两种情况。

综合比较表 5–13 和表 5–14 可以发现，同等条件下，从表 5–13 到表 5–14 的 von Mises 应力依次增大，由此可得出结论：套管的应力主要受套管横切平面内地层原始两向主应力数值的影响，套管轴向地层原始主应力对套管应力的影响相对较小。因此，对于同一地层应力场，为了使得套管承受的应力最小，套管横切平面内的地层原始两向主应力应为三向主应力中的两个较小的主应力，即套管的轴向应为地层三个主应力中最大主应力的方向，如表 5–12 所示的直井工况。对于水平井，当套管的轴向为水平最大主应力方向时，套管承受的应力最小，如表 5–13 所示的水平井工况。

对于表 5–12 所示的直井工况和表 5–13 所示的水平井工况，套管最大 von Mises 应力出现在水平最小主应力 S_h 方向上的孔眼内壁上；对于表 5–14 所示的水平井工况，套管最大 von Mises 应力出现在水平最大主应力 S_H 方向上的孔眼内壁上。因此综合表 5–13 和表 5–14 可以得出：套管 von Mises 应力最大值总出现在套管横切平面内两个主应力中的较小主应力方向的孔眼内壁上。在螺旋射孔完井作业时，应避免在此方向上射孔。理论上，若在套管横切平面内射孔孔眼偏离此方向 90°，即在套管横切平面内地层应力两个主应力的较大主应力方向上射孔，则套管孔眼内壁上的 von Mises 应力达到最小值。考虑到实际的射孔方案多为螺旋射孔以及螺旋射孔的周期性，因此，最佳的射孔方案为在套管横切平面内偏离此方向 0.5 倍相位角的方向上射孔。

综上，得到如下认识：

（1）在时间上，储气库注采井套管 von Mises 应力的最大值出现在采气末期。

（2）在空间上，套管 von Mises 应力最大值出现在套管横切平面内两个主应力中的较小主应力方向的孔眼内壁上，因此在射孔完井作业时，应避免在此方向上射孔。对于螺旋射孔，最佳的射孔方案为在套管横切平面内偏离此方向 0.5 倍相位角的方向上射孔。

（3）套管的应力主要受套管横切平面内的地层原始两向主应力数值的影响，套管轴向地层原始主应力对套管应力的影响相对较小，因此当套管轴向为地层应力的最大主应力时，套管的应力最小；对于水平井，为使套管的应力最小，套管的轴向应沿地层水平最大主应力方向。

第四节　储气库地面工艺技术

地下储气库地面运行受产气区、储气区及用户的多重影响，具有开停井频繁、运行参数变化范围宽、注气压缩机选型要求高等特点。通过借鉴吸收国外储气库建库技术，参考国内油气田地面工程设计相关经验，经过10余年的科技研发、试验、设计、建设及运行方面的不断探索与经验积累，目前已经形成了以站场布局、井口注采气、采出气处理、注气工艺等为主体的较为成熟的地面工艺技术。有效实现储气库低成本建设与经济运行并举，充分展示了中国石油在储气库地面建设技术领域的卓越实力，为中国石油储气库地面建设积累了成功的设计经验和相关技术储备。但在“高效、安全、大型化、自动化”等方面仍存在较大差距，“十二五”期间通过攻关研究，初步建立了注采集输、采出气处理、压缩机选型、安全放空技术系列。

一、注采集输技术

注采集输工艺系统涵盖从注采井口到集注站间的注气系统、采气系统及注采集输管道。储气库注气与采气不同期运行，采气气质、注采工况多变，注采系统操作压力高等特点直接影响注采集输系统的设计。以下主要围绕采气井口防冻防凝、井口注采调节、单井计量、注采管道设置方式，介绍注采集输技术的新进展。

1. 采气井口防冻防凝

常用井口防冻防凝工艺包括加热节流工艺、不加热高压集输工艺、节流注防冻剂工艺，加热节流工艺适用于井口压力较高、温度较低的气井，优点是单井集输管道设计压力较低，管道投资费用较少，可同时解决水合物及结蜡问题，缺点是井口设施投资高，工艺流程复杂；不加热高压集输工艺适用于井口压力不太高，温度较高而且距集注站较近的气井。节流注防冻剂工艺适用于井口压力较高、温度较高的气井，常用抑制剂通常包括甲醇、乙二醇，从防冻效果看，乙二醇最低只能适应 –20℃，而甲醇最低能适应 –40℃。

储气库发生冻堵的特点是间歇性、短时性和不确定性，且井口参数随采气时间的推移不断变化，近年来凝析气藏型储气库采气单井井口均采用了间歇注防冻剂工艺来解决井口防冻问题，实践证明该技术具有操作简便、运行可靠、成本低等优点，适合于地下储气库采气调峰工况。油藏型储气库井口采用加热节流工艺，同时井口预留注防冻剂接口，当储气库运行多个周期，采出的井流物中原油含量较少时，采用间歇注防冻剂工艺。

在选择防冻工艺时，还需综合考虑储气库布站方式及采气处理工艺，对于毗邻集注站建设的井场注防冻剂设施可与集注站的统一考虑，根据井口温度及采气处理工艺的差异采用注乙二醇或甲醇。

2. 井口注采调节

传统的工艺采用单向压力调节阀（角式节流阀），可控制采气流量，而对单井注气流量不进行控制，天然气流向及流量根据每口井实时井况自行匹配，传统集输系统流程如图5–41所示。

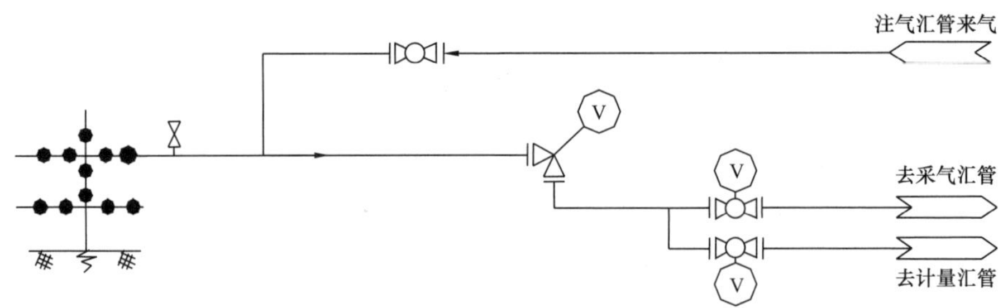

图 5-41 传统集输系统流程图

在储气库运行中，同一个注采区块内由于各单井的分布、层位等诸多因素不尽相同，各单井吸气能力、采气携液存在差异，造成注气时各单井注气量、携液量差异显著。这导致储气库注气初期天然气主要流向高部位井，随着注气进程的推移，高部位井压力逐渐升高，注气接近饱和，而此时低部位井注入气量仍较少，进而造成储气库无法完成当年注气任务。根据大港储气库群所掌握的资料，在不进行人工干预的情况下，各单井的注气量相差可达 60 倍，此种情况对储气库的达容是极为不利的。

鉴于上述问题，本着优化注采运行的原则，对井口调节方式进行改进，提出了注采双向调节思路，一方面保持采气期的井口压力调节功能，实现采气降压外输；另一方面，增加注气期流量调节功能，实现单井合理的配注，防止各井因天然气注入量不均导致的地层恶化、达容困难，降低压缩机功耗。基于以上思路，提出两种注采调节方案。

方案一：采用具有双向调节功能的“轴流式节流阀”同时进行单井注、采调节（图 5-42）。

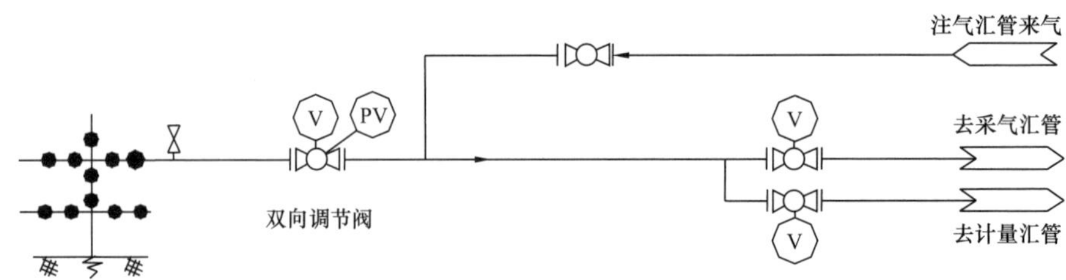

图 5-42 集输系统双向调节流程示意图（一）

方案二：采用“可控球阀 + 角式节流阀”注采调节方法，通过“可控球阀”进行注气流量调节，采用“角式节流阀”进行采气压力调节（图 5-43）。

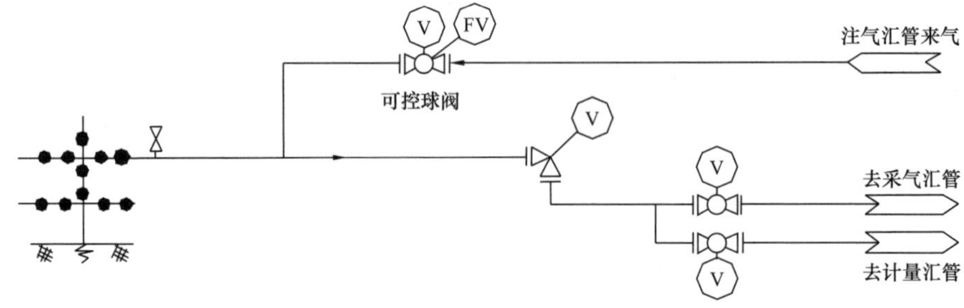

图 5-43 集输系统双向调节流程示意图（二）

两种方案相比，方案一在流程上相比简单，单节流阀的设置从控制角度上相对简单，阀门的种类较方案二少，可减少备品备件的数量。但该种设置节流阀不便于现场检修，如果检修需将阀门从管线上拆除才能完成。方案二中的角式节流阀适宜在线检修。因此，对于干气藏及盐穴型储气库，由于储气库井流物携带的杂质较少，在采气期对阀门的冲蚀较小，阀门维护量小，可优选方案一，油气藏型储气库优选方案二。

3. 单井计量

地下储气库单井油、气、水三相的计量，可为地质部门提供可靠的第一手分析资料，为扩大气库规模，防止边水入侵提供可靠数据支持，油藏型储气库的油、气、水三相流量计一直是地下储气库建设工程地面工程设计的难点。目前应用较多的三相计量流量计均是基于气液两相分离后的计量，该种计量方式适用于气质组分及流量变化相对较小的天然气井，无法适应储气库单井井口运行压力高，操作压力和流量不断变化，采气携液，油、水产量及性质差异大等工况。

中国石油已建的大张坨、板中北、板中南、板 876、板 808、828 等储气库在集注站设置计量分离器（三相），对气、油、水分别计量，该种设置方式计量分离器结构相对复杂，需要进行油、气、水三相分离，且油相和水相调节阀前后压差过大，该方式易造成调节阀使用寿命短、运行维护工作量大、维护困难等问题。

经过研究改进，提出在井场设置单井计量装置设计思路，计量分离器及配套计量、调节阀组可采用橇装化布置，其中计量分离器为气液两相分离器，采用靶式流量计计量天然气流量，质量流量计计量液体流量，利用质量流量计可测量流经介质的质量及密度的特点，结合化验的油密度可推算出介质的体积流量，实现对储气库单井采出气、油、水的三相计量，单井计量原理如图 5-44 所示。

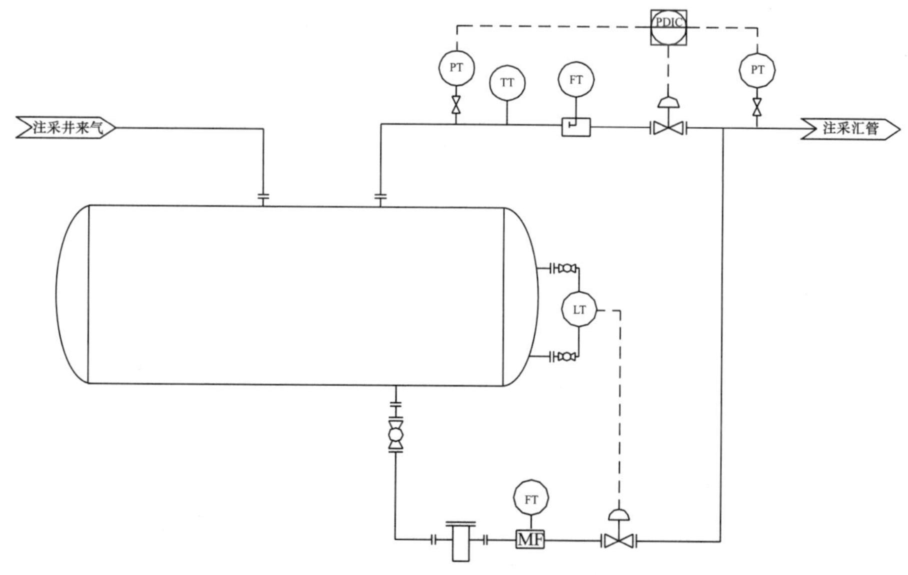

图 5-44　单井计量原理示意图

该种计量方式，将井场计量系统设置在井场，取消了井场与集注站间的计量管线，优化简化了储气库地面集输系统，液相调节阀前后压差小，避免了常规设置方式油相及水相调节阀前后压差过大，造成调节阀使用寿命较短的弊端，给运行维护带来更大便利。且该种计量方式能很好地适应储气库操作压力和流量不断变化，采气携液，油、水产量及性质差异大等特点。

对于干气藏型储气库，由于井口采出井流物主要为天然气和水，不含液态烃，可在井口设置双向流量计用于注气期干气计量及采气期井流物两相计量，移动式计量分离器标定。

4. 注采管道优化设置

井口注采管线有独立设置和合并设置两种方案，管线设置方案需要根据地质研究提供的井流物参数，从经济性及操作运行难易程度等方面综合对比分析。在对两种方案进行经济性分析时需综合考虑管材费、设备（阀门、绝缘接头等）费、施工措施费（管道焊接、管道敷设等）、征地费用等。

对于凝析气藏或油藏型储气库，当井口采出井流物为油、气、水三相时，尤其当油品重组分含量高或含蜡时，优先考虑注采管线独立设置方案，以防重烃低温凝管或结蜡的发生，同时避免注气期管壁附着物再次伤害地层。对于干气藏型储气库，由于井口采出井流物主要为天然气和水，不含液态烃，不会发生温度降低凝管或结蜡等问题，且随着注采周期的延长，井流物中携带的地层水逐渐减少，因此在采出气含水量较低，对管线冲蚀较小的情况下，优先考虑采用注采管线合并设置方案。

储气库注气与采气的不同特点直接决定了其在管材选择上的特殊性，采气期，根据国内已建地下储气库的实际运行经验，开井初期，井口温度场未建立起来时，井口压力很高，而井口温度很低，经节流后，井流物温度可低至 −30℃以下；注气期压缩机出口温度较高，尤其是注气末期，压缩机出口压力可高至 30MPa 以上，如此高的压力，出于管道运行及周边设施安全性考虑，对管道强度提出了更高的要求。对于注采管线分开设置，注气管线主要满足注气期高压管道强度要求，采气管线主要满足开井初期井口节流后温度较低的工况，而注采管线合一设置时，集输管线材质应同时满足以上两种要求。

在以往的设计中注采管线多采用 16Mn，对于井口压力高的储气库，注采管线采用 16Mn 壁厚较大，给加工、焊接带来较大难度，且钢材耗量增加。随着国内无缝钢管制造水平的不断提高，目前经调制后的 L360 和 L415 及以上等级钢材也能适应开井初期低温工况，采用 L360 和 L415 管线将减少钢材耗量，但其单价稍高于 16Mn。因此，注采管线材质宜从经济性及施工难易程度等方面进行综合对比确定。

二、采出气处理技术

1. 地下储气库采出气处理要求

由于储气库地质构造不同，在采气期自地层采出的天然气大都含有水、重烃等组分，因而给天然气的输送造成困难。为保证外输气在运输过程不会因为温度和压力变化而形成水合物，堵塞管道，造成运行事故，需要对采出气进行处理后外输。

储气库采出气具有气量及压力变化范围大的特点，为满足下游用户调峰气量的需求，同一采气周期内，采出气量变化范围可能达到 20%～120%。采气初期，井口与外输管道之间存在一定的压力能可利用，随着采气时间及采气量的增加，井口压力降低，因此，需综合考虑储气库运行压力、采气量波动变化情况等因素[14]，确定最适宜的采出气处理工艺。

储气库采出气处理工艺的选择主要遵循两个原则：（1）满足采出气流量的变化波动，适应输气管网的参数变化要求；（2）综合考虑采出气井口压力与外输压力变化情况，在充分利用地层压力能的前提下，提高采气装置的经济性。

2. 新型采出气处理工艺

中国石油建储气库采气处理均采用低温分离法或三甘醇脱水法，由于设备尺寸大小及装置对气量适应范围的限制，对于大型储气库，均采用多套并联的方式，如新疆呼图壁储气库，采气规模为 $2800\times10^4\ m^3/d$，设置了 4 套 $700\times10^4\ m^3/d$ 的采气装置，该种设置方式，占地面积大，能耗高，且流程复杂，运行管理难度高。针对国内储气库采气处理工艺实现大型化的瓶颈，在对国外储气库调研的基础上，提出将固体吸附法应用于储气库采气处理中，以简化工艺流程，提高建设和运行的经济性及可操作性。

近年来，在硅胶脱水、脱烃研究方面取得了长足进展，国外如 BASF 公司的 Sorbead 系列硅铝胶吸附剂产品，自 20 世纪 80 年代初开始在欧洲储气库采出气处理装置商业应用，目前已有 300 多套应用实例。Sorbead 是氧化铝改性的硅胶，采用油滴成型工艺和专有的生产工艺，与普通硅胶相比，Sorbead 吸附剂具有压碎强度高、使用寿命长、对水和重烃的吸附能力高等特点。Sorbead 系列吸附剂包括 Sorbead WS 型、Sorbead R 型和 Sorbead H 型等，其中 Sorbead H 型有更大的开放性内部结构，主要用于水和烃的同时吸附；Sorbead R 型只是用来脱水，通过调整使得水吸附量最大化，烃的吸附最小化；Sorbead WS 型是一种特殊先进的 Sorbead 吸附剂，可以接触游离水，用于防止重要部分的吸附剂接触水而导致吸附剂的内部反应，从而影响吸附效果。

硅胶脱水流程示意图如图 5–45 所示，硅胶脱水具有生产压差小，脱烃、脱水深度高的特点，但是由于吸附再生时温度高，能耗较常规处理方法高，因此该工艺在地下储气库采出气处理装置中的应用可行性尚待进一步研究论证，具体项目采用何种采出气处理工艺需通过技术、经济对比确定。

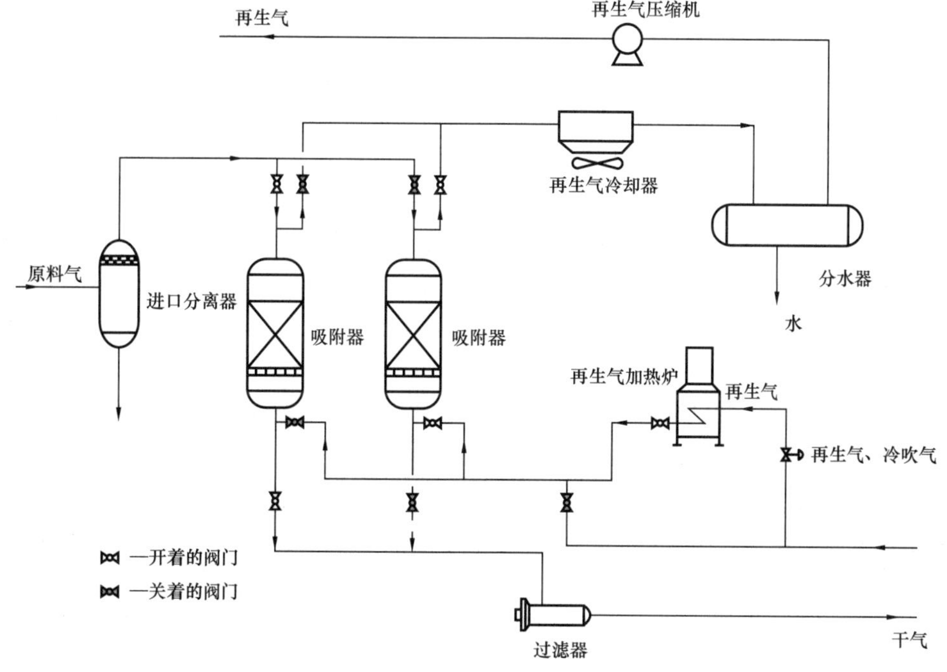

图 5–45　硅胶脱水流程图

三、注气压缩机选型配置技术

注气压缩机是地下储气库的核心设备，其能耗在整个装置中占到50% 以上。注气压缩机选型应根据地下储气库的库容及储气能力，又要结合长输管道供气能力、用户调峰需求。

油气藏型地下储气库注气系统具有高出口压力、高压比、高流量及压缩机出口压力波动大的特点。往复式压缩机从适应性、运行上都更能适应出口压力高且波动范围大，入口条件相对不稳定的情况，在注气效率、操作灵活性、能耗、建设投资、交货期等方面具有突出优势，但对于大型电驱往复式注气机组，余隙、旁通、压开进气阀等常用气量调节方法对气量的调节存在调节范围窄、响应速度慢、能量浪费多、可操作性差等弊端，针对电驱往复式注气压缩机组气量调节方法开展了研究。

另外，地下储气库工作气量大，采用往复式压缩机数量较多，采用离心式压缩机可大幅减少机组数量。为降低工程投资、提高建库效益、缩减占地面积，提出离心式压缩机在储气库中的应用理念。

1. 往复式压缩机气量调节

目前，国内已建储气库多为季节调峰型，这类储气库要求调峰灵敏度高，距离用户近、气源较远，工作气量小，注气压缩机均采用燃气驱动或电动机驱动往复式压缩机组，机组排量按照“均采均注”的原则设计，并乘以不均匀系数，排气压力按照满足采气末期最高注气压力确定。实际操作时，由于储气库气量和出口压力不断变化，会导致一段时期内注气压缩机在低于额定排量的工况下运行。因此，选择适宜的气量调节方法，对大功率往复式注气压缩机的平稳、高效运行以及降低注气装置能耗均具有重要意义。

往复式压缩机气量调节的方法主要有转速调节、余隙调节、进口压力调节、旁通回流调节、压开进气阀调节等几种方式，但受储气库特殊运行工况的限制，以上几种调节手段均无法实现覆盖储气库注气压缩机全工况的连续、经济、高效、快捷、精确调节。气量无级调节技术是一种利用气阀控制实现理想气量的调节技术，在化工压缩机中曾有应用。

气量无级调节技术的原理是通过控制进气阀，在压缩冲程前期先将不需要压缩的部分气体通过进气阀排回至压缩机进口，然后才开始真正压缩所需要的气量，最大限度地节约能源，通过智能化的液压调节机构，快速、精准地控制压力和流量，实现气量理论上0～100% 的连续调节（实际因压缩机而异）。

无级气量调节系统可以很好地实现与大型电驱往复式压缩机的匹配，将其应用在注气压缩机后可以实现以下功能：

（1）注气系统能够完全适应注气期压缩机变工况运行条件，避免了储气库传统气量调节方法操作复杂、浪费能量的弊端，实现压缩机 0～100% 负荷范围内的无级调节（实际因压缩机而异，一般推荐在 20%～100% 的范围内）；

（2）降低旁通回流带来的负面影响，降低冷却器的负荷，提高压缩机的可靠性和安全性；

（3）尽可能减少启停机对注气压缩机带来的不利影响，提高机组配置的灵活性；

（4）对压缩机的级间压力进行自动控制，确保级间压力稳定，压缩机在最佳压比状态下运行；

（5）实现注气压缩机组节能 10% 以上。

2. 离心式压缩机在储气库中应用

由于往复式压缩机有效率高、压力范围宽、流量调节方便等固有优势，对储气库工况极佳的适应能力，在国内储气库中得到普遍应用，欧洲较大规模储气库多采用离心压缩机或离心压缩机与往复式压缩机组合的配置。随着储气库的不断建设，国内出现了规模较大的储气库，例如中国石油新建的榆林南地下储气库有效工作气量已达到 $55\times10^8m^3$，选用往复式压缩机，数量达到 17 台，为减少压缩机数量，急需对离心式压缩机对地下储气库运行工况的适应性与可行性开展研究。

离心式压缩机的壳体分为水平剖分和垂直剖分两种形式。对于小流量的压缩机来说，水平剖分型可应用于压力在 5.52～6.89MPa 范围，垂直剖分型的压缩机压力应用范围比水平剖分型的要高。目前，欧洲生产的离心式压缩机单缸压力最高的已超过 90MPa，单缸最大入口实际流量已达 $70\times10^4m^3/h$。

专门用于储气库的压缩机为单轴多级垂直剖分压缩机，压缩机的出口压力范围为 0.1～90MPa，普通压缩机出口压力不超过 20MPa，高压压缩机出口压力不超过 35MPa，需要特殊设计的超高压压缩机出口压力大于 35MPa，实际入口流率为 250～480000m^3/h，转速为 3000～20000r/min。压缩机的应用范围宽，能够满足我国储气库的要求。

采用离心式压缩机组则可以大幅减少机组数量，降低设备投资和占地。通过优化离心机选型和调整串联与并联以及采用大、小不同机型的组合配置，离心机也能很好地适应储气库的变工况运行。例如对于采用往复式压缩机台数多达 14 台以上的大型储气库，采用 4～5 台离心机组或离心机 + 往复机组合的形式即可满足 0～100% 的气量波动范围，同时可降低设备投资和占地，目前受国内离心式压缩机生产能力的限制，尚缺少出口压力 30MPa 以上压缩机的生产应用实例，因此，储气库专用大排量高压力的离心式压缩机的研制，将成为下一步研究的重点方向。

四、储气库安全放空技术

储气库放空系统主要存在以下几个特点：（1）地面设施多，装置规模大，注采期放空气质复杂；（2）压力等级高，存在高、低压系统；（3）高压系统泄放初始压力高，瞬时泄放量远大于平均泄放量；（4）注采不同期运行，注气期与采气期泄放量差别大；（5）泄放前后压差大，泄放后气体温度低。

目前，国内天然气行业站场放空系统设置原则及放空规模确定方面存在多样化现象，设计标准不统一。储气库地面设施放空工况主要包括：（1）火灾工况下，为防止事故扩大或蔓延，进行泄压保护；（2）事故工况（包括出口阀门关闭，站场电气故障，站场仪表风故障，站场阀门误打开等）下，为防止系统 / 设施超过设计压力，进行安全泄放；（3）装置检修、维护时，进行泄压放空。

1.ESDV 系统分级设置

储气库 SDV 系统利用紧急关断阀（ESDV）来实现关断。根据事故产生的原因以及事故的严重程度，ESDV 系统可设置四级关断或三级关断，其中四级关断具体如下。

（1）一级关断：火灾关断，由手动关断按钮执行。此级将关断所有生产系统，打开事故排放阀（BDV），实施紧急放空泄压，发出厂区报警并启动消防系统，关断火灾区动力电源。

（2）二级关断：工艺系统关断，由手动控制或天然气泄漏、仪表风及电源发生故障时执行关断。此级生产系统关断，但不进行放空。

（3）三级关断：单元关断，由手动控制或单元系统故障产生。此级只是关断发生故障的单元系统，不影响其他系统。对于储气库来说，单元包括：注气系统、采气系统和排液系统等。

（4）四级关断：设备关断，由手动控制或设备故障产生的关断。此级只关断发生故障的设备，其他设备不受影响。

2. 放空系统设置原则

储气库上下游的设计压差大，上游运行压力超过下游管线试验压力，根据 EN12186 设置两级压力安全系统，两级压力安全系统包括非泄放系统（SDV）+ 非泄放系统（SSV 或 SDV）及非泄放系统（SSV 或 SDV）+ 泄放系统（PSV）。

1）井场

储气库井场内设施主要包括采气树、井口阀组、发球筒（阀）、注甲醇设施等，油气藏型地下储气库井场典型工艺流程如图 5-46 所示，由该图可看出，井场存在两个压力系统，压力分界点在采气管线上的角式节流阀，角式节流阀之前为高压系统（一般为 30MPa 以上），角式节流阀之后为低压系统（一般为 10MPa 左右）。为防止角式节流阀事故状态下，下游管线超压，在角式节流阀前设置了紧急切断阀 ESDV1，ESDV1 截断信号为角式节流阀下游 PSHL。而且，每口注采井井下均设置一个紧急切断阀 ESDV2，切断信号由易熔塞触发，同时可由角式节流阀下游 PSHL 触发。

由以上分析可知，注采井设置了双重保护系统，当 ESDV1 失效时，ESDV2 可提供紧急切断功能，可有效防止角式节流阀下游管线超压。因此，井场放空系统设计原则如下：虽然井场存在压力分界点，由于设置有双重保护系统，即井下及地面双切断，因此井场内一般不设置安全阀，不设放空筒（火炬）。

2）集注站

集注站截断和放空系统的设计遵循以下原则：

（1）集注站只设置 1 套放空（筒）火炬。

（2）集注站注气装置和采气装置进出站管线均设置紧急切断阀 ESDV。

（3）当集注站有多套采气装置或多套注气装置时，各装置按不同时放空考虑，在各装置间设置截断阀（ESDV），当一套装置发生事故时，只对该装置实施紧急切断并放空该装置内天然气，其他装置保压。

（4）若分装置放空量仍然很大，则可采用“分区放空 + 延时”理念，即不同操作单元按不同时放空考虑。

（5）高、低压放空采用同一个放空（筒）火炬，高、低压放空汇管是分开设置，只需考虑放空背压，当低压放空压力高于整个放空系统的背压时，高压放空汇管与低压放空可汇管可共用一条；当低压系统泄放压力低于整个放空系统的背压时，高压放空汇管与低压放空汇管应独立设置，此时放空（筒）火炬应设置两个天然气进口，即一个为高压进口和一个为低压进口。

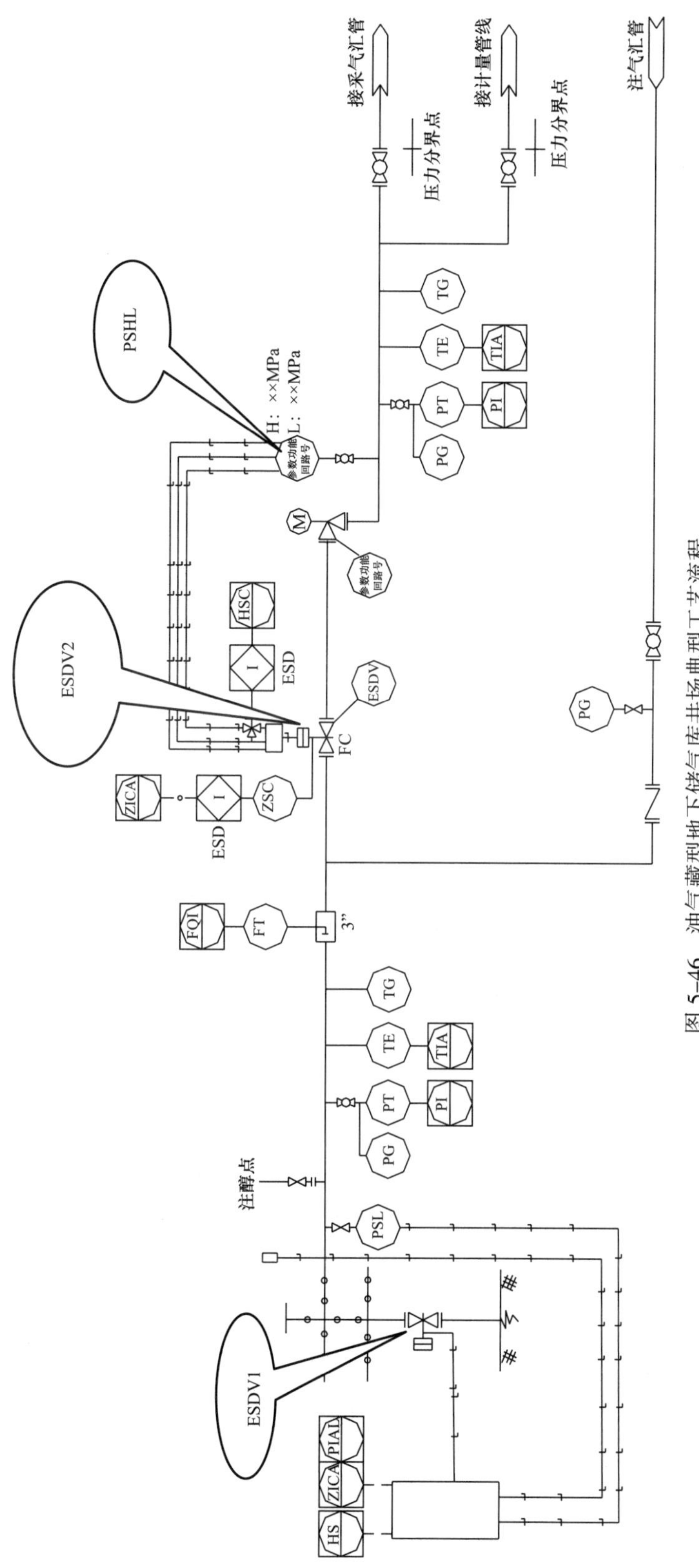

图 5-46　油气藏型地下储气库井场典型工艺流程

（6）井场至集注站集输管道内气体放空利用集注站放空（筒）火炬。

（7）集注站至分输站双向输气管道内气体放空利用集注站或分输站内放空（筒）火炬。

3. 集注站放空量计算

参考 APIRP521 规定，在 15min 内将设备压力降到 690kPa 或降到设备设计压力的 50%，取两者的最低值（同 SY/T 10043—2002《泄压和减压系统指南》，其中第 3.19.1 条规定“将装置进出口切断，在 15min 之内将装置的压力降到 690kPa 计算安全泄放阀的放空流量”），其中凝析气藏型、油藏型储气库采气装置放空量应按照 15min 内将单套装置内压力降至 690kPa 的平均泄放量计算，注气装置放空量按照 15min 内将单套装置压力降至设计压力一半的平均泄放量计算，放空系统设计规模按照两者中较大值确定。干气藏型、盐穴型储气库采气装置、注气装置放空量均按照 15min 内将单套装置压力降至设计压力一半的平均泄放量计算。

下面提供一种软件计算方法，将集注站内采气装置或注气装置假定为一密闭容器，工艺模型如图 5-47 所示。

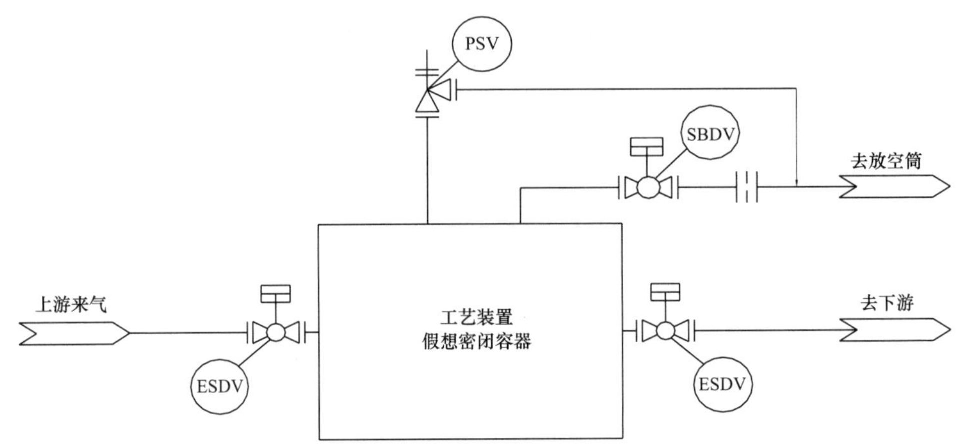

图 5-47　集注站放空系统工艺模型图

利用 ASPEN HYSYS 软件建立 Depressing 动态泄放模型，估算站场有效容积（所有带压设备及管线容积之和），计算不同工况瞬时最大泄放量和平均泄放量，该模型可通过 CV 值调整放空速率。由于储气库压力等级较高，尤其是注气系统压力可高至 30MPa，放空条件苛刻，瞬时泄放量远大于平均泄放量，系统动态负荷远较常规泄放复杂，瞬时最大泄放量约为平均泄放量的 2～3 倍，初期的泄放速率远大于末期，如果按照初期的泄放速率设置放空系统，则规模大、投资高，所以需要控制泄放初期的泄放量，降低泄放速率减小放空系统的规模。

4. 放空筒或火炬型式选择

储气库的放空气为天然气，当马赫数不大于 0.5 时可以实现充分燃烧，因此储气库放空系统可设置为常规事故放空火炬。当工艺装置没有气体泄漏、没有气体排放时，长明灯可以不点燃；事故放空时，在放空前时需通过全自动、半自动或手动点火方式首先点燃长明灯，然后由长明灯点燃主火炬。

第五节　储气库井筒完整性评价技术

储气库系统“强注强采”的功能是区别于常规油气井的显著特点，致使其承受交变地应力和交变载荷的作用，以及腐蚀、冲蚀、盐岩蠕变等潜在危害因素的共同作用，严重影响储气库稳定性和安全可靠性。完整性管理当前已成为储气库安全运行管理的发展方向，国外在储气库完整性技术方面已开展了大量的工作，已形成系统的检测评价技术、标准规范与装备，国内自储气库建设及运行以来，已初步建立了气藏型和盐穴型储气库的管理体系框架，并取得初步成效，但缺乏全寿命周期的完整性管理体系及关键技术支撑，总体上落后于国外，特别是风险评估、检测评价等关键技术依赖于国外。“十二五”期间，中国石油通过攻关研究建立了储气库套管选材、盐穴型储气库风险评估、盐穴型储气库管柱完整性评价、储气库动设备故障诊断、储气库井筒监测等关键技术，完善了储气库完整性技术体系，为保障储气库安全运行提供了技术支撑。

一、储气库套管选材

地下储气库套管柱所受载荷与气井管柱的最大不同就是压力和温度的交替变化，套管柱损坏形式以泄漏、腐蚀为主。目前，国内储气库注入气体中 CO_2 含量不超过 2.0%，不含 H_2S，储气库最大运行压力不超过 50MPa。为规范储气库套管选用，针对储气库套管柱与常规气井的差异性，编制了 Q/SY 1703—2014《地下储气库套管技术条件》。该标准提供了订购套管时必须涉及的材料性能、尺寸规格、实物性能、螺纹加工、无损检测等要求，避免了去查询 API Spec 5CT 和 GB/T 20657 等多个相关标准，且部分指标要求高于 API 规定。

与 API 标准的主要差异集中在以下几方面：（1）着重规定地下储气库常用套管钢级要求，并说明在储气库中不再订购使用 API Spec 5CT N80 钢级 1 类套管，同时增加了油田常用的非 API 尺寸规格以及相关的性能参数；（2）所有钢级产品不再划分 API Spec 5CT 中的产品规范等级，以使用 API 中较高产品规范等级要求为主；（3）涵盖了材料性能、使用性能、螺纹加工、无损检测等多个标准中规定的性能数据，增加了高温拉伸性能要求；（4）明确规定且提高了所有钢级产品的夏比 V 形缺口冲击吸收能、晶粒度、硫磷含量等要求，同时提高了外径、壁厚、直度公差要求；（5）明确规定了所有钢级产品应进行无损检测，并明确 P110 钢级产品应进行验收等级 L2 的无损检验；（6）明确规定了材料性能和实物服役性能试验方法，并增加上卸扣试验、失效试验、高温拉伸试验拒收依据；（7）规定了套管后期装卸、运输、存放的要求，提出对所有套管产品的质量监督检验要求；（8）在附录表格中增加了使用性能数据表。

针对储气库产水量差异大对腐蚀选材影响问题，指出了水气比 $11.3m^3/m^3$ 为对腐蚀影响的临界线，低含水率下选材要参照气相腐蚀数据，为储气库低含水率管材选材指明方向。典型工况下的储气库选材试验结果表明（图 5-48）：4 种材质腐蚀速率 P110 ≈ 3Cr>13Cr>13CrS，低含水（气相）腐蚀速率小于高含水（液相）下的腐蚀速率；P110 可满足低含水率低 CO_2 分压腐蚀环境需求，建议采取防腐措施；相比 N80 和 P110 管材，3Cr 管材防腐效果不明显；13Cr 管材能满足当前腐蚀环境，对高氯离子环境下可使用超级 13Cr。

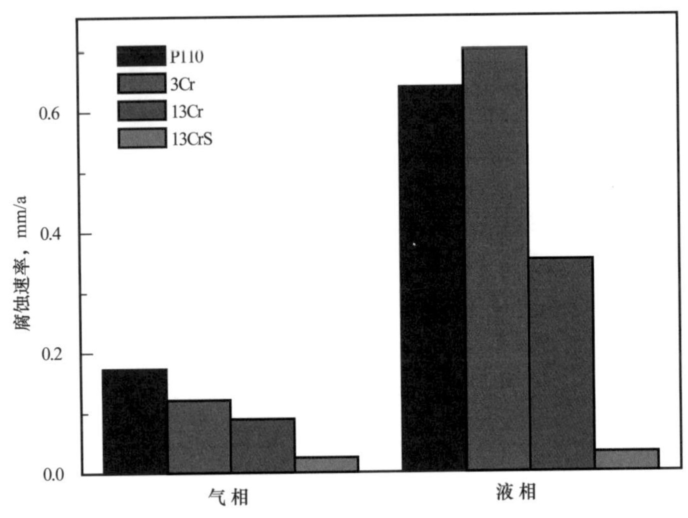

图 5-48　典型工况下腐蚀速率测试结果

（Cl^-180000mg/L，温度 120℃，CO_2 分压 0.8MPa）

二、储气库风险评估技术

对于盐穴型地下储气库而言，地下储气设施、地面站场设施和地面集输管线三个评价单元具有不同的功能特点，须建立各自适用的风险评估方法。每类风险评估方法的基本内容均包括失效概率分析、失效后果分析和风险分析三部分内容[15]。

1. 基于故障树的地下储气设施风险评估方法

1）失效概率计算

地下储气设施相比油气管道要复杂得多，引发失效的事件也相对较多，因此适于采用故障树方法来确定地下储气设施失效概率（图 5-49），并可进一步明确泄漏的途径和引起注采能力下降的原因。以地下储气设施失效作为顶事件，而泄漏和注采能力下降作为次级事件，建立地下储气设施故障树。确定基本事件的发生概率是地下储气设施失效概率计

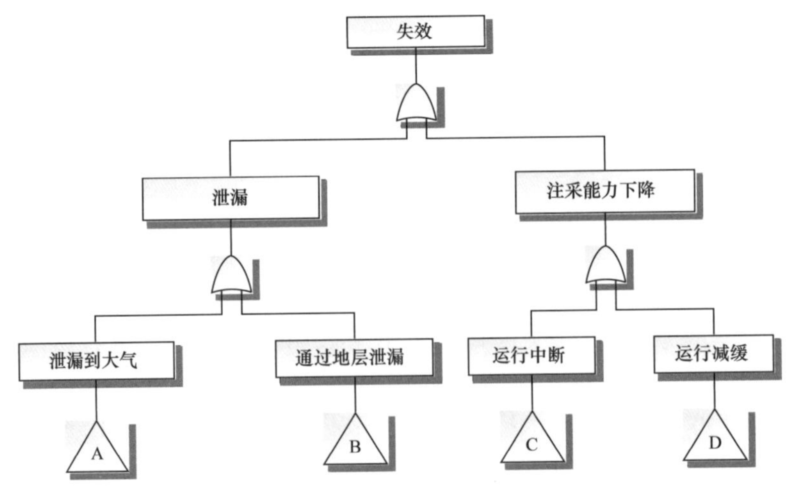

图 5-49　盐穴型地下储气库地下储气设施故障树

算的关键。基本事件发生概率计算方法采用统计法或建立工程评价模型计算获得。统计法是通过收集相应的盐穴型地下储气库或同类设施的历史失效数据进行分析，得出该失效事件过去的发生频率，并以此预测现在或将来的发生频率。对于设备失效、顶板（盖层）坍塌、上覆层不稳定、通过固井水泥泄漏等基本事件的发生概率可采用统计法。当历史数据不能或获取不充分时，则可采用建立的工程评价模型来计算基本事件的发生概率计算模型，例如井口微粒冲蚀模型、水合物堵管概率计算模型、地震概率危害分析模型、套管泄漏模型、盐腔收缩体积计算模型等。基本事件发生概率确定之后，即可根据故障树逻辑计算中间事件和顶事件发生概率。

2）失效后果计算

地下储气设施失效后果计算模型是专门用来量化其发生泄漏或注采能力下降对人员生命安全、经济、环境方面造成的后果。地下储气设施失效后果是与失效事件类型和失效严重度级别密切相关的。

对于泄漏模式，后果模型则需考虑气体泄漏对人员生命安全、经济和环境等方面的综合影响，其中人员生命安全后果考虑灾害发生后人员死亡人数和受伤情况，灾害模型采用喷射火模型；经济后果考虑产品损失费用、设施维修费用、灾害发生后造成的财产损失以及服务中断费用；而环境后果则考虑气体泄漏到含水层或空气中对环境的影响，对于储存介质不含有毒或强酸性物质的储气库而言，环境后果可不予以重点考虑。泄漏事件的严重度级别考虑小泄漏、大泄漏和破裂三类，不同的严重度级别，其失效后果差别很大。泄漏失效后果计算关键在于不同泄漏级别的泄漏率计算。对于通过地层泄漏和大气泄漏的情况，小泄漏和大泄漏采用 Beggs（1984）建立的阻流模型［式（5-10）］。对于破裂泄漏情况，如考虑压力变化对泄漏率的影响，采用迭代法计算。

$$q_{SC}=\frac{C_n p_1 d_{ch}^2}{\sqrt{\gamma_g T_1 Z_1}}\sqrt{\frac{c}{c-1}\left(y^{\frac{2}{c}}-y^{\frac{c-1}{c}}\right)} \tag{5-10}$$

式中　q_{SC}——气体流动率，m^3/d；

d_{ch}——泄漏孔尺寸，mm；

p_1——泄漏位置处压力，kPa；

T_1——泄漏点处气体温度，K；

Z_1——在温度 T_1 压力 p_1 下的压缩系数，无量纲；

γ_g——天然气相对密度，无量纲；

c——天然气比热容，无量纲。

而破裂并不考虑盐穴压力变化的情况则按式（5-11）计算：

$$q(t)=\frac{2\pi Kh}{\mu}\frac{p_w-p_e}{\ln\left(r(t)/r_w\right)} \tag{5-11}$$

式中　$q(t)$——储存介质泄漏速率，m^3/s；

K——地层的水平渗透率，mD；

T——泄漏持续时间，s；

μ——在原条件下的气体黏度，Pa·s；

p_w——井筒压力，Pa；

p_e——气水界面的压力，Pa；

r_w——井筒半径，m；

$r(t)$——储存介质远离井筒的径向迁移半径，m；

H——可扩散地层的厚度，m。

对于注采能力下降模式，严重度级别考虑轻微减缓、严重减缓、临时中断和长期中断4类。后果计算则仅考虑经济因素，主要包括运行中断或运行减缓而造成的储气库运行收入损失和设施维修费用。

3）风险计算

综合失效概率和失效后果建立了盐穴型储气库储气和注采气系统定量风险评估方法。储气和注采系统的风险主要考虑个体安全风险和经济风险两个方面。个人安全风险是指生活或工作在地下储气设施附近的任何个体因天然气泄漏造成的死亡概率，它与泄漏发生的概率、危害类型、灾害区域类的人员分布情况相关。对个体安全风险推荐了10^{-4}次/a和10^{-6}次/a两个门槛值，将个体安全风险划分为风险可接受区、风险可容忍区和风险不可接受区三个区间。经济风险是失效事件发生概率与失效后果（经济费用）相乘得到的。对于经济风险门槛要通过成本分析来确定，本质上是要通过风险费用和安全费用的综合平衡，从而将成本控制在最低，风险控制措施的级别控制在最佳。

2. 储气库注采气站风险评估方法

通过结合储气库地面站场设施的工艺特点，建立了储气库注采气站风险评估方法。该方法首先运用定量风险评价方法对站场工艺单元或设备进行风险排序，查找主要风险单元，或风险单元的主要风险设备或管路，并以此作为主要分析对象，有针对性地进行设备风险HAZOP分析，详细分析设备工艺过程危害，查找风险原因，并提出切实有效的控制措施[16]，具体评估过程包括：

（1）失效概率计算。

地面站场设施失效概率的计算是通过采用同类失效概率数据，以及设备修正系数（F_E）和管理系统修正系数（F_M）两项来修改同类失效概率，计算出一个经过调整的失效概率，公式为：

$$\text{概率}_{\text{调整}} = \text{概率}_{\text{通用}} \times F_E \times F_M \tag{5-12}$$

其中，通用失效概率来自多种工业部门的设备失效历史数据的统计分析。设备修正系数（F_E）通过辨别对设备失效概率有重要影响的特定条件而得出。这些条件通过划分可以归结为技术模量子因子、通用子因子、机械子因子和工艺子因子4个子因子。而管理系统修正系数（F_M）是根据具体的安全管理体系来判断其对通用失效频率或概率的影响，该系数区分了不同管理体系对设备安全状况的影响。

（2）失效后果计算。

注采气站失效后果计算则包括8个步骤：① 确定有代表性的流体及其性质；② 选择一组孔尺寸以得到在风险计算中结果的可能范围；③ 估计流体可能泄漏的总量；④ 估计潜在的泄漏速率；⑤ 确定泄漏类型，以确定模拟扩散和后果的方法；⑥ 确认流体的最终相态，是液态还是气态；⑦ 评估泄漏后果的响应和减缓系统；⑧ 确定潜在的受流体泄漏影响的区域面积或费用，即燃烧或爆炸、毒害、环境污染以及生产中断的后果等。

（3）风险计算。

地面站场设施风险主要考虑设备破坏和人员伤亡两类风险，其中孔尺寸代表泄漏的严重级别。设备破坏风险计算时失效后果取设备破坏面积，人员伤亡风险则取人员伤亡面积。

$$设备或管线风险 = \sum_{孔尺寸}（失效后果 \times 失效概率） \tag{5-13}$$

对于设备破坏和人员伤亡两类风险是否可接受，则采用建立的风险矩阵来判断。

3. 储气库地面集输管线的肯特风险评分法

管道肯特风险评分法已广泛应用于世界各国的埋地管道，地面集输管线风险评估也适用于采用该方法[17]。然而，原评分体系的部分指标与地面集输管线的具体情况不相匹配，需做调整。根据地面集输管线的特点，中国石油对第三方破坏因素的报警系统和公众教育评分指标的12项评分指标进行了修正，删减了腐蚀因素中内检测器指标和误操作因素中的中毒品检查指标。管道肯特风险评分法假设第三方破坏、腐蚀、误操作和设计因素的发生概率相同，而实际不尽相同，因此在计算风险指数时引入了权重系数，计算公式见式（5-14）。权重系数可参考历史数据统计资料或专家经验法确定。

$$V = \frac{\sum w_i x_i}{l} \tag{5-14}$$

式中 V——相对风险值；

w_i——相对权重；

x_i——一级指数因素分值；

l——泄漏影响系数。

4. 金坛盐穴储气库风险评估

评估分析的盐穴体积为105000m³，储存介质为天然气，天然气相对密度为0.575，气库运行压力为7～14MPa，盐穴中层温度为326.15K，注采管规格为7in，井口平均温度为298.15K，大气压力为101325Pa。结构示意图如图5-50所示。该盐穴型地下储气库注采气站于2007年1月投产，全站采用SCADA系统进行数据采集和监控，主要完成站内工艺数据采集、监视、控制和流量计算等功能，目前辖管5口在役盐穴井。

该盐穴井场到注采气站进站阀组的单井管道总长2.7km，该段管道为ϕ273mm×20mm规格的16Mn无缝钢管，设计压力17.5MPa，屈服强度245MPa。整个管道有一条池塘穿越，沿途路过村庄，沿线环境较单一，杂散电流影响较小。

对于盐穴井，在井口破裂最严重的情况下，距离井口50m处居民和在井场的工作人员（维修工人或巡检人员）的个人风险计算结果分别为2.472×10^{-5}和2.06×10^{-6}。根据建立的个人风险可接受准则（不可接受线$10^{-4}/a^{-1}$和可接受线$10^{-6}/a^{-1}$）可知，维修工人和周边居民在距离盐穴50m处的个人安全风险可接受，处在风险可容忍区，但仍应该根据ALARA原则采取措施，在合理可行的范围内将风险降低到尽可能的最低水平。而泄漏和注采能力下降两类失效事件的产生的经济风险计算结果（表5-15）所示：大气泄漏相比地下泄漏的经济风险要大，主要是因为其事件率远大于地下泄漏，同时，运行减缓的发生概率也具有高的发生概率，因此，应根据故障树重点加强对引发大气泄漏和运行减缓的事

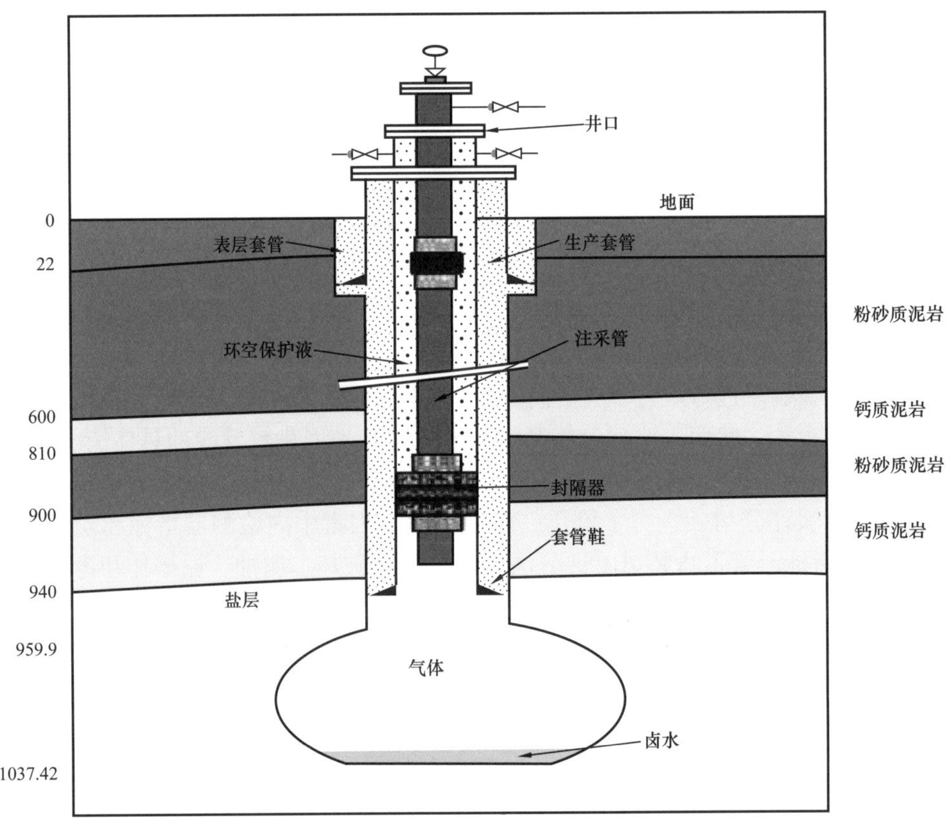

图 5-50　盐穴储气库井结构示意图

件控制，例如运行减缓则要防止水合物堵管、设备故障、顶板坍塌、上覆层运动和盐穴坍塌等事件的发生。较大中断的经济风险最大，主要是由于盐穴废弃带来的经济损失较大。

表 5-15　盐穴储气库井风险评估结果

失效事件		严重度级别	事件率 次 /a	总经济后果 千元 / 次	经济风险 千元 · 次 /a
泄漏	大气泄漏	小泄漏	2.86×10^{-1}	97.5	27.85
		大泄漏	1.18×10^{-1}	186.1	22.05
		破裂	4.12×10^{-3}	6754	27.83
	地下泄漏	小泄漏	1.98×10^{-4}	4633.2	0.92
		大泄漏	3.05×10^{-4}	4474.4	1.37
		破裂	6.04×10^{-6}	7290.6	0.04
注采能力下降	运行减缓	较小减缓	1.6×10^{-1}	43.3	6.90
		较大减缓	7.43×10^{-2}	43.3	3.20
	运行中断	临时中断	2.36×10^{-1}	43.3	10.20
		长期中断	1.83×10^{-3}	171740	314.30

注采气站场风险评估结果表明：压缩机系统和处理系统风险远远大于管路系统风险，其中压缩机组最大的；处理系统设备中空冷器风险最大，其次是缓冲罐（压缩机出口）、过滤分离器和旋风分离器（图 5-51）；而管路系统中对带压的 34 条管线中，从压缩机出口到缓冲罐出口的管线 P2112—P2118 风险最大，其中 P2113 最大，管路系统风险值大主要是由于压力和温度相对较高引起的。采用风险矩阵对各类设备或管路风险定级可知：压缩机风险为高风险。而管路系统均为中低风险。通过风险排序，明确了高风险单元，即可采用 HAZOP 法进行详细风险分析。对于单井管道根据具体情况将管段分为 7 段，经风险评分后，各管段风险均处于中低风险。

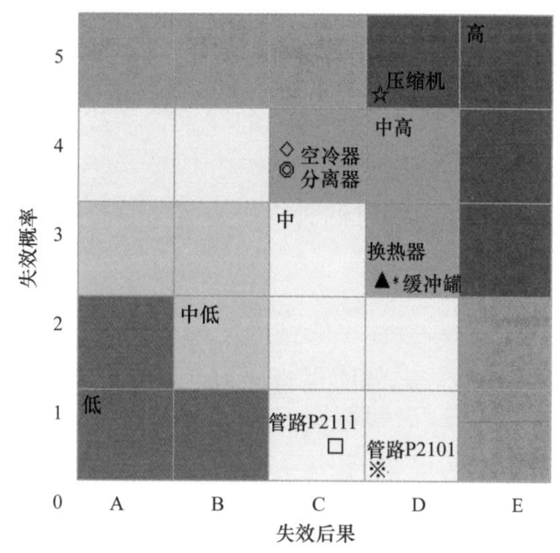

图 5-51 注采站风险评级图

三、地下储气库管柱完整性评价技术

完整性评价是通过现场检测、试验分析和理论分析，对储气库各单元尤其是高风险单元能否继续安全服役的工程评价。通过完整性评价可以实现三个目的：一是评价当前运行是否安全；二是提出设施维修或更换建议；三是确定下一次检修周期[18]。

管柱完整性评价包括管体和螺纹接头完整性评价两部分，剩余强度评价和剩余寿命预测是完整性评价的核心技术。对于套管柱和注采管柱，其管体和螺纹接头完整性评价方法相类似，主要区别在于服役载荷与服役环境不同，服役载荷对应于评价过程中的载荷，而服役环境则与腐蚀剩余寿命预测的腐蚀速率确定相关；另外，套管柱抗内压强度和抗挤毁强度需考虑水泥环的影响，注采管柱则不用考虑。

1. 管柱管体剩余强度评价

管柱管体剩余强度以抗内压安全系数（n_i）、抗挤毁安全系数（n_o）与抗拉安全系数（n_T）表征，并与额定安全系数相比，确定管柱剩余强度是否可接受。抗内压安全系数、抗挤毁安全系数和抗拉安全系数分别表征为：

$$n_i=p_{bo}/p_{ie} \quad (5\text{-}15)$$

$$n_o=p_{co}/p_{oe} \quad (5\text{-}16)$$

$$n_T=T_0/T_{oe} \quad (5\text{-}17)$$

式中 p_{bo}——抗内压强度；

p_{co}——抗外压强度；

T_0——抗拉强度；

p_{ie}——有效内压力；

p_{oe}——有效外压力；

T_{oe}——有效轴向力。

按照上述管柱管体剩余强度基本模型，其关键在于确定载荷和管体强度。

注采运行过程中的套管柱和注采管柱主要承受外压力、内压力与轴向力三种外载荷。以下以稳态注采气过程的注采管柱载荷计算为例进行说明。

（1）内压力。

井口敞开时油管内压力等于管柱内气柱压力，即：

$$p_i=p_s/e^{1.11548\times10^{-4}G（H-h_V）} \tag{5-18}$$

式中 p_i——注采管柱内压力，MPa；

p_s——储库运行压力，MPa；

G——天然气相对密度；

H——油管下入垂深，m；

h_V——油管计算点垂深，m。

井口关闭时油管内压力等于储气库运行压力，即：

$$p_i=p_s \tag{5-19}$$

其中

$$p_s=\left[p_{s\,min},\ p_{s\,max}\right] \tag{5-20}$$

式中 $p_{s\,mam}$——储气库最大运行压力，MPa；

$p_{s\,min}$——储气库最小运行压力，MPa。

（2）外压力。

注采管柱外压力主要来自环空保护液静液柱压力，若环空井口带压，则注采管柱外压力为：

$$p_o=p_{oh}+0.00981\rho_m h_V \tag{5-21}$$

式中 p_o——管柱外压力或环空压力，MPa；

p_{oh}——环空井口压力，MPa；

ρ_m——环空保护液密度，g/cm^3；

h_V——油管计算点垂深，m。

（3）轴向力包括管柱下入、坐封产生的轴向力、温度效应、鼓胀效应、鼓胀效应和气流摩阻效应产生的轴向力。

（4）有效内压力由管内压力与管外压力相减得到，有效外压力由管外压力与管内压力相减得到。有效轴向力则为管柱下入、坐封产生的轴向力、温度效应、鼓胀效应、鼓胀效应和气流摩阻效应产生的轴向力的综合力。

管体三轴抗内压强度、抗拉强度和抗挤强度基本模型按式（5–22）至式（5–24）计算：

$$p_{iRa}=p_{iR}\left[\frac{d_i^2}{\sqrt{3d_o^4+d_i^4}}\left(\frac{\sigma_z+p_o}{Y_p}\right)+\sqrt{1-\frac{3d_o^4}{3d_o^4+d_i^4}\left(\frac{\sigma_z+p_o}{Y_p}\right)^2}\right] \tag{5-22}$$

$$p_{cRa}=p_{cRo}\left[\sqrt{1-\frac{3}{4}\left(\frac{\sigma_z+p_i}{Y_p}\right)^2}-\frac{1}{2}\left(\frac{\sigma_z+p_i}{Y_p}\right)\right] \tag{5-23}$$

$$T_{ya}=\frac{\pi}{4}\left(p_i d_i^2-p_o d_o^2\right)+\sqrt{T_y^2+\frac{3\pi^2 d_o^4}{16}\left(p_i^2-p_o^2\right)} \tag{5-24}$$

式中　p_{iRa}——注采管三轴抗内压强度，MPa；

p_{cRa}——注采管三轴抗拉强度，MPa；

T_{ya}——注采管三轴抗挤压强度，MPa；

p_{iR}——注采管额定抗内压强度，MPa；

p_{cRo}——注采管额定抗挤压强度，MPa；

T_y——注采管额定抗拉强度，MPa；

d_i——注采管内径，MPa；

d_o——注采管内径，MPa；

σ_z——轴向力，MPa；

p_o——注采管柱外压力或环空压力，MPa；

p_i——注采管柱内压力，MPa；

Y_p——管材屈服强度，MPa。

体积型缺陷和裂纹型缺陷会降低管体三轴抗内压强度、抗挤强度和抗拉强度。基于管体三轴强度模型，建立了含体积型缺陷和裂纹型缺陷的管柱管体抗内压强度评价方法。对于体积型缺陷中的管体均匀腐蚀，将实测最小壁厚直接代入套管柱设计的三轴强度模型计算腐蚀套管的抗内压、抗拉和抗挤强度。对于局部腐蚀缺陷，在套管三轴强度设计模型中引入应力集中系数 K_t 来计算套管腐蚀剩余强度，K_t 与腐蚀缺陷的几何尺寸相关。K_t 可以借鉴腐蚀管道剩余强度计算公式确定，也可以通过有限元数值分析计算获得。以 N80 244.5mm × 10.03mm 套管为例，图 5-52 和图 5-53 分别给出了采用有限元方法获得的套管管体局部腐蚀缺陷应力集中系数 K_t 和套管抗内压强度。对于裂纹型缺陷，基于 ISO/TR 10400—2007 给出的套管断裂力学设计方法，并引入失效评估图（FAD）技术，确定了含裂纹型缺陷的管体强度计算模型。

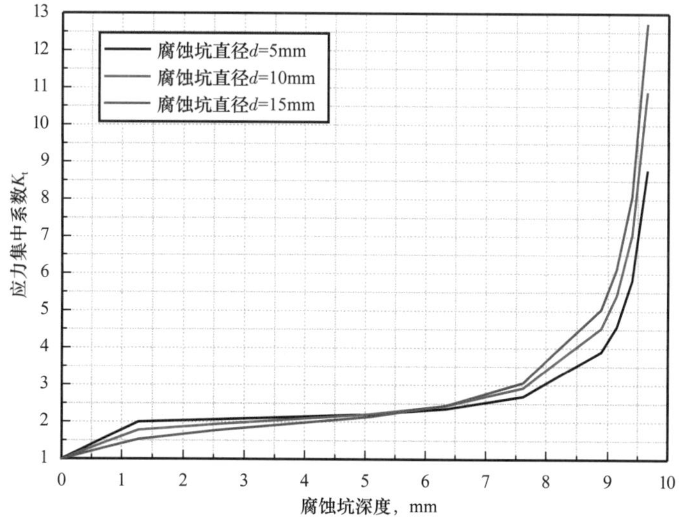

图 5-52　套管局部腐蚀缺陷应力集中系数曲线

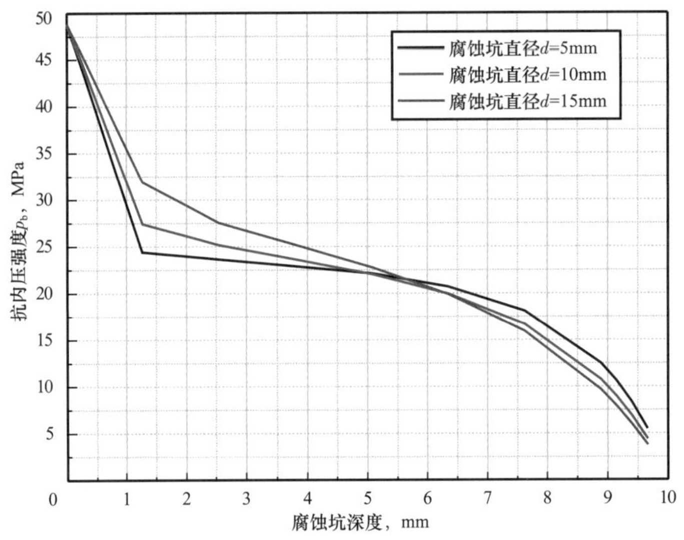

图 5-53　局部腐蚀套管抗内压强度曲线

额定抗内压安全系数 S_i=1.05~1.15，额定抗挤安全系数 S_c=1.00~1.25，额定抗拉安全系数 S_T=1.6~2.0。

2. 管柱螺纹接头完整性评价

螺纹接头完整性评价包括结构完整性评价和密封完整性评价。螺纹接头结构完整性评价目的是评价含腐蚀缺陷螺纹接头的结构强度能否满足安全服役要求。螺纹接头密封完整性评价目的是评价含腐蚀缺陷螺纹接头的密封性能是否满足气密封的要求。评价时考虑的载荷主要是注采气过程中因温度和压力变化对套管产生的轴向拉伸载荷。通过研究，采用螺纹根部塑性应变大小来评价螺纹接头的结构完整性，推荐临界应变为 10%，当螺纹根部应变超过 10% 即判定为螺纹接头强度不满足服役安全要求。对于螺纹接头，接触应力的大小和分布情况可反映密封性能好坏，接触应力用“密封接触强度”值来衡量，则密封接触强度大小可用来评价螺纹密封完整性，通过螺纹密封试验研究，推荐采用 250N/mm 作为密封接触强度的临界判据，密封接触强度低于 250N/mm 则判定螺纹接头不满足密封要求。

螺纹接头结构完整性和密封完整性评价可以采用两种方法：一是利用全尺寸油套管复合加载试验机进行试验评价，对于储气库应进行考虑螺纹接头压缩效率和多周次循环的气密封评价试验；二是有限元数值模拟计算评价。全尺寸试验方法结果可靠性高，但成本高。将数值模拟和全尺寸试验相结合，可以保证评价结果可靠，成本相对也较低。

以 N80 244.5mm × 10.03mm VAM 特殊螺纹套管为例，图 5-54 和图 5-55 分别给出了采用有限元数值模拟方法获得的螺纹根部应变和螺纹接触强度随轴向应变变化情况，根据实际注采过程的压力和温度变化，可以确定出套管的轴向载荷和轴向应变，从而可以评价螺纹接头的结构完整性和密封完整性。

采用储气库螺纹接头完整性评价方法，对某储气库生产套管 N80 244.5mm × 10.03mm，NEVAM 螺纹，分别评价储气库闭合引起的轴向拉伸载荷、储气库运行引起的压力和温度变化（无初始轴向应变）、储气库运行引起的压力和温度变化（有初始轴向应变）三种载荷工况下的螺纹接头结构完整性和密封完整性。

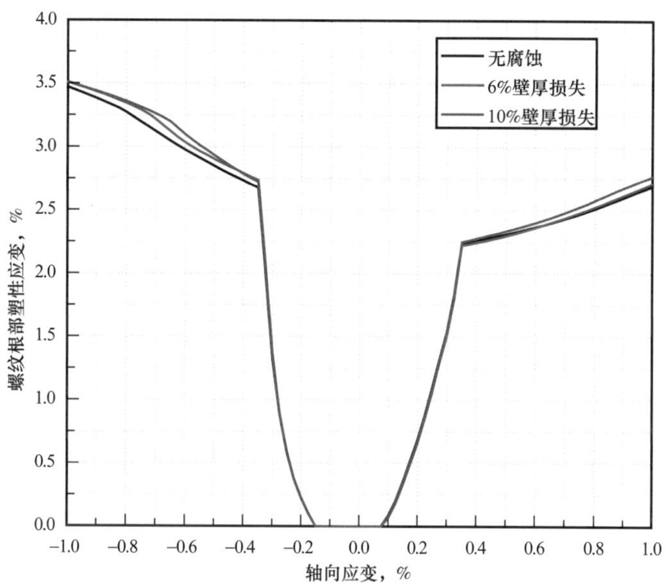

图 5-54 套管螺纹根部应变随套管轴向应变变化曲线

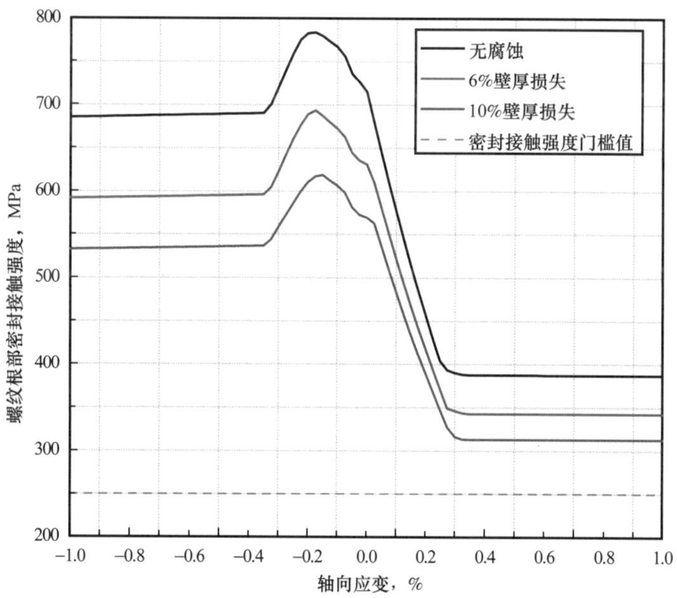

图 5-55 套管螺纹接触强度随套管轴向应变变化曲线

结构完整性评价结果表明，轴向加载时外螺纹第二螺纹根部在整个螺纹区域应变最大，当加载到最大值 1.5% 时，第二螺纹根部承载面的塑性应变为 5.2%，小于单轴加载门槛值 10%，表明该接头可经受套管 1.5% 总应变的轴向拉伸载荷。考虑盐穴闭合引起的拉伸效应后，套管本身、外螺纹根部、螺纹肩台处的等效应力增大。轴向拉伸和注采循环的温度压力变化共同作用时，局部部位已超过材料的屈服极限。

密封评价结果表明，在压力和温度循环载荷下，密封接触强度能够保持在门槛值 250MPa 以上，密封接触强度能够保持在门槛值以上，如图 5-56 所示。

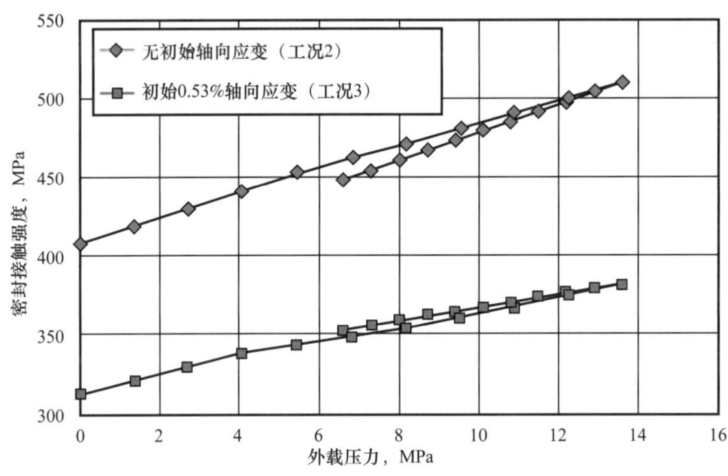

图 5-56　密封接触强度随加载压力变化曲线

3. 管柱剩余寿命预测

套管柱剩余寿命预测采用腐蚀寿命预测方法，依据最小检测壁厚、临界壁厚和腐蚀速率计算。对于注采管柱剩余寿命预测方法包括三种：一是腐蚀寿命预测方法；二是注采气管在注采气过程中承受交变载荷下的疲劳寿命预测方法；三是注采气过程中，注采管承受夹带岩盐颗粒天然气的冲蚀寿命预测方法[18]。

地下储气库管柱腐蚀剩余寿命预测依据最小检测壁厚、临界壁厚和腐蚀速率计算。以下情况需计算地下储气库管柱剩余寿命，包括：（1）套管部件材料的某一机械性能值超出设计阶段计算中所使用值的范围；（2）井下设备、管柱和井的支承结构之间相互作用的设计条件发生变化时；（3）所发现的缺陷尺寸大于现有规范性文件和（或）设计资料、工艺资料和生产资料中所指定的许可值；（4）整体或局部腐蚀或者冲蚀导致的管壁变薄量超过设计计算时采用的数值；（5）在正常运行条件下，地下储气库井的设备、结构部件和管所承受的负荷值或支承结构的硬度性能值与设计值之间的偏差超过 5%；（6）在地下储气库某一井段或某个装置区域，金属循环损伤值达到或超过设计资料中所规定的最大容许值。

4. 储气库 K1—K10 井套管柱安全评价

K1—K10 井的生产套管均为 ϕ177.8mm × 9.19（10.36）mm P110 钢级套管；注采气工作压力最大为 30.5MPa，最小为 15.0MPa；投产时间为 2000 年，使用年限 7 年。依据储气库套管柱安全评价技术对 K1—K10 井进行安全评价（表 5-16）。

表 5-16　K1 井—K5 井计算结果

项目＼井号	K1	K2	K3	K4	K5
有效内压，MPa	29.76	30.20	30.22	30.44	30.44
抗内压安全系数	2.13	2.37	2.06	2.10	2.13
有效外压，MPa	13.95	12.98	6.34	12.70	12.12

续表

项目＼井号	K1	K2	K3	K4	K5
抗外压安全系数	2.43	3.54	7.36	2.74	2.93
管柱磨损量，mm	0.69	0.76	0.85	0.64	0.48
腐蚀速度，mm/a	0.10	0.11	0.12	0.09	0.07
临界壁厚，mm	6.83	6.90	6.90	6.94	6.94
许可减薄量，mm	1.67	2.70	1.44	1.61	1.77
剩余使用寿命，a	16.97	24.89	11.84	17.64	25.86

四、储气库动设备故障诊断技术

采用 FMEA 分析及 HAZOP 分析了储气库往复式压缩机组故障模式及影响分析，得到系统故障模式、故障原因及其后果的严重程度，建立了故障模式库（表 5–17）[19]。

表 5–17　往复式压缩机工作系统 FMEA

代码	产品或功能标志	故障模式	故障原因	故障影响		
				局部影响	高层次影响	最终影响
01	主轴承	松动	长期使用	曲轴工作异常	曲轴振动异常	停机
		轴瓦磨损	长期使用、润滑不良	曲轴工作异常	曲轴振动异常	停机
		端盖裂纹	温差			停机
02	曲轴	裂纹	产品质量问题或疲劳	裂纹扩展	曲轴振动异常	曲轴断裂
		弯曲	负荷大	曲轴工作异常	曲轴振动异常	损伤压缩机
		断裂	裂纹、负载大	停机	停机	严重事故
		曲轴油封泄漏	油封安装错误、排出孔堵塞	润滑油泄漏	曲轴润滑不良	压缩机工作异常
03	连杆	裂纹	疲劳应力	裂纹扩展	曲轴箱振动异常	连杆破坏
		断裂	疲劳裂纹扩展	停机	停机	严重事故
		小头瓦磨损	长期使用、润滑不良	运行工况变差	连杆失效	停机
		大头瓦磨损	长期使用、润滑不良	运行工况变差	连杆失效	停机
04	十字头	销磨损	长期使用、润滑不良	运行工况变差	十字头振动异常	停机
		销断裂	摩擦产生热裂纹	停机	停机	严重事故
		颈部断裂	疲劳、应力集中	停机	停机	严重事故
		滑履磨蚀	润滑不良	十字头振动异常	十字头失效	停机

基于有限元分析方法对储库高速大功率往复式压缩机的主要运动承载部件在不同注采工况下的故障模式进行了仿真诊断，进一步揭示了故障易发部件的脆弱点，为早期诊断和检修提供依据。静力学分析结果表明，在应力图（图 5-57 和图 5-58）中显示出应力集中的地方大多数是故障容易出现的地方，对于这些地方，在平时机组的检修、维护中需要对其加以关注，定期的检查其工作情况，以免这些部位突然出现故障，造成机组停机影响生产的进行。压缩机故障退化机理进行研究表明，压缩汽缸出现积碳故障时，压缩机汽缸内壁温度明显升高、应力集中处应力显著增大、变形明显增大，这将加速压缩机汽缸及活塞的磨损，造成压缩机泄漏等其他故障。

建立了基于组合式神经网络的储气库注采压缩机组自适应故障诊断方法，利用部件不同工况的振动数据训练建立诊断网络，能够在变工况条件下较准确地诊断出部件的故障类型，为压缩机的预防维修和储气库的安全运行提供有力证据。

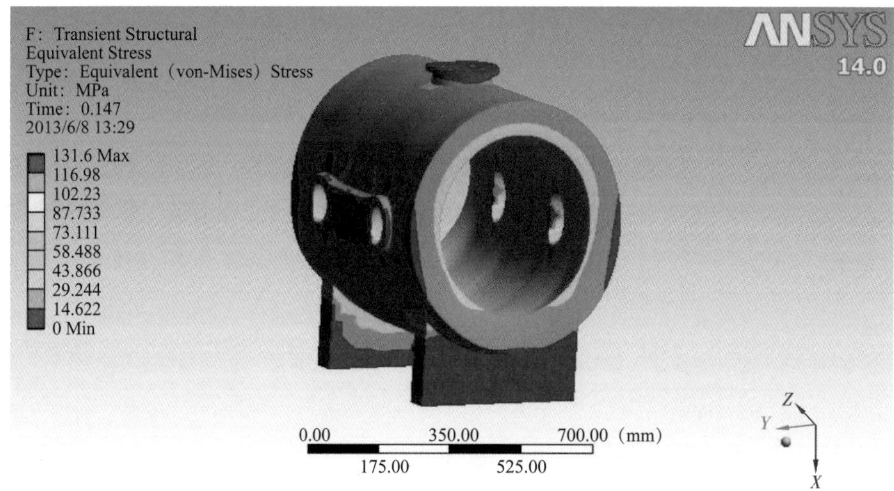

图 5-57 正常情况下汽缸应力分布

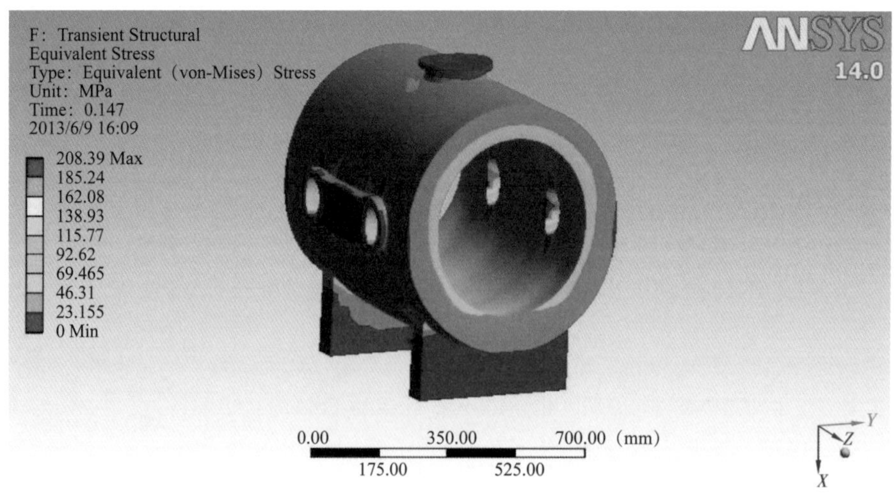

图 5-58 积碳故障下汽缸应力分布

开发了储气库注采压缩机组自适应故障诊断系统软件，包括数据预处理模块，故障特征参数提取模块，基于组合式神经网络的故障自适应诊断模块，以及基于 SVM 和 BP 网络的故障预测模块等。

第六节　储气库建设运行技术展望

我国储气库经过了近十几年的发展，无论在建设规模和质量上，还是在运行管理经验方面，都取得了长足的进步，但与国外相比，我国储气库仅是管道的辅助设施，没有成为天然气产业链中的独立环节，储气库整体发展仍处于初级摸索阶段，中国石油储气库建设运行面临着 4 大难题：（1）建库资源稀缺，地质条件复杂；（2）储气库工作气量低、建库达产速度慢；（3）工程建设难度大，建库成本居高不下；（4）安全运行压力大，风险识别控制难度大等。针对这 4 大难题，“十三五”期间将重点开展储气库地质理论与评价技术、储气库优快钻完井技术与装备、储气库注采管柱失效机理与防护技术、储气库地面关键技术与装备、储气库完整性关键技术等 5 个方面技术攻关和现场应用试验。

一、储气库地质评价与方案设计技术展望

1. 气藏型储气库地质评价与方案设计技术展望

气藏型储气库以大港板桥储气库群为代表，运行效率普遍偏低，注采矛盾凸显。通过与国外技术对标，国内储气库从 20 世纪末启动建设以来，经过近 20 年边建设边摸索，储气库总体技术框架初步形成，主体技术系列基本清晰，但成熟技术较少，主要以已有未成熟和待攻关为主，尚未配套建成适合我国复杂地质条件气藏型储气库建设运行优化技术。“十三五”期间重点加强周期高速注采渗流机理、地应力圈闭动态密封性评价、井不稳定流动分析方法、注采运行数值模拟指标预测 4 项关键技术的攻关，解决库容参数复核再优化、动态监测、提压运行，优化配产配注四大难题。

2. 盐穴型储气库地质评价与方案设计技术研究

目前，国内仅有金坛 1 座盐穴型储气库，经过近 10 年建设，完成老腔改造 5 口，投产新腔仅 4 口，单腔造腔周期长、成腔效率低，形成工作气量远未达设计指标。盐穴型储气库未能达到设计指标的主要原因主要包括三方面：一是国内盐穴型储气库以层状盐岩为主，岩性复杂、夹层多、品位差、水不溶物含量高、盐层薄，对多因素耦合条件下盐岩水溶造腔机理认识不清，未形成不同地质条件造腔影响因素及其对策，造腔过程及形态缺乏有效控制手段，导致造腔周期及造腔形态设计指标与实际偏差较大；二是盐矿采卤与储气库造腔方式及工艺不同，盐腔形态及工况复杂，检测难度大，尚未形成盐矿老腔筛选、复杂连通老腔稳定性评价与利用技术体系；三是盐腔水不溶物残渣成因、残渣膨胀系数、残渣空隙空间利用、厚夹层垮塌模拟预测与数值模拟技术尚不完善。因此“十三五”期间重点加强盐穴库容参数优化设计方法、盐岩水溶机理与造腔工艺设计、复杂连通老腔利用评价、氮气阻溶剂造腔工艺方案攻关研究。

二、储气库钻完井工程技术展望

目前国内在建的储气库主要有 3 种类型：石灰岩裂缝型、砂岩类型和盐穴型。概括来

讲，国内拟建的储气库主要有以下特点：（1）埋藏深，最深的井垂深4900m；（2）储层物性较差；（3）气藏含水率高；（4）区块开发早，老井数量多；（5）部分气藏含硫化氢；（6）气藏衰竭程度较高；（7）盐岩夹层多。这些特点给储气库钻完井工程带来诸多难题。

经过10多年的研究，我国在储气库钻完井技术上取得了很大进步，但由于国内储气库井埋藏深、运行压力高，导致已投入运行的储气库中部分井出现环空带压问题，严重地影响了储气库安全平稳运行。为保障井筒的完整性，对相关的工艺措施还有待深化研究。

三、储气库注采工程技术展望

储气库注采生产井具有大排量、长寿命、多周期性、压力交变的特点，注采管柱的安全是注采运行最根本的保障，与气田开发井相比，井的安全性要求更高，给注采工程技术了更大的挑战。

中国石油在气藏型与盐穴型储气库建设过程中，通过借鉴气田开发和国外储气库建设的经验，以及“十二五”期间针对储气库交变载荷额特点，完善注采工艺优化设计和套管设计技术等，在气藏型储气库注采工艺优化设计方面取得了一定进展，但随着储气库多周期的注采运行，储气库生产井长期大排量周期性交替注采，生产压差变化幅度大对井壁稳定性的影响；长期承受交变载荷，温度压力剧烈变化引起的管柱伸缩对注采管柱可靠性的影响等问题逐渐暴露，因此储气库注采井长期井壁稳定性、环空保护液的“自修复”、管柱振动机理及防控技术、气藏与盐穴两种类型井筒监测技术体系建立等方面还有待于进一步攻关研究。

四、储气库地面工艺技术展望

地面工艺技术的发展趋势主要有两个：一是采气装置的大型化。纵观国外已建地下储气库，储气库的地面设施正朝着大型化发展。如荷兰Norg储气库采气装置采用硅胶脱水工艺，设置三塔，处理能力达到$2500 \times 10^4 m^3/d$，而国内采气装置多采用节流+注防冻剂工艺，单套装置处理能力仅为$750 \times 10^4 m^3/d$左右，主要受到分离设备设计能力的限制。当采气量大时需多套装置并联，大大增加了装置投资及占地。二是注气装置离心式压缩机的应用。中国石油地下储气库压缩机选型多采用燃气发动机往复式压缩机组（驱动功率最大：35MW，单机排量约$90 \times 10^4 m^3/d$）或电动机驱动往复式压缩机（驱动功率最大：45MW，单机排量约$200 \times 10^4 m^3/d$），而国外储气库有采用电驱大排量离心式压缩机的成功案例，机组功率38MW，单机排量$1250 \times 10^4 m^3/d$，不设置备用。采用大排量离心式压缩机可大幅减少了机组数量。

五、储气库井筒完整性评价技术展望

随着我国大批储气库陆续投入运行，如何开展储气库安全管理已成为运营管理者面对的重大课题。储气库全生命周期完整性管理被普遍认为是保障天然气地下储气库本质安全的有效手段，并向着技术体系化、标准规范化、智慧化方向发展。然而，我国储气库完整性管理起步较晚，正处于探索研究阶段，完整性管理体系尚不健全。因此，针对我国储气库实际运行工况，应加强“地层—井筒—地面”三位一体的储气库的全生命周期完整性管理体系建设，加强储气库完整性设计、监测、风险评估、检测评价和维修等标准化建设，加强储气库完整性关键技术及先进设备的研发及国产化，并建立基于大数据的储气库监测预警管理平台，保障储气库注采安全运行。

参考文献

[1] 丁国生，李春，王皆明，等.中国地下储气库现状与技术发展方向［J］.安全与管理，2015，35（11）：108−110.

[2] 丁国生，等.盐穴地下储气库［M］.北京：石油工业出版社，2010.

[3] 王汉鹏，李建中，冉莉娜，等.盐穴造腔模拟与形态控制试验装置研制［J］.岩石力学与工程学报，2014，33（5）：921−928.

[4] 班凡生，朱维耀，单文文，等.岩盐储气库水溶建腔施工参数优化［J］.天然气工业，2005，25（12）：108−110.

[5] 袁光杰.快速造腔技术的研究及现场应用［J］.石油学报，2006，27（4）：139−142.

[6] 张洪伟，牛爱娟，李立昌，等.永22含硫潜山油气藏储气库水平井钻井技术//地下储气（油）库工程技术研究与实践［M］.北京：石油工业出版社，2009：38−44.

[7] 宫延军，赵福祥，王超，等.储气库老井封堵用超细水泥浆体系的研究与应用//地下储气（油）库工程技术研究与实践［M］.北京：石油工业出版社，2009：15−19.

[8] 田中兰，袁光杰.盐穴地下储气库工程配套技术//地下储气（油）库工程技术研究与实践［M］.北京：石油工业出版社，2009：103−108.

[9] 曹洪昌，王野，田惠，等.苏桥储气库群老井封堵浆及封堵工艺研究与应用［J］.钻井液与完井液，2014，31（2）：55−58.

[10] 王超，王野，任强，等.超细水泥在储气库老井封堵中的研究与应用［J］.钻井液与完井液，2011，28（5）：54−56.

[11] 于刚，杜京蔚，邹晓燕，等.华北储气库注采管柱优选研究［J］.天然气地球科学，2013，24（5）：1086−1090.

[12] 李国韬，张强，朱广海，等.永22含硫气藏改建地下储气库钻注采工艺技术［J］.天然气技术与经济，2011，5（5）：53−54.

[13] 刘延平，刘飞，董德仁.枯竭油气藏改建地下储气库钻采工程方案设计［J］.天然气工业，2003，23（增刊）：143−146.

[14] 刘得军.基于VB和HYSYS的地下储气库地面井筒一体化压力计算系统［J］.天然气工业，2013（10）：104−108.

[15] 罗金恒，李丽锋，赵新伟，等，盐穴地下储气库风险评估方法及应用研究［J］.天然气工业.2014，31（8）：106−111.

[16] 赵新伟，李丽锋，罗金恒，等.盐穴储气库储气与注采系统完整性技术进展［J］.油气储运.2014，33（4）：346−353.

[17] Wang Ke，Luo Jinheng，Zhao Xinwei，et al. Risk Assessment of Underground Natural Gas Storage Station［R］. Calgary，Alberta，Canada：the 8th International Pipeline Conference，2010.

[18] 蔡克，罗金恒，赵新伟，等.风险评分法在储气库集输管道上的应用［J］.焊管，2011，34（4）：53−57.

[19] 王安琪，胡瑾秋，张来斌，等.地下储气库压缩机变工况下动态故障模式研究［J］.中国安全科学学报，2013，23（8）：140−143.

第六章　液化天然气技术

我国液化天然气（LNG）技术研究开发和工业应用起步较晚，随着 LNG 需求的迅速增长，一方面天然气液化工厂数量快速增加，总液化产能大幅提高，液化工厂的单系列生产能力逐渐扩大，由于不掌握核心技术，一直没有采用自主技术的大中型天然气液化装置建成。另一方面，作为主要基础设施的 LNG 接收站项目建设基本上由国外公司主导，再气化工艺技术、工程设计、核心设备和主要建设材料均依赖进口，国内不具备自主建设能力。

2006—2015 年期间，中国石油围绕 LNG 领域业务发展中的重大生产需求和难题开展了多项科技攻关，并取得了多项技术突破，开发了双循环混合冷剂、多循环单组分冷剂天然气液化技术，先后建成了安塞天然气液化工厂、泰安天然气液化工厂和黄冈天然气液化工厂。开发了 LNG 接收及再气化工艺、大型 LNG 储罐设计及建造等技术，并成功应用于江苏如东、辽宁大连、河北唐山等多个 LNG 接收站项目中，取得了多项专利等自主知识产权，编写了多项国家和行业标准，形成了具有中国石油特色的大型 LNG 项目运营管理技术，与国内制造厂合作，实现了冷剂压缩机等核心设备及 9%Ni 钢等关键材料的国产化。

第一节　天然气液化技术

混合冷剂制冷、阶式制冷是天然气液化的两大技术，具有原料适用范围广、单线产能高、液化能耗低等优点，一直以来都是国际上天然气液化的主流技术。目前，我国天然气液化装置以调峰和中小型为主，产能小，其规模多在 120×10^4t/a 以下，而国外大型基荷型天然气液化工厂以出口 LNG 为主，其单线能力最大已达 780×10^4t/a。美国 APCI 公司等仍然主导着天然气液化装置的国际技术市场[1]。中国石油在 2006—2015 年期间，结合其业务发展需求，设立重大科技专项，开发成功具有自主知识产权的双循环混合冷剂制冷技术和单组分多循环制冷技术，并实现了工业化应用，其能耗水平与国外技术基本相当，建成的装置能力也不断提升，正在逐步缩小与国外技术的差距。

一、双循环混合冷剂制冷天然气液化技术

天然气液化装置受气源条件、环境温度等因素影响，工艺参数波动大、设备适应性及控制要求高，中国石油通过数年的研究与实践，开发了两个制冷循环、多个压力级别、气液相冷剂分段释放冷量的双循环混合冷剂制冷天然气液化工艺流程（HQC-DMR）[2]（图 6-1），冷热流股传热温差小（2～4℃）、㶲效率高，已达到国内领先、国际先进水平。HQC-DMR 天然气液化技术是指具有两个独立闭式制冷循环、多股流灵活匹配换热流程结构，使用混合物作为制冷剂，实现天然气冷却、液化和过冷过程的工艺技术。利用氮气和 C_1—C_5 烃类介质中的两种或两种以上组合作为制冷剂，从单组分制冷剂的基本性质入手，研究天然气液化中混合冷剂的基本配方原则，分析比较不同液化流程所需冷量与冷剂所提供冷量的匹配关系，获得混合冷剂配方优化的数学模拟及求解算法，并对混合冷剂配方对

流程参数变化进行适应性及敏感性的分析，创新形成了自适应原料气和环境变化的专用混合冷剂配方。

HQC-DMR 技术采用相变制冷，选用蒸发温度成梯度的一组冷剂组分，配制成两种混合制冷剂（MR1 和 MR2）。两种混合制冷剂经压缩机压缩做功，再与环境换热被冷却（热量传递给环境）、液化或进一步冷却后液化，液化的制冷剂经节流过程获得低温，与天然气换热，混合冷剂组分逐步气化释放冷量，天然气温度逐渐降低达到液化。HQC-DMR 技术两个制冷循环为独立循环，一个实现天然气的预冷，另一个实现天然气的液化及深冷，预冷循环采用单缸两段压缩、两级减压、两次节流，并带有二级补气的混合冷剂制冷技术。高压常温的 MR1 以液态形式进入 LNG 板翅式换热器顶部，向下流动，并在适当的位置分两次抽出 LNG 板翅式换热器，节流膨胀降温后返回 LNG 板翅式换热器，预冷原料天然气、深冷冷剂和预冷冷剂自身，所达到的预冷温度为 −50～−40℃。液化及深冷循环采用两缸两段压缩，并带有中间冷却的混合冷剂制冷技术，高压 MR2 以气态形式进入 LNG 板翅式换热器，向下流动，在 LNG 板翅式换热器中部流出，经气液分离，液相节流膨胀后进入 LNG 板翅式换热器提供冷量，气相进入 LNG 板翅式换热器继续冷却，节流膨胀降温后返回 LNG 板翅式换热器提供冷量。

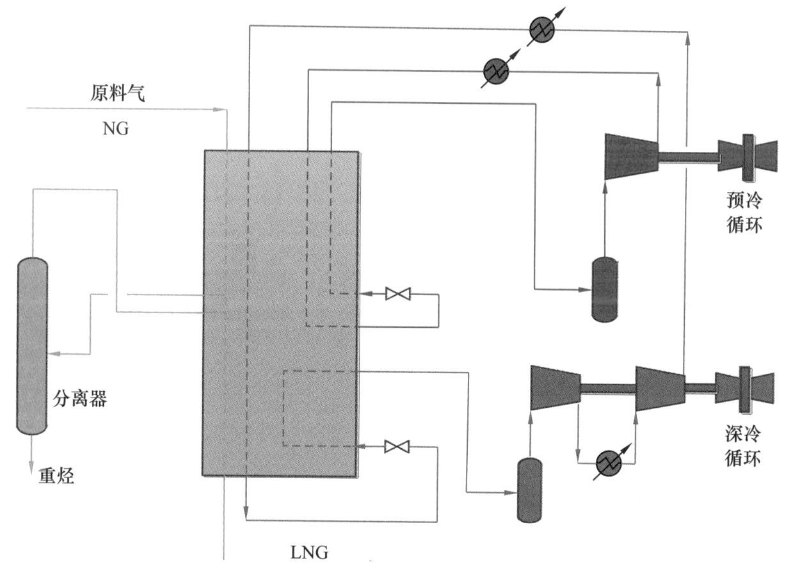

图 6-1　HQC-DMR 工艺流程示意图

HQC-DMR 流程具有流程简单、设备数量少、操作稳定等优点，有效降低了天然气液化过程的能量损失，单线规模适应性范围为 50×10^4～550×10^4t/a、适应从极地寒冷到热带干旱沙漠地区等极端环境，可用于岸基和海上浮式天然气液化装置，操作弹性在 25%～100% 之间可调。2012 年，采用 HQC-DMR 工艺的陕西安塞 50×10^4t/a 天然气液化工厂顺利投产，标志着我国大中型天然气液化技术首次工业化应用获得成功，同时，在国际上首次实现了双循环混合冷剂液化工艺集成高效率板翅式换热器的工业应用。2014 年，山东泰安 60×10^4t/a 天然气液化工厂成功投产，优化后的 HQC-DMR 比功耗降至 12.3kW・d/t，达到国际先进水平。两座天然气液化工厂的成功投产验证了具有自主知识产权的 HQC-DMR 工艺，标志着我国已掌握大型陆上和海上浮式天然气液化装置核心工艺技术，并形成了针对 FLNG 的 300×10^4t/a、针对热带气候条件的 260×10^4t/a 和针对极地气候条件的 550×10^4t/a 天然气液化工艺包。

二、多循环单组分冷剂天然气液化技术

天然气液化工艺技术与冷剂压缩机等核心设备关系密切。中国石油启动百万吨级 LNG 工厂国产化示范工程项目的建设，基于国内业已成熟的制冷压缩机技术开发，成功开发了多循环单组分冷剂天然气液化技术（CPE-MSC），采用了丙烯、乙烯、甲烷三级制冷系统，实现大型 LNG 生产技术、装备国产化的突破。

净化后的天然气首先用丙烯作为第一冷却级冷却，分离 C_5 以上的重烃后进入第二冷却级；丙烯蒸发器中蒸发出来的丙烯气体经增压，并冷却为液体后返回丙烯蒸发器。第二冷却级用乙烯作为制冷剂，天然气被冷却并液化后进入第三冷却级；乙烯蒸发器蒸发出来的乙烯气体经增压，循环水冷却，丙烯蒸发器换热后，通过节流阀降压降温为液体，返回乙烯蒸发器。第三冷却级用甲烷为主并含有少量乙烯和氮气的配方冷剂作为制冷剂，将液化天然气过冷后，节流降温至 −162℃，进入 LNG 储罐储存；配方冷剂在板翅式换热器中冷却，并通过节流阀降温降压后，返回板翅式换热器为天然气过冷和自身冷却提供冷量。复热后的配方冷剂经配方冷剂压缩机增压，返回丙烷蒸发器冷却循环（图 6-2）。

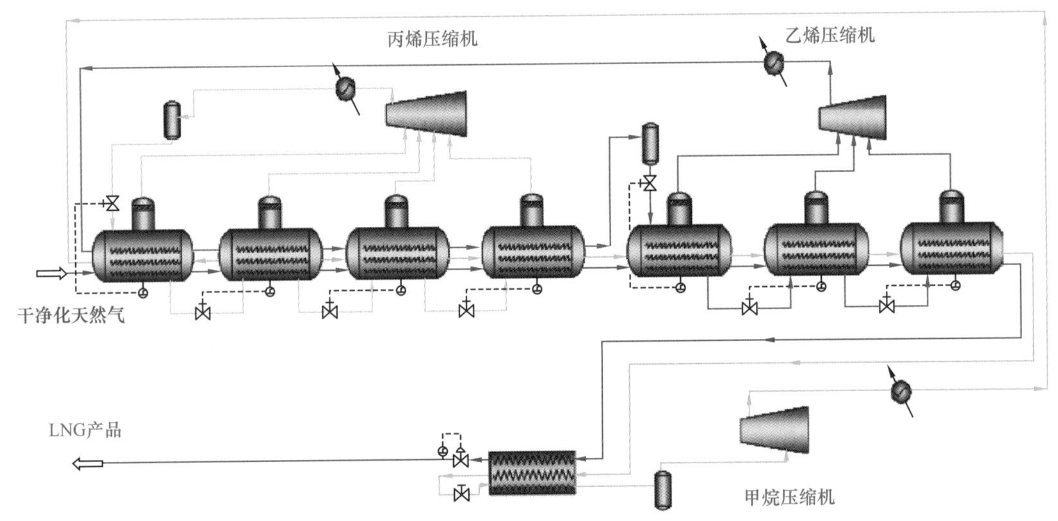

图 6-2　多循环单组分 MSC 工艺流程示意图

CPE-MSC 体现出了操作上的灵活性和对原料的适应性，只需设置 3 台制冷压缩机即可实现对天然气高达 8 阶以上的冷凝，尽可能地降低了工艺过程的传热温差，从而降低了液化过程中的能耗，与原始的阶式制冷工艺相比，制冷压缩机数量较少，简化了工艺流程。该工艺所采用的制冷压缩机等关键设备均基于国内业已成熟的技术，有利于缩短建设周期。该工艺由于采用了丙烯、乙烯和甲烷三级制冷系统，降低了制冷压缩机的单机功率，可减小压缩机启动时对电网的冲击，有利于实现国产化，同时也有利于实现大型化。制冷系统采用单组分或者简单的配方冷剂策略，与混合冷剂工艺相比，制冷压缩机压缩介质简单。换热系统采用“管壳式换热器 + 冷箱”，技术成熟、安全可靠，避免了引进绕管式换热器；同时，前端换热器负荷分担，冷箱中换热器数量少尺寸小，避免了冷箱偏流问

题。优化了重烃脱除方案，有效地避免了冻堵问题。

2014 年 5 月，采用该工艺技术的湖北黄冈天然气液化工厂成功投产，年产 LNG 达到 120×10^4t，是目前国内产能最大的天然气液化工厂。此外，还开展了 350×10^4t/a 天然气液化关键技术与装备国产化研究，形成了单线规模 300×10^4～500×10^4t/a 的新型级联式液化技术开发，完成了工艺流程设计并形成了专利技术。

三、天然气液化和轻烃分离一体化技术

天然气液化和轻烃分离一体化技术是一项将轻烃分离过程与天然气液化过程联合的集成技术。该技术轻烃分离与天然气液化系统共用制冷和换热设备，在较高压力条件下进行轻烃精馏分离，实现凝析油回收、乙烷和丙烷冷剂生产及 LPG 抽提。作为一种高效、可靠、低能耗的一步式解决方案，该技术流程简捷、便于控制，其综合能耗较传统轻烃分离技术降低 15%，可满足天然气液化装置的多重要求，可防止 C_{5+} 烃类低温下冻堵设备和管道、调整 LNG 产品热值、大型天然气液化工厂内冷剂自给自足等。创新应用基于遗传算法的优化方法，采用全局搜索、多参数同步优化替代单点搜索、单参数优化；集成天然气液化、烃分离、冷剂制备、重烃及氮气脱除等工艺过程，共用冷源和换热设备、温位合理匹配，替代传统的分别采用制冷和换热设备的工艺，用冷剂替代外加热源实现能量高效利用，降低工艺能耗 8.5%。

第二节 液化天然气接收储存及再气化技术

我国 LNG 接收站建设起步晚，LNG 接收站工艺从主要依靠国外技术支持，到完全掌握了包含 LNG 卸船、低温常压储存、加压及气化外输、蒸发气（BOG）冷凝回收、LNG 车船装载等的全系统的 LNG 接收及再气化工艺技术，并实现了中国石油 LNG 接收站的自主设计、施工和安全经济运行（图 6-3）。采用此项技术建设的江苏如东 650×10^4t/a、辽

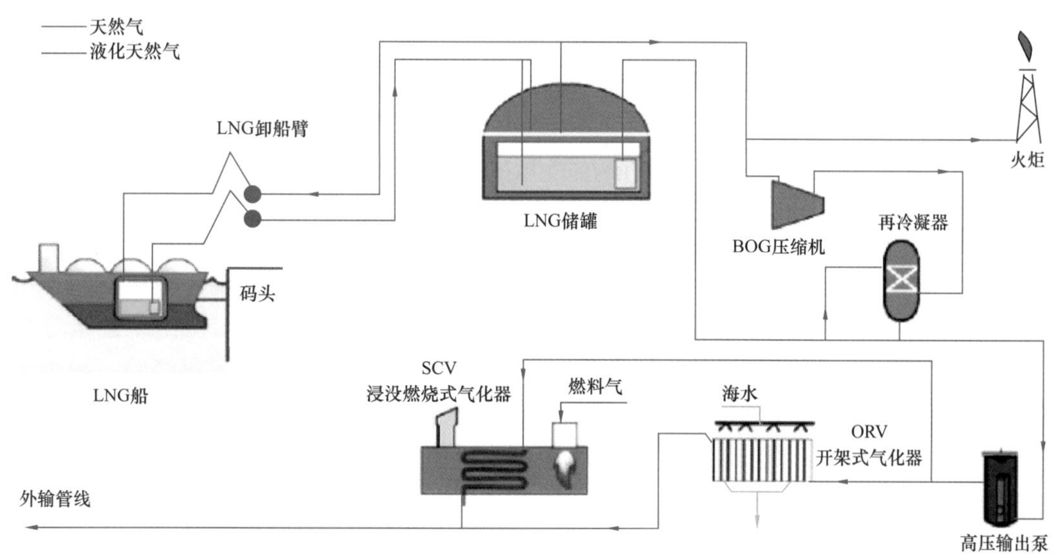

图 6-3 LNG 接收站工艺流程示意图

宁大连 600×10^4t/a、河北唐山 650×10^4t/a 三座 LNG 接收站，年周转能力合计可达千万吨、年最大调峰供应能力 $400\times10^8\mathrm{m}^3$ 天然气。此项技术已经推广应用到国内 11 个 LNG 接收站和转运站项目中，在专用设计、施工安装、运行管理等方面已逐渐成熟，整体技术水平与国际水平相当，具有国际竞争力，近年来，中国石油多次参与国外 LNG 接收站的报价，积极推向国际市场。同时，编制形成了 GB 51156—2015《液化天然气接收站工程设计规范》和行业标准《液化天然气接收站工程初步设计内容规范》等 10 余项。

一、LNG 低温接卸及储存技术

LNG 低温接卸及储存技术是将大容量的 LNG 船通过船、岸工艺设施将 LNG 卸载到接收站储罐内的过程，LNG 来料成分差别大、储罐内 LNG 易挥发易翻滚、超临界气化、长距离大口径低温管线应力大、对动态和瞬态工况适应性要求高，安全要求极其严苛。近年来，随着一批大型 LNG 接收站陆续投产运营，LNG 低温接卸及储存技术全面实现自主化。实现了 LNG 接卸和气化外输过程中的 BOG 处理工艺技术优化，建立了再冷凝器的控制方案、LNG 储罐压力控制和保护方案、LNG 加压气化外输控制方案，形成了 LNG 储存能力、罐容与 LNG 运输船型及船运的匹配、工艺设备配置方案，掌握了 LNG 储罐预冷及开车过程控制措施及预冷流程，开展了 LNG 接收站能量综合利用研究，开发了 300×10^4～650×10^4t/a 系列 LNG 再气化工艺包。

二、联合运行 LNG 再气化技术

目前，国内 LNG 接收站主要采用开架式气化器（ORV）和浸没燃烧式气化器（SCV）作为 LNG 的气化器，其中运行 ORV 的气化成本远低于 SCV，然而在冬季海水低温条件下通常需改用 SCV。创新了 ORV 和 SCV 联合运行的 LNG 再气化技术，研发出基于外输气体温度总控制的工艺流程和高效精准控制方法，替代单一设备独立运行工艺。研究了不同海水温度下 ORV 性能曲线，得到了海水温度、LNG 进口压力、最大 LNG 流量与最小海水流量间的变化规律，解决了实际运行中 ORV 最小海水流量和最大 LNG 流量的问题[3]，实现冬季 ORV 低温输出与 SCV 高温输出联合运行。联合运行 LNG 再气化技术已在大连 LNG 接收站得到了较好应用，最大限度利用环境海水热源，减少了燃料消耗，节省了设备投资，降低了运行费用。

第三节　液化天然气储罐设计及施工技术

全包容 LNG 储罐直径近百米，由预应力混凝土外罐、9%Ni 钢内罐、绝热空间、吊顶层等组成，具有储存温度低（-161℃）、内外温差大（约 200℃）、工况组合复杂等特点。对于低温混凝土外罐设计参数的取值，国际上通用做法主要依赖工程经验，缺少实验数据和理论方法支撑。内罐及绝热系统设计属于各国际公司技术秘密，技术壁垒高。随着大型 LNG 接收站工程的建设，通过自主开发、参与引进和国际合作，中国石油已经完全掌握了 LNG 储罐设计及施工技术，取得了一系列重大技术突破，采用自主技术设计和施工的全容式 $16\times10^4\mathrm{m}^3$ LNG 储罐 10 余座、$22.3\times10^4\mathrm{m}^3$ LNG 储罐 1 座，总体达到国际先进水平，已开始逐步与国外同行竞争，尤其是在大型 LNG 储罐预应力混凝土外罐的

设计标准和方法上已经处于国际领先地位。编写发布的 GB 51081—2015《低温环境混凝土应用技术规范》为国际首例。同时，已经开发完成总容积 $30 \times 10^4 m^3$ 的 LNG 储罐的设计建造技术。

一、低温混凝土的应力应变本构关系

自主研制了实验装置，系统完成了低温混凝土在 20℃，-10℃，-40℃，-80℃，-120℃，-160℃和 -196℃环境温度下的性能试验研究。试验内容包括不同温度下 C40 和 C50 混凝土的破坏形态及尺寸效应；不同温度下 C40 和 C50 混凝土立方体受压强度、立方体劈拉强度、轴心受压强度、弹性模量和应力－应变关系；不同温度下 C40，C50 和 C60 混凝土线膨胀变形性能；不同温度下 C40 和 C50 混凝土在不同降温速率下的温度分布变化规律。国际上首次完成混凝土在 -196～20℃下的力学和热工性能试验，建立了低温混凝土应力应变本构关系，揭示了在超低温环境下混凝土的应力应变随温度变化的量化规律。

二、大型全包容低温预应力混凝土外罐设计方法

中国石油通过技术攻关，发明了应用于大型低温预应力混凝土储罐的配筋计算方法、大型低温预应力混凝土储罐温度效应计算方法及大型低温预应力混凝土储罐在外部火灾条件下的性能分析方法。

（1）大型低温预应力混凝土储罐的配筋计算方法。将各荷载工况作用下的应变进行线性叠加，结果代入混凝土的非线性本构方程进行迭代计算，获得了混凝土截面和钢筋在正常使用极限状态下的应力分布，解决了传统的以构件内力为基础的配筋设计方法难以求取实际应力分布的难题。

（2）大型低温预应力混凝土储罐温度效应计算方法。将温度应变与常规工况应变叠加进行混凝土截面和钢筋的应力分布计算，实现快速收敛。解决了大型低温预应力混凝土外罐有限元模型非线性计算难以收敛的难题，其结果比传统的折减弹性计算结果更为精确，分析效率提高 1.5 倍以上。

（3）大型低温预应力混凝土储罐在外部火灾条件下的性能分析方法。以钢筋和混凝土在高温状态下的非线性力学特性为基础，综合考虑大型低温预应力混凝土储罐在火灾时构件间的相互作用，叠加火灾工况下的温度应变与常规荷载工况应变，获得了更为精确的定量分析结果，超越了传统的定性分析。

三、大型超低温预应力混凝土储罐基础隔震计算方法

以罐内液体的动力反应特性为依据，建立了液体冲击、晃动质量与隔震支座并联的力学分析模型，开展储罐基础隔震试验，开发了计算方法[4]，首次进行了单向和三向地震激励下的储罐基础隔震振动试验。通过试验结果与有限元分析结果的比对，证明了其可靠性和有效性。攻克了高烈度地区大型 LNG 储罐建造难题。创新建立了 LNG 储罐液—固耦合设计模型，对储罐运行、水压试验、操作地震（OBE）和安全停车地震（SSE）等工况进行组合和数值分析，揭示了各工况下内罐罐体、储罐绝热材料与罐内液体三者相互作用规律，确定 LNG 内罐特征参数，保证储罐强度和稳定性。

四、大型 LNG 储罐内罐及保冷系统设计方法

创新建立了 LNG 储罐液—固耦合设计三维模型，对储罐运行、水压试验、操作地震（OBE）和安全停车地震（SSE）等工况进行数值分析，揭示各工况下内罐罐体、储罐绝热材料与罐内液体三者相互作用规律，确定 LNG 内罐特征参数，保证储罐强度和稳定性。通过 LNG 储罐地震工况液晃分析，发现储罐内 LNG 驻点径向变动规律，为内罐壁板高度及吊顶通气孔位置的合理确定提供依据。

全面考虑环境温度、日照方位、昼夜温差、迎风方向、风力级别等参数变化对储罐漏热的影响，对储罐罐底、罐顶、罐壁、环隙空间等不同区域温度场进行数值模拟计算，形成专用计算程序，确定合理的储罐绝热层厚度及漏热率。

五、LNG 储罐自平衡气顶升技术

创新储罐拱顶气顶升国家级工法，实现近百米超大直径罐顶拱架、铝吊顶、罐顶板等千吨级复合结构在安全可控时间内顶升至罐顶一次就位，顶升高度近 50m，整体偏差小于 10mm，实现了 3×10^4～$22\times10^4m^3$ 大型和超大型低温储罐的自主建造。发明大型储罐氮气正压吹扫置换技术，采用分区升压、驻留、泄放的联合控制工艺，实现内罐、环隙空间、内外罐底空间顺序处理，吹扫和置换一次完成，提高工效 2 倍以上，节省氮气量约 30%。开发应用了 9%Ni 钢壁板环缝埋弧自动焊封底免清根技术，一次焊接合格率达 99%，工效提高 1 倍以上。

2011 年，江苏 LNG 接收站成为我国第一个依靠自主技术设计建造的 LNG 接收站项目，均采用地上式预应力混凝土全容罐，单罐有效容量为 $16\times10^4m^3$。2016 年 11 月，国内最大自主设计建造的容积为 $22.3\times10^4m^3$ LNG 储罐在江苏 LNG 接收站二期一次投产成功，标志着我国在大型 LNG 储罐建造方面又取得重大突破，建成的 LNG 储罐图如图 6–4 所示。

图 6–4　大型 LNG 储罐

第四节 国产化低温材料及关键装备制造技术

中国石油与国内制造厂合作，开发研制成功了LNG核心装备和材料，实现了LNG核心装备和低温材料的国产化，主要包含9%Ni钢、混合冷剂压缩机、低温BOG压缩机、板翅式冷箱、开架式气化器、海水泵等。一方面，降低了工程造价、缩短了LNG工程的建设周期；另一方面，也带动了国内制造产业的快速发展。

一、9%Ni钢

低温9%Ni钢（06Ni9DR）是制造低温储罐的主要材料之一，要求高强度、高韧性、高可焊性、低收缩率、超低硫磷，炼轧工艺复杂，我国9%Ni钢及其焊接材料一直依赖进口，成本高，供货周期受控制。中国石油联合国内钢厂，经过大量试验，开发出了"高拉速、低水比、高温出坯"高镍钢连铸工艺、低磷硫超纯净炼钢工艺、控制逆转变奥氏体组织的热处理工艺，解决了铸坯表面裂纹质量难题，形成了短流程、低成本9%Ni钢成材工艺技术，综合性能指标达到和超过了国外同类产品，实现了LNG储罐用9%Ni钢（06Ni9DR）的"中国制造"，打破了国外在高端材料制造方面的技术垄断和价格垄断，有效降低了LNG储罐的投资，为国内LNG项目发展奠定了重要基础。

国产9%Ni钢已在江苏如东、辽宁大连等LNG接收站项目的$16\times10^4m^3$大型LNG储罐内罐中获得成功应用，国产9%Ni钢的质量标准全面优于国外，价格显著低于国外进口产品，且大幅缩短采购周期，有效降低了LNG储罐的投资。编制完成了GB 3531—2014《低温压力容器用钢板》，对LNG储罐用9%Ni钢（06Ni9DR）提出详细技术条件和要求，包括钢板化学成分要求，抗拉强度、屈服强度、低温冲击韧性、冷弯要求等机械性能要求以及剩磁要求，并对钢板的取样、无损检测提出详细的要求，确立了LNG储罐用9%Ni钢制造、检验、验收的标准。目前，国产9%Ni钢需要进一步提升批量生产后的质量稳定性控制，满足不同板厚和板幅等规格的市场需求。

二、混合冷剂压缩机技术

开发出适合多变组分混合冷剂压缩机的大流量系数、高马赫数、高能头系数、高效率的线元素三元叶轮，减少了叶轮级数、增大了操作范围、实现了大型离心式混合冷剂压缩机完全国产化，实际生产中压缩机能够高效、可靠、稳定运行。

混合冷剂分子量大、组分变化大（±20%）、操作范围宽（50%～110%），易导致压缩机振动大、效率低、性能不稳、推力超载。开发了以完全三维黏性分析和气动试验为基础，对过流部件定常、非定常、可压缩紊流流动进行高精度数值分析，研制出高马赫数、大流量系数、高能头系数的线元素三元叶轮与流变形排气蜗室，提高了系列模型级的效率，减少了叶轮级数、增大了操作范围，成功开发出适合多变组分的高效混合冷剂压缩机，运行高效、可靠，效率提高5个百分点，适用产量范围广（30×10^4～500×10^4t/a）、操作弹性大（50%～105%负荷调节）、适应性强（冷剂分子量变化范围±10%）、流量系数高（0.044～0.15）、机器马赫数高（约0.95）、能头系数高（0.6～0.63）、多变效率高（80%～86%）、操作稳定、运行成本低。目前，国产冷剂压缩机可满足国内LNG工厂需求，取代进口机组，大大缩短订货周期、降低 LNG 项目投资额和生产维护费用。实际运行过程中，国产机组和进口机组机械性能相当，但国产机组在流体动力设计、新材料与新工艺应用需进一步提高。

2014 年，国内第一台双混合冷剂压缩机在山东泰安 60×10^4t/a LNG 项目成功投产，各项指标达到 API 617 标准要求，预冷段混合冷剂压缩机组功率 15000 kW，深冷段混合冷剂压缩机组功率 20000kW，湖北黄冈 120×10^4t/a LNG 项目预冷段丙烯压缩机功率则达到 30000kW[5]。此外，中国石油还开展了 260×10^4t/a 大型 LNG 项目工艺配套冷剂压缩机研发，其中丙烷预冷压缩机轴功率达到 33500kW，混合冷剂压缩机轴功率达到 59000 kW。

三、蒸汽透平驱动机技术

开发出变转速 2.8m² 低压级组叶片及双倒 T 型叶根的蒸汽透平，解决了大面积可变转速扭叶片的强度与寿命问题，实现了蒸汽透平驱动机的国产化。国产蒸汽透平驱动机适用产量范围广（约 500×10^4t/a）、适应蒸汽参数范围广（约 14MPa/540℃的高压蒸汽）、输出功率大（50000～80000kW）、转速范围宽（2200～4000r/min）、效率高（83%～86%），操作稳定、运行成本低。

四、低温蒸发气压缩机技术

通过低温试验，调整球墨铸铁主要组分配比和引发元素，控制熔炼、球化、孕育等铸造工艺，发现特定镍含量的球墨铸铁在低温下具有优良的金相组织与力学性能；同时，发现在低钛、低磷、低硫状态下镍含量与收缩率及冲击功的临界关系，确定了低温球墨铸铁的成分与铸造成型工艺，研制出适应 −161℃的低温 BOG 压缩机缸体和活塞专用材料。发现了多曲面相贯复杂空间的低温集中区及其温度场分布规律，研制了低温隔冷结构，用中间冷媒将冷量引导至压缩机润滑油冷却系统，避免了低温部件冷量通过中体传递到常温部件；同时，实现了冷能循环利用，提高了整机效率，降低综合能耗 5.4%[6]。

国产低温蒸发气压缩机适用产量范围广、可靠性高，采用立式迷宫压缩机，易损件大为减少；操作经济性好，实现冷能利用，并取消冷却水系统；调节性能好，可实现不同挡位的流量调节。国产立式迷宫低温 BOG 压缩机在山东泰安 60×10^4t/a LNG 项目的成功应用，验证了国产化设备的先进性和可靠性，填补了国内空白，有力地抑制了进口设备的价格。

目前，国外低温 BOG 压缩机其设计、制造、试验和检验术成熟、安全可靠，并有长期安全操作经验，占据了国内外大部分 BOG 压缩机市场。我国已实现立式迷宫式和卧式对置平衡式两类主要的低温 BOG 压缩机的国产化，并且具备了竞争的明显优势，迫使国外厂家与国内厂家合资。后续国内需要加大在易损件寿命、连续运转时间等方面的研发力度，进一步提升市场竞争力。

五、低温板翅式冷箱技术

冷箱作为 LNG 工厂的核心设备之一，其运行状况直接关系到整个液化装置的安全平稳运行。常规板翅式换热器冷箱存在承压能力低、气液相分配不均、易偏流等问题，中国石油联合国内企业，利用已有技术并通过研发，改进了板翅式换热器相变换热流道设计结构，通过两相分离器和注液封条结构，避免了气液两相不规则窜动，解决了换热器两相流换热的适应性问题。开发了高压、高效翅片，通过小节距、厚翅片的多孔锯齿形换热元件，解决了传统板式换热器只能用于低压力的工况；开发出“先分配后混合”的气液分配结构，解决了板翅式换热器易偏流和两相流均布的难题，实现了天然气液化板翅式换热器冷箱的国产化。

国产低温板翅式冷箱适用产量范围广，可通过多组并联的方式适应不同规模装置的需求，承压能力高，压力损失小，可有效降低系统的能耗，已在陕西安塞 $200\times10^4m^3/d$、山东泰安 $260\times10^4m^3/d$ 等 LNG 项目中获得成功应用，换热器尺寸、设计压力和操作温度已与美国 CHART 公司设备相当，在热端温差、阻力降、承压能力方面和国外同期进口的冷箱相差不大，已经能够替代进口（图 6-5），在国际上首次实现采用多股流、小温差、大负荷、高效紧凑铝制板翅式换热器结构的双循环混合冷剂液化工艺。

图 6-5　山东泰安 LNG 工厂国产板翅式换热器冷箱照片

六、开架式气化器

中国石油联合国内企业，利用数值模拟方法回归出开架式气化器（ORV）全管程传热系数曲线，解决了 ORV 传热计算的工程设计问题，开发出内外翅管 + 扰流杆 + 内芯筒的超级 ORV 核心传热管结构，改变 LNG 和 NG 的流道形状，增加了流体在流动过程中的扰动，提高了传热效率，并有效改善了 ORV 在运行时管束下部结冰状况。设计压力达到了 15.0MPa，设计温度 -170℃，并通过实验方法解决了 ORV 传热管的制造和运行过程中的海水腐蚀和侵蚀问题，实现了 ORV 国产化。2015 年，我国第一台 ORV 在中国石油唐山 LNG 接收站顺利通过工业性试验并投料运行成功，突破了低温铝合金管研制、焊接、换热管表面海水均布、防腐工艺方案等多项关键技术，各项技术指标均满足设计要求，在相同 LNG 处理量和海水条件时，国产和进口 ORV 的气体出口温度、介质压降和换热管表面结冰高度等技术参数指标一致。此外，国产 ORV 还在中国石油江苏 LNG 接收站成功投用，显著降低了设备投资，开始逐渐替代进口产品，后续需要进一步提升产品制造质量稳定性，以及产品规格多样化。

七、海水泵

中国石油联合国内企业，创新泵的结构设计，在可抽部件的内接管加装了防止窜动的止动装置；套筒联轴器改为密封型结构，提高了轴间连接可靠性；筒体内导流片流道采用龟背式替代了格栅式；内接管将原来的多台阶形状优化为包覆式的无台阶圆柱形，降低了泵内压力损失，并增设了排气功能，提高了润滑的可靠性。采用CFD软件，对主要的零部件进行强度和应力的有限元分析，保证泵的高可靠性。

采用变频电动机驱动方式，可根据海水潮汐变化情况及接收站工艺需求，调节海水泵转速控制海水泵出口流量及扬程，保证海水泵在不同工况下均能在高效区运行，节能效果明显。启动时，高压变频技术可降低泵启动对电网的冲击，提高了运行的适用性。国产海水泵流量高（6000～30000m^3/h），扬程范围为15～50m，可以适用于LNG接收站和发电厂中的海水输送。

第五节　液化天然气装置运行管理技术

LNG装置包含天然气液化工厂和LNG接收站两种类型，2006—2015年期间，中国石油采用自主技术和引进技术建成了天然气液化厂22个，合计液化能力$2020\times10^4m^3/d$（$68\times10^8m^3/a$）；采用自主技术建设LNG接收站3座，合计储存能力为$160\times10^4m^3$，气化能力为$1000\times10^4t/a$。

随着上述LNG装置的建成投产，中国石油采用总体自主开发、局部合作开发方针，形成了适应天然气液化工厂和LNG接收站运行管理的成套技术。目前，通过对运行管理技术的摸索和应用，在产的20余套LNG装置运行效果良好。

一、天然气液化工厂运行管理技术

天然气液化工厂是将天然气进行净化和液化的装置，其原料是天然气，产品是LNG，副产品有LPG或者轻烃等。天然气液化工厂的运行操作主要包含原料天然气净化、天然气液化、LNG储存及装载外输等核心内容。天然气液化工厂中的主要危险因素应考虑危险工艺介质（天然气、LNG、LPG、轻烃等）、设备和管道高压低温、外部人员操作频率高等多种因素。其中，LNG接收站工艺介质储存量大（以数万立方米计）、易泄漏、易气化（LNG等）、LNG气化后体积膨胀巨大（1：600）、易爆炸（可燃气体）、低温（-160℃及以下）；工艺设备包括设计压力为8MPaG的压力容器、塔器等高压设备和操作温度-160℃及以下的低温设备、阀门及管道；另外，LNG槽车等运输设施频繁出入天然气液化工厂。因此，天然气液化工厂运行和管理技术主要围绕工艺设备的运行操作，以及危险工艺介质的安全管理和维护。中国石油在2006—2015年期间，通过所建设22个天然气液化工厂的运行和管理实践，总结形成了适合天然气液化工厂中的天然气净化、天然气液化、LNG储运等方面规范安全运行的一整套操作和管理程序，培养出一大批经验丰富的技术和管理人员，这些运行管理的程序和经验不仅可以满足中国石油的需求，也可以推广至国内外同类石化项目。

二、液化天然气接收站运行管理技术

LNG 接收站是通过码头接卸远洋 LNG 运输船运来的液化天然气，并进行低温储存和加压气化外输天然气的大型 LNG 储运设施，其原料是 LNG，产品是天然气和 LNG，部分 LNG 接收站有副产品 LPG 或者轻烃等。LNG 接收站的运行操作主要包含原料 LNG 的接卸、LNG 储存、LNG 加压气化外输、BOG 回收处理、LNG 低温外输等核心内容。LNG 接收站中的主要危险因素应考虑危险工艺介质（LNG、天然气等）、设备和管道高压低温、外部人员操作频率高等。其中，工艺介质储存量大（以数十万立方米计）、易泄漏、易气化（LNG 等）、LNG 气化后体积膨胀巨大（1∶600）、易爆炸（可燃气体）、低温（-160℃及以下）；其中的工艺设备涉及设计压力为 15MPaG 的 LNG 泵和气化器、压力管道等高压设备，还有 -160℃及以下的低温设备、阀门及管道；同时，还有 LNG 远洋运输船、LNG 槽车等运输设施频繁出入 LNG 接收站，涉及 LNG 和管输天然气的货物进口清关和外输贸易计量，接口和界面比较复杂。因此，LNG 接收站运行和管理技术主要围绕工艺设备的运行操作、危险工艺介质的安全管理和维护，以及进口货物清关和贸易计量等业务。中国石油在 2006—2015 年期间，通过所建设 3 座 LNG 接收站的运行和管理实践，总结形成了适合 LNG 接收站规范安全运行的一整套操作和管理程序，培养了一大批经验丰富的技术和管理人员，这些运行管理的程序和经验不仅可以满足中国石油大型 LNG 接收站的需求，也可以推广至国内外 LNG 接收站及同类低温储运项目。

第六节　液化天然气技术展望

我国 LNG 技术发展迅速，目前我国已经具备了采用自主技术和国产化设备实施中小型天然气液化装置和大型 LNG 接收站的工程设计、建造和运行管理的能力。2006—2015 年期间，国内采用自主技术建成了中小型天然气液化装置 50 余套，最大能力 120×10^4t/a，采用自主技术独立建成大型 LNG 接收站 3 座，采用国内外技术合作建成 LNG 接收站 9 座，接收站最大能力 650×10^4t/a，LNG 储罐最大容积 22.3×10^4m^3。

随着非常规天然气开采技术的发展，未来 LNG 行业将迎来更大的发展空间。LNG 技术的发展趋势主要为工艺技术将朝着多元化、充分竞争化发展；天然气液化工厂向着大型化、高单线能力（500×10^4t/a 及以上）发展；天然气液化工厂从传统岸基工厂向海上 FLNG 发展；LNG 储罐建设向着大型化、常压化发展；LNG 接收站从陆上向海上发展，浮式 LNG 设施逐步实现大规模应用和快速发展；工程建造将朝着模块化方面快速发展，实现 LNG 产业链多样化及进一步降低其投资。

未来中国石油 LNG 领域主要挑战有海外投资 LNG 项目中自主技术和国产化核心装备的应用以及工程建设队伍的参与需进一步加强；浮式 LNG 和非常规液化天然气技术基础薄弱，尚需加大技术开发力度。预测未来中国石油 LNG 领域的技术发展将围绕以下几方面开展：工艺技术将注重现有技术优化、拓展和完善，进一步提高竞争力，并在大型项目上推广及应用，尤其是海外项目；工程设计和建造技术将注重与国际接轨，参与国际大型 LNG 项目的执行，使用先进的数字化设计理念、方法、软件和国际标准规范优化工程设计；建造方式上采用模块化思路，结合国内，尤其是中国石油模块厂的优势开展工作，努力提高工程质量、降低工程造价；装备和材料供应注重“中国创造”模式，积极推进全面国产化，提高制造质量，并推向国际市场；工厂运行管理注重总结、优化和完善现有管理运行经验，与国际对标，提出一套适合国外LNG工厂运行管理的标准和规程，以适应中国石油的海外LNG工厂运行要求。

LNG相关重大技术开发课题将围绕以下方向进行：超大型（500×10^4t/a以上）天然气液化关键技术、大型LNG核心装备国产化和工程建设模块化、非常规天然气净化工艺及工程化配套技术、浮式液化天然气生产储卸装置（FLNG）及接收与再气化装置（FSRU）关键技术、超大型（30×10^4m^{3}以上）全容式LNG储罐、薄膜式LNG储罐以及地下和半地下安装的LNG储罐/设计建造关键技术。

参考文献

［1］Mokhatab S，Mak J Y，Valappil J V，et al. Handbook of Liquefied Natural Gas［M］. Gulf Professional Publishing，2013.

［2］林畅，王红，白改玲，等. Development of a New High-efficiency Dual-cycle Natural Gas Liquefaction Process［C］. Gas Tech.Conference，2017.

［3］陈帅，张智旋. LNG接收站在海水低温条件下的ORV节能运行技术［J］. 天然气工业，2016，36（5）：106-114.

［4］郑建华，李金光，程艳芬，等. 全容式LNG储罐混凝土外罐的预应力方案计算［J］. 石油工程建设，2012，38（6）：49-52.

［5］赵志玲，张鹏飞，韩亮. 天然气液化工艺流程及冷剂离心压缩机［J］. 通用机械，2015，28（2）：51-53.

［6］邵晨，范吉全，邢桂坤，等. LNG装置用低温迷宫活塞式BOG压缩机的研制［J］. 化工设备与管道，2013，50（5）：51-54.

第七章　新技术展望

由中华人民共和国发展和改革委员会及国家能源局发布的《中长期油气管网规划》指出，到 2020 年，全国油气管网规模将达到 16.9×10^4km，其中原油、成品油、天然气管道里程分别为 3.2×10^4km，3.3×10^4km 和 10.4×10^4km，储运能力明显增强。到 2025 年，全国油气管网规模达到 24×10^4km，网络覆盖进一步扩大，结构更加优化，储运能力大幅提升。未来一段时期，中国石油油气储运业务仍将保持较高速度发展，油气管道总里程将会大幅度增加，且随着近海油气资源的开发，管道也将从陆地延伸到海上，以储气库为主、LNG 和气田调峰为辅的国内天然气调峰体系也将趋于完善。

业务的快速发展为中国石油油气储运技术进步带来机遇的同时，也带来了诸多挑战。面对油气管网的快速建设与发展，传统的技术水平与管理模式不能完全满足新时期全国性大型油气管网运行与管理需求，要实现油气管道行业可持续发展战略，需要加大科技创新力度，综合运用大数据、人工智能等技术手段，研究智慧管网建设运行技术，实现传统管道向智慧管网的转型。随着管道建设逐渐向高山大泽、冰原冻土以及地质人文环境更加复杂的地区延伸，特殊输送管材的研究开发、特殊地区管道设计与施工技术需求日益迫切。中国石油海洋管道建设起步较晚，深水海底管道建设经验较少，既缺少深水施工装备，也缺乏对深水相关核心技术的掌握。随着全球海洋石油天然气开采不断朝深水发展，FLNG 设计及建造技术发展的步伐将进一步加快，从而不断满足未来 LNG 装置建设发展需求。

针对以上业务问题及需求，中国石油已开展了油气储运新技术储备，主要包括智能管道、非金属及复合材料管材、海底管道及浮式 LNG 等油气储运新技术。

第一节　智 能 管 道

随着物联网、大数据、云计算等新一代信息技术的高速发展，人工智能技术逐渐从实验室走向工业领域，智能化的技术在各行各业开始应用。智能化技术的发展也在深刻影响着油气管道建设与运行，管道行业将由传统管道、数字化管道向着智能管道方向发展。智能管道以“管道全数字化移交、管道智能化运营、管道全生命周期管理”为目标，综合运用物联网、云计算、大数据、人工智能等技术，全面自动感知生产现场数据及市场外部环境数据，以经济高效和安全可靠为目标，实现工程建设、生产运营、资产管理等业务的最优化运行，将生产经营管理活动与生产现场和外部市场变化有机融合，形成具有智能感知、智能预判、智能优化、智能管控能力的智能油气管网。

一、国内外研究进展

作为智能化技术的基础，在物联网、大数据、云计算方面，国内外大数据技术已经被应用在油气勘探、开发、钻井、生产作业和预测性维护工作中，如大数据分析可以使用实时数据来预测钻井成功的可能性，也可使用地震、钻井和生产数据，将储层的变化情况实时提供给储层分析工程师，将压力、体积、温度等数据一起采集和分析，通过设备存储历史数据的比较，实现预测自动化。英国石油公司在采油厂安装无线感应器，通过全网式数据采集，利用大数据分析技术，识别哪些种类的原油比其他种类更具有腐蚀性，从而为设备和管道制定相应的防范措施，降低事故发生的风险；雪佛龙公司利用大数据技术对海量地震数据进行高性能计算分析，进一步指导勘探开发作业；斯伦贝谢公司、哈里伯顿公司和贝克休斯公司等石油服务公司通过集中大量数据信息，支持油田生产规划与决策，加大对非常规、深水、极地等油气资源的开发力度。美国收集整理了北美地区 6×10^4mile（1mile =1.6093 km）管道过去几十年的失效数据[1]。欧洲天然气工业技术协会[2]建立的“欧洲天然气数据库”收集了欧洲9个大型天然气公司自1970年以来的历史数据。欧盟CONCAWE从1971年开始收集17个西欧国家输油管道的事故资料，进行统计、分析并定期公布结果。加拿大国家能源委员会（NEB）收集了陆地输气管道和输油管道的事故资料[3]。美国管道与危险品管理局（PHMSA）建立了面对全美长输管道的国家管道地图表示系统（NPMS）[4]，该系统基于GIS技术，管道运营商和公众可以查询可能发生地震、洪水和其他自然灾害的重点区段，确定处于危险环境中的管道的风险，标出通过敏感地区的管道位置；一旦发生意外事故，还可以迅速在系统中提取相关信息，向联邦或州管理机构提供详细资料，并在图中标出围油栅等抢修设备位置，指导应急抢修。美国国土安全部基于国家事故管理系统建立了管道维抢修应急响应程序系统，包括应急准备和管理、通信和信息管理、资源管理、命令和管理、正在进行的管理和维护等内容，用于预防和减轻事故的影响，减少人身和财产损失，降低对环境的危害[5]。美国依据国家海洋和大气环境敏感指标绘制了海岸线敏感环境图，包括海岸线特性、生物资源、海鸟群和海洋哺乳动物活动范围、人类耗费资源、水入口、码头以及游泳海滩等内容，在应急条件下，这些地理信息可快速为泄漏应急响应和管理者提供行动参考[6]。中国石油开展了针对长输管道第三方施工、汛期水毁等时空特性分析工作，为发现第三方施工、水毁等时空分布规律提供了参考[7]。

哥伦比亚管道集团是一家拥有并运行着超过 2.4×10^4km 洲际天然气管道的公司，其中60%管道铺设于1970年之前，管道老化带来的安全压力日益增大，且管道位置从纽约到墨西哥湾，自然灾害频发，安全风险日益凸显，在管理方面还存在数据分散，运行各环节无法实现及时有效的数据共享，部分数据以纸质形式存储的问题，受阻于数据整合和纸质化问题，导致对数据分析能力不足，无法积极进行战略决策。基于此，哥伦比亚管道集团推出了智能管道平台，对多个数据源的系统进行集成，包括地理信息系统（GIS）、工作管理系统、控制中心和直呼系统（One-call System）以及外部资源，如美国国家海洋和大气管理局（NOAA）和美国地质调查局（USGS）。此外，平台还集成了管道属性、风险评分、内检测数据、计划评估、HCA位置、泄漏历史、直呼单、紧急阀位置、降水等数据，实现了全企业范围内所有管道威胁实时监测、态势感知，在进行风险评估会考虑管道内部数据（管道运行压力）变化和外部环境（如天气）变化，其评分是每天变化的，比如降水量变化可能会增加滑坡风险，一个区域内通信数量增加，可能意味着工程作业数量增加，加大了机械损伤概率，通过风险因素变化的幅度，实现了主动风险管理。用户也可以通过桌面端和移动端等多种方式检查数据并快速定位感兴趣区域，评估威胁或整治措施。智能管道平台是一个综合性管道管理平台，涵盖从数据采集、信息集成、分析预测到管理优化，帮助客户更好更快地针对管道操作做出决策，以提高安全性、减少昂贵的停机时间。

意大利SNAM公司是欧洲领先的天然气管道公司，除运维95%的意大利本土天然气集输系统外，还涉及奥地利、法国、英国等其他欧洲国家和地区。其在面临数据采集要求提高、资产运维管理困难、管道网络复杂、安全风险亟待解决的挑战时，选择了管网数字化解决方案。首先是整合已有SCADA系统，升级天然气调控中心，实现了对国家天然气管道网络（9590km）的远程控制，对区域天然气管道网络（22918km）也实现了7×24h、全管网覆盖的监测与控制，并且配备两独立的数据处理中心，两个中心同时处理数据，互为补充，能够通过统计和计算对天然气需求供应进行平衡。在管网优化运行方面，采用了在线仿真系统，可连接SCADA系统，自动执行在线仿真任务，从SCADA系统中检索测量数据，并在线仿真测算后将计算结果提交给SCADA系统，提供和呈现完整的、接近真实的系统当前状态和近期状态情况，从而使得天然气管网运行更加高效。在安全监测预警方面，其采用一种远程声学监测系统，其原理是基于对离散声学振动的准确感应，管道内部或周边产生的声学信号都会以声波的形式进行传导，而分布在管道上的声学感应器可以对这些信号进行收集并实时上传，通过振动声学数据处理模型，能够识别管道中的泄漏、管道堵塞、阀门异常、流体性质变化、清管操作等事件，以便第一时间做出反应和处理。

中国海洋石油结合业务现状和技术发展，提出了智能油田规划，定义中国海洋石油的智能油田为：以油气物流关系为主线，在自动化数据采集和控制的基础上，通过管理转变和流程优化，实现油藏管理、采油工艺、生产运营的持续优化，建立全面感知、自动控制、智能预测、优化决策的油田体系。

"十二五"以来，中国石油不断推进智慧管网信息化建设，统一开展顶层设计，使用可持续扩展和优化的信息化架构，推进工程建设、生产运行、管道管理三大主营业务领域信息化工作，支持智慧管网建设；推进管道数据由零散分布向统一共享、风险管控模式由被动向主动、运行管理由人为主导向系统智能、资源调配由局部优化向整体优化、管道信息系统由孤立分散向融合互联的"五大转变"，实现油气管道"全数字化移交、全智能化运营、全生命周期管理"，完成数字管道向智能管道的演进。

二、智能管道特征

智能管道是在标准统一和管道数字化的基础上，以数据全面统一、感知交互可视、系统融合互联、供应精准匹配、运行智能高效、预测预警可控为目标，通过"端+云+大数据"的体系架构集成管道全生命周期数据，提供智能分析和决策支持，实现管道的可视化、网络化、智能化管理。

智能管道具有以下6大特征：

（1）数据全面统一。在建设期已形成的数据标准基础上，持续深化和完善，向运维期延伸，规范数据移交的格式、编码、结构，形成覆盖全生命周期的数据标准，实现数据的全面统一、递延传承和集成共享。

（2）感知交互可视。基于三维设计模型，利用物联网、移动互联新技术，拓展数据采集手段，实现建设期各类数据的集成展示、交换与共享。

（3）系统融合互联。通过全生命周期数据库对设计、采办、施工信息进行采集和整合，与运维期ERP，PIS和PPS等应用系统实现互联互通，并将运维期维修维护、更新改造信息进行回流，形成统一完整的数据库，打通全生命周期数据链条，实现数据流的融合统一。

（4）供应精准匹配。秉持最优控制理念，推行“备件集中储备”和“工厂代储”新模式，有效降低静态库存，实施采购需求计划统一管控、库存动态管理，智能生成项目降库（平库）方案，优化采购、物流、仓储方案执行过程，确保供应精准匹配。

（5）运行智能高效。运行方案自动实时优化，提升运行效率，降低运行成本。

（6）预测预警可控。实施完整性管理，维护维修及时，风险提前预测，隐患提前预警、应急自动触发、应急方案自动生成、应急资源主动推送、事故案例充分利用，实现管道安全可控。

三、管道全数字化移交及数字化逆向恢复

数据是智能管道的基础，准确、完整的数据是建设智能管道的前提。管道的数据管理是针对管道规划、设计、采购、施工、运营、废弃等阶段的管道全生命周期管理，建设智能管道需要完整准确的管道数据，主要获取途径包括新建管道的全数字化移交与在役管道的数字化逆向恢复。

1. 建设期管道全数字化移交

建设期管道全数字化移交是指将管道建设期产生的数据按照统一的数据标准，以数字化格式提交给运营期，为管道安全高效运营提供良好的数据基础。全数字化移交的目标是围绕管道实物对象，覆盖管道规划、设计、采购、施工、运营、废弃全过程，持续积累管道“本体数据”和“过程数据”，实现管道工程各阶段信息的集成共享、递延传承和丰富完善。试运投产后向管道生产运行移交规范、完整、准确的管道数据。

管道建设期数据采集按照源头采集的原则进行采集。数据来源包括设计、采购、施工、投产、运行、废弃等过程中产生的数据，还包括管道测绘记录、环境数据、社会资源数据、失效分析、应急预案等。

管道建设期数据采集内容应包含管道属性数据、管道环境数据、施工过程中的重要过程及事件记录、设计文件、施工记录及评价报告等。

新建管道的数字化移交格式包括结构化数据与非结构数据。结构化数据主要是按照统一的数据移交标准，形成一个结构化的管道空间与属性数据，如管道中心线坐标、钢管信息、阀门、弯头、防腐层等。非结构化的数据主要包括建设期形成的文档资料，如焊片、施竣工扫描文件等，以及站场三维可视化模型。移交的数字化数据包括管道中心线、阴极保护、管道附属设施、第三方设施、检测维护、基础地理、运行、管道风险、应急管理9大类[8]。

建设期管道中心线及沿线地物坐标精度应达到亚米级精度，在人口密集区应适当提高数据精度。形成的中心线成果应按照CGCS2000坐标系提交。

2. 在役管道数字化逆向恢复

在役管道数字化逆向恢复是指按照统一的数据采集标准，通过中心线测绘、沿线属

性调研、遥感影像数字化、施竣工资料数字化、物联网智能感知、移动采集等方式获取在役管道数据。数字化逆向恢复成果应覆盖管道规划、设计、采购、施工、运营、废弃全过程，满足智能管道建设需求，数据精度及采集范围应满足法律法规、政府部门的监管和数据报备等合规性管理要求。

在役管道数字化逆向恢复主要流程包括：管道数据现状分析，主要是数据完整性检查，明确缺失的数据种类；数据质量检查与分析，明确管道空间数据、属性数据的质量问题；数据报备情况分析，明确管道沿线地方政府对于管道数据报备的要求。

根据管道数据现状分析结果，确定数据逆向恢复的具体需求，建立一整套数据逆向恢复技术要求，包括数据采集内容、范围、格式以及精度要求，数据逆向恢复质量要求。

通过移动采集、物联网智能感知、卫星遥感影像、无人机等多种方式开展数据逆向恢复采集，并进行数据质量校验。

经过质量校验合格的数据，按照统一的标准开展数据对齐入库。

四、管道智能化运营

管道智能化运营是在信息化和自动化的基础上，引入物联网、大数据和智能算法等技术与现有油气管道生产运行软硬件系统深度融合，实现状态信息数字化、关键节点可视化、操作控制自动化、预警应急及时化、生产运行最优化[9]。

1. 管道智能感知

随着大数据、传感器和深度学习等核心计算技术、算法以及应用的发展，人工智能技术呈现出爆发性增长的趋势，深度学习已经在计算机视觉、语音识别和自然语言处理方面取得了优异的成果。利用人工智能技术优势，结合管道感知需求，建立空天地一体化智能感知技术体系，全面感知管道线路状态，为智慧管道的智能决策提供基础数据支持。

1）管道本体感知技术

现有的管道本体感知技术，包括管道应力应变监测和管道阴极保护监测，均是采用传感器与数据采集器结合的方式，而且只能实现特定参数的数据采集，随着人工智能技术的发展，集成化、小型化智能传感器成为发展方向，将更多的功能集成在一起，控制单元所需的外围接插件和分立元件越来越少，促使其通用性更强，应用范围更宽广，一种管道本体感知用多功能、小型化智能装置将极大提高管道本体感知技术的感知能力，提高感知系统的准确性和可靠性。

2）管道第三方威胁感知技术

（1）管道光纤预警技术。

管道光纤预警技术目前主要通过采集管道伴行光缆的振动信号，实现对管道第三方威胁事件的感知，从系统硬件上，仍是以传统 CPU 结合数据采集卡的方式，而在数据分析处理上，仍是采用常规的信号特征提取和模式识别方法，随着人工智能技术的发展，智能芯片已经广泛应用，GPU 和 TPU 以及专门用于人工智能的 AIPU 层出不穷，而在算法模型方面，深度学习、强化学习等技术的出现使得机器智能的水平大为提升。采用智能芯片，结合深度学习算法，可极大提高管道光纤预警技术的性能，最大限度地降低误报率。

（2）天然气管道泄漏监测技术。

现有的管道泄漏监测系统多采用单一技术，如压力波法（管道内部监测技术）和可燃气体探测技术（管道外部监测技术），由于单一技术的局限性，导致系统灵敏度和准确性不高。随着传感技术、物联网技术的发展，结合多种检测技术构建智能监测网络成为可能，可采用大数据分析方法对多种传感器信息进行数据挖掘，深度学习等人工智能算法对泄漏事件进行识别分类，最终实现多种传感技术的组网监测和多种监测数据的联合监测，提高系统的灵敏度和准确性。

（3）基于卫星、无人机、摄像头的图像视频智能识别技术。

目前对卫星遥感影像的解译和分析，仍是人机结合，以人为主的方式；对无人机采集的视频和图像，多是采用采集完成后，通过专用的计算机进行分析处理，而对视频的分析，仍主要依靠人工识别；对摄像头，目前多家公司已经推出智能摄像头，可实现人脸设别、人员出入监测等，但不能满足对第三方复杂行为监控的需求，随着智能图像视频技术的发展，通过图像预处理技术、特征提取分类技术、图像匹配算法、相似性对比技术、深度学习技术研究，提高图像视频识别质量和清晰度，快速准确地完成图像视频的智能识别。

3）管道地质灾害感知技术

目前针对管道地质灾害的感知，主要包括对灾害体的感知和对管道本体的感知，其中管道本体的感知即为上述管道应力应变感知，灾害体的感知主要是用常规的监测技术进行灾害体变形或者相关因素监测，而对地质灾害的预警主要依据管道本体应力应变监测数据，随着大数据、人工智能技术的发展，综合地质信息、环境信息、管道本体信息等多种信息，通过智能化算法，建立预测预警模型，精准预警管道地质灾害。

2. 管道智能检测分析

管道智能内检测是管道全生命周期内本体安全管理的最有效手段，依靠智能内检测得到的数据开展管道完整性管理，有针对性地进行风险管控，可最大限度地降低管道本体失效风险。对在役期管道，当前最有效最广泛采用的智能内检测手段是漏磁内检测，通过采集缺陷处管壁磁通量变化数据能够较为准确地识别、量化体积型缺陷。基于高精度漏磁探头的研制及电磁涡流技术的应用来开发具有自主知识产权的内检测设备，突破缺陷智能化识别与评价技术，赶超当前最新技术水平，能极大提高国内检测装备的制造能力，节省检测成本。

在长输油气管道建设领域，国内中俄东线首次引入超声相控阵加超声波衍射时差法（PAUT+TOFD）检测技术以及直接数字化 X 射线成像（DirectDigit Radiography，DR）检测技术，实现了检测的数字化，检测数据能够实时存储并显示。未来，在工程上有望系统开展 DR 典型缺陷数据的收集并建立典型缺陷的数据库，通过研究数字图像处理技术，对 DR 典型缺陷的特征进行提取，与数据库中缺陷进行对比，实现 DR 典型缺陷的识别及测量，可实现 DR 智能化评判。

3. 管道优化运行技术

1）运行阶段数字孪生体

将海量的油气管网运行数据附着在设计阶段数字孪生体之上，应用大数据分析技术提取运行数据的特征，构建由仿真引擎驱动的，具备监控、操纵、诊断与预测等智能分析功能的运行阶段数字孪生体，动态反映油气管网生产工艺变化全过程。运行阶段数字孪生体将成为各种储运工艺技术的有效载体，并可持续生长。

2）智能调控技术

以信息化和自动化为基础，将先进的传感测量、通信、工业控制、仿真模拟、优化、大数据和机器学习等技术与油气管网调度控制系统有机整合，实现“状态信息数字化、调度运行最优化、操作控制自动化、预警应急及时化”，并不断强化调控系统的“自学习、自适应、自决策”能力，保障油气管网安全、高效、经济运行。

3）天然气管网在线运行优化技术

以高精度的天然气管网运行在线仿真技术为基础，结合运行过程中动态管存、系统能耗和运行经济效益等优化目标，开发天然气管网在线运行优化技术。经过生产验证后，将在线运行优化技术计算出的优化运行参数与控制系统融合，实现天然气管网系统的实时自动操作优化和控制。

4. 管道智能维抢修

管道智能维抢修涉及管道维抢修资源数据管理、管道维抢修资源的智能调配、管道维抢修处置智能决策等方面。

在管道维抢修资源数据管理方面，一是制定维抢修资源数据收集规范，包括维抢修机构（抢修机构、应急物资装备信息的属性信息和位置坐标信息）、管道管理人员（包括管道管理人员和巡检人员台账信息、维抢修专家信息）、管道沿线应急资源（包括消防队、医院、地方政府、居民区等地理位置和联系人等属性信息）、管道事故（包括事故地位置、文字描述、图片等）等信息。二是通过移动应用技术，实现应急资源数据的移动采集与自动上报，实现管道事故信息的紧急上报，以及事故发生后的公众告知。

在管道维抢修资源的智能调配方面，针对不同输送介质管道，建立事故灾害影响分析模型，自动实现管道爆炸影响范围、油品污染河流路径、缓冲区等分析；建立维抢修路径规划模型，依据 GIS 道路数据以及周边应急机构、物资的储备情况，评估给出应急抢险入场路线建议；根据事故具体情况和灾害影响分析结果，自动搜索事故地邻近的维抢修机构及匹配的人员、装备物资，并计算事故地临近装备物资的储备位置、到达事故地距离和平均到达时间等。

在管道维抢修处置智能决策方面，智能化实现应急预案的自动生成，包含管径、壁厚、管材，事故地高程、埋深，以及事故地管段的缺陷、高后果区及高风险分布情况等信息；采用 2D，3D，VR 和 AR 等方式实现应急抢险的桌面推演，验证数字化应急方案各步骤成果是否满足应急抢险需求；综合泄漏监测、光纤预警系统、气象与地质灾害预警平台、统一巡检平台、无人机系统等，并与应急指挥平台连通，实现系统间的智能联动；综合历史应急抢险记录及周边地形环境、人文环境、影像数据、气象数据、监测预警数据、高后果区、高风险及本体缺陷数据等，采用大数据分析技术建立应急处置智能决策支持模型，智能化分析最佳的应急抢险布控点及布控方式建议。

未来管道应急抢险的信息化支持技术要向智能维抢修方向发展，实现应急抢险的数字化、智能化。在充分利用管道失效的大数据分析、物联网、无人机、VR/AR/MR 等技术，将应急抢险信息化技术与管道事故数据、抢险现场紧密结合，一方面做到泄漏事故的提前预测、判断；另一方面，一旦发生泄漏事故，不仅仅是凭经验，更多的是通过智能化的诊断技术给出不同介质、不同泄漏方式、不同泄漏环境下的抢险方式、技术要求、部署位置，真正实现抢修过程中各种操作的量化，进而指导抢险人员、应急抢险车辆、抽油机、围油栅等人员与设备的精细化部署和科学决策。

第二节　非金属及复合材料管材

目前，国内外高压天然气长输管道多采用大口径管线钢管，钢级多为 X70 和 X80，正在开发的 X100 和 X120 钢管存在管材自身止裂性能差的问题，制约着其在长输管道领域的应用。开发研究可以替代高级管线钢的新型油气长输管道管材，不仅可以克服钢材应用中各种局限性，节能降排，也是突破更大口径、更高压力油气输送管道发展瓶颈的有力手段，其中近年来发展较为迅速的有增强热塑性塑料复合管（Reinforced Thermoplastic Pipes，缩写 RTP）及复合材料增强管（Composite Reinforced Line Pipe，缩写 CRLP）。

一、增强热塑性塑料复合管

增强热塑性塑料复合管既克服了钢管和塑料管分别存在的不足，又融合两者优点，兼具自防腐和高强度的特点，目前已经在海洋管道、小口径油气集输管道方面得到成功应用。增强热塑性塑料复合管的突出特点是结构及性能的可设计性，这大大拓宽了管材的应用领域，是大口径、高压力、抗腐蚀油气长输管道发展的方向。此外，在经济性方面，国际公司调研资料显示，与碳钢管道比较，增强热塑性塑料复合管道可节约成本（材料 + 施工）25% 以上（图 7–1），具有良好的市场推广价值。

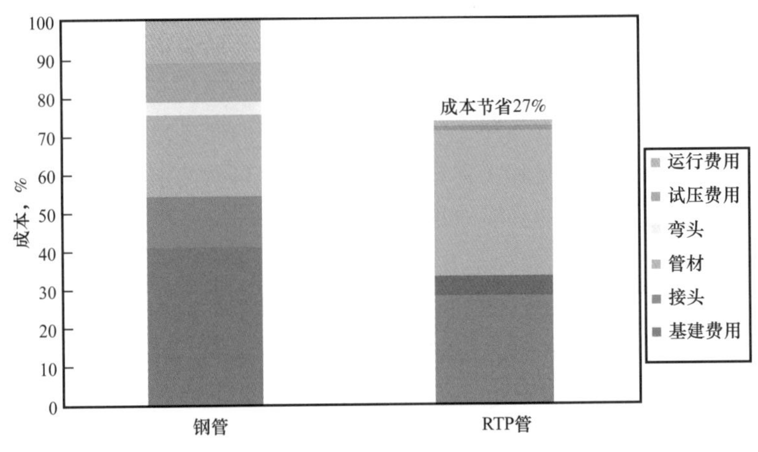

图 7–1　RTP 与碳钢成本比较图

增强热塑性塑料复合管道出现的历史已有 20 余年，由于技术、经济等因素，产品一开始只作为钢质管道衬里零星使用。1995 年 6 月，世界上第一条连续生产的 RTP 管通过 Shell 公司在英国投入使用。2004 年，德国给水和燃气协会 DVGW 公布了最早的 RTP 标准——VP642（2004）《运行压力在 16 bar 以上用于天然气的纤维增强 PE 管（RTP）和附带的连接件》。2006 年，ISO 138/SC3 技术委员会已经制定出燃气输送 RTP（最大工作压力 40bar）的标准 ISO 18226。

RTP管目前主要应用在石油和天然气的开采领域，例如用在石油和天然气集输管（从油井到集油计量站的管道）和注水管道（从注水泵站到油井的管道）。在这些应用中替代钢管的RTP直径范围约在3in（DN75mm）到6in（DN150mm），压力范围在16～90bar。更大直径的RTP虽然在技术上是可行的，但是没有足够的柔韧性，不能够盘成可以道路上运输的卷。国外厂家生产的RTP性能见表7-1。目前，RTP管道在世界范围内已经铺设了超过300km。

表7-1　不同国外厂家生产的RTP性能对比

厂家名称	内层材料	增强层材料	管材类型	连接方式	尺寸in	压力,psi（表压）
Airborne	PE，PP，PA，PVDF	纤维热塑带	黏合型	塑料焊接或不锈钢连接件	2，3，4，5	1500～2500
Flexpipe	HDPE	玻璃纤维	非黏合型	镀镍连接件或涂敷热塑防护层的连接件	2，3，4	300，750 1440
FlexSteelTM	HDPE，PE100	钢丝	黏合型	不锈钢接头	2～6	750～250
Future Pipe SRC	HDPE，PEX，PA11	碳纤维带、玻璃纤维带	黏合型	ANSI B16.5搭接法兰	1～4	2250
Smart Pipe	HDPE	Spectra®，Kevlar®，E-Glass	黏合型	钢或不锈钢接头	6～16	125～1440
Soluforce	PE100	玻璃纤维、钢丝、钢带	黏合型	对接焊+外部套筒或者不锈钢接头	4，5	522～2200

国外RTP管材技术已经比较成熟，从设计、制造到施工逐渐形成了规范。目前，国外正在努力做把RTP应用到天然气高压输送管道的工作（目前聚乙烯管道系统还只应用在中低压的天然气输配管道，即压力在0.7MPa以下的管网），为此，正在对RTP管进行系统的试验，并准备制定相关标准。

我国生产RTP管的历史并不长，目前国内产品尚无统一的正式名称，国内各生产厂家的情况各异，市场上的产品可谓是品种多样、性能差别大。目前，国产的RTP管已在陆上油气田，如大庆油田、长庆油田和塔里木油田等使用，主要用于输水管线、注醇管线，以及油气的集输管线，约占油气集输管道总量的11%～14%。而适用于长输管线以及海上油气田的高端产品目前国内尚在研制中。

增强热塑性塑料复合管采用三层结构（图7-2），内外功能层，主要用于防腐和隔绝介质，中间层是增强层为管材提供强度需求。根据管材服役条件，可对中间层进行结构设计，以满足管材内压、外压、拉伸、弯曲性能的要求。与钢管相比管材结构方面具有本质的差异。

增强热塑性塑料复合管具有以下典型的特点：

（1）耐蚀性好。内外防腐层，也可以实现管材完全非金属化，防止腐蚀发生。

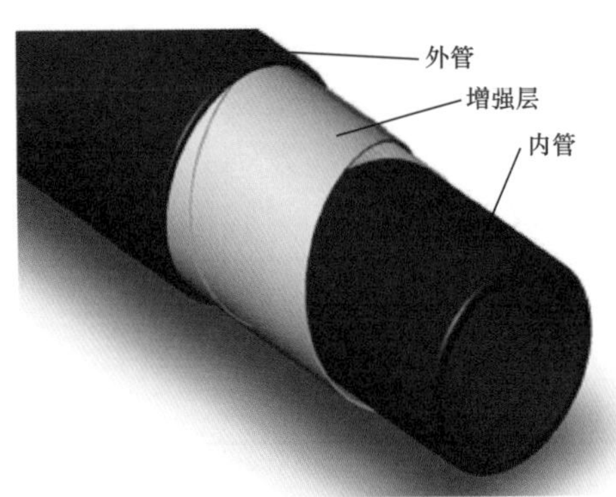

图 7-2　RTP 管典型结构图

（2）管材韧性好。管材柔度大，弯曲性能好，减少施工弯管数量；管材止裂韧性好，增强材料可以防止管材的起裂扩展。

（3）综合成本低。不需要阴保、防腐，运营维护成本低。

（4）应用范围广。从热带沙漠到极寒冻土地区都有应用。

（5）节能环保。降低钢材用量，降低碳排放，节能友好型管材。

非金属管道技术能够有效解决现有高压大口径管道发展的瓶颈问题，可以进一步提高输送压力和输量，也可以实现油气输送管道的非金属化，防止管材腐蚀，降低钢材用量。大口径高压力非金属管道技术是油气输送管道领域的前沿性技术，其应用将直接改变国内外油气输送管道的现状，是中国石油天然气集团有限公司的战略性研究方向。

RTP 管的生产一般都采用专用缠绕设备，根据管材类型不同，缠绕设备也不尽相同。图 7-3 所示为 RTP 管生产设备及生产工艺。

图 7-3　RTP 管生产设备及生产工艺

目前，RTP 管的生产朝向橇装设备现场连续生产方式发展。Pipestream 已经开发出可以现场连续缠绕的生产的管材橇装生产设备。并在壳牌公司休斯敦工厂进行了橇装在线成产，连续生产 2 段共计 300m 长的管材，如图 7–4 所示。

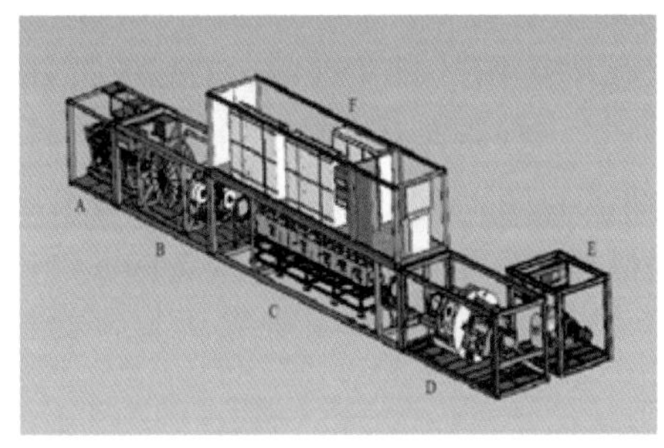

图 7–4　Pipestream 开发的现场连续缠绕管材生产橇装设备

要实现 RTP 管材的应用，应重点从以下几个方面进行技术攻关：

（1）RTP 管管材结构设计及制备技术。

（2）RTP 管老化及寿命评价技术。

（3）大口径 RTP 管非金属连接及评价技术。

（4）大口径 RTP 管道设计技术。

（5）大口径 RTP 管道施工技术。

（6）大口径 RTP 管道维抢修技术。

（7）大口径 RTP 管道运营维护技术。

以上 7 类技术中，核心技术为大口径 RTP 管材设计制备技术和管材非金属连接技术。（1）对于 RTP 管材设计制备技术，需要开发管材设计方法，优化管材制备工艺，形成稳定的管材制备过程。这方面最大的困难是国内外现有技术仅限于 200mm 以下口径，对于长输管道要求的大口径管材结构开发和制备，国内外都无先例。（2）对于 RTP 管非金属连接技术，国内外的连接方式主要针对小口径管道，常用的连接方式为金属扣压连接，无法满足管道整体非金属化的需要，目前大口径 RTP 管非金属连接技术的研究国内外基本属于空白。

二、复合材料增强管

复合材料增强管（CRLP）通过在管线钢管外缠绕连续纤维增强热固性树脂复合材料，提高管材整体的承压能力，最终达到提高管材输量的目的。CRLP 的结构层包括内层钢管、过渡层、复合材料增强层及外保护层 4 部分组成，图 7–5 为其结构示意图。在这四个结构层中，内层钢管和复合材料增强层起到承载作用，其中轴向载荷全部由钢管承担，环向载荷由钢管和复合材料共同承担。过渡层对钢管有防腐的作用，并且与复合材料层之间有一定的黏结性，起到传递应力的作用。外保护层可以在运输、

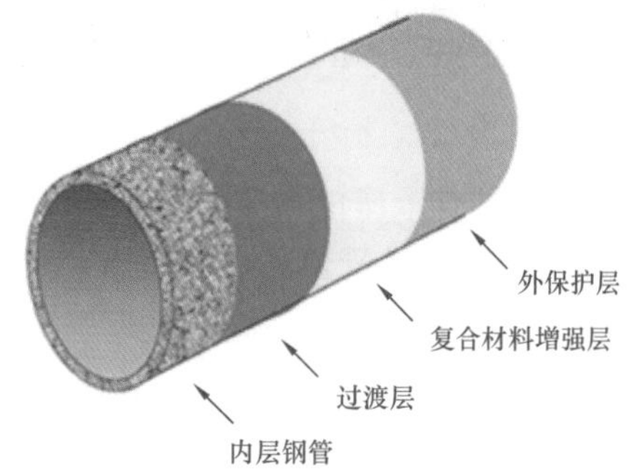

图 7–5　复合材料增强管线钢管结构示意图

安装及管道使用的过程中对管道进行防护，尤其避免纤维增强层受到外界的损伤，并阻止内层材料因吸收水分而造成的性能下降。

CRLP 技术来源于复合材料增强油气储罐及气瓶，20 世纪 80 年代末，复合材料增强技术开始应用于金属管线钢管领域，最初是用来修复套管，后来也在管线缺陷修复领域推广了应用。随着复合材料在管道缺陷修复过程中应用的日益普遍，TransCanada 公司和 NCF 公司等开始对玻璃纤维等复合材料的结构设计、极限承压能力、止裂能力、抗机械损伤能力、制造工艺和长期服役性能等进行全面研究。NCF 公司采用在管线钢管外缠绕连续纤维增强热固性树脂复合材料方法研制了复合材料增强管，之后 TransCanada 公司开发出一系列承压能力从 8.275MPa 至 24.800MPa 不等的产品，并将产品命名为复合材料增强管线钢管。

CRLP 在油气管线的应用最早始于 20 世纪 90 年代初期，1990 年美国某支线管道使用了 200ft 长 24in 口径的 CRLP，并于 2000 年前后将该批管材从埋地中取出，发现性能并没有明显的下降。在 1998 年至 2002 年间，TransCanada 先后建设了 3 个 CRLP 的试验段，分别针对管材的短期性能、长期性能、现场施工能力等方面进行了研究。其中 2001 年建设的试验段长 50m，包括两个 10° 的弯管，该试验段主要考察在实际运行压力下 CRLP 的长期服役性能。

为了进一步推进复合材料增强管线钢管的发展及应用，加拿大在 2011 年对 CSA Z662《油气管道系统》标准的修订过程中，添加了第 17 章内容，其中对 CRLP 的设计、选材、制造、安装、连接、压力测试和操作维护等进行了叙述。

目前，国内复合材料在管线钢管方面的应用更多集中在钢管的复合材料修复及补强方面，CRLP 的研究处于起步阶段。中国石油将其作为超前储备项目，在“十二五”后两年针对管材的设计、选材、制备及评价进行了研究，并以 X80，ϕ1219mm 管线钢管为基础，制成了 CRLP 样管（图 7-6），其爆破压力由内层钢管的 23MPa 提高至 37MPa。

图 7-6　ϕ1219mm 复合材料增强管线钢管样管

CRLP 具有承压能力高、止裂性好、成本低等优点，并且对环境的适应能力强，可作为国内天然气输送管道，也可作为我国与“一带一路”国家的天然气输送管道，对我国的天然气工业具有重要的战略意义。

“十三五”期间，中国石油将继续深化 CRLP 的关键技术研究，包括管材连接、长期性能等，从而实现单支管材到连续管道的发展，并进而进行管材的检测、施工、维护等研究，建立 CRLP 试验段，进而推动 CRLP 在我国的应用。

第三节　海底管道

海底管道铺设技术经过数十年的发展，已经形成了以 S–lay，J–lay 及 Reel–lay 为主要施工方法的成熟工艺，包括铺管船结构设计、生产线布置、焊接、防腐及补口等关键技术。根据工程的具体特点，每种方法的适用性不尽相同，例如 S–lay 方法主要适用于浅水与中等水深的海底管道铺设项目，这与铺管船的管道应力控制系统有关。J–lay 方法主要是针对深水铺管项目提出的，其作业水深往往大于 2000m。这两种施工方法都是围绕管道铺设过程中的管道形态来进行各方面技术的定向研发和模块组合的。Reel–lay 方法主要适用于柔性管道铺设和管径较小的钢质管道铺设，适用水深范围较大，其施工方法较前两种而言比较新颖，应用研究还比较少。

随着目前装备技术的发展，如船舶制造工艺、DP 系统的采用、大吨位张紧器的使用，S–lay 铺管方法基本也达到了 3000m 水深，如我国的“海洋石油 201”铺管船，采用先进的 DP3 动力定位系统，搭载了 3 台 150t 张紧器，其作业能力与浅近海铺管船相比得到了巨大的提升，可以实现双线二接一管道焊接，提高了铺管效率。为了进一步提高 S–lay 深水铺管船的施工能力，总部设在瑞士的 Allseas 公司的 Solitaire 铺管船加载了托管架托辊自动控制与管道应力在线分配系统，使其在深水作业时更加灵活、安全的改变托管架的支撑结构设置，从而保障了铺管的安全性，如图 7–7 所示。

图 7–7　Solitaire 铺管船外观示意图

另外，国外最近提出了一种 O–lay 的铺管方式，适用管径一般较小，可以适应较大程度弯曲的管道。其主要原理是在陆地上将长距离管道进行焊接，然后由若干艘拖轮将管道拖拽至待铺设区域，并做好定位，通过专用铺管船进行铺设，由于省去了铺管船上的焊接工作，其铺管效率极高，一天能铺管 20km，不过到目前该技术还不够成熟，并无实际应用案例，如图 7–8 所示。

图 7–8　O–lay 铺管方式示意图

海底管道铺设技术主要取决于海上作业装备与机具的发展水平，目前，随着船舶制造工艺的提升，一系列深水铺管船先后服役，而且基于已探测到的海洋油气资源，大部分分布在 1500m 水深以上的深水区域，深水铺管技术成为当前一个重要发展方向。与深水铺管相关的铺管船制造技术、动力定位技术、生产线关键工位高效作业技术、升沉补偿技术、管道水下形态控制技术、水下观测与辅助施工技术等得到快速发展。深水海底管道施工设备近些年也向着技术多元化、设备集成化、大型化的方向发展。设备的研发与作业机具的制造越来越高端化、综合化。除了深水铺管船，先进的管道焊接技术、防腐补口技术等生产线技术也是决定铺管效率的关键技术，若船舶在海上作业时间过长，一旦遇到恶劣天气，将会给人员、设备带来巨大风险。海底管道铺设前后的预挖沟，后挖沟和回填技术也同样是该类工程的重要的组成部分，具有水下 2000m 甚至更深作业能力的挖沟或回填设备是主要的发展趋势。国内对于深海海底管道施工的各类器具目前还主要依赖国外制造厂商，核心技术还有待研发，其研发路线也随着时代各方面前沿科技的不断进步融入新的元素。特别是目前人工智能技术，人机交互技术的突飞猛进，给投资规模巨大的深海管道施工装备研发带来新的可能。

除深海管道铺设之外，海底管道运行风险也非常高，执行输送任务的海底管道，不仅要承受管内流体（石油、天然气等腐蚀性混合物）压差传送的高强度冲击及腐蚀等带来的不可逆损伤，还要抵御管外海潮波流、海床运动等无规律环境载荷的连续侵袭，失效的风险非常高。因此，对海底管道运行中的监控和风险评估工作十分重要，目前运行监控发展方向主要是实施连续在线监控技术。基于光纤传感技术在海底管道外壁与内部材料层铺设的施工应用、对管内流体流势的监控技术、管道泄漏监测技术以及深海管道维抢修施工工艺等都是海底管道投产之后的迫切需求。

总体来说，未来我国的海底管道的施工技术，服务内容必然都是多元化、高端化，面向的业务是从海底管道的筹备、施工到投产运行的全过程体系。

第四节　浮式 LNG 生产储卸设施（FLNG）

FLNG 作为一种新型的海上气田开发技术，在开采边际小气田、深海天然气及伴生气资源方面，以其投资相对较低、建设周期短、便于迁移等优点越来越受重视和关注。浮式 LNG 建设属于高科技海工领域，技术难度高、工程复杂、综合性强、集成度高、装置规模巨大。国际上尚无大型 FLNG 设施运行，但已有壳牌公司 Prelude、马来西亚石油公司的 PFLNG 等多个在建项目。FLNG 设施船体设计目前基本被韩国三大造船企业三星重工（SHI）、现代重工（HHI）及大宇造船海洋（DSME）所垄断。

FLNG 的设计受到多种条件的制约，包括载荷平衡、海上晃动、安全间距、设备布置等严格的限制，从根本上改变了 LNG 装置的设计与制造方式，总体设计必须充分考虑以上因素，最大限度地节约空间，降低模块体积与重量，进行系统综合优化设计，未来还需要进行大量技术攻关，针对具体海上工况，深入研究船型设计、系泊技术、液化工艺技术、外输技术和存储技术等。

在液化工艺方面，开展 FLNG 液化工艺的开发和验证，FLNG 一般选取能够适应海洋环境和原料气变化的较简单的工艺流程，目前主要有混合制冷剂循环和膨胀制冷循环，并根据其选用的液化工艺来匹配不同的换热器。混合制冷剂液化工艺一般选择缠绕管式换热器，膨胀制冷液化工艺选择板翅式换热器。大型 LNG 绕管换热器主要由 APCI 公司和 Linde 公司垄断，目前我国已开始 FLNG 缠绕管式换热器的关键技术研究与样机研制。

在 FLNG 船型设计方面，开展船体水动力性能分析和结构设计，液舱晃荡工况研究，确保船体的技术可靠性。模块化建造已成为 FLNG 项目建设的重要实施方式，近年来，国内海工企业陆续承揽 Yamal LNG 等项目的模块化建造，在施工和管理方面积累了丰富经验，模块化建造能力日益增强。

在 FLNG 上部模块总体布置方面，综合考虑流程走向、安全等因素，形成了从船艏到船尾依次布置分馏处理单元模块、天然气液化单元模块、天然气进气及预处理单元模块、动力及公用设施单元模块、卸货区、生活区模块的总体布置方案，将工艺危险区与生活区划分开来。

我国 FLNG 设施还处于研究探索阶段，目前已经开展工艺技术和工程技术研究，未来将推行工程化示范。数家国内船厂已在建造浮式生产储油卸油轮（FPSO）方面拥有丰富的经验，这些技术可被应用到 FLNG 的建造。

参考文献

［1］Pipeline and Hazardous Materials Safety Administration. National Pipeline Mapping System［EB/OL］. 2002-01-01［2013-12-20］.http：//phmsa.dot.gov/pipeline/library/data-stats.

［2］EGIG. European Gas Transmission System［EB/OL］. 2005-03-01［2013-12-20］. http：// www.egig.nl.

［3］NEB. Canada Independent Federal Agency［EB/OL］. 1959-06-01［2013-12-20］. http：//www.neb.gc.ca/clf-nsi/rcmmn/hm-eng.html.

［4］郭太生 . 美国公共安全危机事件应急管理研究［J］. 中国人民公安大学学报，2003，6（6）：16-25.

［5］贾韶辉 . 基于完整性数据库的管道应急信息化技术［J］. 油气储运，2014，33（6）：582-587.

［6］Pipeline and Hazardous Materials Safety Administration. National Pipeline Mapping System［EB/OL］.2002-01-01［2013-12-20］.https：//www.npms.phmsa.dot.gov/.

［7］贾韶辉 . 长输管道时空序列数据分析［J］. 油气储运，2016，35（7）：713-717.

［8］GB 32167—2015　油气输送管道完整性管理规范［S］.

［9］徐波，李博，宋小晖，等 . 油气管道智能化运行解决方案的思考［J］. 油气储运，2018，37（7）：721-727.